"十三五"国家重点出版物出版规划项目
高分辨率对地观测前沿技术丛书
主编 王礼恒

高分辨率图像
解译技术

刘 高 刘 方 刘俊义 编著

国防工业出版社

·北京·

内 容 简 介

空天对地观测领域的图像解译历经百年发展，已成为信息科学与技术领域的重要研究分支，也是一门典型的应用性交叉学科，具有广阔的应用前景。本书内容分为理论研究、方法支撑、实践验证三大板块。本书首先对图像解译的本源内涵做了机理分析，剖析了图像解译的典型问题和分析架构；结合具体场景、高分图像和目标类型，以"时空频"三域融合为整体框架，以"人机合谋"为工作模式，深入介绍了可见光、SAR、红外、光谱等图像解译的基本原理、方法与技术；介绍了计算机辅助图像分析方法、目标识别的典型方法与技术；最后基于大量开源图像数据，展示了图像解译的典型应用实践。

本书可作为高等院校及相关部门图像解译专业的本科生、研究生或专业培训教材，也可供对图像解译感兴趣的研究人员和工程技术人员阅读参考。

图书在版编目（CIP）数据

高分辨率图像解译技术/刘高，刘方，刘俊义编著. —北京：国防工业出版社，2023.6
（高分辨率对地观测前沿技术丛书）
ISBN 978-7-118-12955-7

Ⅰ.①高… Ⅱ.①刘… ②刘… ③刘… Ⅲ.①遥感图象–图像解译 Ⅳ.①TP75

中国国家版本馆 CIP 数据核字（2023）第 097014 号

※

国防工业出版社出版发行
（北京市海淀区紫竹院南路23号　邮政编码100048）
北京龙世杰印刷有限公司印刷
新华书店经售

*

开本 710×1000　1/16　插页 8　印张 28½　字数 506 千字
2023 年 6 月第 1 版第 1 次印刷　印数 1—2000 册　定价 198.00 元

（本书如有印装错误，我社负责调换）

国防书店：（010）88540777　　书店传真：（010）88540776
发行业务：（010）88540717　　发行传真：（010）88540762

丛书学术委员会

主　　任　王礼恒
副 主 任　李德仁　艾长春　吴炜琦　樊士伟
执行主任　彭守诚　顾逸东　吴一戎　江碧涛　胡　莘
委　　员　(按姓氏拼音排序)
　　　　　　白鹤峰　曹喜滨　陈小前　崔卫平　丁赤飚　段宝岩
　　　　　　樊邦奎　房建成　付　琨　龚惠兴　龚健雅　姜景山
　　　　　　姜卫星　李春升　陆伟宁　罗　俊　宁　辉　宋君强
　　　　　　孙　聪　唐长红　王家骐　王家耀　王任享　王晓军
　　　　　　文江平　吴曼青　相里斌　徐福祥　尤　政　于登云
　　　　　　岳　涛　曾　澜　张　军　赵　斐　周　彬　周志鑫

丛书编审委员会

主　　编　王礼恒

副 主 编　冉承其　吴一戎　顾逸东　龚健雅　艾长春
　　　　　　彭守诚　江碧涛　胡　莘

委　　员　(按姓氏拼音排序)
　　　　　　白鹤峰　曹喜滨　邓　泳　丁赤飚　丁亚林　樊邦奎
　　　　　　樊士伟　方　勇　房建成　付　琨　苟玉君　韩　喻
　　　　　　贺仁杰　胡学成　贾　鹏　江碧涛　姜鲁华　李春升
　　　　　　李道京　李劲东　李　林　林幼权　刘　高　刘　华
　　　　　　龙　腾　鲁加国　陆伟宁　邵晓巍　宋笔锋　王光远
　　　　　　王慧林　王跃明　文江平　巫震宇　许西安　颜　军
　　　　　　杨洪涛　杨宇明　原民辉　曾　澜　张庆君　张　伟
　　　　　　张寅生　赵　斐　赵海涛　赵　键　郑　浩

秘　　书　潘　洁　张　萌　王京涛　田秀岩

序 言

高分辨率对地观测系统工程是《国家中长期科学和技术发展规划纲要（2006—2020年）》部署的16个重大专项之一，它具有创新引领并形成工程能力的特征，2010年5月开始实施。高分辨率对地观测系统工程实施十年来，成绩斐然，我国已形成全天时、全天候、全球覆盖的对地观测能力，对于引领空间信息与应用技术发展，提升自主创新能力，强化行业应用效能，服务国民经济建设和社会发展，保障国家安全具有重要战略意义。

在高分辨率对地观测系统工程全面建成之际，高分辨率对地观测工程管理办公室、中国科学院高分重大专项管理办公室和国防工业出版社联合组织了《高分辨率对地观测前沿技术》丛书的编著出版工作。丛书见证了我国高分辨率对地观测系统建设发展的光辉历程，极大丰富并促进了我国该领域知识的积累与传承，必将有力推动高分辨率对地观测技术的创新发展。

丛书具有3个特点。一是系统性。丛书整体架构分为系统平台、数据获取、信息处理、运行管控及专项技术5大部分，各分册既体现整体性又各有侧重，有助于从各专业方向上准确理解高分辨率对地观测领域相关的理论方法和工程技术，同时又相互衔接，形成完整体系，有助于提高读者对高分辨率对地观测系统的认识，拓展读者的学术视野。二是创新性。丛书涉及国内外高分辨率对地观测领域基础研究、关键技术攻关和工程研制的全新成果及宝贵经验，吸纳了近年来该领域数百项国内外专利、上千篇学术论文成果，对后续理论研究、科研攻关和技术创新具有指导意义。三是实践性。丛书是在已有专项建设实践成果基础上的创新总结，分册作者均有主持或参与高分专项及其他相关国家重大科技项目的经历，科研功底深厚，实践经验丰富。

丛书5大部分具体内容如下：**系统平台部分**主要介绍了快响卫星、分布式卫星编队与组网、敏捷卫星、高轨微波成像系统、平流层飞艇等新型对地观测平台和系统的工作原理与设计方法，同时从系统总体角度阐述和归纳了我国卫星遥感的现状及其在 6 大典型领域的应用模式和方法。**数据获取部分**主要介绍了新型的星载/机载合成孔径雷达、面阵/线阵测绘相机、低照度可见光相机、成像光谱仪、合成孔径激光成像雷达等载荷的技术体系及发展方向。**信息处理部分**主要介绍了光学、微波等多源遥感数据处理、信息提取等方面的新技术以及地理空间大数据处理、分析与应用的体系架构和应用案例。**运行管控部分**主要介绍了系统需求统筹分析、星地任务协同、接收测控等运控技术及卫星智能化任务规划,并对异构多星多任务综合规划等前沿技术进行了深入探讨和展望。**专项技术部分**主要介绍了平流层飞艇所涉及的能源、囊体结构及材料、推进系统以及位置姿态测量系统等技术,高分辨率光学遥感卫星微振动抑制技术、高分辨率 SAR 有源阵列天线等技术。

丛书的出版作为建党 100 周年的一项献礼工程,凝聚了每一位科研和管理工作者的辛勤付出和劳动,见证了十年来专项建设的每一次进展、技术上的每一次突破、应用上的每一次创新。丛书涉及 30 余个单位,100 多位参编人员,自始至终得到了军委机关、国家部委的关怀和支持。在这里,谨向所有关心和支持丛书出版的领导、专家、作者及相关单位表示衷心的感谢!

高分十年,逐梦十载,在全球变化监测、自然资源调查、生态环境保护、智慧城市建设、灾害应急响应、国防安全建设等方面硕果累累。我相信,随着高分辨率对地观测技术的不断进步,以及与其他学科的交叉融合发展,必将涌现出更广阔的应用前景。高分辨率对地观测系统工程将极大地改变人们的生活,为我们创造更加美好的未来!

王礼恒

2021 年 3 月

前 言

在空天对地观测领域中,图像解译的发展历程只有短短的一百多年时间,大致经历了知识经验型、模式识别型和人工智能型三个主要发展阶段。回顾其发展历程,在所用媒介上,从最早的胶片全色图像,发展到数字全色图像,再到数字红外和光谱图像,并拓展到雷达图像,媒介种类逐步丰富多样,并具备了空间、时间和光谱的高分辨率能力。在所用工具上,其硬件从最早的放大镜、立体镜等简易器材,发展到台式计算机、嵌入式板卡等终端设备,再到大数据存储和并行计算等大型设备;其软件从最早的"看量标"功能模块,发展到支持向量机等模式识别算法,再到分布式云计算环境下的深度学习、增强学习等人工智能算法;这些工具的计算能力、自动化和智能化水平都得到很大提升。在人机分工上,从最早的纯人工作业,发展到计算机辅助人工作业,再到人工监管下的计算机自动作业,显著解放了人工生产力,将人类的工作推向价值链的高端,靠计算机解决价值链低端的庞杂工作。世界各国的研究者们,针对战场侦察监视、目标检测识别和目标毁伤评估等国防领域和灾害评估、环境保护、资源调查规划等国民经济中的具体应用场景,应用航天和航空平台获取的各类图像,突破目标和地物要素的检测识别的关键技术,构建各种应用系统,推广到图像产品生产线上,提升了产品要素的丰富性、产品生产的时效性和情况研判的准确性,取得了很好的应用效益。

图像解译虽然取得了很大的进展,但是我们也应该清醒地认识到,这些进展主要得益于技术的进步,其背后的推手主要有三个:一是成像传感技术的进步,所获得的图像数据越来越好;二是图像处理解译技术进步,支撑图像处理各环节的技术谱系日趋完备;三是关联学科进步的连带推动,如计算机科学、信息科学、认知科学和人工智能等学科的进步,为图像解译构建了良好的发展环境。然而,在哲学理论的层面,图像解译的发展比较缓慢,围绕着从图像中找目标这条主线,走的还是就图论图、依靠特征匹配识别目标类型的道路。初步看有四个方面的局限性：一是对目标及其环境的时空变化规律的认识不足，导致解译工具系统的时空适应性弱，只能适用于具体时空下具体目标的识别场景，变换时空、目标、图像数据后就不能很好地工作；二是对目标内在运行机制与外现图像之间的"一物多象，一象多物"非线性关系认识不足，导致解译工具系统只能输出目标位置、类别等浅层信息，而不能输出目标运行状态等深层信息，而深层信息具有更高的应用价值；三是由于依靠事先建好的目标样本库来支撑解译识别工作，故当场景中出现库中没有的新类型目标时难以应对，解译工具系统甚至整体失效，而应对新目标的能力对应用是至关重要的；四是对图像在多传感器联合运用体系中定位的认识不足，导致解译工具系统停留在图像解译的初级阶段（发现了什么），而没有上升到情况分析的高级阶段（态势怎么发展）。总之，图像解译理论层面存在的问题，导致有些算法和技术的研究处于不断试错的模式中，有的甚至陷入术的泥潭而不能自拔，多年来找不到一条成功的道路。

我国的图像解译学科建设，是随着从国外引进成像装备技术而借鉴发展起来的。20世纪50年代开始学习苏联的图像解译技术，后来随着美国在几次现代化战争中取得了胜利，而加大了学习和借鉴美国先进图像解译技术的力度。应该说，我们的图像解译学科来自西方，体现的是西方哲学思想和科学方法及技术，西方哲学的二元结构和分析思维所导致的整体观、还原论难题至今未解。其实，祖国的优秀传统文化中，古圣先贤们早已对图像解译的基本原理、方法和技术进行了深入的研究和深刻的揭示，其研究成果主要保存在各种经典之中，只不过采用了不同名词术语的话语体系，需要我们进行挖掘、整理和创新应用。尤其是在当今提倡"四个自信"的历史时期，作为中华儿女，我们要相信中华文化几千年积淀的深度和广度，在周游列国览胜观物之后，还要回归本原、发展本原、应用本原，以包容的心态，吸取世界一切文化之先进经验，将中华文化发扬光大。

在祖国优秀传统文化中，对图像问题的研究开始得很早，并且逐步形成了一套独具特色的"气本论"理论体系，揭示了宇宙万物"同分异构"的哲理。先哲们认为，宇宙万物来自气（所谓"同分"），气聚而成形（所谓"异构"），有形则有象，而图像是与人类视觉密切联系的一种象。研究象的工具是阴阳、五行的符号系统，阴阳是宇宙万物变化的内在动力，五行是阴阳变化的五个状态属性。后来，先哲们又通过仰观天文、俯察地理、近取诸身、远取诸物，将宇宙万物的现象及其变化规律进行归纳总结，凝练形成由以卦为形式的符号系统,并推演出"理、象、数"的系统科学体系。"理、象、数"科学体系的内涵是,宇宙万事万物均有其存在之理,其理可以通过对其象的观察研究来探究,而探究的过程中则可以预测其未来的变化。对应到图像解译,理是与应用相关的业务活动与目标之理,象是天地人时空中目标在各种成像传感器中所现之象,数是目标运动变化和分析预测之数。

图像解译的要义是对场景中的目标图像进行观察,依据目标的正常和异常等内在机理,对其内部运行状态及其后续发展可能进行分析判断;图像侦察也可与电子侦察、通信侦察、雷达探测等手段进行综合分析。上述理论的基础在于目标的生命特性。目标作为由人员、装备、阵地构成的复杂人机系统,为实现其功能而在内部、外部均有物质、能量和信息的流动和交换,这是生命现象的基本特征,没有生命特征的目标不具备应用价值。

图像解译领域面临的四个主要问题及其解决思路如下。

(1) 依据天地人时空观来解决图像解译工具的适应性问题。人类生命处在天地人大时空中,具有明显的周而复始的时间节律特性,以及"一方水土养一方人"的空间分布规律,观察时要去除天地人时空变化给人带来的"客色",还原出人的"本色",再依据"本色"进行判断识别;目标这个复杂对象也具有明显的时空规律特性,在其图像中也附带着时空变换导致的"客色",需要在进行图像解译之前进行预处理去除,以恢复目标的"本色",如此则可使解译工具对各种环境变化不敏感,具有较好的适应性。

(2) 依据"由外观内"的方法论来解决图像解译难以获取目标深层信息的问题。人类生命体内部的变化均会有规律地反映到体表的图像中,从而按照表里对应规律,反向推断即可知体内的各种变化,形成包含"因机性位势"五大要素的判断。目标内部运行也会在外表产生各种变化并形成图像表现(如核反应堆的运行会释放热水和水雾而表现在图像上),故而我们能够通过外在的图像来探求目标内在的状态变化,从而获得目标更加深层的信息,并推断未来发展趋势。

(3) 依据根本特征机制来解决图像解译的新目标识别问题。各种类型的目标均有其内在的特性可供把握,如轨道、气动、潜航等多种动力学特性对目标外形结构都有特定的要求,我们只要把握住这些根本特征,就可以对出现的新类型目标进行合理归类,就可以增强解译系统工具对新目标的适应性。

(4) 依据联合情报机制来解决图像解译的体系定位问题。在多传感器联合运用与联合情报体系中,图像观测与雷达探测、通信侦察等各自有其优缺点，需要协同应用来共同解决问题。同时，图像解译不仅仅是确定目标的类别，而要在应用的大背景下研究其内涵。例如，该目标在整个体系中的作用，目标发生了什么变化，揭示出其体系在发生着什么变化，未来发展趋势如何，这样就将解译工作从图像解译上升到情报分析。

遥感技术在许多领域得到广泛应用，在以光学、红外、SAR、光谱为主导的图像中，如何解译出有用的高价值信息，成为众多从事遥感行业人员追求的目标。掌握解译的精髓是方法，基础是对成像原理和解译理论的理解，解译人员要具备上知天文，下知地理，通晓社会与历史。由于目标种类繁多，涉及军事、工业、农业、交通、通信等，从图像中获取目标信息要能够回答两个问题：是什么？为什么？只有完整、准确回答这两个问题，解译的结果才能达到较高的可信度。完善知识、掌握方法是提高解译能力的唯一途径。

本书在内容组织上，按照顶层架构、知识方法、实例应用、总结拓展等方面整理编写。全书分为10个章节。第1章和第2章主要对图像解译的历史进行回顾，对图像概念、图像感知和认知机理等进行探索，对面临4类主要问题的解决途径进行分析，并提出了包括业务、方法和技术三个层次的图像解译总体架构；第3章~第8章主要论述多源图像时空频三域融合的整体框架，以"人机合谋"为主要应用模式，分别对可见光、SAR、红外、光谱等图像解译的方法和技术进行论述；第9章主要结合开源渠道获取的高分图像数据资源，综合运用上述理论、方法和技术，结合具体的综合案例进行图像识别和情报解译，验证其可行性；第10章在对本书主要观点进行系统总结的基础上，对后续的发展方向进行初步展望。全书内容形成一个完整的闭环，有理论指导，有方法技术支撑，有实践案例验证，有对未来发展的展望。

刘俊义撰写了第1章、第2章和第10章，刘高撰写了第3章、第4章、第5章和第9章，刘方撰写了第6章、第7章和第8章。整个撰写工作得到了文江平研究员、王润生教授的悉心指导，他们提出宝贵的意见和建议对于本书的丰富和完善意义重大，在此表示诚挚感谢。雷盼飞、王思琦、孙星辰、杨东、孙显、张景华、周鑫等同事，叶蓬、李娜、郭二辉、李昂、王志国、耿琳、苏向晨阳、夏玉萍、黄萌萌、孟宪法等研究生为本书撰写收集整理了部分素材，本书也借鉴采纳了陈东、洪海龙、罗斌、刘军、李成源等业界同人撰写的相关技术报告，在此一并表示深挚的感谢。本书引用了诸多研究者的研究成果，名字不一一列出，对这些研究者们表示感谢。本书能够顺利出版，得益于国防工业出版社的王京涛、田秀岩编辑的辛勤劳作和认真把关，对他们的辛勤劳动表示感谢。

  图像解译面临的情况很复杂，目标类型众多，环境复杂多变，充满敌我对抗，能望而知之更为难。这也是图像解译领域发展艰难的一个主要的原因。通过继承中华文化中"理、象、数"的哲理，探索建立一个"中学为体，西学为用"的新型图像解译理论，帮助图像解译走出当前面临的理论困境，是我们持续追求的目标。本书是相关探索的起步工作，仅仅对图像解译的基本问题进行初步研究，属于浅尝辄止，由于作者水平经验有限，内容上难免挂一漏万，希望有志者共同努力，也希望大家提出宝贵意见和建议。

编著者
2022 年 12 月

目　录

第1章　概述 … 1
1.1　图像解译的历史回顾 … 1
1.1.1　基于经验知识的图像解译阶段 … 2
1.1.2　基于模式识别的图像解译阶段 … 3
1.1.3　基于人工智能的图像解译阶段 … 5
1.2　图像解译的本原初探 … 8
1.2.1　图像的感知与认知 … 8
1.2.2　目标生命机理浅析 … 12
1.2.3　目标成像的基本原理 … 15
1.3　图像解译典型问题分析 … 18
1.3.1　体系定位问题 … 19
1.3.2　环境适应性问题 … 22
1.3.3　目标深层信息提取问题 … 25
1.3.4　新型目标识别问题 … 28
1.3.5　图像时效性问题 … 30
1.4　图像解译的思维方法 … 33
1.4.1　思维的概念 … 33
1.4.2　思维的程序 … 34
1.4.3　思维的规律 … 37
1.4.4　图像解译的思维方法 … 39

第2章　图像解译的总体架构 … 41
2.1　图像解译目标研究 … 42

  2.1.1 目标的概念和特征 ·· 42
  2.1.2 工业目标组成 ·· 43
  2.1.3 交通目标组成 ·· 46
  2.1.4 军事目标组成 ·· 48
 2.2 图像解译方法研究 ·· 49
  2.2.1 图像解译基本流程 ·· 49
  2.2.2 专家目视图像解译方法 ·· 50
  2.2.3 计算机辅助图像解译方法 ······································ 52
 2.3 图像解译工具研究 ·· 54
  2.3.1 图像解译工具系统构成 ·· 54
  2.3.2 图像解译的技术支撑体系 ······································ 59
  2.3.3 图像解译的数据驱动与知识驱动模式研究 ················ 61
 2.4 影响图像解译效果的主要因素 ······································· 68
  2.4.1 图像数据质量对图像解译效果的影响 ······················ 68
  2.4.2 目标资料对图像解译效果的影响 ···························· 71
  2.4.3 解译人员的能力素质对图像解译效果的影响 ············ 72
  2.4.4 图像解译工具对图像解译效果的影响 ······················ 74

第3章 可见光图像解译 ·· 76

 3.1 可见光图像解译方法 ·· 76
  3.1.1 可见光图像目标识别特征 ······································ 77
  3.1.2 图像的观察方法 ··· 91
  3.1.3 基于可见光图像的目标参数计算 ···························· 93
 3.2 地形地貌的解译 ··· 96
  3.2.1 山地 ··· 96
  3.2.2 丘陵地 ·· 99
  3.2.3 平坦地 ··· 100
  3.2.4 高原 ·· 101
  3.2.5 岛屿 ·· 102
 3.3 典型目标的解译 ·· 104
  3.3.1 机场 ·· 104
  3.3.2 港口 ·· 113

第 4 章　SAR 图像解译 ·· 118

4.1　SAR 图像的几何特点 ··· 119
4.1.1　斜距显示的近距离压缩 ································· 119
4.1.2　侧视雷达图像的透视收缩和叠掩 ····················· 120
4.1.3　雷达"阴影"的产生 ······································· 123
4.1.4　SAR 图像色调 ··· 126

4.2　SAR 图像的辐射特性 ··· 128
4.2.1　复介电常数的影响 ······································· 128
4.2.2　地表粗糙度的影响 ······································· 128
4.2.3　硬目标的影响 ··· 129
4.2.4　斑噪的影响 ·· 130
4.2.5　常见地物的辐射特性 ···································· 130

4.3　SAR 图像的信息特点 ··· 131
4.3.1　目标特性与雷达波长的关系 ··························· 131
4.3.2　目标特性与雷达极化方式的关系 ····················· 133
4.3.3　目标特性与雷达散射截面的关系 ····················· 136
4.3.4　目标特性与成像入射角度的关系 ····················· 139
4.3.5　目标特性与成像方位角的关系 ························ 139
4.3.6　目标特性与目标运动状态的关系 ····················· 140
4.3.7　SAR 图像中的虚假因素 ································ 143

4.4　SAR 图像的解译方法 ··· 146
4.4.1　SAR 和光学图像的比较 ································ 146
4.4.2　SAR 图像解译标准与识别特征 ······················· 148
4.4.3　SAR 图像识别特征 ······································· 152

4.5　SAR 图像典型目标的解译 ··································· 155
4.5.1　船只与港口 ·· 155
4.5.2　飞机与机场 ·· 165

第 5 章　红外与高光谱图像解译 ·································· 173

5.1　红外图像解译 ··· 173
5.1.1　红外遥感概况 ··· 173

5.1.2　红外成像原理 ·· 175
　　　5.1.3　红外图像的特性及解译方法 ························ 179
　5.2　高光谱图像解译 ·· 187
　　　5.2.1　高光谱遥感概况 ······································· 187
　　　5.2.2　高光谱成像信息处理 ·································· 191
　　　5.2.3　高光谱图像应用探索 ·································· 192

第6章　时空频图像的融合方法 ·································· 200

　6.1　单源图像面临的挑战 ·· 200
　6.2　时空频图像融合解译分析 ······································ 202
　　　6.2.1　基本思想说明 ··· 202
　　　6.2.2　融合应用的前提条件 ·································· 207
　　　6.2.3　多源图像融合处理的层次划分 ····················· 223
　6.3　多源图像综合分析的多种尝试 ······························· 231
　　　6.3.1　多波段数据综合分析 ·································· 231
　　　6.3.2　多时相的数据分析 ···································· 239
　　　6.3.3　多视点的数据分析 ···································· 248

第7章　计算机辅助图像分析方法 ······························ 254

　7.1　图像数据增强技术与算法 ······································ 254
　　　7.1.1　图像增强技术与算法 ·································· 254
　　　7.1.2　图像数据基本统计工具 ······························ 268
　　　7.1.3　图像数据质量评估常规客观指标 ·················· 273
　7.2　图像特征 ··· 279
　　　7.2.1　低层次特征 ··· 279
　　　7.2.2　局部特征提取方法 ···································· 280
　7.3　面向对象的特征 ·· 299
　　　7.3.1　灰度统计特性分析与特征提取 ····················· 299
　　　7.3.2　空间结构特性分析与特征提取 ····················· 306
　　　7.3.3　面向对象的可视化特征及适用性分析 ··········· 310
　7.4　机器学习图像特征 ··· 313

第 8 章　计算机辅助图像解译识别方法 ⋯ 317

8.1　遥感图像识别策略的延拓 ⋯ 317
- 8.1.1　经典目标识别方法 ⋯ 318
- 8.1.2　深度学习方法 ⋯ 323
- 8.1.3　迁移学习方法 ⋯ 327
- 8.1.4　智能识别技术的新启发 ⋯ 332

8.2　遥感影像分析中的特征工程 ⋯ 334
- 8.2.1　联动紧密的数据、特征与解译应用 ⋯ 335
- 8.2.2　特征选择方法 ⋯ 336
- 8.2.3　遥感识别中特征选择面临的难点 ⋯ 343

8.3　遥感图像综合解译的推理工具 ⋯ 344
- 8.3.1　不确定性推理 ⋯ 344
- 8.3.2　基于概率的方法 ⋯ 344
- 8.3.3　DS 证据理论 ⋯ 346
- 8.3.4　模糊推理的方法 ⋯ 348
- 8.3.5　综合集成的方法 ⋯ 352

8.4　人机交互在图像解译中的重要性 ⋯ 355
- 8.4.1　人机交互的分类 ⋯ 355
- 8.4.2　遥感图像解译的人机交互任务 ⋯ 356
- 8.4.3　面向任务提升人机工效 ⋯ 357

第 9 章　高分图像解译与应用 ⋯ 359

9.1　图像综合研判 ⋯ 359
- 9.1.1　朝鲜丰溪里核试验场废弃前核试能力 ⋯ 360
- 9.1.2　美军"战斧"导弹空袭叙利亚目标毁伤效果 ⋯ 368
- 9.1.3　从外部环境看五角大楼战备值班情况 ⋯ 382

9.2　目标活动解译分析 ⋯ 386
- 9.2.1　航空母舰舰载飞机昼夜间训练情况 ⋯ 386
- 9.2.2　机场飞机飞行活动情况 ⋯ 387
- 9.2.3　地面车辆目标伪装揭露 ⋯ 389
- 9.2.4　地面设施目标性质 ⋯ 391

9.2.5 房屋板材检测 394
  9.2.6 坦克材质光谱检测 395
  9.2.7 水下物体探测 396
  9.2.8 遮蔽目标检测 397
  9.2.9 舰船目标活动 398
 9.3 地质灾害解译分析 402
  9.3.1 堰塞湖及灾情分析解译 402
  9.3.2 地震及洪水灾情分析解译 411

第10章 结论与展望 418

 10.1 本书的主要结论 418
  10.1.1 图像解译的认识问题 418
  10.1.2 图像解译的方法问题 420
  10.1.3 图像解译的实践问题 421
 10.2 智能化时代图像解译的发展展望 422
  10.2.1 智能化时代图像解译的特点 422
  10.2.2 智能化时代图像解译的核心问题 423
  10.2.3 智能化时代图像解译技术发展方向 424

参考文献 426

第1章
概 述

空天对地观测是指依托航空、临近空间、太空等空间中运动的各类平台，承载光学、微波等电磁波谱段的传感设备，接收地球发射、辐射、反射和散射的电磁波信号，进行信号处理和信息处理，获取地物与环境的属性和状态，进而推断其运动变化，以满足各种行业应用需求的过程。从总体上看，空天对地观测领域具有三个显著的特点：一是空间上的多尺度性。空天对地观测以地球为观测对象，既可以获取全球的全局宏观信息，也可以获取局部地物的微观信息，所获取的信息具有空间上的多尺度一致性；二是时间上的可持续性。地球现象日新月异，新情况新问题层出不穷，需要依靠空天手段进行持续的观测、处理和探索，观测活动具有时间上的不间断和可持续性；三是应用上的广泛性。空天对地观测的结果，既可支撑高层的战略决策，也可支撑行业发展，还可以面向社会大众提供生活信息服务，广泛渗透到社会生活的方方面面。

本书主要关注空天对地观测应用领域中的遥感图像解译问题（以下简称图像解译），图像解译是指利用空天平台承载的各类成像传感设备获取的图像数据，对目标与环境的属性和状态进行发现、识别、确认，进而对其变化趋势以及对各种行动的影响进行预测和评估，以支撑国防安全和国民经济建设等各项活动。

1.1 图像解译的历史回顾

图像解译是一门古老而年轻的交叉学科。说其古老，是因为自有人类以来，它就伴随着人类视觉而存在，并被人类从多个层面、多个角度进行了广泛深入的研究和实践。说其年轻，就是时代的发展不断为它注入源头活水，不断出现重大命题和科研机会。特别是近年来，地球现象变化日新月异，高分载荷层出不穷，智能技术方兴未艾，应用领域拓展普及，出现的新情况、新问题亟待理论指导和技术支撑。可以说，图像解译已经达到由量变向质变跃升的关键时期。说其交叉，因为它涉及哲学、科学、技术、艺术等领域的众多学科[1-4]。哲学上涉及天地人大时空的本原问题、依靠观测来复原本体的问题，以及归纳法和演绎法的适用性问题；科学上涉及人类感知与认知机理，以及推广到机器的感知与认知机理等根本问题；技术上涉及图像分析、机器视觉、人工智能、模式识别、大数据、虚拟现实等技术问题；艺术上涉及自然意义、主题意义和象征意义等表征问题[5]。特别是，由于图像所具有的普适性，无处不在，无时不有，它与每个行业领域都具有密切的关系，每个行业都有自己的图像问题，在应用上呈现出百花齐放的格局。这几个层面的交叉，产生了互相促进、互相影响的复杂局面，推动着图像解译不断向前发展。

利用空天观测手段进行图像解译工作的历史很短，只有一百多年的时间，但其发展过程可谓日新月异，进展快速。根据所用装备和解译方法的不同，对初步划分的三个阶段进行简要综述。

1.1.1 基于经验知识的图像解译阶段

这个阶段的主要特征是航空航天照相侦察、胶片图像解译等。

首先发展的是航空领域。18世纪末，人们开始利用气球进行目视侦察。1903年12月17日，美国人莱特兄弟成功试飞人类第一架重于空气、带有动力、受控并可持续滞空的飞机，开启了现代航空的新纪元。1911年，意大利首先用飞机进行了目视和照相侦察；1915年英国开始使用半自动航空胶片相机。在第二次世界大战期间，主要交战国以飞机照相侦察为主，实施了广泛的侦察活动，有的战役中侦察机出动量曾达航空兵总出动架次的1/4。1956年，美国第一架U-2侦察机顺利升空。在随后的4年时间里，U-2侦察机对苏联进行23次侦察飞行，覆盖苏联国土面积的15%，获取大量情报，澄清所谓"轰炸机差距"和"导弹差距"，帮助美国情报界确定苏联的战略目标，为美国制订军事计划提供客观依据。中国在1913年开始用飞机实施目视侦察；1926年北伐战争中进行照相侦察；1951年11月2日，在抗美援朝战争中，中国空军飞行员驾驶米格-15型机和拉-11型机，对美军和韩军占领的椴岛、大和岛、小和岛上空进行两轮照相侦察，弄清岛上美军、韩军的部署和工事情况，为地面部队登陆作战提供可靠情报，这是志愿军空军第一次执行照相侦察任务。

随后发展的是航天领域。1957年10月，世界上第一颗人造地球卫星Sputnik 1在苏联发射成功，开创了人类航天新纪元，宇宙空间开始成为人类活动的新疆域。1961年1月31日美国发射的"萨默斯"-1侦察卫星顺利入轨，它在480km外的分辨率为6m，能够覆盖中国和苏联，后来发射的"萨默斯"卫星分辨率为1.5~3m。它能在短时间内对大地进行普查，也能对特定地区进行详查。"萨默斯"-2侦察卫星发回的1000多张图像显示，苏联的洲际导弹为60枚，而不是美国情报界先前估计的120枚，从而确保导弹优势在美国一边。与此同时，中国也在积极发展照相侦察卫星，1987年首次成功发射返回型大幅面框幅式照相卫星。

由于胶片图像具有解像率高的优点，这种照相观测方式一直延续到现在，还在某些领域发挥着重要作用。但是，由于其本身具有的处理设备复杂、工作效率低、污染环境、情报成果定量性不足等问题，已经逐步变为非主流。

这个时期，针对胶片图像，形成了冲洗、扩印等处理流程，以及选片、初判、详判和会判的解译工作流程。胶片图像的解译工作主要由图像解译专家依靠经验知识和简单辅助工具，以目视解译的方式来完成。图像解译理论也从实践中逐步发展起来，将目标的形状、大小、色调、阴影、位置和活动，看作是解译各种目标的标志，开始积累目标样本资料，系统研究典型目标的六要素表现。第二次世界大战时期，随着战争需求的推动，不仅要求判明目标性质，而且要求获取目标的具体数据，如目标的高度、容量、运动方向、运动速度等，由此催生了利用阴影测量高度、利用模糊估计运动速度等计算实践。从本质上说，这个阶段的图像解译理论是经验知识累积型的，只能识别已经见过或者有资料掌握的目标。

1.1.2 基于模式识别的图像解译阶段

这个阶段的主要特征是航空航天观测、多类成像传感设备使用和数字图像解译等。

（1）航空平台方面。各类侦察无人机或者"察打一体"无人机的发展为持续侦察监视提供可能，精确制导武器导引头普遍安装了成像传感设备，获取航路和目标区图像数据。2001年11月，美军"全球鹰"无人机首次执行对阿富汗的军事打击行动，共执行了50次作战任务，累计飞行1000h，提供

15000多张目标情报、监视和侦察图像。在此期间,世界各国大力发展防区外发射的精确制导武器,采用中末制导复合形式,末制导主要采用凝视红外成像。如美国的"战斧"巡航导弹的改型、空海军通用的"联合防区外发射武器""陆军战术弹道导弹"以及法国"阿帕奇-C"空地导弹等,提高导弹在复杂战场环境中发现、识别敌方大纵深高价值战略或者战役目标能力,为目标打击服务。

(2)航天平台方面。世界各国大力发展侦察、测绘、气象、预警等卫星平台,其规模与数量增加很快。截至2010年,美国共有约400颗卫星在轨,其中军用卫星80多颗,包括:预警卫星7颗,其中"国防支援计划"(DSP)卫星5颗、"天基红外系统-高轨"大椭圆轨道卫星2颗;成像侦察卫星7颗,其中"锁眼"-12(KH-12)光学侦察卫星3颗、"长曲棍球"(Lacrosse)雷达成像卫星3颗、"8X"光学/雷达卫星1颗;"白云"海洋监视卫星8颗;全球定位系统(GPS)导航卫星30颗;通信卫星26颗,其中"国防卫星通信系统"卫星5颗、"军事星"卫星5颗、"UHF后续卫星"9颗、过渡型极轨通信卫星2颗、"数据中继卫星"3颗、"全球宽带通信"卫星1颗;"国防气象卫星计划"气象卫星2颗。这些军用卫星系统,可为美军提供分辨率达到0.1m的全天时全天候侦察能力、通信数据传输率高达5Gbi/s的军事通信能力、精度达到米级的导航定位能力和及时的导弹预警能力,增加战场态势的感知程度,拓宽战场信息渠道,最大限度地增强地面军事行动的效能。

(3)数码相机方面。1986年2月,法国SPOT卫星搭载线阵电荷耦合器件(CCD)传感器,获取地面10m分辨率的全色波段图像,为中小比例尺地形图测绘提供新的数据源;2000年,在ISPRS阿姆斯特丹大会上航空数码相机开始出现,2004年的伊斯坦布尔大会上航空数码相机成为一个热点。

(4)高光谱相机方面。1997年8月23日,美国发射了全球首颗高光谱卫星LEWIS,开启了高光谱航天应用的大幕。随后,EO-1卫星、Mighty-Sat卫星、OrbView-4卫星等陆续发射,尤其是EO-1卫星的Hyperion传感设备是具有里程碑意义的航天高光谱成像仪,获取了大量数据。欧洲航天局在2001年发射的Rroba卫星,其主要传感设备是CHRIS光谱仪。中国于2008年发射了国内首颗高光谱成像仪卫星环境-1A,空间分辨率100m,光谱覆盖范围$0.4 \sim 1.0 \mu m$。

(5)合成孔径雷达方面。1978年,美国发射了第一颗星载Seasat-1;1991年,欧洲航天局发射了ERS-1;1995年,加拿大发射了Radarsat-1;

2000 年，欧洲航天局发射了 ASAR；2006 年，日本发射 ALOS PALSAR；2007 年，德国发射 TerraSAR-X；2007 年年底，加拿大发射 Radarsat-2。

这个时期，针对可见光、红外、多光谱和合成孔径雷达等数字图像，形成了辐射校正、几何校正、图像增强等处理流程，以及基于样本特征的离线训练和在线目标检测、分类、识别等解译工作流程。数字图像的解译是由解译专家和计算机工具联合完成的。计算机工具完成图像显示、感兴趣区域筛选和目标检测，部分的目标分类，以及量测计算、制图输出等工作；解译专家完成目标候选区、分类结果的确认，以及最终的目标识别和情报分析工作。图像解译理论也逐步深化，发展出一系列的特征计算方法对目标解译的六要素进行定量表达，并将其作为各种分类器的输入。从本质上说，这一时期的图像解译理论是建立在模式识别基础上的，其基本依据是目标的小样本数据特征能够在统计意义上表达目标的本体，而且特征是由解译专家依靠直觉和经验来主观选定的。在这种理论的指导下，针对特定场景的目标识别问题，虽然取得了一定的成功经验，但是从整体上看普适性不够，对于相似目标、多变目标、新生目标的稳定性都存在明显不足。

1.1.3 基于人工智能的图像解译阶段

这一阶段的主要特征是空天联合观测、高分辨率成像传感设备应用、大数据处理与人工智能解译等。

（1）从平台上看。①空天平台的规模数量进一步增大，基于传感设备组网的多机、多星编组协同对地观测成为新的应用的模式，战场图像情报获取的时效性得到很大增强。截至 2017 年 9 月 16 日，全球已经成功发射 7790 个航天器，其中对地观测卫星是发射数量最多的应用卫星，达到 2669 颗，占比超过 30%。目前，国外在轨对地观测卫星 497 颗，其中美国有 232 颗卫星在轨，光学成像卫星 308 颗，雷达成像卫星有 30 颗。例如，美国 L-3 通信公司为美军研制的网络中心协同瞄准系统（Network Centric Collaborative Targeting，NCCT），可以跨域垂直/水平整合美军的情报、侦察和监视传感器系统的网络，通过天基、空基平台的任务进行协同控制，对传感器数据进行协同处理，能够提高时敏目标发现和定位的速度和精度。美英两国依托"三叉戟勇士"等系列演习来验证该系统的作战性能，能够将火力调动时间由 20min 缩短至 2min。②临近空间飞行器平台走向前台，包括无动力滑翔飞行器、高空高速侦察机、高超声速巡航飞行器、亚轨道飞行器等平台的试验成功，为空天对地观测提供了长期驻留、持续飞行、快速响应等独特优势的平台。日本、英国、美国、欧洲等国家都在紧锣密鼓研制平流层飞艇。已有资料表明，日本已经进入了平流层的底部，进行了十几千米高空的平流层试验飞艇的试飞。美国空军与波音公司联合开发了 X-37B 型空天飞机，从 2010 年 4 月 23 日第一架发射升空开始，共进行了多次试验。该型机跨越太空、临近空间、航空 3 个空域执行多种任务，最大速度 25Ma，大气层内巡航速度不低于 5Ma，经数小时准备即可复飞，试验中最长在轨时间为 665 天，变轨能力强，每次试验都要进行几十次变轨。该型机试验成功后，首先可以改装为空天侦察机，在多个空域对地面进行持续侦察。

（2）从成像传感设备上看。世界各国都在加强高空间分辨率、高频谱分辨率的成像传感设备研制，可见光图像的分辨率进入亚米级。美国的"锁眼"KH-12 卫星的空间分辨率达 0.1m，这是目前世界的最高水平；美国 WorldView-2 卫星的空间分辨率达 0.31m；美军 FIA 雷达成像卫星的地面分辨率为 0.3m；德国 TerraSAR 的空间分辨率为 0.25m。中国启动了"高分辨率对地观测"国家重大专项，使命是加快我国空间信息与应用技术发展，提升自主创新能力，建设高分辨率先进对地观测系统，满足国民经济建设、社会发展和国家安全的需要。高分一号、高分二号、高分三号、高分四号卫星发射升空，实现了亚米级高空间分辨率与高时间分辨率的有机结合。

（3）从数据和信息处理上看。图像领域积极引入大数据、云计算和人工智能技术，以解决巨量图像数据的存储、处理、分析和挖掘等难题。①大数据方面。遥感图像除了具有大容量、多类型、高效率、难辨识、高价值等大数据共性特征外，还具有高维度、多尺度、非平稳等其他特征。2012 年 3 月，美国政府正式启动"大数据发展计划"，美国国家航空航天局（NASA）、大气海洋管理局（NOAA）、地质勘探局（USGS）、地理空间情报局（NGA）等机构陆续开展了大数据背景下的遥感图像数据的获取、存储、处理、分析和共享研究工作。2015 年，中国政府也将大数据作为国家战略来推动，设立关键技术创新工程，开展海量数据存储、数据挖掘、图像视频智能分析等研究和工程实践。2005 年，美国雅虎公司为解决网页搜索效率问题提出 Hadoop 技术，提供分布式文件系统（HDFS）和高性能并行数据处理服务 MapReduce；随后，应海量新兴社会网络数据管理和机器学习需求，研究者们在 HDFS 上发展出 Hive 技术；2011 年，美国 Twitter 公司收购 BackType 公司，将分布式计算框架 Storm 纳入到 Apache 开源项目。这些新兴技术的发展，为大数据落地应用提供技术支撑。②云计算方面。随着通信网络能力的提升，在互联网数据中心（IDC）建设需求的驱动下，云计算技术得到长足的发展，云计算的核心理念是各种资源的虚拟化、服务化和解耦化，提出了"基础设施即服务（IaaS）、平台即服务（PaaS）、软件即服务（SaaS）"的三层架构，以支撑其上承载的商业智能，其本质是构建巨量网络化操作系统，适应多中心、多网络和巨量业务的需要。③人工智能方面。在多年的沉寂和艰苦探索中，研究者们探索提出了感知机、专家系统、Hopfield 网络、决策树、反向传播（BP）、支持向量机（SVM）等多种智能算法，寻找着计算智能的出路。借助计算能力的大幅度提升和大数据时代的海量样本，2006 年，Hinton 提出了基于深度学习的人工智能网络算法，并在人脸识别、语音识别、飞机识别等领域取得令人瞩目的效果，形成了 AlphaGo、Siri 等新型智能系统原型，人工智能迎来了快速发展时期，并催生了新的一轮产业革命和社会分工调整。

这个时期，图像在多传感器联合运用体系内特点更加突出，在空间、时间、频谱上的高分辨率特点更加突出，在大数据处理和智能识别特点更加突出，在传统图像处理流程和图像解译流程基础上，更加注重依托分布式数据中心对历史图像大数据的挖掘、关联和分析，更加注重对目标全样本数据的积累、标注和学习。在人机分工上，逐步形成大量繁杂的图像解译工作以计算机为主完成，人类专家负责挑选样本、设计规则、训练机器和确认结果。借助人工智能技术的支撑，人机分工发生了一次重大的变革。从本质上说，这个时期的图像解译理论是基于人工智能的，其基本依据是目标的大样本/全样本特征能够完全表达目标的本体，而且特征是由机器根据样本自动客观选择和提取，避免人类专家选择的主观性。目前，这场变革还在如火如荼地进行中，虽然人工智能算法还在遭受着"黑盒子""机理不明"等质疑，但是实际结果却表明了它的优异的性能，吸引着大量的研究和探索工作。

回顾历史，图像解译的理论可初步划分为知识经验、模式识别、人工智能 3 个阶段。领域专家的知识经验贯穿图像解译的全程。人工智能和模式识别的关系又是密不可分。有的专家认为，如果说人工智能是对人类专家思维能力的计算机模拟，那么模式识别就是这种模拟的一种实现方案。也有专家认为，模式识别领域针对的模式更具广泛性，而人工智能是按照人类思维逻辑的一种识别方案。人工智能目前正处在快速发展和不断实践检验的进程中，值得大力推动发展。

1.2 图像解译的本原初探

虽然空天对地观测的图像解译发展历史只有一百多年时间,但是人类对图像却并不陌生,因为图像是伴随着人类的视觉而产生的,从这个意义上说,图像的历史,就是人类的历史。本节以"求本"思想为指引,借鉴古今相关领域的文献资料,探究图像的古今内涵演变,探索图像的感知和认知机理,揭示目标的生命现象与演变特征,研究目标图像的本质内涵,目的是为图像解译探索一套具有生命学基础的新理论。

1.2.1 图像的感知与认知

图像解译探寻目标信息的媒介是目标的图像。什么是图像?图像由何而来?人类视觉感知机理是什么?人类思维认知机理是什么?这些根本性问题一直困扰着人们,需要进行深入的研究。

1. 图像概念的来源

在现代含义中,"图象"和"图像"是两个混用的同义词,是指绘制、摄制或印制的形象,与英文 image 和 picture 意思相同。柯律格指出[7],"图"涵盖了视觉表达的所有形式,如地图(map)、图画(picture)或画作(painting)、图示(diagram)、肖像(portrait)、图表(chart)、图案(pattern)等,但都可以统摄到"象"(figure)的概念之下,这意味着图像从根本上也可以从"象"的概念来理解。

关于"象","象"来自于"象、理、数"。隋代萧吉总结说[8]:"是以圣人体于未肇,故设言以筌象,立象以显事。事既悬有,可以象知;象则有滋,滋故生数。数则可纪,象则可形。可形可纪,故其理可假而知"。这段话的意思是,天地之间的万事万物,可以通过象来知晓,象是会不断滋生的,从而就产生了数。数是可以记录的,象是可以画成图形的。由于数和象可以被记录和绘制,从而其背后的理也就可以通过象和数来知晓。这段话高度概括了"理、象、数"三者的关系。紧接着,萧吉列举了天、地、人的象与数。例如,"山川水陆,高下平污,岳镇河通,风回露蒸,此地之象也。八极四海,三江五湖,九州百郡,千里万顷,此地之数也",空天对地观测领域的图像解译主要研究的也是地之象、地之数。

综合古代和现代含义,可将对图像的认识归纳为四点:①图像是服务于视觉的一种特殊的象（其他诸如触觉、嗅觉、味觉等均可有象）；②图像是可以表征万事万物的媒介；③图像是可以探究隐含在万事万物背后之理的媒介。④数可用来表达图像的滋生发展情况，也即具有预测的功能。

显然，比之近代科学的图像观，这是一种更广义的图像观，可用之探究万事万物之理，预测其发展变化的情况。

2. 视觉感知的机理

人类本性具有"见、闻、觉、知"的功能："见"的功能体现在视觉上；"闻"的功能体现在听觉和味觉上；"觉"的功能体现在触觉上；"知"的功能主要体现在思想上。对应到联合情报上；"见"是图像情报的功能；"闻"是电子情报、通信情报的功能；"觉"是雷达情报和声纳情报的功能；"知"是情报分析中心的功能。

研究图像，则离不开视觉与思维的机理。这个机理涉及的面非常宽，而且非常深奥，也是现代科学不断探索而没有完全解决的问题。尤其是其中的智能问题，人类的智能到底怎么产生的，存在于什么地方，更是扑朔迷离。再拓展到机器视觉和机器智能，机器是否有智能，靠计算能否产生智能，则更是莫衷一是，无有定论。

下面对视觉的机理进行初步探索。

在古代的文化中，人类视觉的产生，与眼根和眼识两个概念密切相关[9]。眼根是视觉器官，分为粗的浮尘根和细的胜义根两个部分。浮尘根就是人类眼睛的组织器官，起到扶助和支撑的作用。胜义根就是人类眼睛的经络系统，肉眼不可见（包括使用显微镜等设备），其作用是对外境进行显影。眼识是对胜义根所显影像感知的功能，其所生成的结果，主要包括3类信息：一是颜色信息，主要包括外界景物的各种颜色（青、赤、黄、白等为其主色），以及明暗、阴影、云雾、烟尘等现象的信息；二是形状信息，主要包括外界景物的长短、方圆、粗细、高下、斜正等信息；三是姿态信息，主要包括外界景物的取舍、屈伸、运行、停止等信息。从这3类信息来看，视觉并没有产生外界景物的类别等概念的信息。

从视觉的成因来看，有所谓的"眼识九缘生"的论述，也就是人类视觉的产生有9个条件，具体如下。

（1）照明。即有光源照射外面的场景产生一定的照度，才能产生视觉；完全的黑暗就产生不了视觉。在图像解译中，如同可见光相机要在有一定光照条件下才能发挥作用一样。现代技术的进步，通过新型传感材料的使用，可以在比较低的照度下成像；尤其是红外和雷达可以在无光照的情况下成像使用，这是对人类视觉的极大拓展。照明这个条件即可扩展为场景有辐射或者反射。

（2）空间。眼睛与所观察对象之间具有一定的空间才能形成视觉，如果眼物之间距离太近、太远，或者外物太大、太小，以及眼物之间存在阻隔等情况下，视觉都不能够形成。靠着现代技术进步，通过镜头和焦距调整适应距离变化，通过镜头缩放适应场景大小，通过电磁波穿透突破部分阻隔，实现了对人类视觉空间尺度制约的拓展，但是视觉需要一定空间条件的基础没有突破。

（3）器官。人类的眼睛是显像的器官，如同照相机一样，其本身不能单独形成视觉，功能良好的眼睛是视觉形成的条件之一，无眼盲人产生不了视觉，病眼人会产生诸多幻视。在图像解译中，光学、雷达等各种传感器都是成像和显像的设备，本身不能单独产生视觉。

（4）场景。场景就是所观察的外界对象，没有观察对象也形不成视觉。对应到图像解译上，就是地海面的目标及其环境，这些外境自己不能产生视觉作用。

（5）注意。人类对外界场景要注意才能形成视觉，若不注意会出现"视而不见"的现象，这就是所谓的"视觉注意机制"，注意后才能调整眼睛对所关注的对象进行聚焦并清晰成像。图像解译中也在应用视觉注意力机制，通过扫描图像中具有显著性的区域，然后调整成像设备进行聚焦成像、细致观察。

（6）分别器。人类思想的作用是对所见外境进行分类识别（简称分别），在视觉感知的阶段形成颜色、形状、姿态等概念；在视觉认知阶段，即形成目标类别的概念和名词术语，这个作用是与生俱来的，不需要调动而自动实施的。对应到图像解译中，就是对场景颜色、形状和姿态的认知过程，可以靠人类的思想或者机器的算法来完成。

（7）存取通道。对外境进行连续观察形成持续的印象，这个印象也称为种子或者样本；分别器和数据库之间需要靠存取通道来交换印象种子。对应到图像解译中，存取通道指的是对目标图像信息数据库的存取操作通道。

（8）数据库。按照时间序列对外境及其感知结果进行存储，形成巨大的视觉图像信息数据库。对应到图像解译中，就是指要建立庞大的目标图像信息数据库，新目标感知后立刻自动存储到该数据库中，新目标感知时立即自动从该数据库中找到对应的样本。

（9）种子。种子就是视觉信息数据库中存储的历史视觉信息样本，没有存储这些信息也形不成视觉。对应到图像解译中，也就是目标样本图像数据库中要具备当前目标的样本，才能拿来进行比对识别而形成感知结果。

需要强调的是，人类的视觉过程是个时间序列，成像、注意、调用、感知、存储整个过程几乎同时完成，速度极快，而且高度自动化。依靠眼睛与外物的作用，来实现对外物的客观反映的过程称为"了别"或者感知，然后加以观察者的主观意识来反映外物的过程称为"识别"或者认知。例如，看到黑板上书写的白色汉字，眼睛"了别"的结果是黑白的颜色、形状和姿态等信息，即科学中所谓的成像和检测。"了别"的结果是刹那相续的时间序列，而且需要靠注意力来调整眼睛的机构，实现对所关注的局部或者细节的成像。然而，要认出这些汉字，单靠眼睛就不能完成，需要结合意识来进行"识别"，而识别的依据是曾经学习并记忆了这些汉字。

3. 思维认知的机理

如上所述，视觉处于感知层面，主要获取场景的颜色、形状、姿态等信息。目标识别属于认知层面，主要形成目标类别、状态和发展趋势等概念，进而研判其应用价值等高级信息。

认知是更加复杂和高级的过程，与人类的意识结构密切相关。人类的意识结构，有多种说法，但是殊途同归，均为名词术语的不同。一是西方哲学的说法，心理学家荣格提出了"集体无意识""集体有意识"和"个体有意识"3层结构[10]；二是印度哲学的说法，印度经典中提出第八意识（阿赖耶识）、第七意识（末那识）和第六意识（意识）的3层结构[9]；三是中国道家的说法，道家经典中提出元神（寄居于脑）、识神（寄居于心）的结构。其实，这些意识结构是完全对应的，其中，集体无意识（或者第八意识，元神）是宇宙万物共同的意识，如同大数据仓库，存储全宇宙所有历史信息。集体有意识（或者第七意识，潜意识）是将宇宙共同意识的一个部分当作某个个体的意识，从而产生了自我的执着，以产生爱恶等情绪，并随之支配取舍的行为。个体有意识（第六意识或者识神）即个体的思想，对眼、耳、鼻、舌、身等传感器获取的信息或者第八意识存储的信息，进行分类识别和关联想象，以判明对象属性和分析态势。

对照到图像解译中，第八意识相当于数据仓库，按时间序列存储场景中目标与环境的各种信息，以及学习掌握的与目标分析相关的各种知识，类似于当今发展的大数据；第七意识相当于访问接口，可以快速地向数据仓库中查询、调取和存放个体所关心的信息，它不能访问整个数据仓库，而只能访问其中与本人相关的子库，类似于当今发展的分布式的云计算数据库存取技术；第六意识相当于分类器，利用大数据仓库中存储的目标和环境的样本，对场景中目标和环境进行分类识别，类似于目前的人工智能分类器；同时依据数据仓库中的各种知识，依据目标识别信息进行关联分析和逻辑推理，类似于目前的知识图谱和推理机。

另外，各种意识的作用不单是来自人的身体之内，而是遍布在宇宙虚空之中。而人类的身体结构（如脑髓、脏腑等），其作用是接收宇宙之中各层次的意识信息，形成身体中的生物电流，然后依靠生物电流的作用，控制眼睛的闭合、凝视、转向等活动，在大脑相关区域形成神经细胞的特定响应，进而控制全身的脏腑、经络、气血、经筋、皮部、肢体的动作。类比而言，意识结构如同宇宙中的电磁波，人体的各种器官如同接收天线，人的心脑系统如同信息处理中枢，实现信息向能量的转变，通过所产生的能量来控制设备的运作。

需要强调的是，为了便于对图像解译理论深度的认识，对人类感知和认知的机理论述，是围绕其主线进行得非常简化的类比性描述，与其实际运行机制还有很大差别。人类的感知和认知机理非常复杂，要想完全搞清楚、搞明白，还需要深入经藏去阅读原文和实证参悟，本章只是提供一个进一步探索的引子，目的是呼吁以前只关注遥感图像技术的研究者，进一步拓展视野和视角，去涉及人类感知和认知的哲学理论中汲取营养，以指导图像解译技术体系的构建工作。

1.2.2　目标生命机理浅析

目标是图像解译的研究对象。只有对目标进行深入的研究，才能形成全面、细致、深入和准确的解译结论。目标作为由人员、装备、阵地等构成的有机整体，具备着明显的生命现象：一是目标与外部环境具有密切的物质、能量、信息的交换，包括能源供给、信息交换等，类似于人与天地的交互；二是目标内部具有内在运行机制流程，按照所发挥的功能，人员、装备和阵地协同工作，呈现出协同有序的现象，类似于人体的生理；三是目标受到攻击或者出现各种故障后，其功能发挥下降甚至失效，类似人体的病理；四是目标随着时空的变化而内在地发生变化，环境存在季节交替、植被枯荣、雨雪变化，阵地具有地域特色，人员活动具有时间规律等。

1. 从本原看目标的生命特征

目标作为由人员、装备、阵地等构成的有机生命体。通常来看，阵地大多依托自然地理环境，利用树木、砖石、水泥、钢筋等建筑材料来构建，这些材料都是由植物或者矿物所成；装备大多利用金属、橡胶、芯片等各类材料来制造，这些材料也都是由植物、矿物所成。

从生命过程来看，植物和矿物等有生命而无情感，植物有生、住、异、灭的生命过程，矿物有成、住、坏、空的生命过程；而动物有生命且有情感，有生、老、病、死的生命过程。这些生命过程，有的持续时间很长，有的持续时间很短，但是无时无刻不在发生着变化，而且这种变化无一不表现于图像。

例如，研究装备和阵地的生命现象时，有经验的维修技师会发现，其故障发生有一定的规律，甚至经常不用也会随时间而逐步损坏。对于计算机服务器硬盘的生命规律，有公司针对2.5万块硬盘5年内的运行数据进行大数据分析，发现了其"浴盆曲线"的故障规律，前1.5年的故障率是5.1%，接下来的1.5年故障率大约1.4%，再往后的3年中，故障率蹿升至11.8%。对于机场跑道的混凝土板的研究发现，随着时间的推移，新建的混凝土板会自然出现裂缝、破损、变薄等现象，若不及时修理，则会整体风化而无法使用。上述这些现象的出现，究其根本是因为构成材料在进行成住坏空的变化，而坏与空正是由气的分散作用所导致，形体松散而逐步归于无形，如同人的衰老和死亡一样。

生命现象的维持都离不开天地的作用。从人员的角度看，天给予人类六气，地给予人五味，通过脏腑的共同作用，生成宗气、营气、卫气等，实现"味、精、气、形、神"的正常转化，持续进行新陈代谢以支撑人类生命的运行。从植物而言，通过呼吸作用和光合作用来吐纳天气（实现碳气和氧气等的交换），通过根干来吸收地气（如水分和矿物质等），生成各类化合物质，持续进行新陈代谢以支撑本身生命的运行。对矿物而言，也有与天地气交的类似过程。

如上所述，目标的生命现象的本原来自于气的聚合与离散，而生命的维持和演变离不开天气和地气的共同作用。

2. 从功能看目标生命特征

目标要发挥功能，与外界发生着物质、能量和信息的交换，同时自身内部的组织之间也在交换着物质、能量和信息，以支撑协同运动。例如，机场目标具有保障飞机起降的功能，港口目标具备保障舰船驻泊和进出的功能，雷达目标具备监视陆海空天多维战场的运动目标的功能，导弹目标具备攻击陆海空天多维战场的各类目标的功能，指挥机构目标具备掌握战场态势并指挥各种力量行动的功能。

以机场目标为例，具体描述其生命特征。机场目标是保障航空兵驻扎、训练和作战的军事基地，也是保障民用飞机起降的地面设施。机场目标提供军用飞机或直升机起飞、着陆、停放和组织飞行保障活动固定场所。其位置一般位于交通方便、土质坚硬、地势平坦而宽广的地区。通常有跑道、端保险道、迫降道、滑行道、联络道、集体停机坪、个体停机坪、飞机掩蔽库、飞机掩体、飞机洞库、指挥所、航行调度室、塔台、飞机修理库、修理厂、油库、弹药库、校罗坪、校靶坪、气象台和营房等设施。

在保障飞机起飞的活动中，其生命特征表现为物质流动、能量流动和信息流动。从流动所依据的网络构成上看，机场目标都建有完备的供电、供水、供油、供气和电子信息的网络结构，这些网络有的表现为线路、电缆，有的表现为道路、车辆。物质流动方面，机场的弹药库等设施要为飞机提供弹药；在能量流动方面，机场的油库、电力等设施要为飞机提供航空油料和电力能量；在信息流动方面，机场的指挥所、塔台、航行调度室、气象台、导航台要为飞机提供指挥、导航、气象等信息，飞机也将自身的飞行状态等信息回传到机场。

同时，这种流动活动具有规定的时间顺序和节律。从时间角度来看，机场目标也具有一定的规律特征：一是机场周围植被随季节而明显变化，机场阵地设施的辐射度也有季节性变化；二是影响飞行安全的鸟类迁徙也具有明显的季节性特点；三是机场人员、车辆等活动和行为模式也具有冬夏、早晚的规律性特点，还具备随任务不同的变化特征；四是机场的雷达、导航、气象等装备运行也具有时间特性。

特别是随着智能技术的发展和逐步推广应用，相关装备目标的自主性、智能性得到很大的增强，呈现出主动收集情况、主动适应环境、主动开展动作等智能化行为特征，这更增强其生命特征。

3. 从结构看目标生命特征

由于目标的类型多样、功能各异，其结构差异也大。下面从人员、装备、阵地3个方面的结构系统来看目标的生命特征。

人体的结构系统。西医将人体视为一台精密机器,按照"细胞—组织—器官—系统—人体"的模式进行组合,从物质构成的角度划分为八大系统,即运动系统、神经系统、内分泌系统、循环系统、呼吸系统、泌尿系统、生殖系统等,相互之间互相配合,共同维系人体的生命活动。西医以物质(即"形")为核心来划分系统,确定与某个功能相关的器官、神经、液体、肢体等,再推断其支撑生命的物理功能。

装备的结构系统。目前所见的装备结构论述,都是将其当作精密机器而划分的,由"零件—模块—子系统—系统—装备体"的模式进行组合。例如,雷达装备的结构包括天线系统、发射系统、接收系统、信号处理系统、信息处理系统、电源系统等。再如,飞机装备的结构包括外部机身机翼结构系统、液压系统、起落架系统、飞行操纵系统、座舱环境控制系统、燃油系统、防火系统、综合航电系统、有效载荷系统等。

阵地的结构系统。目前所见的阵地结构论述,都是将其作为支撑保障部件来划分的,由"材料—部件—子系统—系统—建筑物"等模式组合而成。例如,机场的结构包括跑道、停机坪、机库、弹药库、油库、塔台、住房、供水设施、供暖设施等支撑系统。雷达站的结构包括场坪、基座、油库、电站、厂房、供水设施、供暖设施等。

如上所述,关于目标的结构系统,有基于"气"和基于"形"的两种分类方法(分别简称为"气结构"和"形结构"),各有其优点和缺点。气结构的优点是能全面表达生命现象,生命本原气,形是气的象,气是形的本,生命的长短决定于气,缺点是比较抽象,不易理解,看不见、摸不着。形结构的优点是具体、直观,看得见、摸得着,容易理解,缺点是难以表达生命过程中的复杂现象和关系。如何将两者的优点进行恰当的结合,构造出既能表达生命、又能形象直观的目标生命模型,是具体操作上比较核心的问题。解决上述问题的基本考虑是,落实"气为形本"的原则,由纲而目,在气结构下面拓展出形结构及其形成渠道,形成一个"气形兼备"的网络化结构。

1.2.3 目标成像的基本原理

1. 传感设备是人类感觉的延伸

人类感知目标是通过眼睛、耳朵、鼻子、舌头、身体等器官,结合各种条件形成的视觉、听觉、嗅觉、味觉、触觉来完成的。视觉可感知目标表面的颜色、形状、姿态等信息;听觉可感知目标本身发出的声音,或者外界环境与目标作用后产生的声音；嗅觉可感知目标的气味信息；味觉可感知目标的酸、苦、甘、辛、咸等味道信息；触觉可感知目标表面的粗糙度、温度、湿度、振动等信息。

各类传感器等仪器设备都是对人类感官功能的拓展和延伸（学术界有所谓的"器官投影论"的说法[11]），如表1-1所列。例如，可见光相机、红外相机、高光谱相机等都是对人类视觉功能的延伸，各种类型的雷达、声纳等都是对人类触觉功能的延伸，各种超短波、短波、微波等各种侦听设备都是对人类听觉的延伸，具体表现为扩大作用距离、拓宽作用范围、拓展频段信息、丰富细节信息、提高环境适应能力等。嗅觉和味觉类的传感器在单兵终端设备中常用，但在空天对地观测领域受到距离的制约，在使用上尚属于空白。

表1-1 人类器官功能拓展延伸对照表

五 行	感 官	传感设备	备 注
木	眼睛/视觉	可见光相机 红外相机 高光谱相机	图像数据
土	身体/触觉	雷达设备（SAR、InSAR、激光雷达等） 声纳设备	回波脉冲数据 可转换为图像
水	耳朵/听觉	电子侦察设备 通信侦察设备	雷达信号数据 通信信号数据
金	鼻子/嗅觉	/	/
火	舌头/味觉	/	/

值得注意的是，除了视觉类传感器可以成像外，其他类型的传感器均可以成像。例如，合成孔径雷达的工作机理本质上是触觉，其发射的电磁波脉冲类似手指，"触摸"目标后以脉冲回波的方式带回触觉信息，经过合成孔径、多普勒参数估计、相干斑抑制等技术手段处理后，就构成了合成孔径雷达（Synthetic Aperture Radar，SAR）图像。但是，与人类触觉不同的是，雷达在脉冲使用上，往往只有最大功率幅度的脉冲，缺少人类触觉时先轻后重、左右滑动等调节机制。由于SAR图像的触觉本质，其解译理论要从触觉上想办法，基于视觉机理的解译理论对其的适应性有限。再如，激光雷达的工作机理本质也是触觉，但经过对点云的处理和成像，其结果可以是三维的图像。

2. 目标成像的机理

在空天对地观测中,由于传感器和目标之间的距离遥远,目前它们之间的相互作用主要靠电磁波来实现。目标对电磁波总体上说有辐射、反射、吸收、散射等作用,其基本原理要追溯到古典物理学和量子力学,涉及光子和原子的复杂作用过程,目前其中部分深层次机理还没有完全搞清楚。从原理上说,传感器是通过接收处理经过目标调制的电磁波来获得目标信息的。应当注意到,这种通过调制得来的信息,是目标本身信息的间接反映,而不是目标信息的本身,这也是空天对地观测领域存在的本质缺陷,要引起重视。

经典教材中对于不同波段的成像机理有明确的说法,摘录如下内容以供参考。

光学成像传感器由收集器、探测器、处理器、输出器等构成。在利用可见光波段(波长范围为 $0.38\sim0.76\mu m$)进行成像时,一般采用主动遥感方式,光源为太阳,地物目标反射可见光,首先由收集器接收地物反射的可见光,再由探测器将可见光信号转换为化学能或者电能;然后由处理器对信号进行各种处理以获取图像数据;最后通过输出器将图像输出为需要的格式。可见光成像方式常见的有推扫式和扫描式。在白天日照条件好时的成像效果较好。在利用红外波段(波长范围为 $0.76\sim1000\mu m$)进行成像时,其成像机制与可见光基本相同。所不同之处是,热红外不能引起人眼的视觉,适于夜间成像;地物既可反射能量(主要在近中红外波段),又可自身辐射能量(尤其是远红外波段)。在实际应用中,常将其分为近红外线(波长范围为 $0.76\sim1.5\mu m$)、中红外线(波长范围为 $1.5\sim5.6\mu m$)、远红外线(波长范围为 $5.6\sim1000\mu m$)。在常温下,物体辐射出的红外线位于中、远红外线的光谱区,易引起物体分子的共振,有显著的热效应。因此,又称中、远红外线为热红外。当物体温度升高到使原子的外层电子发生跃迁时,将会辐射出近红外线,如太阳、红外灯等高温物体的辐射中就含有大量的近红外线。另外,大气、烟云等吸收可见光和近红外线,但是对 $3\sim5\mu m$ 和 $8\sim14\mu m$ 的热红外线却是透明的。因此,这两个波段被称为热红外线的"大气窗口"。利用这两个窗口,可以使人们在完全无光的夜晚,或是在烟云密布的战场,清晰地观察到前方的情况。利用光谱进行成像时,其机理基本相同,不同之处在于对光学谱段的细分和同时分别成像。

微波成像传感器由发射机、接收机、转换开关和天线等构成,通常工作波长范围为 1mm~10m，有主动遥感和被动遥感两种方式。首先由发射机产生脉冲信号，再由转换开关控制，经天线向观测区域发射脉冲信号；然后由地物反射脉冲信号，也由转换开关控制进入接收机；最后将接收的信号在显示器上显示或者记录在磁带上。电磁波可由幅度、相位、频率以及极化等参量完整地表达，分别描述其能量特性、相位特性、振荡特性以及矢量特性。目标对电磁波的调制主要体现在幅度、相位、频率及极化特性上。这种调制作用由目标本身的物理结构特性决定，不同目标对相同特征的入射波有不同的调制特性。由于微波穿透能力很强，可以全天候进行观测。常见的微波遥感成像方式有 SAR 和相干合成孔径雷达（Interferometric Synthetic Aperture Radar，INSAR）。

关于目标成像机理，有三点观察：一要考虑地物目标本身能量运动的时间节律特性。地球本身所蕴含的能量，秋冬的时候向内部收藏，春夏的时候向表面生发，冬至是收藏的极点并开始转向生发，夏至是生发的极点并开始转向收藏。地物目标的这种周而复始的能量运动，导致其自身能量辐射的周而复始，表现为春温、夏热、秋凉、冬寒，最终反映在图像上有时间节律变化。这种节律不仅表现为年节律，还表现为日节律、时节律。二要考虑目标内部变化的外在反映。目标内部组织结构发生运动变化时，有些会反映到目标的表面上来，从而能够被传感器所探测，这是由外知内的根本依据。要研究这种内外关系，必须针对具体目标进行具体分析，然后进行规律的总结和推广。三要考虑电磁波携带信息与目标本身信息的关系。光学成像载荷依靠电磁波的幅度、频率等变化来携带目标信息，微波成像载荷依靠电磁波的幅度、相位、频率、极化等变化来携带目标信息。目标的形状、结构、材质、纹理等本身具有的特征，如何通过上述参数来反映，反映得精确程度如何，如何处理其中的"同质异像，异质同像"非线性问题，也需要从方法论上予以考虑。

1.3 图像解译典型问题分析

针对图像解译中出现的体系定位不准、环境适应性弱、深层信息提取不足、新型目标识别难、时效性低等问题，研究上述问题的成因，对已有图像解译理论和方法进行丰富、优化和完善，对解决上述问题的方法途径进行探索。

1.3.1 体系定位问题

1. 问题的提出

所谓体系运用问题，就是从联合情报体系的整体来观察图像情报的定位和运用问题。立足联合情报体系的整体，如何跳出图像看图像，发挥图像情报长处优势、规避短板弱项，拓展图像应用种类和范围，与其他情报手段优势互补，提升情报保障效益，这是体系对图像情报提出的基本要求。

目前，随着传感装备的不断发展，应用样式的不断更新，图像情报的工作范畴也在不断拓展。①支撑作战上由对地进攻向多样化拓展。在服务于对地突击目标情报需要的传统任务基础上，还要服务于防空反导、信息攻防等多种作战样式的情报需要。例如，图像用于对地突击作战时，战前核查解决要不要打的问题，战时目标指示解决是否打得准的问题，战后评估解决目标毁伤效果的问题；图像用于防空作战时，平时监视解决机场和航母停驻飞机动向问题，空中警戒照相解决冲突查证以及外交话语权问题；图像用于反导作战时，平时监视解决导弹发射征候问题，战时预警解决"拉铃"和真假弹头识别问题，战后评估解决弹头是否被打掉的问题；图像用于信息作战时，舆情分析解决心理战效果评估问题。②观测范围上由陆地和海洋向空天拓展。在以航天航空对地海面大中型目标观测的传统模式基础上，还要能够对空天各类目标进行观测。例如，依靠卫星携带的成像侦察设备可对全球范围内大中型目标进行侦察监视，依靠卫星携带的红外成像设备可对出大气层的弹道导弹进行预警监视，依靠飞机携带的成像设备可对各作战方向大中小型高价值目标进行侦察监视，依靠地面大型光电望远镜网可对指定的太空目标进行监视，依靠地面大型相控阵雷达可对弹道导弹进行逆 SAR 成像，依靠低轨卫星上的成像设备可对高轨卫星进行侦察监视。③情报成果上由目标向环境和态势拓展。在传统的地海面目标情报的基础上，向处理生成战场环境和态势情报拓展。例如，所生成目标情报的要素，从位置、类别和型号等比较单一的要素，向个体、状态、运动、三维和真假等多元复合要素拓展；所生成的战场环境情报，在战场地形、植被、水文等要素基础上，向电力线、铁丝网、遮蔽物等细小地物拓展；所生成的态势情报，由海洋的大中型舰船目标态势，向陆地的车辆和空天的无人机、导弹目标态势拓展。

随着图像应用的种类和范畴的拓展，图像情报的重要性得以提升，但是压力随之而来。靠图像情报能够胜任哪些任务，哪些任务由图像情报单独难以完成，如何与其他手段一起各自发挥优势而形成有机整体能力，都需要进行深入研究解决。在这个过程中，要考虑图像情报的客观属性，既不能自高自大包打天下，也不能妄自菲薄效用不足。

2. 联合情报体系融合运用的机理

联合情报体系融合运用的机理是将分散的情报资源转化为有机整体，形成"1+1>2"的增量。但是，增量是怎么形成的？有几个演进阶段？背后的哲理是什么？这些问题都要回答清楚。

联合情报的基础是图像侦察、雷达探测、通信侦察、电子侦察等各类传感器的网络化、一体化运用，体现为数据融合的不同阶段[13]，具体包括两个层次和4个演进阶段，如图1-1所示。

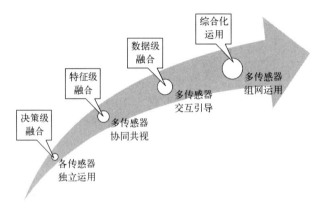

图1-1 联合情报体系运用两个层次与4个阶段示意图

第一个层次是传感器运用方面，按其融合的程度，可以分为4个阶段：一是各传感器独立运用，通信侦察、雷达探测、图像侦察、电子侦察等各类传感器各自独立侦察探测、互不相干，由于所观测战场和目标不同，情报处理上可以叠加显示、对比印证，但是难以融合；二是多传感器协同共视，通信侦察、雷达探测、图像侦察、电子侦察等各类传感器，面向同一战场和目标进行侦察预警，情报处理上可以一体显示、融合处理，达到补全目标属性要素的效果；三是多传感器交互引导，通信侦察、雷达探测、图像侦察、电子侦察等各类传感器之间直接共享信息，一个传感器可交互引导另一个传感器配合侦察探测，将情报预处理推向传感器前端，形成增大目标发现概率、提升时敏目标定位速度的效果；四是多传感器组网运用，通信侦察、雷达探测、图像侦察、电子侦察等传感器组成覆盖陆海空天的有机网络，一点动、全网动，以对抗对方的作战网络，达到对战场网络化时敏目标快速准确掌握的效果。传感器的融合运用，关键在于事先的统一任务规划，以及事中随情况变化的即时调整。上述4个层次的逐层递进，依靠的是联合情报理念的牵引，依靠的是传感器自动化和智能化技术的应用，实质是将数据级融合的关口前移，将情报级融合的关口集中。

第二个层次是信息融合方面，信息融合的层次依赖传感器融合的阶段。一是传感器独立运用阶段，信息融合主要体现为决策级融合，即专业情报机构利用所属专业传感器，各自独立得出情报分析结果，情报中心对这些结果进行进一步融合，构造战场目标和事件的时间链和空间链，得出过程更完整的结果。二是传感器协同共视阶段，信息融合主要体现为特征级融合，各专业情报机构依托所属专业传感器，各自独立进行数据处理，得到战场目标的相关特征，情报中心以战场目标为核心，综合运用这些特征进行分析判断，得出要素更完整、更准确的结果。三是传感器交互引导阶段，信息融合主要体现为数据级融合，各专业情报机构利用各传感器执行任务、自动共享数据，对数据进行时空对准，运用相干/叠加效应和空间位置关系，增强目标强度、降低噪声强度，得出要素更完整、位置更准确、过程更快速的初步结果，情报中心同步接收多传感器数据，辅以各类情报知识库，人工研判重点目标属性。四是传感器组网运用阶段，信息融合是数据、特征、决策各级融合的综合运用，各类传感器为网络中节点，通过网络共享侦察监视任务和数据，按照网络效益最大、出动最少等原则，自主开展战场侦察监视，开展传感器级别的数据和特征融合，情报中心作为网络节点，同步接收传感器级融合数据和结果，进行决策级融合。

3. 图像与其他手段联合运用方法

图像具有4个主要优点：一是形象直观，图像的形式符合人类视觉的要求，尤其是彩色可见光图像，与人类视觉的图像相同；二是位置准确，利用大地控制点进行正射校正后的图像，其全球地理坐标的绝对定位精度很高，图像内目标之间的相互位置关系保持准确；三是信息丰富，可反映目标的颜色、尺寸、纹理、三维、温度、材质、运动等属性，目标识别能力较强；四是环境适应性较强，SAR、红外等图像可全天时、全天候工作。

同时，图像也具有明显的劣势：一是数据量大，存储容量要求高，传输压力大；二是处理复杂，难以直接使用，需要通过复杂的处理和解译过程；

三是时效性低,传输、处理、解译耗时长;四是对目标内部情况反映少,多数反映目标表象情况;五是对特性积累要求高,对未积累特性的目标难以判别。

与图像相比,雷达探测、通信侦察、电子侦察等手段获取的情报,具有时效性高的显著优势,部分还能获取内涵信息,有的具有持续监视的能力。这些手段与图像构成很好的互补关系,可以在多手段运用过程中优化图像应用的时机和方式,形成多种联合运用模式。

(1)引导模式。比如通信侦察、雷达探测、电子侦察等情报可引导图像情报使用,增强图像情报使用的针对性。具备舰船探测的雷达发现可疑舰船目标后,可引导航空航天图像情报进行识别确认。利用图像情报和电子情报进行舰船编队监视时,先用电子情报快速粗定位和编队状态估计,再用图像情报进行精确定位和编队队形识别。

(2)印证模式。某些情报可以给出图像情报所反映现象的"真值",对于积累图像情报处理和解译的经验具有重要作用。例如,通过现势图像与历史图像对比分析,发现某阵地新建卫星通信天线一座;对比其他来源情报,该阵地先前完成了超短波通信站和卫星通信站建设并投入运行,通过对天线尺寸、关联卫星等进行分析,可以确认图像反映的是卫星通信站。再如,相关情报预报重要机型的转场飞行情况,可以通过图像情报监视其降落机场来印证情况是否属实。

(3)补充模式。某些情报可以补充图像情报所难以获取的属性,对于完善图像情报要素和内容具有重要作用。例如,靠其他情报获得大地控制信息,可用于精确纠正图像几何形变;靠其他情报获得相关区域地物或者目标特性数据时,可提高图像分类的精度,丰富地物或者目标的属性。

(4)底图模式。图像情报由于其位置准确性和形象直观性,可以作为其他情报的底图来使用。将其他各类情报获取的战场目标、事件以符号的方式在底图上分层叠加,可以构建逼真的战场态势一张图,更加有利于指挥人员和作战人员感知和使用。

1.3.2 环境适应性问题

1. 问题的提出

图像解译工具系统的环境适应性问题,其实是工具系统对各种干扰的稳定性问题。干扰主要来自于几个方面:一是天的干扰,如光照的不足、顺光逆光、云层遮盖、雾霾笼罩、雨雪衰减等干扰；二是地的干扰，如地形遮蔽、植被遮挡、植被四季变化、冰雪覆盖、建筑簇拥、道路变更等干扰；三是人的干扰，如目标伪装、掩蔽、示假，人类各种活动等干扰；四是载荷的干扰，如平台振动、聚焦不良、失效像元、角度变化等干扰。上述这些干扰都将附加在图像上，从而出现目标遮挡、目标模糊、目标变形、目标亮度不均、目标背景杂乱、目标与背景对比不良、定位信息失真等各种现象。

通常的图像解译工具系统都是在一定的分辨率范围、一定的目标尺寸、较为干净的背景、对比良好、正视投影等较为严格的范围限定下设计的，对于变换目标、尺度、分辨率、倾角、对比度等情况很难适应，对于其他的遮蔽、笼罩、覆盖等干扰情况更加难以应对，从而造成了所谓的环境适应能力弱的问题，严重制约其应用效益发挥。

究其原因，主要是"就图论图"思维惯性的影响，对天地人以及载荷等各种变化对图像的影响没有系统考虑，去除各种干扰导致的"客色"的技术体系不够系统和完备。

2. 典型目标变化的时空规律

目标作为由人员、装备、阵地构成的复合生命体，受到天地人各种因素的影响，其内部会发生规律性变化，外部会显现出变化的图像。

人员受天地人的影响主要表现为3个方面：一是人员活动规律。人员的作息制度是按照本地时来安排的，本地时的确定既决定于天时（天的影响），也决定于地域时差（地的影响）；人员按照作息制度在营区内进行一日起床、训练、休息等活动，呈现非常明显的时间规律性。二是人员着装规律。人员通常着制服，执行随季节转换和地域气候特点的换装制度，其着装具有明显的时间节律（天的影响）和地域特点（地的影响）。三是其他活动规律。例如，人员按照职级安排不同规格和数量的车辆等保障设备，这种部队级别与保障车辆的对照关系反映的是人的影响。当图像中反映出不符合上述规律的现象，则可能出现异常而应关注。

武器装备受天地人的影响主要表现为3个方面。①时间对武器装备使用的影响。部队通常建立了时间较为固定的装备维修维护工作制度，到时即安排装备关机开展维修维护工作。某些装备对时间非常敏感，如挂载可见光侦察设备的飞机、卫星等平台，在夜间通常都关机；由于电离层具有随太阳黑子浓度变化的11年周期节律，夏天电子密度大于冬天的季节规律，以及白天电子浓度大于夜晚、中午电子浓度大于早晨的日节律，依靠电离层反射传播来工作的天波雷达的开关机和探测效能也明显具有多种尺度的时间节律。如各国飞机、舰船的例行性侦察、巡逻也具有一定的时间规律性和地域规律性。还有，依托电磁波的武器装备受到雨衰的影响，在雨雪天气的应用效能下降很大。鸟类随季节迁徙也会形成空中安全风险。寒冷天气容易使武器装备积冰。②地域对武器装备的应用影响大。例如，雷达的探测威力受地形影响显著，容易遮挡而形成探测盲区，从而雷达站的部署通常选在山顶等空旷地域；通信装备的范围也受地形遮挡影响，容易出现通信盲区；高寒山地的低温、多变气候容易使武器零部件损坏，气压低和空气密度小易使弹道增长、落弹密集度降低；不同的道路系统对武器装备的机动运输也产生影响，桥梁承重不够、涵洞转弯半径不足则使得特种车辆不能通过；风沙的侵蚀容易产生设备接触不良，强光照射容易使得橡胶部件老化，供电设备化学反应加快而老化。③人文对武器装备应用的影响大。最为典型的例子是民用电磁频谱设备的类型丰富和数量扩大，产生了复杂的电磁环境，对于用频的武器装备使用带来很大影响，有的甚至不得不调整部署。例如，民间各种节日活动也会对环境造成影响，释放孔明灯、气球容易产生空中安全风险。另外，天地人对武器装备的影响也将反映到遥感图像上，如装备表面的温度随时间周而复始地变化，在红外图像上有节律性地变化。

　　阵地设施受天地人的影响主要表现为3个方面。①时间对阵地设施的影响。阵地设施的建筑具有风化和老化的时间节律，从而通常有时间比较固定的维修维护工作制度，可能会关闭阵地停止使用武器装备；另外，成像时太阳照度不良或者顺光逆光情况，会导致目标图像的色度不均衡，影响图像解译工作；出现云层覆盖时会遮蔽目标部分或者全部地域，无法获得目标图像，导致解译工作无法执行；雾霾或者薄云笼罩时会产生模糊效应，影响目标图像中的细节。降雪会对阵地照成覆盖，遮蔽阵地本来模样，无法获得目标图像。②地域对阵地设施的影响。阵地设施都要随地形而建，尤其是在山区、丘陵、高原地带；植被的四季枯荣也对阵地设施造成影响，可以遮蔽部分建筑设施，也造成四季的目标图像差异很大；不同地域的气候差异对设施的防护要求不同，南方防湿气，西方防风沙，北方防高寒，都需要专门的防护设施予以配套。③人文对阵地设施的影响。首先影响阵地内各类设施的建筑风格和平面布局，各种派别的建筑风格各异，顶部和侧部颜色纹理差异，北方干燥寒冷，多用粗犷豪放、气势雄浑的色彩，南方炎热潮湿，多用清幽淡雅的颜色；布局上来看位置在平原时多坐北朝南，位置在山地时多依地形而建；

军事对抗中为保护目标，还要使用伪装器材对目标进行伪装，放置充气或木质假目标来迷惑对手。

图像解译工作，就是要在天、地、人时空中，牢牢把握目标的生命现象，洞悉其各种故障特征及其成因，通过目标随时空变化而呈现的各种现象，去掉时空变化导致的背景信息，发现目标本身的蛛丝马迹，由外在表现而推导内在变化，进而判定其应用上的意义。

天、地、人时空给目标带来的是附加的影响，不是目标的本来属性，从而进行图像解译时要去除这些附加影响，基于目标的本来面目进行解译，才能得到正确可靠的结论。在图像解译上，要将天、地、人附加在目标图像上的"客色"去掉，还原其"本色"，基于目标"本色"开展解译工作。这些"客色"包括：一是目标时间节律变化的图像反映，如铁质的装备外层、混凝土的建筑外面的温度随时间变化、照度随时间变化，导致的可见光图像像素值和红外图像像素值的变化；二是目标图像受到云层、雾霾、雨雪、植被、伪装、隐蔽、假目标等各种干扰，要将这些变化去除掉；三是目标图像受到平台载荷的不正常干扰也要去掉。从情报解译上看，天地人所附加给目标的时间节律、地域特色、人文影响后出现的情况，都是对目标活动的一种客观规律，符合这种规律的情况可以被认为是正常情况，违反这种规律的情况则可能是异常情况，需要引起高度关注并加强分析。

1.3.3 目标深层信息提取问题

1. 问题的提出

目标深层次信息提取问题，其实是"由表及里"的表里关系应用问题，落实到图像解译上却是知表易、知里难。"里"代表着内涵，代表着本质，代表着事实真相；而"表"则代表着表象，也容易受到各种干扰，而图像能获取的主要是表层信息。如何处理"知里"问题，是困扰图像解译的重大问题，也是图像在应用中受到质疑的主要原因。

（1）明白表、里的关系。表、里两者是完全独立而互不相关的，还是具有深刻联系的？这是个哲学问题。如果两者互不相关，则利用图像就无法知里；如果两者相关，则利用图像就具备一定的知里能力。从哲学上看，里一定显于表，表与里必然密切相关，根源在于万物是生命体，都要与环境进行物质、能量和信息的交换，这种交换都要显诸于表。实际案例也可以证实这个结论。例如，核反应堆内部运行，需要靠外界的水流来冷却，从而其运行状态可表现为出入水流的变化情况。

（2）搞清楚"表"所含有的"里"的信息是否被充分地利用？除了颜色、形状、纹理等基本信息外，是否能够通过各种图像变换，将体现"里"的信息提取出来。在图像实践中，对于敞口的目标，虽然其口部由于照度不良，图像信息很微弱，但是利用同态滤波等技术进行处理，则可以将这些微弱的细节信息还原回来，看清口部的一些情况，从而形成一定的"知里"能力。

"表"与"里"之间到底存在什么样的本质关系，由"表"到底能知道哪些"里"？这是需要深入研究解决的问题。

2. 典型目标的表里关系分析

要想获得目标的深层次信息，就要具备对目标的"知里"能力，这个能力越强，则能够获得的信息层次越深，其应用的价值也就越大。目标作为由人员、装备和阵地组成的有机生命体，不同类型的目标，其表里关系也不相同。是否目标的每个组成部件都会在表面成像，目标的组成部件之间是否存在密切关系，这种关系的变化是否会体现为表面成像？需要靠图像解译人员加强对目标内部运行机制的掌握，同时分析其各种情况下的图像表现，逐个建立起对照表，积累形成数据库，支撑图像解译和情况判断。

开展目标表里关系研究，主要关注3个方面的内容：一是从输入与输出来探察目标内部信息，将目标作为一个整体，目标与外界之间必然形成了输入与输出的关系，呈现为物质、能量和信息的交互，通过图像观察这些交互可获得目标内部深层次信息；二是通过目标关键部位状态变化的特殊图像表现来探察目标深层次信息，关键部位的特殊图像表现往往与目标的运行状态具有密切关系；三是依据目标体系的整体情况来反映具体目标的深层次信息，即由同一个体系内的此目标状态信息，推断彼目标的状态信息。

下面针对典型目标，举例说明其表里关系。

建筑类目标毁伤评估中的表里关系分析。利用精确制导弹药对建筑类目标进行毁伤时，有些毁伤情况可以从表面获得，如建筑物倒塌、起火燃烧等；有些毁伤情况难以从表面获得，尤其是一些弹药穿透建筑物墙壁而在内部起爆，对内部的毁伤情况难以判明。此时，就需要进行表里分析，靠表面获取的多源信息判断其内部毁伤情况。例如，通过图像观察爆炸所产生的火焰和浓烟，若其具有足够威力和扩散范围，则可判断内部人员难以活动；通过图像查看后勤保障、给养运输等情况，若没有水电油汽及食物供给，则可判断内部毁伤；可以侦测建筑物内诸如电台、智能手机等发出的无线电波，若没有无线电波发出，则很大可能内部已经毁伤；利用图像查看建筑物周围人员活动情况，若没有人员活动，则很大可能该建筑物已经废弃不再使用。

地下核设施目标的表里分析。在地下开展核爆试验可以控制污染扩散、验证核爆威力、发展核武技术。但是由于设施处于地下，特别是在大山深处，其内部情况很难判断。在设施建设过程中，通过图像监测其土方作业，可以初步获得其地下坑道的容量，结合山地的地形和地质数据，可推断其坑道直径、走向等内部信息。在核试验结束后，可以通过图像监视山体滑坡的情况，确定滑坡的位置、宽度、滑下的距离，结合地震监测和地质构造数据，可以初步判断其试验位置、爆炸当量等深层信息。通过图像监视其地表车辆、人员和物资的变化情况，可以初步判断试验的时段，结合当前的国际形势也可判断其试验的政治、军事、外交目的等深层信息。

战斗机装备目标的表里分析。战斗机的种类比较多，体型结构也有很大差别，依靠其表面图像来判别类型相对容易，但是判断其工作状态就比较困难，需要进行由表及里的分析。例如，红外图像中可反映飞机油箱的油量情况，根据油量的满、半、空等信息，可以判断战斗机再次升空的可能性；利用红外图像还可以观察战斗机及停机坪的温度情况，可以据此分析发动机开机或者关机的时刻；利用光谱图像可以观察飞机蒙皮材料的变化，研判是否采用伪装材料、材料疲劳现象等深层次信息。

如上所述，目标内在信息与其外在图像表现之间存在关联关系，但是这种关系不是简单的"一对一"、清晰、定量的关系，而是存在"多对多"、模糊、定性关系，从而开展目标深层次信息分析，要基于情报解译思维，采用恰当的图像解译方法。

非线性分析方法是用于处理大量复杂非线性关系的方法论。在复杂非线性巨系统研究中，通常采用3个原则：一是复杂问题简单化处理，就是抓住复杂问题的主要影响因素进行分析研究；二是模糊问题清晰化处理，就是尽量能绘制出复杂问题的图像来，将其中模糊的内容予以可视化，在清晰绘图的过程中降低模糊性；三是定性问题定量化处理，就是要建立复杂问题和主要因素之间的模型和方程，测量计算具体的数值，达到定量计算分析的水平。上述这3个原则的本意是通过把握复杂问题的纲来统筹处理其复杂的目。事物在纲的层面往往是简单的，在目的层面往往是复杂的，目是纲在各种情况下的具体表现。

1.3.4 新型目标识别问题

1. 问题的提出

新目标识别问题是一个典型的"已知与未知"问题,也是图像解译面临的永恒的课题。所谓已知,就是事先掌握目标的资料、特性,然后依此为基准去判别出现的目标;所谓未知,是指场景中随机出现的新目标,而没有事先掌握其资料,或者目标出现了一些新的表现,而没有资料表明这种表现出现的原因。

应该说,无论是经验知识型、模式识别型,还是人工智能型的图像解译理论都是建立在"已知"基础上的,都需要积累目标的特性和知识资料。对于典型目标,这种积累包含3个层面:一是基本情况、工作原理、要素构成等基本信息的积累;二是可见光、红外、SAR、高光谱、多光谱等图像切片或者样本的积累;三是基于这些图像所凝练的识别特征,有些识别特征是服务于人类视觉的,有些识别特征是服务于机器视觉的,这两类特征通常是一致的,但是也有差异存在。这种积累工作通常需要长期的跟踪,并在实践中不断进行验证。

如何处理"未知",仍是图像解译领域的一个薄弱环节,尚无有效的方法予以应对,容易出现误判情况。例如,美国曾有一份绝密报告说,卫星侦测到中国南部福建省可能存在一个大得无法想象的核基地。"中国南部福建省的 $600km^2$ 范围有 1500 余座不明性质建筑物,呈巨形蘑菇状,与核装置极为相似,这很可能是大得无法想象的核基地,可见,中国核能研究已登峰造极。因此,查清这些可疑建筑物的性质十分必要"。但是,他们一直无法查清,直到我国改革开放后,1985年12月美国派出核情报人员以旅游者的身份到福建南靖县进行实地考察后,并拍了大量图像,才弄清所谓核基地是我国已有 600 多年历史的客家土楼。这个事例说明,对于未知目标只有加强核实和充分研判,才能获得正确的结论,古板地套用固有的知识和经验,将会造成严重的判断错误。

如何处理"未知"的新型目标,既需要在理论上予以突破,也需要在方法和技术上寻求支撑。

2. 典型新型目标情况分析

目标是由人员、装备和阵地构成的有机生命体,任何目标都离不开这3个要素,从而所谓新型目标的问题,就是这3个要素各自的发展变化与其组合变化问题。

从部队人员上来看，新型目标问题主要有3个来源：一是新组建的部队，包括军种、番号、任务等，如相关国家正在组建天军，这是一支新的作战力量，表现为其服饰、标记、行动特点的变化；二是部队规模调整，适应作战使命的变化，部队的人员数量进行扩编或者缩编，增加新质作战力量规模，压缩传统作战力量规模；三是多专业合成。在一支部队内部进行专业调配与合成，在当前联合作战时期是常态，基于要素编组部队是基本的部队培养和使用模式。

从武器装备上来看，新型目标问题主要有3个来源：一是新型武器装备，随着技术进步发展出新型武器装备，如攻击武器在传统导弹的基础上，拓展出动能、定向能等新式武器，利用人工智能技术，发展出战场上全自主作战的智能武器；二是已有武器的变形，如飞机、舰船、车辆的局部结构调整，涂抹伪装、隐身材料后的武器装备，以及随机设置的假目标等；三是已知武器装备的组装，通过对已有武器装备的有机组合和装配而构造新型目标，如飞机挂载不同的侦察设备和导弹武器，通用车辆平台搭载多种武器系统等。

从阵地设施上来看，新型目标问题主要有3个来源：一是新型阵地构型，由于新型武器装备的作战特点要求，以及新质建筑材料的发现，所构建的新型阵地结构；二是已有阵地的变形，如为适应地形而变更的阵地结构，考虑风向特点的跑道朝向调整，采取伪装、隐蔽等措施的阵地设施等；三是随机设置的假目标，应用铺设、绘制、涂抹等技术，在地面构建的假建筑物、假跑道等假目标。

研究新型目标的应对问题，要回归到目标实现其作战功能所必然具有的本质属性上，只要掌握了这些本质属性，即可初步判断其基本情况，从而将未知转为已知，再结合其他手段获取的情报资料进行深入分析，逐渐掌握其具体深入情况。对部队人员目标，需要把握的本质属性包括部队人员规模、驻扎特点、行军方式、活动特点等；对武器装备目标，需要把握的本质属性包括机动能力、探测手段、打击手段、几何尺寸等；对于阵地设施目标，需要把握的本质属性包括地理范围、组成分布、建筑材质等。遇到新型目标，充分利用图像的能力，获取其本质属性，利用本质属性为目标绘制"素描"像，即可基本掌握其作战能力情况，为情报研判结论的生成提供支撑。

1.3.5 图像时效性问题

1. 问题的提出

随着战争突然性增大，作战打击准确性提高及作战节奏的加快，必然对情报时效性提出更高要求，预计未来这种趋势将更趋显著。在目前的这种情况下，即使能够掌握准确、可靠、翔实的图像情报，而没有考虑实效性，这样的图像情报也是毫无价值的。

例如，在科索沃战争中，北约军队空袭的攻击程序一般是目标侦察、数据输入、实景对照、实施攻击，这一过程至少需要几小时的时间。因此，在抗击北约空袭中，南联盟军队充分利用这个间隙，灵活机动地将导弹、火炮、装甲车辆等目标随时进行转移，当北约飞机抵达目标空域时，侦察飞机原先发现的目标已不知去向，使得不少飞机不得不携弹返回。

在海湾战争期间，美国国家图像解译中心的3000多名人员每天工作18h，仍来不及处理当日接收的大量空中侦察图像，"前线指挥官常对不能及时得到空中侦察情报感到失望。"特别是对于移动目标，待侦察结果出来，往往是时过境迁。因此，西方各军事强国都热衷于图像情报技术研究，改造图像情报处理流程，大大提高图像情报的处理效率。美军从发现目标到实施精确打击的时间，完成"发现—定位—瞄准—攻击—评估"这样一个打击链条所需的时间，海湾战争是100min，科索沃战争是40min，阿富汗战争是20min，而伊拉克战争不到10min。

图像情报时效性低的成因：一是图像数据量大，传输、存储、处理、解译等环节耗时长；二是图像解译工具系统自动化程度低，人工劳动量大；三是图像解译与用户需求之间存在脱节，情报流程不够灵活高效。

图像情报的流程问题，本质上是如何提高图像情报时效性的问题。

情报流程是一个在"情报周期"基础上发展而来的概念[15]。情报周期作为高度概括的情报活动模型，美国学者 Amos Jordan 和 William Taylor 早在1981年就对该问题进行过论述，认为情报周期包括"公开或秘密地搜集信息，处理信息以澄清技术细节，分析各种来源的信息以评估其对政策问题的重要性和相关性，向负责决策的官员分发成品"等几类活动。研究者们通常把情报周期划分为规划与指导、搜集、处理、分析与生产、分发等5个阶段。

随着网络时代的来临，传统的"情报周期"所具有的线性结构不再适合快速发展的网络世界，反而会造成"短路"，原本复杂的、迭代的情报过程被简化为单一的线性的信息处理过程。

有的学者运用"目标中心法"来阐释情报周期,该方法并不是将情报看作是一个线性过程或是周期,而是一个以网络为中心的协作过程。其目的在于构建共享式的"目标画像",从每个工作环节参与者所做的工作和所处的环境中抽取要素形成更为准确的目标画像。这种方法下的情报周期将更为节省时间,因为所谓的"画像"通常是已共享的数据库或技术性的协作平台。

"情报流程"的概念是由美军于 2004 年正式提出,出现在联合出版物 JP2-01《军事行动的联合与国家情报支援》中,用于取代沿用多年的"情报周期"概念。根据美军的解释,新概念认为"在现代情报流程中,各类情报活动的起点或终点之间没有严格的界限;它们之间不是前后继起的,而是几乎同时发生的;并非所有的情报活动都必须经过完整的情报流程才能完成。"同时,用网络拓扑结构的"情报流程",消除了单一线性"情报周期"可能造成的各类情报行动界限分明、周而复始等误解或错觉,为理解各类不同的情报行动及其相互关系提供实用模型。

2. 图像解译时效性提升的措施分析

目前,图像解译工作模式是"前端获取,后端处理分析",即前端靠平台和成像传感设备进行数据获取,依托有线、无线通信网络传递回后端情报中心,再由情报中心进行图像数据处理、图像解译,以及情报产品的分发和保障。这种工作模式存在的主要问题是通信传输压力大、情报时效性低、业务密集复杂性高、抗毁生存能力弱等。应当说,这种模式是在平时和小数据情况下是适用的,但是在战时和大数据情况下就非常不适宜,不能满足作战对图像情报的时效性要求,需要进行优化调整,其思路可以归纳为两个"前后"的理念。

第一是"前端感知,后端认知"。前端是指成像传感设备端,利用数据驱动的图像自动处理和目标识别的实时算法,进行目标候选区域的选择,可能目标类型的预判,并驱动数据传输系统,将选中的区域和目标的图像进行传输,通过滤除非感兴趣或者无价值图像数据,减轻图像数据传输的压力,从而提升传输环节的时效性。后端是指图像情报中心,要深入开发情报认知相关的技术和工具,如模型驱动的作战场景认知模型和态势评估方法,解决图像解译环节不深、不透和极度耗时的问题,提高情报解译环节的时效性。这种"前端感知,后端认知"的情报工作模式,不仅可解决情报时效性问题,还更便于控制情报中心的人员规模,战时情报中心可以灵活机动地开设,具有一定的抗毁生存能力，可成倍地提升情报体系的运行效率和保障能力。以前受制于低功耗/小型化计算设备和智能化处理技术而未能达成，现在随着人工智能技术的发展，在航天和航空领域的"星/机上处理、战术分发"模式成型，美军国防部高级研究项目局（DARPA）在20世纪80年代开始支持"杀手机器人""聪明武器"和"大狗"等研究项目，目的就是提升前端感知的智能化水平；而开展"综合学习""深度学习"等项目的研究，目的就是提升后端认知的智能化水平。在此种模式下，图像情报的时效性可由小时级缩短到分钟级。

第二是"前台求快，后台渐精"。前台是图像情报的用户，可以是相关指挥机构或者部队用户。后台是情报中心，负责进行图像解译和分发保障。由于图像中蕴含大量信息，而情报中心的解译人员不知道用户具体关注哪些情况，而用户又不知道情报中心已经掌握了哪些图像，两者之间信息不对等。导致的结果是，情报中心的解译人员要把所有情况都判断完毕，形成完整的报告再提交用户使用，而用户却从中找不到自己关注的信息，需要从大量的其他信息中筛选，而用户关注的信息，却可能由于图像解译人员认为不重要而忽略掉。"前台求快"是指情报中心把概略解译的结果第一时间推送用户，这些结果可能是疑似目标、可能目标，目标属性可以标注未判明，定位精度也可以粗略；由用户第一时间进行选择并关注，信息量足够时就直接投入使用，信息量不够则向后台提出需求；"后台渐精"是指情报中心根据前台用户的需要，以及收到数据的情况，合理安排优先级，逐步把数据的精度提高，把目标的属性判明，把目标对战役战术的影响判明，这些逐步精确的信息再推向前台用户使用。前台和后台的这种互动持续迭代，直到把问题搞清楚。

从上述图像情报流程可以看出，其具有4个显著特点。一是时效第一。采取一切可能手段尽早出情，采取指挥人员和情报人员同时面对原始观测信息进行目标识别的方式。二是直接决策。当目标识别的深度和精度满足要求时，直接由情报循环进入作战循环，形成对目标打击或者规避的决策。三是前后交替。情报保障过程采取后台计算、前台判断的工作方式，后台进行数据接收与处理，对目标进行检测和属性提取，前台依据后台输出成果结合战场态势进行目标判断和识别，前台提出需求，后台提供支撑。四是渐进深化。对目标认知是一个逐步精化和深化的过程，由基于原始数据的初步识别，到基于数据产品的中度识别，以至于到基于属性和要素的深度识别，是一个随时间展开的渐进过程。这种特点使得整个情报保障是一个围绕目标识别中心，基于前后台交替工作模式,与数据接收、数据处理、情报解译、情报分发深度耦合的过程。

1.4 图像解译的思维方法

图像解译思维问题,主要研究图像解译过程中要采用的思维方法和程序,掌握其基本规律,指导人们通过图像获得正确的结论。

1.4.1 思维的概念

探寻图像思维之前,先要搞清"思维"这个概念。"思维"由"思"和"维"两个字构成。"思",从字形上看由"心"和"田"两个字构成,意思是在心上划分网格,这个网格就是心理活动的空间。思是心的体验,是心理活动。思也具有层次不同,低层次的思是思考,高层次的思是参悟。"维"是指维度,即观察事物时所展示的视角、视野和深度等。通常的概念中,一个点的维数为0,一条线的维数是1,一个平面的维数是2,空间立体的维数是3,运动的三维空间就变成了四维。综合上述认识,"思""维"两个字合起来就是心理活动空间的维度,也即研究思考问题的时空。

在应用思维解决问题时,要注意思维的特性。

(1) 思维的相对性。研究问题要确定其时空,在不同的时空下,研究同一个问题得到的结论可能完全不一样,从而任何结论都没有绝对的对与错,都是随着时空而相对存在成立的。例如,虫子要想从竹子里面出来,向上竖着咬破竹节爬出来和横向咬破竹壁爬出来,就是二维和三维不同时空思维的具体体现。再如,对图像解译来说,采取不同的视角时,得到的结论也不同。对于同一条公路,地面力量关注的是其对各类军用车辆的通行能力,空中力量关注其能否起降飞机,导弹部队关注其能否成为导航的地标,从不同的时空中对公路得出的解译结论可能完全不同,但是在各自的时空中也都正确。

(2) 思维的包容性。包容性的本质是视野问题,视野是看待事物的广度。大时空包容小时空,小时空下得出的结论是大时空下的一个特例,超过那个时空,结论可能就不成立。全息、立体、广角是对视野的要求,不能全息则只见片面,不能立体则难明结构,不能广角则收摄不全。例如,接近光速的物体运动,就得用爱因斯坦的相对论公式,在平常肉眼可见范围内的运动,相对论公式就降维而变成了牛顿运动定律。再如,对图像解译来说,在战役和战术两个时空下解译同一个目标,往往得出不同的结论。某个目标在战役层面至关紧要,而战术层面甚至没有作战价值,极端情况下甚至对于达成战役目的有危害。此时,形成结论时要求战术服从战役、小时空服从大时空。

(3) 思维的适度性。研究问题时的时空越大越好、还是越小越好呢?针对具体问题,时空该是几维就用几维。时空用的大带来复杂性,把简单问题复杂化了;用的小又涵盖不全,难以揭示问题的本质。例如,研究气候变暖就得用全球的时空,区域局部的时空就不能得出正确的结论;研究海岸线就得用分数维时空,否则难以揭示海岸线结构的本质。再如,图像解译过程中,研究战略目标就得用战略层级的时空,要在国家的政治、经济、社会、军事等整体背景下,综合气象、地理、人文、电磁、网络等诸多要素来共同探讨,缺一要素则结论不能可信。

(4) 思维的深度性。思维深度是看待事物本质的水平,体现的是解译人员"求本"的能力。在恰当的时空下,思维深度大的人,看待事物一针见血,一下子就能抓住本质。能于"细微处见真章",就体现了思维的深度,即虽然表面现象容易隐藏,但是细节部分难以完全掩盖,细节往往暴露真实的本质性情况。在图像解译中,发现细节,由细节而探求其本质,是见微知著的常例,体现着思维的深度性。例如,由物体表面图像的亮度是否均匀,即可判定物体表面的形状是圆形或者平面,由此再推断物体的可能属性(可用于判断发射架内的物体是火箭还是遮障物)。

1.4.2　思维的程序

图像解译是一种高级的思维活动,这种思维活动一般是按照由表及里、由浅入深、由此及彼、去粗取精、去伪存真、由低到高的程序来展开的[14],它又包括分析、综合、比较、分类、抽象、概括等具体过程。其中,分析是指将事物的整体分解为部分,或者将整体中的个别特性、个别方面分解出来的过程;综合是指将事物的组成部分联系起来,或者把事物的个别特性、个别方面结合成整体的过程;比较是确定事物之间差异点和共同点的思维过程;分类是根据事物的共同点和差异点,将其区分为不同类别的思维过程;抽象是指抽取同类事物共同的、本质的特征而舍弃非本质特征的思维过程;概括是指把事物的共同点、本质特征综合起来的思维过程。

上述思维过程可以归纳为"道理法术"的思维程序。所谓"道",即天地万物运行的客观轨迹。大到天体运行、小到原子运动,其轨迹都是圆,这是不以人的意志为转移的。所谓"理",即天地万物运行的规律,规律是由人观察天地运行之道而总结出来、并上升到理性高度而形成的。由于规律是人依靠主观总结出来的,从而都有一定的局限性。不同时代的人对天地万物的认识是不同的。所谓"法",即在理之规定下天地万物运动当中不可逾越的界限,这个界限叫作"圣度",超过了圣度就叫违法,就会犯错误。所谓"术",即在法的范畴之内可以运用的手段和工具,是"过河所用的桥与船"。从层次上看,道最高,为宏观;术最低,为微观。显然,内经的"道理法术"思维程序涵盖广泛,可将前述的一般思维程序都包括其中,并将其内涵上升到天地运行轨迹的高度。掌握并灵活运用这种思维程序,为我们研究天地万物提供了多个视角。研究天地万有的现象,越往高越简单,越往低越复杂。

如何用"道理法术"的思维程序来指导图像解译工作?如何防止在图像解译出现误判、漏判等现象而导致严重后果,这就要求图像解译人员从自身的思维方式到对目标的认知,都能够做到"合道,明理,守法,通术"。

(1) 合道。开展图像解译工作,首要的是有正确的思想路线,只有这样才能不犯方向性错误。怎样才能保证思想路线的正确呢?关键在于合道,合道的关键在于求本。首先,天道决定政治,政治决定军事。图像解译作为军事活动的重要组成部分,从事该项工作的人员一定要有正确的政治方向,其行为价值一定要符合全体人民的利益,具体工作过程中才能"得道多助"进而取得胜利。其次,认识目标时要牢固树立时空观念。目标是由人员、装备、阵地构成的有机生命体。这个系统具有鲜明的时空属性。目标的图像主要由自身辐射能量和反射太阳能量而来。地球自身辐射能量随着时间有春生、夏长、秋收、冬藏的节律性变化,目标作为地物其辐射能量也随之而变。太阳辐射也具有随时间周期性变化的特点,例如太阳黑子、耀斑、太阳风等的活动周期约为11年,此时其辐射强度最大。地面某点接收太阳辐射能量也有节律变化,一日之中有子时最弱、午时最强的节律变化,一年之中有近地点最强、远地点最弱的节律变化。同时,人员和装备活动也具有明显的时空节律性。人员日出而作、日落而息为正常工作节律,其工作时间段随着地域的时差而存在很大的差异。某些装备也具有显著的时间特性,例如天波雷达由于依赖电离层的作用,而电离层具有明显的日变化律、季变化律和年变化律,从而导致该雷达的使用时机、效能发挥具有明显的时间规律特性。

(2) 明理。在图像解译过程中,首先要明白目标正常运行之理和异常故障之理,以此作为开展工作的依据。例如,对于一个机场目标,支撑飞机起降是其基本功能。飞机的一次起降需要指挥、飞行、机务、后勤等多类人员相互协作配合，依托塔台、跑道、滑行道、停机坪、机库、油库、弹药库等阵地设施，配合通信、导航、气象、信息系统等装备，来共同完成。这是其正常运行之理。机场目标的异常故障之理，表现为不能支撑起降或者支撑能力减弱，可能是各类人员、阵地、装备等一种或者多种故障所导致。常见的故障是跑道被毁伤，不能满足最低起飞距离要求；或者油库被摧毁，不能给飞机供油；或者弹药库被摧毁，不能给飞机挂载弹药；或者气象条件恶劣，飞机不能起飞；或者起飞区域内有鸟群、低慢小目标等影响飞行安全的因素，飞机不能起飞，等等。目标的正常和异常之理，为图像解译提供了根本遵循。其次要明白目标的正常/异常之理与其图像的映射关系。如前所述，这个映射关系非常复杂，可能是非线性关系。尤其是要涉及诸多细节的发现和识别确认。例如，跑道被损坏，则可能有弹坑分布其上；油库被损坏，则可能有大火和浓烟；或者会出现抢修队伍及其设施。最后要明白目标在战役战术中运用之理，即从仅仅关注目标中跳出来，在战役战术的背景下再去关注目标，了解所关注的目标在战役战术行动之中发挥的主要作用，以及为什么能够发挥这种作用，从而使图像解译结论与作战价值紧密关联起来。

（3）守法。确定了正确的思维路线后，必须保证所有的禁忌点都不能突破，就是要用正确的策略。在图像解译过程中，解译人员首先要尽量避免自己的主观性，防止落入图像分析的定势或者陷阱之中。思维定势是指思维主体受经验、知识、观念、习惯和需要等因素的影响，在考虑问题和解决问题时所具有的倾向性和心理准备。常见的思维定势包括镜像思维、愿望思维、集团迷思等。镜像思维是指根据自己熟悉的情况来推导不熟悉的情况，具有以本民族的思维方式来类推其他民族的思维方式，或者应用历史经验类推现实情况等负面效应。愿望思维是指思维主体在接收和分析信息时，总是希望得到支撑自己愿望的信息，对与自己心理预期不符合的信息"视而不见"。集团迷思是指具有较强团队意识的思维主体，倾向于拥护群体决策，而避免提出与团体不一致的意见。客观、真实、清醒是图像解译要遵守的法则，如果违背这个法则，则必然陷入判断失误之中。其次要关注目标运行的边际条件，也就是认识目标的法则。任何目标由于受到物理、化学等规律的制约，都具有边际条件，这是对目标的硬约束。简单的边际条件包括运动速度、探测距离、抗压抗毁等包线，复杂的边际条件要深入到目标功能生成所依据的物理定律。违背这些物理定律就是违法，也就不能得到正确的判断结果。例如，大型相控阵雷达阵地选址的过程中，就要充分考虑周围的地形、地貌、地质、气象、水文、电磁等情况，而且要考虑供水、供电、供油、供气等管线设置，以及为居民区开设的多级防护区域。这些法则都是让雷达正常工作必须考虑的因素。开展目标图像解译必须要遵守这些客观的法则界定，才能得出不离谱的判断结论。

（4）通术。图像解译工作要靠各种工具、技术的支撑才能很好完成。这些工具和技术体现的是思维方法、技术和艺术。常用的思维方法包括逻辑思维法、形象思维法和灵感思维法。常用的思维技术包括专家调查技术、时间序列技术、回归分析技术、层次分析技术、内容分析技术、聚类分析技术。常用的思维艺术包括演绎思维、批判思维、侧向思维、求异思维、求证思维、逆向思维、横向思维、想象思维、交叉思维、跳跃思维、直觉思维、渗透思维、辩证思维、知觉思维、平行思维等。各类文献资料均有叙述，这里不再赘述[15]。通术就是要求图像解译人员熟练掌握这些思维工具，根据不同的解译任务和场景选择恰当的思维工具。值得注意的是，近年来人工智能、模式识别领域取得了很大的发展，在深度学习、增强学习、知识图谱、内容分析等方面提供了更加有力的工具，给图像解译工作增加了强大的助力。

1.4.3　思维的规律

宇宙万有都由气的聚合而产生不同的形体，气的分散而导致形体的消亡，形体的不同来自于气的聚合方式不同。基本粒子也是气的聚合形式。进而，从最本源上看，气是宇宙万有的"同分"，宇宙万有是气的"异构"。从而，"同分异构"就成为宇宙的本质，哲学的本源。图像解译所关注的对象是目标，目标也是天地万有之一，同样符合"同分异构"的哲理。开展图像解译工作时，在思维规律上也要遵循"同分异构"的哲理。应用"同分异构"思维规律，指导图像解译工作的具体工作，重点关注3个方面。

（1）"纲目梳理清"。同分是纲，异构是目，同分是求共性，异构是求差异，由纲统目，纲举目张，以此来全面掌握纲目转变情况。例如，目标是同分，其各种载荷图像是异构，在各种条件下的载荷图像更是异构。所以要研究由目标到图像的转换渠道，以及各种条件对这种转换的影响。目标特性库的建设本质上就是要解决这个问题。先从目标在各类成像载荷、典型条件下的图像表现起步，积累实测数据资料（受各种制约，通常只能获得小样本）；再研究总结目标在图像中的特殊表现，将这种特殊表现称为特性；再研究这种特性在典型条件下出现的稳定性,若具有稳定性就称其为不变特性;最后结合目标及其成像理论,构建计算方程,以小观测样本作为输入,推导其在各种条件下的图像(通常影响成像的条件参数很多,很难全部考虑,只能做各种的简化和近似),并在这些图像中再求其特性,最终总结形成目标在各种成像载荷、各种条件下的特性,作为进行目标检测识别的依据。

(2)"是也不全是"。由同分异构的哲理可看到,同分和异构之间不是简单的线性关系,即可以归纳为自变量和因变量之间的一对一关系。由同分向异构的转换过程中,受到天地人时空中很多因素的影响,很难以简单的线性关系来表达,本质上都是非线性关系,线性关系是其近似或者特例。对于目标和图像而言,经常出现"一体多像"或者"多体一像"的非线性情况。例如,海面航行的舰船,其红外图像随着时间变化显著,甚至发生亮度突变的现象(通常在凌晨2点至3点,由海水降温缓慢、船体金属降温快速而导致),而且随着发动机等热源的启停,红外图像表现的差异也很大;又如,多种类型的装备车辆,若采用相同的车型,则具有相近的图像表现,但其内部构造、功能性质差异巨大。再如,由于战场上的对抗性,目标经常采取伪装、隐蔽、遮挡等措施,使得其图像更为复杂。针对这些情况,在图像解译时要牢固树立"是也不全是"的谨慎思维。产生图像变化的因素很多,主要因素是"是",其他非主要因素是"不全是",不能武断地认为就是"是"的因素导致,而要从多个方面去验证"不全是"的因素,从而克服判断上的武断性。

(3)"概念求上位"。同分和异构之间的层级是无限可分的。上位概念是同分,下位概念是异构。例如,制空作战目标是上位概念,则空战飞机、对空导弹、对空雷达等装备设施目标就是下位概念。若对空雷达装备设施目标是上位概念,则预警雷达、搜索警戒雷达、测高雷达、战场监视雷达、气象雷达、航行管制雷达、导航雷达以及防撞和敌我识别雷达等都是下位概念。在图像解译过程中,常常由于图像信息不足,难以确定目标的性质和状态。此时,利用"同分异构"的原理,可以先求其上位概念以定性,回过头来再判定下位概念以定量。例如,仅凭图像难以获得搜索警戒雷达的状态时,考虑当时制空作战目标的整体状态,若已经受到空中威胁,空战飞机、对空导弹等目标均已运转,则再判定该搜索警戒雷达的状态就更有针对性。

1.4.4 图像解译的思维方法

情报的思维方法是在长期战争实践中逐步总结出来的，其主要目的是透过战场"迷雾"、真正看见"山那边发生的一切"，同时防止被对手所欺骗[16]。

早在春秋末期，孙武在其《孙子兵法》中就提出了"知己知彼，百战不殆"的情报思想，即要求情报工作在敌我对抗的环境中，既要知敌，还要知己。他还提出情报分析"三不可"原则，即"不可取于鬼神"（不能迷信鬼神能预测吉凶）、"不可象于事"（不可用过去类似的情况，机械地推测当前的情况）、"不可验于度"（不可用思维定势先入为主来适应瞬息万变的战场）。他还特别强调知"道"的重要性，也就是透过现象看本质。他还列举了古战场上的32种现象，以及每种现象对应的事物的本质，用来指导图像解译发展。

法国的拿破仑在军事实践中发展出一套独特的情报分析方法，其要点包括：一是对任何情报都要保持存疑的态度，不断验证其可靠性；二是重视基本情况的研究，了解对手的意图；三是提出合理的假设，针对性制定预案，消除"情报迷雾"。这种情报思维成为现代竞争性假设方法的先河。

克劳塞维茨在《战争论》中对情报进行了定义："情报是我们对敌人和敌国所了解的全部资料，是我们一切想法和行动的基础"。他的情报思维有两层含义：一是将情况的不确定性和偶然性作为战争活动的第二大特征；二是开展情报分析，必须遵循概然性的规律；所谓概然性是指战争中偶发事件的可能性，即可通过已经发生的大量情况，去评估偶然事件发生的可能性。

谢尔曼·肯特是美国"战略情报之父""情报分析之父"，他提出包括基本描述类、动态报告类和预测评估类的情报类型划分方法，并研究了分析、综合、归纳、演绎、类比和证实等常用思维方法，促进了情报分析的科学性。他强调情报分析人员要避免思维陷进，为后续创建证伪主义、批判性思维和认知主义为基础的情报分析新方法奠定基础。

图像解译思维是对情报思维的具体化和深化运用，其中的关键就是依据图像而不拘于图像，即依据图像获取客观证据，超越图像得出尽量客观的结论。开展图像解译时要注意把握如下具体思维方法。

（1）时空思维。认识到由人员、装备、阵地构成的目标生命体，会随着时空进行周而复始的持续变化，而这种持续变化都将反映在图像上。从而，开展图像解译时，要采取各种方法将天象、地理、人事对目标的噪声影响（所谓"客色"）去掉，然后基于目标的"本色"进行研判，防止直接用"客色"而产生误判。这是"去伪存真"情报思维的应用。

（2）对抗思维。战争中对手会千方百计地采取伪装、隐蔽、诱饵、假目标等多种途径迷惑图像解译人员。要求图像解译人员要提高警惕，不能尽信图像的表现，采取尽可能的揭露伪装、隐蔽和辨别真假目标的方法，消除这种干扰。目标图像的细节往往反映其本质特征，解译工作中一定要关注目标的细节，达到见微知著的效果。这是"隐真示假"情报思维的应用。

（3）表里思维。要建立目标内部运行变化情况与所现图像之间的对应关系，在图像解译工作过程中，不应满足于依靠图像判别目标表面浅层信息，而要致力于挖掘目标内部深层次信息，由知里而提高图像情报的信息含量和应用价值。这是"由表及里"情报思维的应用。

（4）链式思维。目标本身的变化以及部署调整等有其连续性，不应该将其作为独立的事件去应对，应该综合考虑其在一段时间内的变化情况，形成针对目标的持续跟踪监视，历史的产品可以作为一种数据源加以利用。将不同时期的信息综合起来形成了时间链、证据链。通过连续掌握战场态势，了解作战地域得失、敌作战部署调整和实力消长、目标机动情况和活动状态、目标毁伤程度等变化情况，及时更新和补充目标资料，为作战行动提供连续、动态的图像情报。

（5）关联思维。事物之间具有广泛而深入的联系，这是辩证法的哲学指示。落实到图像解译中，既不能就图像而论图像，也不能就目标而论目标，而是要在实践中建立目标之间或者目标内部各组件之间的关联关系，并明确这种关联关系在应用上的价值和意义。通过这种"牵一发而动全身"式的图像分析，才能深入揭示目标运动的本意，才能够将多个目标构成有机整体，判断其动向，形成综合态势。这是"由此及彼"情报思维的应用。

第 2 章
图像解译的总体架构

本章主要论述图像解译的总体架构,可以概括为 3 层:业务层,以目标为中心,以图像为媒介,以目标信息提取和研判结论形成最终目的;方法层,采取专家目视解译和计算机辅助解译两类基本方法;技术层,基于图像解译的技术支撑体系,采用数据驱动和知识驱动两种模式构建图像解译的工具系统,如图 2-1 所示。

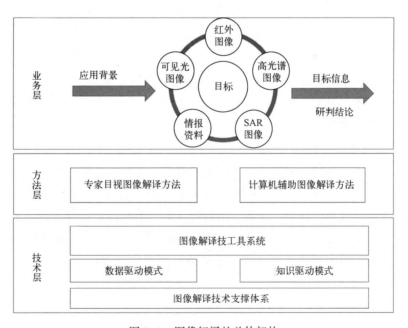

图 2-1 图像解译的总体架构

2.1 图像解译目标研究

图像解译要对地面上的所有地物目标进行分析研究,揭示事物的本质,进而提供可靠的解译结果。全球地物目标众多,有固定的地物目标,有活动的地物目标,有军事用途的,也有民用用途的等。地物目标性质不同,设施组成不同,了解和掌握各类目标的组成,可帮助解译人员对目标的性质做出正确的判断。由于目标种类太多,在此仅对部分典型目标的组成进行概述。

2.1.1 目标的概念和特征

1. 目标的定义

目标的内涵广泛[17],能够支持指挥人员实现作战目标、指南和意图的地区、建筑物、设施、部队、装备、能力、功能、单兵、团体和系统等都可称为目标,其中最为主要的是由部队、装备、阵地(建筑物、设施)等构成的复合体目标,这是作战的基本单元。

例如,工业目标应区分飞机制造厂、汽车制造厂、造船厂、钢铁厂、电解铝厂、炼油厂、水泥厂、水厂等;电力工业目标应区分核电站、水电站、火电厂等;交通目标应区分火车客运站、货运站、编组站、公路桥、公路立交桥、铁路桥、公路铁路两用桥、公路隧道、铁路隧道等;城市目标应区分目标群,军事、工业、交通子目标,市区标志性建筑,以及实施攻击行动时应当注意避让的敏感目标等。

2. 目标描述特征

目标的描述以特征为基本单元,主要有四大类特征:第一类是物理特征,如位置、形状、外貌、组成、辐射、反射、构造、材质等;第二类是环境特征,如气象、地形、伪装、关系、附属等;第三类是功能特征,如活动情况、运行状态、所需物资、冗余备份、修复重构、操作特点、防护、体系定位、关联关系等;第四类是认知特征,如信息处理、决策流程、信息输入、信息输出、信息存储、思维模式等。

3. 目标的分类

根据时敏性的不同,目标分为计划性目标和动态性目标。计划性目标是指具有足够的时间进行探测、识别和研判的目标;动态性目标是指不能及时探测、识别和研判的目标;对时间敏感目标和性质敏感目标进行高度关注。

4. 聚焦目标的一体化流程

目标工作是基于效果作战的重要组成部分。计划性目标任务分配流程是由作战意图效果指导、目标开发、武器确定与分配、任务指令确定与分配、执行计划与部队实施、作战评估等环节构成的闭环；动态性目标任务分配流程是由目标发现、目标识别、目标跟踪、目标决定、目标打击、目标评估等环节构成的闭环。情报与作战构成首尾相连的闭环流程。

5. 目标评估

在目标评估方面，建立包括性能、作战效果、胜利三类指标的评估方法，按照战术评估、作战评估、战役评估和国家评估四个级别分层组织。战术评估包括物理毁伤评估、功能毁伤评估、弹药有效性评估、预计毁伤情况分析、冲突评估、天气及环境影响、后勤保障情况等；作战评估包括目标系统评估、敌方行动及意图评估、全方位军事行动评估、目标进展情况评估、未来行动建议等。

6. 目标信息分发

基于数据链将目标以作战指令方式进行分发，目标成果是可以支持作战计算的终端区模型，平台之间可通过数据链动态调整、分配和控制兵器和目标。

2.1.2 工业目标组成

工业目标可分为电力、冶金、化学、机械制造、航空航天、城市基础设施等类别。

1. 电力工业

（1）火力发电厂主要由燃料场、主厂房、变电所、供水设备和附属设施等组成。

（2）水力发电厂主要由水工建筑物的拦河坝、发电机组厂房、输配电调压变电所等组成。

（3）原子能核电站主要由核反应堆、主厂房、辅助系统厂房、变电所、水循环系统、放射性废物处理设施等组成。

2. 冶金工业

（1）钢铁冶炼厂主要由原（燃）料准备厂房、烧结与球团厂房、焦化厂房、炼铁高炉、炼钢厂房、轧钢厂房、公共辅助设施等组成。

（2）铜冶炼厂分为铜粗炼厂和铜精炼厂。铜粗炼厂主要由焙烧厂房、反射熔炉厂房、转炉吹炼厂房等组成。铜精炼厂主要由反射炉精炼厂房、电解厂房、铸锭厂房等组成。

（3）铝冶炼厂分为氧化铝厂和电解铝厂。氧化铝厂主要由原料准备厂房、烧结厂房、浸出厂房、压煮脱硅厂房、分解厂房、煅烧厂房等组成。电解铝厂主要由电解厂房、变电站等组成。

（4）锌冶炼厂分为火法炼锌厂和湿法炼锌厂。火法炼锌厂主要由炉料准备厂房、焙烧厂房、还原蒸馏厂房、液体粗锌精炼厂房等组成。湿法炼锌厂主要由锌精矿煅烧厂房、溶浸净化厂房、电解厂房、熔化铸锭厂房等组成。

3. 化学工业

1）石油炼厂

石油炼厂主要由蒸馏装置、催裂化装置和各种润滑油精炼装置、油库和公用设施等组成。

（1）蒸馏装置：蒸馏装置是利用加热的方法提炼石油产品的设备。常减压蒸馏装置主要由管式加热炉、常压蒸馏塔、减压蒸馏塔、换热器和泵房等组成。

（2）裂化装置：裂化装置由管式加热炉、反应器、蒸发塔、精馏塔、换热器和泵房等设施组成。

（3）润滑油精制装置：润滑油精制装置由脱沥青装置、选择性溶剂精制装置、脱蜡装置和白土精制装置组成。

（4）油库：油库区由原油油罐、成品油罐和中间油罐等组成。

2）石油化工厂

（1）乙烯装置：乙烯装置由裂解炉、急冷锅炉、油气分馏塔、水洗塔、汽油汽提塔、预热器、急冷器、乙烯塔、压缩机、丙烯塔、甲烷塔、乙烷塔等组成。

（2）合成树脂装置：合成树脂装置由反应器、反应釜、分离塔、干燥塔、料仓、储罐等组成。

（3）合成橡胶装置：合成橡胶装置由精馏塔、干燥塔、聚合釜、闪蒸塔、凝聚塔、脱烃重组分塔等组成。

（4）合成氨装置：合成氨装置由气体压缩机、一段转化炉、二段转化炉、氨合成塔等组成。

3）无机化工厂

（1）硝酸铵氮肥厂：硝酸铵氮肥厂由造气车间厂房、合成氨车间厂房、硝酸车间厂房、硝酸铵车间厂房等组成。

（2）硫酸铵氮肥厂：硫酸铵氮肥厂由硫酸车间厂房、硫酸铵车间厂房等组成。

4）火炸药工厂

火炸药工厂由办公区、机修加工区、化工制药区、原材料库区、处理区、能源动力区、产品周转库区、生活服务区等组成。化工制药区是主要生产区，主要生产工艺包括硫化、硝化、乙醇、乙醚、丙酮、甘油制造等。厂区内有大量的避雷针设施，主要生产车间设有防爆围墙，附近设有用于制药车间污水排放的水池，主要建筑多为平房，分散布置。

4. 机械制造工业

1）汽车制造厂

汽车制造厂由锻造车间厂房、铸造车间厂房、冲压车间、塑料加工车间厂房、机械加工车间厂房、电镀车间厂房、涂漆车间厂房、车身装配车间厂房、车身安装车间厂房、其他车间厂房、汽车试验场等组成。

2）机车与车辆制造厂

机车与车辆制造厂是机械制造厂的一种。当机车和车辆分别独立成厂，则制造机车的工厂称为机车制造厂，制造车辆的工厂称为车辆制造厂。它们都是由铸造车间厂房、锻造车间厂房、机械加工车间厂房、木工车间厂房、装配车间厂房等组成。另外，在厂区内外均建有大量的铁路线。

3）船舶制造厂

船舶制造厂由造船、造机、水工和辅助四大部分组成。其中造船部分包括船体加工车间厂房、船体装配焊接车间厂房、船体锅炉车间厂房、管子铜工车间厂房、电工车间厂房、木工车间厂房、水工车间厂房、油漆车间厂房、帆缆车间厂房、船台车间厂房、舾装车间厂房等；造机部分包括机械装配车间厂房、船体试验站、铸工车间厂房、锻工车间厂房、热处理车间厂房、电镀车间厂房等；水工部分包括船台滑道、船坞、码头、外海防护构筑物等；辅助部分包括修理车间厂房、工具车间厂房、计量站、中央实验室等。

4）装甲车辆制造厂

装甲车辆制造厂除一般机械制造厂的设施组成外，还有发动机生产厂房、武器系统生产厂房、驾驶仪及电子器件生产厂房等。此外，还设有试车场和试验靶场。

5) 弹药制造厂

弹药制造厂分为火炸药生产厂、引信及火工品生产厂、枪炮弹生产厂,一般独立设厂。其中,火炸药生产厂包括办公区、机修区、化工区、原材料区、处理区、能源动力区、周转库区、生活服务区等;引信及火工品生产厂包括机加区、火工区、动力区、辅助生活区等;枪炮弹生产厂包括办公区、能源动力区、机加区、制药区、总装区、仓库区、靶场区、生活服务区等。

6) 电器制造厂

电器制造厂由锻造车间厂房、铸造车间厂房、板材冲压切削车间厂房、绝缘件加工车间厂房、导磁体加工车间厂房、线圈绕制车间厂房、金属件表面处理喷涂车间厂房、装配车间厂房及科研、试验、后勤辅助设施等组成。

5. 航空航天工业

1) 飞机制造厂

飞机制造厂由专用毛坯生产车间厂房、零部件制造机加车间厂房、部件的组合件装配车间厂房、部装及总装车间厂房、试验调试车间厂房、辅助生产车间厂房及试飞站、机修、动力、科研等组成。

2) 航空发动机制造厂

航空发动机制造厂由锻造车间厂房、铸造车间厂房、机械加工车间厂房、冲压焊车间、总装车间厂房、辅助生产车间厂房及试车台、油库、仓库和科研、行政办等设施组成。

6. 城市公共基础设施

1) 净配水厂

净配水厂由泵房、加矾室、沉淀池、滤池、清水池、加药间等设施组成。

2) 污水处理厂

污水处理厂由沉淀池、曝气池、泵房、化验室、污泥脱水机房、修理工厂等设施组成。

2.1.3　交通目标组成

交通目标[18]可分为铁路、公路、桥梁、港口、航空港等类别。

1. 铁路

铁路包括铁路线和车站(场)。车站(场)主要由客运设施、货运设施、机务设施、车辆设施、调车设施、编组设施等组成。

1）客运设施

客运设施一般由站房、站台、到发线、天桥、地下通道等设施组成。终到旅客列车的客运站，还建有供客车检修、清洗等作业用的客车整编场。

2）货运设施

货运设施由货物列车到发线、编组线、牵出线、货物堆放场、仓库和必要装卸机械等设施组成。

3）机务设施

机务设施由检修、整备和转向等设施组成。

4）车辆设施

车辆设施又称车辆检修设施，由修车库和木工车间等组成。

5）调车设施

调车设施由调车场、驼峰、牵出线、车场咽喉等组成。

6）编组设施

编组设施由到发线（场）、调车线（场）、驼峰、牵出线以及机务段和车辆段等设施组成。

2. 公路

公路由路基、路面、桥梁、涵洞、隧道和附属设施等组成。

3. 桥梁

桥梁由上部结构、下部结构和防护建筑物等组成。

1）桥梁上部结构

又称桥跨结构，由桥面设施、承重结构和支座等组成。

2）桥梁下部结构

由桥台、桥墩和桥梁基础等组成。

3）桥梁防护建筑物

由桥台两侧的翼墙或锥体防护坡、导流堤、防洪堤、丁坝、护岸工程设施等组成。

4. 港口

港口由码头、防波堤、引堤和护岸、港池、进出港航道、锚地、港区道路与堆场、仓库、港区铁路与装卸机械轨道、防护设施及其他生产辅助设施组成。

5. 航空港

航空港由飞行区、客货运输服务区、机务维修区等3个部分。

1）飞行区

飞行区由跑道、滑行道、停机坪、无线电通信导航系统、目视助航及其他保障飞行安全的设施组成。

2）客货运输服务区

客货运输服务区由候机楼、客机坪、停车场、货运站、加油系统等设施组成。

3）机务维修区

机务维修区由维修厂、维修机库、维修机坪和供水、供电、供热、供冷等设施，以及消防站、急救站、储油库、铁路专用线等。

2.1.4 军事目标组成

军事目标的类型多样，列举其中的军用机场、海军基地、防空雷达阵地、防空导弹阵地等予以说明。

1. 军用机场

军用机场由跑道、滑行道、停机坪、飞机掩体、飞机掩蔽库、塔台、气象台、飞机维修机库、油库、弹药库和营房等组成。

2. 海军基地

海军基地由码头、防波堤、滑道和修船台、干船坞、油库、弹药库等设施组成。

3. 防空雷达阵地

防空雷达阵地由雷达天线、工作房（工作车）、电源车等组成。

4. 防空导弹阵地

防空导弹阵地由发射区、制导区和技术保障区等3个部分组成。

1）发射区

发射区由发射装置、发射控制设备、发射掩体、导弹掩蔽部（储存库）等组成。

2）制导区

制导区通常配置有目标搜索雷达、目标跟踪雷达、导弹制导雷达、指挥控制车和电源车等组成。

3）技术保障区

技术保障区由装配库、测试库、弹头库、信管库及特种车辆等组成。

2.2 图像解译方法研究

图像解译主要包括专家目视图像解译和计算机辅助图像解译两种基本方法。专家目视解译是指人类专家依靠眼睛感知目标、靠意识认知目标以得到解译结论的过程；计算机辅助图像解译是指人们利用计算机软硬件通过计算来感知、认知目标以得到解译结论的过程。这两种基本方法所采用的基本流程相同，而流程中的具体阶段活动有所不同。

2.2.1 图像解译基本流程

图像解译作业包括资料准备、初步解译、详细解译和专题制图等四个阶段，如图 2-2 所示。资料准备阶段是图像解译能否顺利、有效开展的前提，资料收集越全，准备越充分，引导解译的效果会越好；初步解译是更好地把握呈现在图像上的目标性质，为进一步深度挖掘目标组成做准备，是流程中的第一次聚焦；详细解译是初步解译的高级阶段，是解译流程的重要环节，是流程中的第二次聚焦；专题制图是对前面各阶段的总结，并开展综合情况分析，以图文并茂形式提供信息产品，供用户使用。

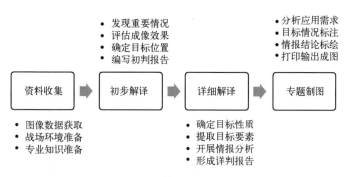

图 2-2　图像解译基本流程

1. 资料收集阶段

资料准备阶段的主要内容是了解图像的辅助信息，分析已知专业资料。①熟悉获取图像的平台、遥感器、成像方式、成像日期、季节，所包括的地区范围，图像的比例尺，空间分辨率，掌握历次成像的时间、区域、图像质量与产品应用情况等；②搜集有关目标的文字、图片、音像资料，包括目标识别手册、各类地图、工业生产流程图、信息综合研究资料等，对搜集的资料进行分析研究、去粗取精、去伪存真、判断可信程度；熟悉港口、机场、仓库等典型军事目标情况；③熟悉工业、交通、城市等民用目标情况；④熟悉地貌、地物中有明显识别特征的地标；⑤研究各类目标特点与识别特征。

2. 初步解译阶段

初步解译阶段的主要任务是及时发现急需处理的重要情况，提出综合处理意见；概略了解重要目标的照相情况；根据与相机开关机相应的地理坐标位置，概略了解实际拍照区域与拍照计划相符程度。

初步解译阶段的主要任务是识别目标，确定目标的类型属性与位置，初步对目标性质进行解译，并对具有方位意义的地标进行解译，编写初判报告。

在初步解译时，一般需要逐步开展作业，如对港口、机场进行初判时，应区分出是军用、民用或者军民两用。

3. 详细解译阶段

详细解译阶段的任务是在初步解译的基础上进一步确定目标性质，完成对目标位置、组成、规模、价值等要素的判定。

详细解译的主要内容为目标名称确定、目标性质判定、目标组成描述、目标规模能力分析和目标作用价值分析。在初步解译基础上进一步深化对目标性质的判定与描述。

在分析目标的规模（能力）时，应依据目标图像信息，以量取或测算数据为主，引用数据要加以说明。例如，需要判明机场的容机量、码头的泊位量、仓库的储量、罐器的容量等，应根据情况按有关方法计算。

4. 专题制图阶段

专题制图的目的是将图像解译获得的信息和形成的结论，以图文并茂的形式提供非图像专业人员使用。通常包括应用需求分析、目标信息标注、情报结论标绘，必要时进行打印输出成图。需求分析主要包括确定用户用图的比例尺、图像分辨率、地理范围等；目标信息标注主要是按照标号规定标注目标的名称、数量、状态、作用范围等信息；情报结论标绘主要是标绘目标未来动向、对我造成的影响等信息。

2.2.2　专家目视图像解译方法

专家目视图像解译方法是指根据图像目视解译标志和解译经验，识别目标地物的办法与技巧[40]。

1. 专家目视图像解译的基本步骤

图像目视解译的基本步骤是：总体观察，综合分析，对比分析。解译过程中要求观察方法正确，尊重图像的客观实际，解译图像耐心认真，有价值的地方重点分析。

所谓总体观察是指从整体到局部对图像进行观察；综合分析指的是应用航空和卫星图像、地形图及数理统计等综合手段，参考前人调查资料，结合地面实况调查和地学相关分析法进行图像解译标志的综合，达到去粗取精、去伪存真的目的；对比分析指的是采用不同平台、比例尺、时相、太阳高度角的卫星图像以及不同波段或不同方式组合的图像进行对比研究；观察方法正确指的是需要进行宏观观察的地方尽量采用卫星图像，需要细部观察的地方尽量采用具有细节特征的航空图像，以解决图像上"见而不识"的问题；尊重图像的客观实际指的是图像解译标志虽然具有地域性和可变性，但图像解译标志间的相关性却是存在的，因此应依据图像特征作解译；解译耐心认真指的是不能单纯依据图像上几种解译标志草率下结论，而应该耐心认真地观察图像上各种微小变异；有重要意义的地段，要抽取若干典型区进行详细的测量调查，达到"从点到面"及印证解译结果的目的。

同时遵循"先图外、后图内，先整体，后局部，勤对比，多分析"的原则。"先图外、后图内"是指先了解图像图框外提供的各类信息，如覆盖区域、地理位置、比例尺、重叠符号、注记、图像灰阶等。"先整体，后局部"是指对图像做整体观察，了解各种地理环境要素在空间上的联系，综合分析目标地物与周围环境的关系。"勤对比，多分析"是指在解译过程中进行多个波段对比、不同时相对比、不同地物的对比等。

2. 专家目视图像解译的基本方法

专家目视图像解译的最基本方法是：从已知到未知，先易后难，先山区后平原，先地表后深部，先整体后局部，先宏观后微观，先图形后线形。从已知到未知是遥感图像解译必须遵循的原则。"已知"主要指解译者自己最熟悉的环境地物，或是别人最熟悉的环境地物，如地形图及有关资料等。所谓的未知就是图像上的地物显示，根据已印证的图像在相邻图像上举一反三，然后根据图像再在相应地面上找到新的地物，这就是从已知到未知的含义。先易后难是指易识别的地物先确认，然后根据客观规律和图像特征不断地进行解译实践，逐渐积累解译经验，取得解译标志，克服各种解译困难的过程。"先山区后平原、先地表后深部、先整体后局部、先宏观后微观、先图形后线形"等步骤亦属先易后难的组成部分。例如，由于山区基岩裸露，图像清晰，而平原地区平坦，图像较为模糊，所以前者容易辨识，后者就比较困难，况且山区与平原在构造上总有这样那样的牵连。因此，一方面在解译上可以借鉴；另一方面又可用"延续性分析"不断扩展。至于图形构造、线形构造，在一般情况下，两者都易于发现。

专家目视图像解译常用方法有以下 5 种。

1）直接解译法

根据遥感图像目视解译标志，直接确定目标地物属性与范围的一种方法。一般具有明显形状、色调特征的地物和自然现象，如河流、房屋、树木等均可用直接解译法。

2）对比分析法

将要解译的图像，与另一已知的遥感图像样片进行对照，确定地物属性的方法。但是对比需在相同或基本相同的条件下进行，如遥感图像种类相同、成像条件、地区自然景观、季节、地质构造特点等应基本相同。

3）信息覆合法

利用专题图或者透明地形图与遥感图像重合，根据专题图或者地形图提供的多种辅助信息，识别遥感图像上目标地物的方法。

4）综合推理法

综合考虑遥感图像多种解译特征，结合常识，分析、推断某种目标地物的方法，如发现河流两侧有小路通至岸边，则可推断该处是渡口或涉水处，若附近河面上无渡船，就可确认是河流涉水处。

5）地理相关分析法

根据地理环境中各种地理要素之间的相互依存，相互制约的关系，借助专业知识，分析推断某种地理要素性质、类型、状况与分布的方法。

以上几种方法在具体运用中很难完全分开，总是交错在一起的，只不过在解译过程中某一方法占主导地位而已。

2.2.3 计算机辅助图像解译方法

计算机辅助图像解译是以计算机为运行环境，以可见光、红外、光谱、SAR 等数字图像为输入，以颜色、形状、纹理、阴影、光谱、反射、运动以及空间位置等为图像特征，以模式识别和人工智能技术为主要工具，结合专家知识库中目标地物的解译经验和成像规律知识进行分析和推理，所开展的图像内容检测、识别、提取、分析、制图等工作过程。计算机辅助图像解译通常可分为基于像元和面向对象的图像目标识别两种类型。

1. 计算机图像解译的基本步骤

开展计算机辅助图像解译主要包括7个步骤：①系统准备，根据解译任务的需要，准备好计算机硬件设备，以及各种软件工具。②资料准备，根据解译任务所关注的区域特点以及目标地物类型，进行地形地貌数据、目标地物知识数据等各种资料准备，并且录入到计算机图像解译系统的支撑数据库中。③图像输入，将新近获取的可见光、红外、光谱、SAR等数字图像数据输入到计算机系统中，根据时间、空间等属性建立与支撑数据库的关联。④图像预处理，开展图像的几何校正、辐射校正、匀色镶嵌、图像调整等预处理工作，使得图像更适宜于计算和显示。⑤目标检测识别，利用目标检测识别的各种软件工具，从图像中提取目标和地物要素的区域轮廓、类别型号，并计算其几何、光谱等各种属性。⑥情报分析，将所提取目标和地物的信息与应用场景相结合，采用情报分析软件工具，与其他要素进行关联分析，对其发展态势进行评估预测，得出情报分析结论。⑦制图输出，将图像解译的结果在图像上进行标注，对分析研判结果进行规范表达，形成图文并茂、数据齐全的各种信息产品。

计算机图像解译还要遵循"参数设置、自动计算，人工确认，修正再计算"的原则。参数设置由解译人员根据知识经验来完成，为计算机图像解译系统的各个环节输入控制参数，以获得最好结果。自动计算由计算机图像解译系统自动完成，从图像中提取地物目标的客观证据和数据；人工确认由解译人员依据知识和经验来完成，确定目标和地物识别的结果是否正确，有无遗漏，有无错判。修正再计算是指针对出现错漏的地方，精细调整解译软件工具的参数，再由计算机进行自动计算，迭代得到最优结果。

2. 计算机图像解译的基本方法

计算机辅助图像解译主要有如下3种常用方法。

1）模式分类方法

根据数字图像中反映的同类地物目标的光谱、反射等一致性，以及异类地物目标的光谱、反射差异性进行模式分类。主要有监督分类和非监督分类两种方法。非监督分类的前提是同类地物目标的图像特征相同假设，采取聚类分析方法，通过类间距离最大、类内距离最小的原则，将具有相似图像特征的像素分为一类,将同类的临近像素编为一组,具体方法包括分级集群法、动态聚类法等。监督聚类是先从图像中选择同类目标地物的像素作为样本,然后对样本进行学习形成判别函数,最后利用判别函数对图像中每个像素进行类别确定,具体方法包括最小距离法、多级切割分类法、特征曲线窗口法、最大似然比分类法等。

2) 专家系统方法

学习解译专家目视解译过程,建立解译规则库,开展软硬分类,进行不确定性推理。在解译知识的规则表示方面,利用产生式规则"IF(条件)-THEN(结论)-CF(确定性印证)"方法;采用传统统计分类、模糊分类和神经网络分类方法,为图像中每个像素确定唯一类别(硬分类)或者确定带有可信度的多个类别(软分类);基于图像解译支撑数据库和知识规则,对软分类的像元进一步推理,确定其唯一类别。

3) 深度学习法

采集标注大量目标地物的样本图像,构造多层卷积神经网络,将样本图像及其类别输入到神经网络之中训练获取分类器,利用训练收敛的分类器对图像进行解译,输出目标地物的区域和类型。具体方法包括卷积神经网络及其派生方法(CNN、R-CNN、Fast R-CNN等),空间金字塔池化网络(SPP-NET等),深度信念网络(DBN等)。

2.3 图像解译工具研究

图像解译是一项人机联合的工作,虽然在不同的发展阶段中,人与机的分工在发生着嬗变,机的工作由低级计算向高级智能发展,人的工作也逐步由目视解译向训练机器发展,但"人为主导、机为工具"的根本关系没有发生变化。

2.3.1 图像解译工具系统构成

总体上说,图像解译工具系统由数据支撑、图像识别、情报分析三个系统所构成,如图2-3所示。数据支撑处于底层,提供平台和输入;图像识别处于中层,属于图像数据分析的范畴;情报分析处于高层,属于图像情报分析的范畴;图像识别和情报分析系统两者不断迭代优化,形成可信的情报分析结果。

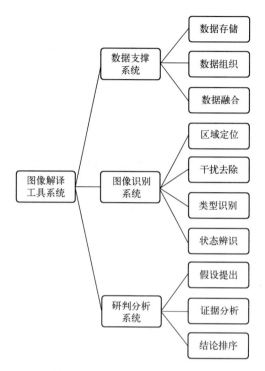

图 2-3 图像解译工具系统构成

1. 数据支撑系统

数据支撑系统的主要功能是对解译工作所需的各类数据进行组织、管理与融合等,为解译工作提供平台、输入和支撑。

1)解译数据

支撑图像解译工作的数据体系,主要构成如下。

(1)遥感图像,包括可见光、红外、高光谱、SAR 等图像,这是开展解译工作的输入,遥感图像既包括当前获取的图像,也包含目标的各个时期的历史图像。

(2)地图数据,用于描述目标区及其周围的地形、地貌、地质等各类资料,表现为系列比例尺的地形图、地质图、数字高程模型(Digital Elevation Model,DEM),条件具备的还提供数字表面模型(Digital Surface Model,DSM),其主要用途是标记已经判明的地物,同时体现着"地"对解译工作的影响。

(3)气象资料,用于描述成像时刻目标区域及其周围的光照、云层覆盖、雾霾笼罩、雨雪覆盖等,表现为气象云图、风湿温压雨等各类信息,其用途是体现着"天"对解译工作的影响。

（4）人文资料，用以描述目标区域及其周围人文活动情况的资料，如建筑形式、经济状况、民俗节日等，其用途是体现着"人"对解译工作的影响。

（5）目标资料，包括目标的历史沿革、地位作用、组成分布、结构材质等基本信息，以及阵地建设、维修、扩建等基本情况，所部署装备的运行机制、战技性能、使用方式、活动规律等，所驻扎部队的进驻、换防和变化情况，表现为各类目标的资料库、样本库和知识库，其用途是支撑目标深层次信息提取。

（6）其他资料，包括与目标相关的其他各种动向性、态势性情报资料，以及通过公开渠道（如社交媒体）获取的各类文字、图像、视频等辅助资料，其用途是对解译工作进行引导、印证。

2）数据组织

采取技术手段对解译工作相关的数据体系进行统一组织、管理和关联，实现各类数据的精准查询、快速调用、综合显示等功能，主要内容如下。

（1）空间组织。将各类数据转换到规定的空间坐标系下；同时按照"数字地球"多尺度模式，按照"四叉树"结构对地理编码的正射图像进行分级的瓦片化处理；对非正射数据按照其成像几何模型，选取"锚点"建立地理坐标。

（2）时间组织。将各类数据按其获取时刻转换到规定的时间坐标系下，并将其设置为时间线上的各种锚点，对于由于精度问题而难以确定先后顺序的数据，在时间线上予以标识，并可灵活切换其前后顺序。

（3）属性关联。根据各种数据所包含的位置信息、时间信息、文字信息而建立关联，并可以在查询中按照关联度进行排序，形成查一知全的应用功能。

3）数据融合

主要是按照前述频域融合的"构像"理念和方法，进行可见光、红外、光谱、SAR等图像的"一对一""一对多"融合，以增强目标图像效果，抑制噪声干扰。

2. 图像识别系统

图像识别系统的主要功能是对目标进行区域定位、干扰去除、类型识别、状态辨识等，目的是从图像中提取进行情报分析的各类证据。

1) 区域定位

主要指确定目标所属的地理区域范围，减小解译工作需要搜索的范围，主要包括以下内容。

(1) 对于如空军基地、海军基地、工业设施、交通运输等固定目标，基于已经建立的目标地理情报数据库，进行直接的区域定位。

(2) 对于如飞机、舰船、车辆等机动目标，按照其部署使用的要求，通过地形分析、水域分析、通道分析等方法，在地理信息的支撑下，初步确定可能区域。

2) 干扰去除

主要指去除"天地人"所带给目标的附带影响，从而反映目标的本质特性，显露目标的本来面目，主要包括以下内容。

(1) "天"之影响去除。"天"影响目标的因素包括光照不良、顺光逆光、云雾遮盖、降雪遮盖、降水冲刷、植被更替等；有的因素导致目标信息丢失，则不能当作解译的依据；有的因素导致目标信息的弱化，需要进行目标增强；有的因素导致目标信息的混淆，则需要审慎选择使用。

(2) "地"之影响去除。"地"影响目标的因素包括地形遮蔽、植被遮挡、灾害影响等；多数目标依地势而建，特别是地下、半地下的目标，受地形的影响大；遮挡所造成的目标信息丢失，此时图像不能当作解译的依据。

(3) "人"之影响去除。"人"影响目标的因素包括建筑风格、伪装措施、虚假目标等，建筑风格的差异导致同类目标的外形不同，伪装措施的使用遮盖了目标信息，虚假目标误导解译工作，都要进行影响的去除。

3) 类型识别

主要指依据去除干扰后的图像，确认所关注目标的精确位置、识别其具体的类型情况，主要包括以下内容。

(1) 关注目标确认，在目标体系和单个目标构成的框架下，主要关注改扩建的阵地类目标（如新建的工作房、延拓的跑道、新建的码头等）、部署调整的装备类目标（如固定部署的雷达、导弹、卫通等装备等）、机动部署的装备类目标（如飞机、舰船、车辆等）。

(2) 目标精确定位，依据目标的颜色、形状、纹理等特征，及其传感器图像特性（需要针对具体传感器来建立目标的图像特性库），进行目标位置和轮廓的确认。

(3) 目标类型确认。针对不同的目标，按照其"类型-型号-个体"的顺序关系,先识别其类型(如该目标是"轰炸机"),再识别其型号(如该目标是"B-2"),最后识别其个体(如该目标的机尾编号是"82-1066")。

4)状态辨识

主要是根据目标的类型,依据图像进行细致分析,获取其工作状态等相关深层信息,进而判断其异常情况,评估其能力,为情报分析提供证据,主要包括以下内容。

(1)工作状态辨识,如通过飞机红外图像中反映的油箱亮度变化,可判断其满油、半油、缺油等情况,进而判断其准备起飞、刚刚降落等工作状态;例如,通过舰船可见光图像所反映的雷达朝向变化,可判断其是否处于工作状态。

(2)异常情况判断,通过比较目标状态与正常规律的违背情况,形成对其发生异常的判断。例如,工作场所的停车场目标在凌晨时刻突然出现大量车辆,违背了正常的上下班作息规律。

(3)能力情况评估,通过目标状态的变化,评估其作战或者保障能力的变化。例如,发现跑道长度延拓、宽度增加,判断其具备保障更为大型、重型飞机的起降能力,按照机场跑道起降机型条件表来定量计算。

3. 研判分析系统

研判分析系统的主要功能是利用目标的类型、工作状态、异常情况和保障能力等证据,结合其他资料所反映的情况,在战场态势总体框架内,采用各种研判分析方法,通过假设提出、证据分析、结论排序等过程,得出战略、战役和战术各层级的分析结果。

1)假设提出方面

根据战场态势发展和所掌握的新情况,采用发散式思维,提出可能的发展变化假设,作为分析的对象,假设务求全面、客观、独立。

2)证据分析方面

针对每个假设,逐个分析由图像解译所获取的证据,判别对这个假设的支持或者否定的程度,采用模糊分析方法,尽量规避是、否的二元对立思维,尽可能通过历史证据和多元信息关联,形成证据链。

3)结论排序方面

通过综合分析假设和证据的关系,按照可能性的优先级对情报结论进行排序,并回到图像识别环节进一步查找证据,迭代上述过程,直到形成可信的分析结论,研判分析结论要回答"因、机、性、位、势"5个关键问题,即为什么会发生,发生的机理机制是什么,发生情况的性质是什么,情况发生的位置在哪里,后续发展和变化情况如何。

2.3.2 图像解译的技术支撑体系

图像解译工具系统要形成应用功能,需要一个完整的技术体系来支撑,这个技术体系要在计算机操作系统、分布式数据库系统、地理信息系统的支撑来构建。

1. 数据支撑系统的技术体系

1)数据组织

数据组织主要包括[19]:①地理空间数据瓦片技术,用于将图像、地图、高程等数据组织为全球多尺度格网下的栅格瓦片或者矢量瓦片,以支撑海量数据的快速调用和显示;②空间坐标转换技术,用于将各种椭球和投影坐标系下的图像数据转换到地理坐标系,便于进行统一表达和处理,减少解译过程中转换时间开销;③载荷成像几何建模技术,用于为航天和航空平台上搭载的前视/斜视、扫描/凝视、并列/摇摆/画幅等非正射载荷图像的地理空间定位;④基于内容的检索技术,用于按照目标名称、地理坐标等属性信息对文字、图片、表格等资料数据库进行基于内容的检索和查询。

2)数据融合

数据融合主要包括[20]:①可见光-红外图像融合技术,主要用于在可见光图像中突出红外图像所携带的温度奇异的目标细节信息,便于目标识别;②可见光-SAR图像融合技术,主要用于在可见光图像中突出SAR图像所携带的强反射目标信息,便于目标识别;③可见光-光谱图像融合技术,主要利用可见光图像的高空间分辨率和光谱图像的高频谱分辨率信息,构造高空间分辨率的彩色或者多谱段综合图像,便于人眼观察和目标识别;④可见光-红外-SAR图像融合技术,用于在可见光图像上同时红外图像所携带的目标温度异常和SAR图像携带的强反射信息,便于目标识别。

2. 图像识别系统的技术体系

1)区域定位

区域定位主要包括:①地形分析技术,提供坡度、坡向、平整度、挖方、通视、通联等地形空间分析技术,与阵地、装备等目标相结合,对其选址部署、探测威力、打击盲区等进行分析,为目标识别提供支撑;②海、陆边界提取技术[21],基于已有全球海陆边界数据,结合最新图像数据,提取海、陆分界的局部变化细节信息,更新海陆边界数据库,用于区分陆地目标和海洋目标可能活动区域;③交通路网提取技术[22],基于已有全球路网基础数据库,结合最新获取的图像数据,提取交通路网的局部变化细节信息,更新交通路网数据库,用于确定陆地机动目标活动的区域及其可通过性。

2) 干扰去除

干扰去除主要包括:①图像增强技术,用以改善由于照度不良、雾霾笼罩等导致的图像对比度不良、细节模糊等问题,如局部直方图均衡、同态滤波等方法;②云检测技术[23],用于将图像中包含的厚云等遮盖目标的区域剔除;③雪检测技术[24],用于将图像中包含的厚雪等遮盖目标的区域剔除;④植被检测技术,用于将图像中包含的浓密植被等覆盖目标的区域剔除;⑤伪装检测技术[25],用于发现图像中的各种伪装网、伪装毯、迷彩伪装等设施;⑥虚假目标检测技术,用于辨别诸如充气仿真装备等各种虚假目标。

3) 类型识别

类型识别主要包括:①目标图像特性分析技术,基于目标的可见光、红外、光谱、SAR等图像数据,结合目标知识库、样本库和资料库,分析并提取目标在图像中反映的显著特性,充实完善目标样本库;②目标特征表达与规则分析技术,提取目标在图像中所占据的区域,充分利用图像像素所蕴含的信息,进行颜色、形状、纹理、阴影、活动等各类特征提取与表达,建立目标各种特征集合与可能类型之间的映射关系的规则库,结合各种目标资料,分析每个规则的适用范围;③目标类型识别技术,采用传统模式识别领域的支持向量机(Support Vector Machine,SVM)、人工智能领域的深度学习等各种方法,充分利用目标图像像素信息、特征信息、规则信息,进行识别判断,确定目标的类型、型号和个体。

4) 状态辨识

状态辨识主要包括:①目标行为建模技术,基于对目标内部运行机制、外部活动过程及其外在图像特征的掌握,采用状态机图、活动图、顺序图和协作图等方法对目标内部运行机制进行建模,指导目标细节信息的提取,作为状态辨识的支撑;②目标状态信息提取技术,在目标行为模型的支撑下,检测并提取表征目标状态的细节信息,诸如红外图像中的飞机载油信息,舰船雷达的朝向信息等,作为深度研判的证据;③目标异常表现知识提取技术,采用知识工程中的语义网表达法、知识图谱表达法等,分类穷举目标可能出现的异常情况及其图像表现,以指导异常情况检测;④目标能力指标评估技术，建立目标的能力体系及其指标计算与评估方法，用于评估目标的作战或者保障效能，比如雷达探测威力指标评估方法、导弹打击威力指标评估方法等。

3. 研判分析系统的技术体系

目前，研判分析领域有竞争性假设法（Analysis of Competitive Hypothesis，ACH）、归纳法（如枚举归纳、排除归纳等）、演绎法（如信息推理法、逻辑推论法等）、关键因子分析法、红队-蓝队法、德尔菲分析法等相关的技术，体系比较庞杂，论述也比较多。其中，比较常用的是竞争性假设分析法，该方法最初由美国理查兹·J·休尔教授所创新出，并在《情报分析心理学》一书中详细论述。该方法经过提出假设、采集证据等大量全面、缜密的分析环节，重复不断的验证相关证据和假设、假设和证据检的差异之处、不相同等联系，最终得出可信的情报结论，有利于避免思维定势、认知约束等消极影响。

在技术体系中所列举的支撑系统建设的主要技术，由于图像解译涉及面很广，难免挂一漏万，有待后续逐步补充完善。其中，大部分具体技术也见诸各种专业著作和论文，不再赘述。

2.3.3 图像解译的数据驱动与知识驱动模式研究

1. 数据驱动与知识驱动

经过世界各国的研究者们几十年来的通力合作，在图像视觉领域发展出两个分支[26-27]：一是数据驱动分支，即所谓的连接主义，以人工智能深度学习网络方法为代表；二是知识驱动分支，即所谓的逻辑主义，以面向图像对象识别方法为代表。如图2-4所示。这两个分支各自具有其哲学基础，也分别具有优点和缺点，为了更好地应用这些技术，提升图像解译能力，简单述评如下。

回顾1.2.1节，研究了视觉感知与思维认知机理，指出视觉感知直接针对数据产生"了别"的作用，而思维认知机理要针对概念产生"识别"的作用。其实，数据驱动分支对应着"了别"，主要是眼睛视觉神经的作用；而知识驱动分支对应着"分别"，主要是第六意识（即思想）的作用。这是这两种分支背后的哲学原理。

如前所述，人类视觉起作用，先"了别"、后"识别"，共同构成是一个完整的流程。从这个意义上看，数据驱动和知识驱动是形成视觉两个阶段，

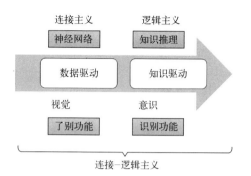

图 2-4　连接主义与逻辑主义关系示意图

前后相续，密不可分，本为一体。这就为两个分支的融合奠定基础，也是很多研究者探索"连接-逻辑主义"的理论依据。

数据驱动分支（所谓连接主义）的方法，从模拟视觉神经系统的结构入手，将数量巨大的神经元连接为包含"输入-中间-输出"的多层网络结构，直接以图像元数据作为输入层，而将期望的分类结果作为输出层，依靠中间多个层次的神经元权值进行计算，模拟神经元的"刺激-响应"活动模式。这个网络需要靠大量的样本按照反向传播收敛的机制进行训练，训练的结果以神经元上附加的权值形式而存在。获得新图像输入后，依靠网络计算得到期望的输出结果，以完成对图像中目标的检测分类。这种方法的优点包括：一是检测分类结果好，在海量样本典型性好、网络结构设计合理的前提下，可以取得很好的分类结果；二是应用领域适应性好，只要选取应用领域的足够的典型样本数据，不需要关注应用领域的专门知识，对领域的普适性强。这种方法的不足之处包括：一是发现信息质量低，只能发现数据之间的统计关联等非本质信息，而不能发现因果关系、语义表达等本质信息，不能发现欺骗图像和敌对样本的真伪；二是严重受限于样本数据，基于统计理论的海量样本泛函空间拟合是其数学基础，样本的数量、典型性决定了成败，受到样本收集困难的严重制约；三是"黑盒"模型不能理解，中间层的运行机制不能直观地理解，出现问题无法复查，向新应用领域数据集牵引不可能。

知识驱动分支（所谓逻辑主义）的方法，从模拟视觉系统的功能和概念认知入手，按照人类可理解的语义方式，由整体到局部、由宏观到微观对目标进行层次分解，形成对目标的层次化和结构化表达的概率图模型；将概率图模型中的每个节点，以点、线、面及其组合的方式，进行符号化语义表达；针对典型目标类型构建具体的符号化语义概率图模型库作为识别的字典；最后针对图像中目标及其各组成部分的图像,提取符号语义特征并与字典比对形成识别结论。这种方法的优点包括:一是"白盒"模型易于理解,可以不断加入各领域专家的知识经验,便于牵引到其他应用领域;二是所需样本少,每类目标只需要少量典型样本就可以构建符号化语义概率图;三是可支撑符号化语义分析,基于符号化语义表达,可以进行空间拓扑分析,也可以进行符号计算。这种方法的主要缺点:一是目标识别效果一般,有的甚至难以实际应用;二是高度依赖先验知识,消除不同人员的认知差异困难。

在图像解译中发展这两个分支的技术,可考虑采取如下措施:一是综合运用,利用数据驱动解决目标检测和初分类问题,利用知识驱动解决目标识别和基于符号语义的情报推理问题;二是深研机理,深研视觉感知和思维认知的内在机理,发掘视觉神经与第六意识应用的不同特点,进一步完善相关的方法和技术;三是加强建库,这两种方法都需要目标库来支撑训练和识别,要对目标的典型图像样本、识别特征、符号表达等进行一体设计,解决其间存在的矛盾问题,达到对"了别"、"分别"两个过程的一致支持。

另外,不论是数据驱动还是知识驱动,从根本上看还不具备解决新目标的问题,当目标库中没有这个类型的目标数据,则误判或者漏判是必然的,这也是上述方法的本质缺陷,需要加强研究予以解决。

2. 数据驱动的人工智能识别技术

1) 机器学习的两次浪潮:从浅层学习到深度学习

机器学习是人工智能的一个分支,就是通过算法使得机器能从大量历史数据学习规律,从而对新的样本做智能识别或对未来做预测。从 20 世纪 80 年代末期以来,机器学习的发展大致经历了两次浪潮。

(1) 第一次浪潮:浅层学习。

20 世纪 80 年代末期,用于人工神经网络的反向传播(Back Propagation,BP)算法的发明,给机器学习带来了希望,掀起了基于统计模型的机器学习热潮。利用 BP 算法可以让一个人工神经网络模型从大量训练样本中学习出统计规律,从而对未知事件做预测。此时的人工神经网络虽称为多层感知机,但由于多层网络训练的困难,实际使用的多数是只含有一层隐层节点的浅层模型。

20 世纪 90 年代,各种各样的浅层机器学习模型相继被提出,如 SVM、Boosting、最大熵方法(如 Logistic Regression,LR)等。这些模型的结构可分为带有一层隐层节点(如 SVM,Boosting),或没有隐层节点(如 LR)。这些模型在无论是理论分析还是应用都获得了巨大的成功。

2000年以来互联网的高速发展，对大数据的智能化分析和预测提出了巨大需求。浅层学习模型在互联网应用上获得了巨大的成功，最成功的应用包括搜索广告系统（如谷歌的Adwords、百度的凤巢系统）、网页搜索排序（如雅虎公司和微软公司的搜索引擎）、垃圾邮件过滤系统、基于内容的推荐系统等。

（2）第二次浪潮：深度学习。

2006年，加拿大多伦多大学教授、机器学习领域的泰斗Hinton在《科学》杂志上发表的文章，开启了深度学习在学术界和工业界的浪潮。文章指出：一是很多隐藏的人工神经网络具有优异的特征学习能力，学习得到的特征对数据有更本质的刻画，从而有利于可视化或分类；二是深度神经网络在训练上的难度，可以通过"逐层初始化"来有效克服，逐层初始化是通过无监督学习实现的。

随后，深度学习在学术界持续升温，美国斯坦福大学、美国纽约大学、加拿大蒙特利尔大学等成为研究深度学习的重镇。2010年，美国国防部DARPA计划首次资助深度学习项目，参与方有美国斯坦福大学、美国纽约大学和日本电气公司（NEC）美国研究院。从仿生学角度来看，脑神经系统的确具有丰富的层次结构，诺贝尔医学与生理学奖支持了揭示视觉神经机理的Hubel-Wiesel模型。

2011年以来，微软研究院和谷歌的语音识别研究人员先后采用深度神经网络（Deep Neural Network，DNN）技术降低语音识别错误率20%~30%，是语音识别领域10多年来最大的突破性进展；2012年，DNN技术在图像识别领域取得惊人的效果，在ImageNet评测上将错误率从26%降低到15%。

2）深度学习面临的理论、建模和工程问题

（1）深度学习面临的理论问题。主要来自统计学习和计算两个方面。深度模型相比较于浅层模型有更好的非线性函数表示能力。具体来说，对于任意一个非线性函数，根据神经网络的无限逼近理论，一定能找到一个浅层网络和一个深度网络来足够好的表示。但是对于某些类别的函数，深度网络只需很少的参数就可以表示。但是，可表示性不代表可学习性。需要回答两个问题：一是深度学习的样本复杂度，即需要多少训练样本才能学习到足够好的深度模型；二是深度学习的计算复杂度，即需要多少的计算资源才能通过训练得到更好的模型。

(2)深度学习的建模问题。主要在于网格分层设计上。是否可以提出新的分层模型，使其不但具有传统深度模型所具有的强大表示能力，而且具有更容易做理论分析的优点。另外，针对具体应用问题，如何设计一个最适合的深度模型来解决问题？无论在图像深度模型，还是语言深度模型，似乎都存在深度和卷积等共同的信息处理结构。是否存在可能建立一个通用的深度模型或深度模型的建模语言（逻辑），作为统一的框架来处理语音信息、图像信息或其他综合性信息？

(3)深度学习的工程问题。主要在于计算平台和并行计算的设计与实现。如何在工程上利用大规模的并行计算平台来实现海量数据训练，是从事深度学习技术研发首先要解决的问题。传统的大数据平台如 Hadoop，由于数据处理的延迟高，显然不适合需要频繁迭代的深度学习任务，现有成熟的 DNN 训练技术大都是采用随机梯度法（SGD），这种方法本身不可能在多个计算机之间并行。即使是采用 GPU 进行传统的 DNN 模型训练，其训练时间也非常漫长，一般训练几千小时的声学模型需要几个月的时间。DNN 这种缓慢的训练速度必然不能满足互联网服务应用的需要。谷歌公司搭建的 DistBclief，是一个采用普通服务器的深度学习并行计算平台，由很多的计算单元独立异步地更新同一个模型的参数，实现了随机梯度下降算法的并行化，加快了模型训练速度。百度搭建的多 GPU 并行计算平台，克服了传统 SGD 训练不能并行的技术难题。目前最大的深度模型所包含的参数大约在 100 亿的数量级，还不及人脑的万分之一，而由于计算成本的限制，实际运用于产品中的深度模型更是远远低于这个水平。

3）深度学习用于图像解译

面向高分光学遥感图像的目标检测与识别一直是遥感应用领域最有挑战性的任务之一。对于目标的精确检测与识别，目标特征的表达与学习是其中的关键。而传统的机器学习方法对于大数据的复杂特征也难以进行有效的学习和表达，一定程度上制约了其在大数据环境下的发展：一是传统方法所依赖的特征模型大多基于专家知识与经验构建，难以应对大数据条件下的目标准确建模分析问题；二是传统机器学习方法大多可等价于浅层学习模型，其表达能力有限，难以掌握大数据的复杂变化，例如时空多样性以及大数据样本的复杂个性差异等；三是模型较固化，相对自由度小，难以利用大量数据持续进行分析，而深度学习的并行化难题尚未完全解决。深度学习本质上是一个串行的、反复迭代的过程，迭代之间存在数据相关性。如何设计相应的并行算法以及易用的编程模型也是高效应用深度学习的关键。另外,如何设计高效的并行系统结构,使得各个计算资源之间负载平衡,提高各计算资源的计算效率,使得各类型深度学习算法得到充分加速也是深度学习研究中亟须解决的问题。

(1)小样本难题。深度 CNN 网络具有强大的特征表达能力,其对图像高级特征的有效提取是目前其他机器学习方法所无法比拟的。但是高效的 CNN 网络需要大量(一般百万张量级)有标签样本进行有监督训练才能得到。但在遥感高分应用中,大量有标签样本获取比较困难。在有标签样本量比较少的情况下,深度 CNN 模型的参数难以得到有效训练,模型的特征提取能力甚至会退化到不如一般传统特征方法。

(2)超越批量学习模式。CNN 特征提取及识别算法主要采取批量学习模式,即假设在训练之前所有训练样本一次都可以得到,学习这些样本之后,学习过程终止,不能再获取新知识。实际应用中,训练样本通常不可能一次全部得到。若要在保持原有训练结果的同时学习新的样本数据,往往需要将所有数据重新学习,这将需要消耗大量训练时间,这就提出了增量和增强学习的需求。

3. 知识驱动的面向图像对象分类识别技术

面向图像对象的图像解译方法,构造了一个多尺度图像对象属性及其关系的表达框架,既使用了地物要素图像的客观信息,又使用了人类知识经验等主观信息,且可支撑高级图像计算、分析和推理活动,适用于大范围的地物要素规范描述、统一分类和变化检测等应用[28]。

1)图像对象框架的构造

图像对象框架的构造有五个步骤。

第一步,素材收集,针对某个地理区域,广泛收集多尺度多谱段图像、多比例尺地图(含形状、注记和属性等)和各种辅助数据(如高程模型数据、土地权属数据、水文数据、地质数据等),并对这些数据进行规范化处理,形成基于统一时空基准下的"多层饼"数据模型。

第二步,对象检测,针对地理区域中的每个像元,从"多层饼"数据模型中抽取特征,形成多维特征矢量;基于多维特征,采用模式聚类等方法(如最近邻、K-MEANS 等),将像素区分为多种类别,然后按照空间位置临近关系和形状紧致性要求,对像元进行生长和编组,形成图像对象集合。

第三步,多尺度关联,对象检测过程从最小尺度开始,逐步拓展到较大尺度，形成多尺度一致的层次图像对象集。

第四步，计算特征，首先对每个层次的图像对象，计算其颜色、形状、纹理等方面的丰富特征值；然后在每个层次内计算图像对象之间的空间位置关系；最后在多个尺度之间计算图像对象之间的分解合并关系，从而形成一个完整的图像对象属性及其关系集合。

第五步，持续迭代，一旦获得新数据，则加入到这个框架中，重复上述步骤，持续完善多尺度图像对象集合。

2）图像对象框架的应用

图像对象框架的应用有三个步骤。

第一步，聚焦目标，针对关系的目标或者地物要素，构建基于特征及关系表述模板（模板中确定各种特征的类型与取值范围，空间关系的类型和具体关系），形成目标或者地物要素的模板库。

第二步，聚合对象，按照模板库的要求，从多尺度图像对象集中选择符合要求的图像对象，并对其进行编组形成初步匹配目标或者地物类型的图像对象集合。

第三步，目标分类，将选出的图像对象集送入到分类器中，进行目标或者地物要素的分类，确定图像对象集的类别属性。

3）图像对象框架的理论分析

究其哲学内涵，有3个方面的内容。

（1）地理空间的多尺度融合性。地理空间具有"大而无外，小而无内"的连续空间特性，既可以表达大尺度的宏观信息，又可以表达小尺度的微观信息，大尺度的宏观信息由小尺度的微观信息聚合而成，通过信息的聚散在不同尺度之间进行连续迁移，不同尺度之间的信息是融合一致的。

（2）地理空间的关联性。所谓"法不孤起"，地理空间中的各种要素之间形成天然的生态效应，一种要素的存在，必然有其他相关要素的伴生，没有孤立的要素或者事件出现。

（3）地理空间的同体异象性。将目标或者地物要素称为"体"，具有唯一性；将通过各种客观设备观测或者主观人工处理产生的数据称为"象"，具有多样性和变化性。象是对体的观察或者测量，受到诸多因素的制约，如目标状态、环境条件、设备性能、人员素质等，都会对象带来影响，但是都是对一个体的观测，以象求体的过程要注意消除异象的影响。

4）图像对象框架的发展方向

从发展的眼光来看，面向对象的图像解译方法具有很强的生命力，值得深入探索发展，主要体现如下。

（1）图像对象框架所具有的地理空间多源信息统一融合表达的能力，使其具备成为各种图像解译任务可依靠的图像信息基础设施的条件。设想，构造一个覆盖全球的多尺度图像对象表达框架，则可融入各种观测手段获取的数据，也可融入人类生产过程产生的数据，形成一个可支撑广泛应用和计算的宏大架构，再与数字地球技术相结合，则会产生一个真正的能计算的虚拟地球，这是图像领域具有战略意义的举措。

（2）图像对象框架所具有的解构和重构能力，可根据应用特点灵活构建视图，规避诸如地图等常规信息产品的呆板性，避免了为满足应用对这些资料进行裁剪转换的大量工作，从而使得其能支撑的应用范围更加广泛。例如，有了图像对象框架，不再需要为不同类型的目标和地物类型专门定制数据支撑体系，而是用这个框架可一并支撑，实现对各种类型的广泛适应性。

（3）图像对象框架可灵活支撑各种算法，如最新发展的深度学习算法，将算法的输入由像元转换为图像对象，可降低计算复杂性，提高分类效能。

2.4 影响图像解译效果的主要因素

2.4.1 图像数据质量对图像解译效果的影响

1. 图像分辨率对解译效果的影响

图像分辨率主要分为四种：空间分辨率、时间分辨率、光谱分辨率和辐射分辨率。这些不同类型的分辨率对遥感图像的影响主要反应在各自具有的技术特性上。

1）空间分辨率

空间分辨率是指目标的空间细节在遥感图像中所能分辨的最小单元的尺寸或大小。通常又分为像元分辨率、地面分辨率，前者就记录的图像而言，后者就收容的地表而言。

由像元分辨率换算为地面分辨率简略公式如下：

可见光数字传输型：地面分辨率=像元分辨率×$2\sqrt{2}$

雷达成像数字传输型：实际分辨率=名义分辨率×1.5 或 2

空间分辨率与目标识别程度有着密切的关系,联合国国际卫星监视机构将卫星对目标观察的细节程度分为4级:第一级是"发现",即判断有目标存在。当目标大小是地面分辨率数值的2倍以上时,才能被发现;第二级是"识别",就是能分辨目标轮廓,从而推断出目标的类型或属性,如辨别房屋、人或车等,能被识别的目标,其大小一般应是地面分辨率数值的4~5倍;第三级是"确认",即能从卫星图像上分辨出同类物体的不同类型,是公共汽车还是小轿车,还是旅馆还是兵营等,一般被"确认"的目标大小应是地面分辨率数值的7倍;第四级是"详细描述",指可以分辨出目标的特征和细节。例如,可以辨别出军舰的舰首、舰尾及舰上装备等细节情况。能被详细描述的目标,其大小为地面分辨率数值的10倍左右。目前,将判定目标的限度分为发现、识别、确认和详细描述四级是比较合理的;但在现实中,也存在着一种客观状态,即:能够知道某一物体在某处的客观存在,但因分辨率、时间、气候及其他因素的影响和制约,还不能够进一步从图像上直接辨别出物体的性质,即不能发现目标;在对军事目标图像进行解译时,这种现象基本没有实践意义。

对航空图像进行目标解译时,地面分辨率的要求也分为4档,即发现、识别、确认、描述或技术分析。

(1) 发现(性质),即能分辨目标轮廓,可发现某一性质目标的存在。

(2) 识别(类别),即能分辨目标主要组成部分,可识别目标类别。

(3) 确认(型号),即能分辨目标组成部分的具体尺寸,可确认目标的型号。

(4) 描述(状态),即能分辨目标组成部分的细部结构,可描述目标的状态。

例如,发现是飞机而不是拖车;识别是运输机而不是轰炸机;确认是波音747飞机而不是波音737飞机;描述正在着陆滑行而不是滑行起飞。

2) 时间分辨率

时间分辨率是指地球上某一点卫星过境探测间距的时间,即同一个目标的序列图像成像的时间间隔。它对分析地物动态变迁、监测环境具有重要的作用。一般地,时间分辨率越高,监视目标的能力也就越强。

3) 光谱分辨率

光谱分辨率(也称波谱分辨率)是指对图像光谱细节的分辨能力。它是由遥感探测仪器装置决定,一般分为全色光谱(黑白光谱)、多光谱和高光谱。多光谱一般只有几个、十几个光谱通道；高光谱有多达几十个甚至上百个通道。一般地，光谱通道越多，其分辨物体的能力越强。

4）辐射分辨率

辐射分辨率是指遥感器能分辨的目标反射或辐射电磁辐射强度的最小变化量。在可见光、近红外波段用噪声等效反射率表示，在热红外波段用噪声等效温差、最小可探测温差和最小可分辨温差表示。通常辐射通道越多，其分辨物体的能力越强。

2. 图像获取环境对解译结果的影响

除了目标本身的因素之外，图像获取时外部的环境也对遥感图像产生一定的影响，进而影响遥感图像的解译结果，主要有以下几个方面。

1）太阳高度角

在全色遥感图像中，太阳高度角对于地物的阴影长度和大小具有一定的影响。太阳高度角越大，地物的阴影长度就越短，反之，则地物的阴影长度就越长，从而改变实物的阴影形状和大小。有时，在遥感图像上物体的阴影特征比较明显，这时，如果单纯依靠物体的阴影特征来解译识别目标属性，就可能会产生一定的疏漏。应该根据遥感图像的侦照时间推算出当时的太阳高度角，从而进一步算出侦照目标的实际大小。

2）大气透视度

大气透视度对遥感图像目标解译的影响，主要体现在以可见光方式为侦测手段的遥感平台上，其对雷达波、多光谱等侦测手段的结果影响不大。

3）季节

季节的变换对于不同遥感平台的图像产生影响的程度各异。春秋季节多风，且多晴天，气温适度，比较利于可见光遥感成像，产生遥感图像的实物轮廓分明，多有阴影，易于对目标的辨别。夏冬季节多雨雪，且多阴天，气温酷热酷冷，将对遥感成像产生一定的不利因素，如在夏季多雨时节，气温相对较热，空气的湿度相对较高，雷达波侦测时，将被大量吸收或散射，在雷达遥感图像上将产生较暗色调，影响其本来属性的体现。在雪季，一场大雪覆盖了地面上所有的建筑，这对于可见光遥感来说，无疑是加上了一层厚厚的伪装网，给目标的解译识别造成很大的困难，而这对雷达探测手段却影响不大，这是因为雷达波具有可穿透雨雪的能力。

4）天气

不同的天气状况对不同平台的遥感成像产生的影响也不一样。万里无云的天空，非常适合可见光遥感拍照，得到的遥感图像清晰度比较高，对解译工作有利；反之，雨天、雾天、雪天则非常不适合可见光遥感成像。被云雾覆盖的区域不利于目标解译。但这种天气对雷达波遥感探测生的影响不大。

2.4.2 目标资料对图像解译效果的影响

目标资料库既可以作为支撑图像解译的样本库和知识库，也可作为保障作战活动的目标资料库。

1. 影响目标解译结果的价值

图像解译的过程，不仅是一个作业过程，还是综合运用目标背景知识和目标识别特征进行图像分析的思维过程。孤立地就目标判目标，如果对它的地位、作用、环境要素、外界联系不作深入分析，就这个目标的判定结论而言，即便准确，其价值和使用意义也不会太大。所以，在进行目标图像解译时，首先掌握各类目标的总体概况、地理位置、相关数据等背景材料对解译人员来说是十分必要的。假设空间遥感载体拍摄到了某个机场停驻飞机的清晰图像，要解读出目标图像所包含的内容，解译人员就需要掌握大量有关飞机的背景知识。如果解译人员不能区分飞机机种图像，即使图像放在面前，也几乎做不出像样的分析。

2. 影响目标深层要素提取

图像解译的背景资料包括与之相关的图片、图像、文档和图表。在很多时候，一幅图像可能胜过千言万语，但任何目标反映在图像上都是表层特征。图像解译的主要任务是从遥感图像中提取信息，信息的提取与转化就是从表象反映本质的过程。这个过程往往是在种种不确定因素并存的情况下进行的，需要在视觉上直观地识别目标，并从理论上阐明其依据；需要不断地跟踪、积累和掌握各类重要目标的典型图片、图像和相应背景的文字资料；需要处理来自多方面的、有时是先后不一、相互矛盾甚至是错误信息的能力，并要得出正确的结论，目标背景资料可以帮助解译人员顺利完成作业需要。特别是在把握一个目标的内涵时，如果不了解它的外延，不了解它在其逻辑关系中的位置，就无法对该目标做出具有真正使用价值的判定结论。要想从遥感图像中最大限度地获得有价值的信息，就需要掌握有关每幅图像所显示的确切背景及其所含的大量先验知识。

3. 影响图像解译的速度

在图像解译由已知向未知的过程中，目标资料发挥着非常重要的作用；

目标资料完备且时效好，则可快速扫过图像中的已知区域，直接聚焦未知区域，极大减少解译工作时间，提高情报生成效率。若目标资料准备不足，则需要对图像中每个区域进行细致研究判断，劳动量大，时效性低。

2.4.3 解译人员的能力素质对图像解译效果的影响

图像信息的表达形式主要是几何信息或电子信息，对这些信息的认知程度取决于图像解译人员的专业素质和识别能力。

1. 解译人员应具备的基本素质

作为遥感图像目标解译的主体，解译人员在认识问题的方法、军事素养、知识体系、学习精神、勤奋程度等方面的基本素质，在很大程度上决定了解译结果的准确性、时效性。

1）掌握科学的认识论与方法论

图像解译人员的思维应是宏观决策思维的缩影。宏观决策思维的复杂性和多元性，要求思维主体掌握一切思维科学的成果，并应用于思维领域。图像解译涉及问题多、范围广、影响程度深，没有科学思维方法的指导，要进行成功的思维决策是不可能的。思维的质量反映概括直接经验与间接经验对客观世界产生的影响所能达到的深度与广度。因此，掌握科学的认识论和方法论，是解译人员进行正确思维和进行图像分析判断的有效手段和方法。

2）要构建专业性的知识体系

要胜任解译工作，需要多年的专业知识积累和技能训练。在美国政府部门内，图像解译人员需经过16周的基础训练和一年半的工作时间方能达到见习解译人员的水平。即便如此，美国政府的图像解译人员在其头3年的工作当中仍会出现约90%的错误率。要想避免对具体图像到底显示了什么的问题发生无休止的争论，图像解译人员不仅在其解译生涯之初，而且每当其转换工作重点时都必须经受全面的专业性训练。譬如说，以解译和分析地面部队活动状态见长的图像解译人员，并不能轻易地称为图像解译的专家，只有掌握了目标解译全面的理论知识，结合工作实践，而且在工作实践中不断发现自己专业知识方面的不足之处，并及时加以弥补，经过长期学习和锻炼，才能够具备较为全面的专业素质，才能在工作中做到游刃有余。此外，为了将错误减少到最低程度，同事间对解译结果互相审核也应该是每位解译人员日常工作的一部分。

3) 要有坚持不懈搜集各种资料的积累意识

图像解译工作是一项非常复杂的系统工程,需要各个方面、各个环节的协调与配合,从遥感图像的筛选、分析研究、推理解译到最后解译产品的输出,要经过同行或专家的认可并确定无误之后,最后由情整人员完成目标整编。因此,各种资料的掌握是图像解译工作的基础,离开要素齐全、情况可靠的相关资料,目标解译工作将成为无米之炊。图像解译工作又不同于其他工作,需要尽力通晓方方面面知识,这就要求解译人员平时注重资料搜集和积累。资料积累的途径有很多,包括网络、图书、报纸、电视、广播等。

2. 解译人员的专业技能对解译结果的影响

对图像的解译实践,其实就是解译人员的主观能动性作用于遥感图像这一规律性客观存在的过程。受先天或后天养成等因素的影响,从事图像解译工作群体中的每一个体,对解译理论的掌握不尽相同,对解译实践领会的深刻程度也不尽相同。在图像目标解译中所擅长的方面因人而异,每个人的图像解译能力也会大不一样,有的解译人员可能对港口目标的研究较为透彻,有的可能对机场目标的研究较多。因此,对于同一类目标的解译实践,不同解译水平的人可能会产生不同的解译结论。

3. 解译人员其他因素对解译效果的影响

解译人员依据各自掌握的解译理论,能否得出准确的解译结果,还受到以下主要因素的制约。

1) 是否具有敏锐的意识和高度的责任感

作为一名图像解译与信息整编人员,是否具有职业敏感性是衡量其是否称职的主要标志之一。信息意识体现在很多方面:一是要有紧跟国际(国内)形势变化的政治意识;二是要有关注重点、热点地区的敏感意识;三是要有不断搜集各类可靠信息的积累意识;四是要有甄别周围各种情况的反伪意识;五是要有雷厉风行、及时果断的判断意识;六是要有立足图像,准确处置的保障意识等等。每一位图像解译人员必须要以高度的责任感和以实事求是、认真负责的态度对待作业中的每一个环节,结合掌握的最新资料,反复核实,反复研究,确保提供的每一份报告准确无误。

2) 是否具有全面的专业知识结构

图像解译人员只有掌握了较为全面的解译理论,结合工作实践,才能在工作中做到游刃有余。图像解译产品质量的高低取决于解译人员的专业素质及能力;这里所说的专业素质,包括解译基本理论、思维方法以及在实际的工作实践中形成的专业习惯。对于图像解译来讲，解译的实施过程不仅仅是一种专业性的人为操作，而且是需要人文、科学、历史、宗教、地理等多学科知识支撑的综合性劳动。即便是了解解译目标的相关背景一项，就需要图像解译人员除了具有扎实的专业功底之外，还要具备精细合理地吸收多元信息的能力，只有这样才能保证图像解译工作的顺利进行，才能确保解译成果的真实可靠与完整。

最后需要再次强调的是：遥感图像并不能揭开一切秘密，无论何种情况下，要想揭示那些遥感器观测不到的东西，必须将目标图像同其他来源的信息资料结合起来才行。作为一名图像解译人员必须更新观念，开阔视野，加强学习与研究，跟上时代的发展与变化，平时注意搜集积累各类相关资料，灵活运用解译专业知识，充分发挥个人潜能，不断完善自我，全面提高图像解译水平与信息提取能力。

2.4.4 图像解译工具对图像解译效果的影响

古语说"工欲善其事，必先利其器"，开展图像解译工作，必须有好的图像解译工具系统来支撑。图像解译工具，从简单的放大镜、立体镜等器材，到具备"看、量、标"功能的计算机系统，再到具备目标识别功能的计算机系统，经历了从模拟到数字、从简单到复杂的发展过程。就具备目标识别功能的计算机工具系统而言，其对图像解译工作的主要影响包括：

1. 影响产品质量

产品质量表现为解译的正确性、深度性和精确性。正确性是指情报结论与客观实际的符合程度；深度性是指情报结论所揭露事实真相的层次，如浅一点的可以做到目标类型判别，深一点的可以做到目标状态的辨识，再深一点的能够做到情报事件的综合；精确性是指情报结论中所包含数据的精确程度。一个好的图像解译工具系统要同时具备上述"三性"，则可以辅助解译人员极大提高工作水平。其中，正确性是最为核心的指标，要追求将漏判率和虚警率降到最低，正确性不能满足基本要求的工具系统不具备业务运行的基础；深度性是衡量工具系统情报底蕴的关键指标，没有一定深度的结论不能称为情报，因为其应用影响的价值没有得到充分发掘；精确性也是衡量工具系统的关键指标，这个指标由输入图像的精度、支撑数据的精度、工具系统的处理精度所共同决定，其中处理解译过程的精度误差传播尤为重要。

2. 影响工作效率

工作效率是指从拿到图像到结论生成所需的总体时间。一个好的图像解译工具系统应该能够快速自动处理大量不需人工确认的工作，应该能够在工作组内部自动均衡分配工作任务并进行结果集成，以尽可能提升图像的时效性。影响工作效率的具体因素有很多，常见的包括对各种常用数据格式的支持，对巨大幅面多波段图像的支持，对各种数据按需精确查询功能的支持，对各种类型目标的自动检测和特征提取的支持，对情报结论的整饰标注制图输出支持等。影响工作效率的另一个因素是人机界面，一个好的图像解译工具系统应具备友好的人机界面，甚至不需要经过更多学习就能操作上手使用，其所显示的信息应该真实、清晰、规范，不混叠、不遮挡、对比适当，能够适应解译人员的感知模式，降低工作强度，减少疲劳。

3. 影响工作环境

图像解译的工作环境，既有业务中心式的固定场所，也有车载、舰载、机载等野外单元式机动场所。不同工作环境，是由图像情报在战略、战役、战术等各层中的体系定位和业务模式所共同决定的。一个好的图像解译工具系统要能够很好地适应这种工作环境的差异，而不是反过来对工作环境提出过高的要求。尤其是系统硬件设备要具备模块化、标准化、小型化、环境适应性方面的独特设计，可以灵活携带搬移、组装重组、抗恶劣环境；系统软件要具备模块功能化、数据网络化、计算并行化的能力；节点之间的信息通信要既可以依托地面光纤网络，也可以依托军用卫星通信、军用长期演进技术、战术互联网、自组织网等多种通信手段。很多图像情报工具系统的建设，由于没有充分考虑到工作环境条件的限制，导致功能性能不能得到有效发挥。

第 3 章
可见光图像解译

遥感图像的解译是通过遥感图像所提供的各种识别目标的特征信息进行分析、推理与判断，最终达到识别目标或现象的目的。可见光图像解译应该是人类最早开展应用的遥感解译分支，其数据资源最为充沛，涉及的方法经验积累丰富。

可见光遥感图像所蕴含的信息是通过图像的色调、结构等形式间接体现的，因此我们解译一幅图像需要用到一些经验知识，包括专业知识、区域背景知识和遥感系统知识。所谓专业知识，指所要解译的学科的知识，如对图像中的农田、植物等进行解译，需要了解各种农作物的形状、物候周期等。所谓区域背景知识，指区域特点、景观特征等，如南极洲有终年不化的冰盖。所谓遥感系统知识则是最基本的，涉及图像的形成原因、不同传感器的成像波段和感知机理特点等。因此遥感图像的解译是一个复杂、专业的工作过程。

本章的内容涉及大量的知识经验总结，其中针对典型目标、地形地貌的分析解译策略，以及参数计算方法对后续的 SAR 图像解译、红外图像解译、光谱图像解译等都有借鉴价值，并对计算机辅助分析的算法设计有参考意义。

3.1 可见光图像解译方法

可见光图像是对可见光（包括近红外）波段的电磁波反射的反映，因为对电磁波反射的波谱较宽，反映了地物的大部分信息。因此，可见光图像空间分辨率高，易于解译；但是，受天时、天候的影响较大，对于云量较大的地区成像效果很差，而且当太阳光不足或夜晚时，几乎不能成像。此外，因为它反映的是可见光和近红外波段的地物反射特性，对于伪装后的目标也较难识别。可见光图像主要是依靠目标的几何特性来识别目标[32]。

3.1.1 可见光图像目标识别特征

1. 形状特征

形状特征是指地物的外部轮廓在图像上所反映的图像形状。它是目视解译的主要特征之一。地物的外部轮廓不同，对应的图像形状也不相同，如公路、铁路，河渠等在图像上为带状图像。运动场则为明显的椭圆形图像，如图 3-1、图 3-2 和图 3-3 所示。

图 3-1　铁路编组站可见光图像

图 3-2　河流可见光图像

图 3-3　不同形状的飞机可见光图像

遥感的图像形状和地物的顶部形状保持着一定的相似关系，一般来说，在遥感图像上，地面物体的形状与图像上相应图像的形状保持同素性，即若地物分别为点状、面阵、线状形态时，其图像形状也为相应的点状、面阵、线状图像形状（因比例尺因素的图像除外）。但是，由于遥感对象和遥感条件的多样性，图像形状和地物形状可能出现较大的差别，使形状特征发生变形。图像形状特征的主要因素有平台姿态、遥感器特性及投影误差。

1）平台姿态对形状特征的影响

在遥感成像时，由于各种原因遥感平台将不可避免的出现侧滚、偏航或俯仰现象，由此得到的图像称为倾斜图像。图像倾斜使地物图像的形状发生仿射变形，且变形的程度随着倾角的增大而增大，它破坏了图像形状和地物形状的相似性。一般情况下，航空、航天遥感图像一般是在近似垂直姿态下取得的，图像倾斜比较小，它引起的形状变形对目视解译的影响较小，在解译时一般可不予考虑。为了达到特定目的，也常采用大倾斜角遥感成像。例如，为了获取立体图像，CCD 遥感器进行的前、后、左、右倾斜成像；为了提高分辨率，雷达则采用侧视方式对地面成像。对于这些图像，在解译时应根据其成像特点来考虑图像倾斜对形状特征的影响，如图 3-4 和图 3-5 所示。

图 3-4　候机楼大倾斜可见光图像

图 3-5　候机楼垂直可见光图像

2) 投影误差对形状特征的影响

投影误差是由地形起伏或地物高差引起的图像移位。移位的大小不仅与地物的高差有关，而且还与其在图像上的位置和成像方式有关。高于地面的目标，除侧视雷达图像外，在其他图像上都是背向底点方向移位。显然，图像移位将引起图像形状的变化，投影误差对形状特征的影响主要表现在 3 个方面。

（1）同一类地物在图像上不同位置时，其图像形状是不同的，如在摄影图像上，当高于地面的目标位于像片底点时，图像上只有目标的顶部图像；当其离开底点时，图像形状将由目标的顶部和侧面图像联合构成。

（2）位于斜坡上的地物，由于其上边和下边的高度不同，其图像形状将产生变形，且斜面坡度越大，变形越大。可以想象，在斜面上的正方形，其图像形状将变为梯形。

（3）斜坡在图像上的图像会被压缩或拉长。在侧视雷达图像上，面向底点的坡面被压缩，背向底点的坡面被拉长。在其他图像上变形规律正好相反。

由于高于地面物体产生的图像投影误差，使地物侧面得以成像。其侧面图像会压盖或遮挡它旁边的地物图像，使这些地物的图像形状发生变形，破坏了图像与地物的相似性，这对单幅图像的解译和量测是不利的；但是，图像投影误差的影响也有其有利的一面，而且有时利大于弊。例如，高于地面物体的图像移位构成了立体观察的基础，由于它的存在可以让解译人员对图像的观察有身临其境的感觉；它能反映地物的侧面形状，便于地物的识别；便于高出地面的细小地物的定位；可以根据移位的大小可以确定地物的高度，如图 3-6 所示。

图 3-6 投影误差可见光图像

3) 遥感器特性对形状特征的影响

不同类型的遥感图像有不同的投影方式，同时也具有不同的图像变形规律。因投影方式引起的图像变形对地物图像的形状影响较大，相对而言，全景投影图像和 SAR 图像（距离投影方式）与其他图像相比，有其独特的图像变形。

2. 大小特征

大小特征是地物的大小反映在图像上的目标尺寸。确定地物的实际大小不仅是目视解译的任务之一，而且也是判定目标性质的有效手段。地物的大小特征主要取决于图像比例尺。根据图像的比例尺，能够建立地物和图像的大小联系。但是，一般情况下解译人员被告知的比例尺是近似值或平均数值，在实际的解译中，解译员应该比较准确地测定相片的比例尺，以尽可能精确地确定地物尺寸，如图 3-7 和图 3-8 所示。

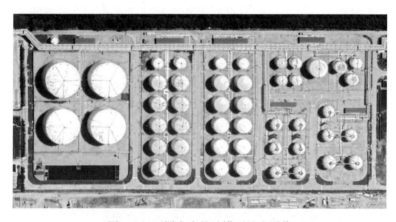

图 3-7　不同大小的油罐可见光图像

图 3-8　不同大小的舰船可见光图像

地形起伏使图像比例尺处处不一致，对图像的大小有较大的影响。位于高处的地物，与成像器相对高度小，图像比例尺大；位于低处的地物，与成像器相对高度大，图像比例尺小。所以同样大小的地物当分别位于山顶和山脚时，在同一时间成像时，呈现在图像上的大小是不同的。

地物和背景的反差有时也影响大小特征。当地物很亮而背景较暗时，由于光晕现象，图像尺寸往往大于实际应有的尺寸。例如，在全色图像上的林间小路，由于和背景的亮度差较大，其图像宽度往往大于理论宽度。在田间同样宽度的水渠，由于修筑材料的不同，图像宽度可能是不同的。侧视雷达图像上的铁路，由于其介电常数大，图像亮度大，其图像宽度一般都大于它的理论值，使得铁路非常明显。

因为地物是三维空间物体，而图像是二维的，所以在观察像片时，图像的大小和地物的大小有时是不对应的。例如，一个高大的水塔，当位于像片中心时，图像很小，这个图像只反映了水塔顶部的大小，并没有表现水塔的真实尺寸。在进行解译时，为了全面了解地物的空间尺寸，必须进行立体观察，这样不但能确定物体的顶部尺寸，还能用视差仪确定其高度。另外，根据目标类型确定解译比例尺，如表3-1所列。

对于系统分辨率完全不同的遥感器，最小比例尺计算公式为：比例尺倒数=地面分辨率×遥感系统分辨率。当相机的系统分辨率提高或降低时，最小比例尺的要求是变化的。

3. 色调特征

遥感图像分为黑白图像和彩色图像两种，黑白图像以不同深浅的灰度层次（色调）来表示地物，彩色图像则是用颜色或色彩来描述物体。地物的形状、大小和其他特征都是通过不同的色调或色彩表现出来的，所以色调特征又称为基本解译特征。

1）黑白图像的特征

地物在黑白图像上表现出的不同灰度层次称为色调特征。在解译中为了描述图像色调，将图像上的色调范围概略分为亮白色、白色、浅灰色、灰色、深灰色、浅黑色和黑色7个等级，如图3-9所示。

在全色图像上，图像色调主要取决于地物的表面亮度，而地物的表面亮度与地物的表面照度、地物的亮度系数有关。

在太阳高度角相同的情况下，地物表面的方向也影响着地物表面的照度。一幢有多坡面房顶的房屋，由于各坡面的法线方向和太阳光入射方向的夹角

表 3-1 地面分辨/解译要求的最小比例尺

目标	发现 分辨率/m	发现 比例尺	识别 分辨率/m	识别 比例尺	确认 分辨率/m	确认 比例尺	详细描述 分辨率/m	详细描述 比例尺
桥梁	6.0	1:180000	4.5	1:140000	1.5	1:50000	0.3	1:9000
雷达	3.0	1:90000	1.0	1:27000	0.3	1:9000	0.01	1:400
无线电	3.0	1:90000	1.0	1:27000	0.15	1:4500	0.01	1:400
库房（油料和军械）	3.0	1:90000	0.6	1:18000	0.15	1:4500	0.02	1:750
部队（宿营地和公路）	6.0	1:180000	2.0	1:64000	0.6	1:18000	0.15	1:4500
机场设施	6.0	1:180000	4.5	1:140000	3.0	1:90000	0.15	1:4500
火箭和火炮	1.0	1:27000	0.6	1:18000	0.15	1:4500	0.04	1:1200
飞机	4.5	1:140000	1.5	1:50000	0.15	1:4500	0.04	1:1200
指挥部	3.0	1:90000	1.0	1:27000	0.3	1:9000	0.08	1:2300
导弹发射场（地地/地空导弹）	3.0	1:90000	1.5	1:50000	0.15	1:4500	0.04	1:1200
舰船	15	1:500000	4.5	1:140000	0.15	1:4500	0.04	1:1200
核武器装备	2.4	1:75000	1.5	1:50000	0.3	1:9000	0.01	1:400
车辆	1.5	1:50000	0.6	1:18000	0.15	1:4500	0.04	1:1200
地雷区	3.0	1:90000	1.5	1:50000	0.3	1:9000	0.08	1:2300
港口和码头	30.0	1:900000	6.0	1:180000	1.5	1:50000	0.4	1:11000
海岸和登陆滩	15.0	1:500000	4.5	1:140000	0.6	1:18000	0.154	1:4500
铁路、车辆厂和车间	15.0	1:500000	4.5	1:140000	1.5	1:50000	0.4	1:11000
公路	6.0	1:180000	4.5	1:140000	1.5	1:50000	0.4	1:11000
市区	60.0	1:1800000	15.0	1:500000	3.0	1:90000	0.8	1:23000
地形	—	—	90.0	1:2700000	3.0	1:90000	0.8	1:23000
升到水面的潜水艇	7.6	1:200000	4.5	1:140000	0.15	1:4500	0.03	1:750

注：表中最小比例尺的要求是以相机系统分辨率 30~35l/mm 为前提。

图 3-9 可见光图像

不同，各坡面的照度是不同的，所以脊顶房屋的两个坡面在像片上反映的图像色调是有差别的。

在照度相同的情况下，物体的表面亮度取决于物体的反射系数。对全色波段图像来讲，反射系数就是亮度系数，亮度系数越大的地物在图像上的色调就越浅，反之则越深。

不同性质的地物亮度系数不同。同一种地物，由于表面形状不同，含杂质和水分数量不同，其亮度系数也有较大的区别。

地表粗糙度也直接影响着亮度系数。粗糙表面比光滑表面的亮度系数小，但由于它在各方向反射均匀，能得到色调和谐的图像效果。光滑表面虽然反射能力强，但其反射光具有明显的方向性，对全色图像的获取是不利的。对可见光来说，由于其波长较短，地面物体基本上都可以看作是漫反射体，但是也有例外。如平静的水面，反射光线的方向性很强，可认为是镜面反射物体。一般情况下，水体的图像为黑色调，但是，如果反射光线恰好进入相机镜头时，其图像为亮白色，这就是为什么水体在全色图像上有时会呈现白色调的原因，如图 3-10 所示。微波的波长较长，对大多数水平表面将发生镜面反射。如机场跑道，在全色图像上为灰白色调，但在 SAR 图像上为黑色调。

(a) (b)

图 3-10 反射光线对图像色调的影响

(a) 水体呈现为黑色调；(b) 水体呈现为亮白色。

地面物体的亮度系数随着含水量的增加而减小，如干燥砂土的亮度系数为 0.13，潮湿砂土则为 0.06；干砾石路面的亮度系数为 0.20，湿砾石路面为 0.09，含水量多的土壤在图像上的色调深，干土的色调较浅，所以在土地资源的调查中常用土壤的色调深浅来区分旱地或水浇地。

在不发生镜面反射的情况下，水面的色调和水的深浅、水中的杂质含量有关，光对水体有一定的穿透能力。因此，水浅其图像色调浅，水越深则图像色调也越深。水中所含的杂质，如泥沙、化学物质等越多，对可见光的散射越强，其图像色调越浅，反之越深。所以，水体的色调不但能区分水的深浅，还能判别水中的含沙量的多少和水的污染程度。

2) 彩色图像的特征

地物在彩色图像上反映出的不同颜色称为色彩解译特征，物体在彩色图像上的颜色主要决定于地物的光谱反射特性和感光材料的种类。目前，遥感中常用的彩色图像有天然（真）彩色图像和假彩色图像两种。如图 3-11 和图 3-12 所示。

天然（真）彩色图像的图像颜色与相应地物的颜色一致，较为容易解译。但由于大气散射以及图像处理的影响，图像的颜色相对于地物颜色有时会出现偏色的现象，在解译时应予以注意。

假彩色图像的图像颜色与相应地物的颜色不一致。假彩色图像有两种，标准假彩色（红外假彩色）图像和合成假彩色图像。红外假彩色图像的图像颜色与地物的图像颜色有如下对应关系：蓝色地物的图像颜色为黑色；绿色地物的图像颜色为蓝色；红色地物的图像颜色为绿色；含叶绿素的绿色植被的图像颜色为红色。其他颜色地物的图像颜色根据地物所包含三原色光谱的

图 3-11　天然（真）彩色可见光图像（见彩图）

成分按上述对应方法可得出其相应图像的颜色。绿色植被图像的红暗程度取决于植被叶绿素的含量，植被生长愈旺盛、叶绿素含量愈高，则其图像颜色愈红。例如，健康生长的植被呈鲜红色，而有病虫害的植被呈暗红色，如图 3-12 所示。

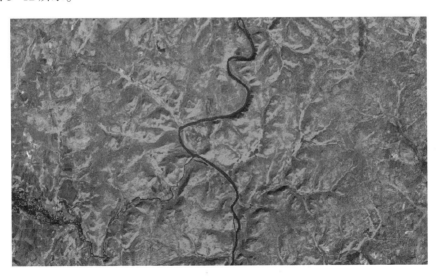

图 3-12　假彩色可见光图像（见彩图）

对合成的假彩色图像来讲,地物的颜色与其图像的颜色没有严格的对应关系。地物在图像上的颜色取决于合成时使用的图像波段、各波段图像给定的颜色以及地物在各波段的辐射特性。因此,在对合成假彩色图像解译时应充分了解图像的合成颜色组合方法及使用的图像波段。

4. 阴影特征

图像上的阴影是由于高出或低于地面的物体,电磁波不能直接照射的地段或地物热辐射不能到达遥感器的地段,在图像上形成的深色调区域。全色图像、多光谱图像及 SAR 图像上的阴影都是由第一个原因引起的,而热红外图像上的阴影则是由第二个原因引起的。虽然阴影为深色调,但有些深色调的图像不是阴影,而是地物的本影。虽然不同图像产生阴影的原因不同,但在图像上的阴影都有形状、大小、色调和方向等特性,这些特性对确定物体的性质是有利的。

1) 阴影的形状

物体遮挡电磁波的有效部分是其侧面,所以阴影反映了地物的侧面形状。阴影的这一特性对解译是十分有利的。根据地物的侧面形状可以确定地物的性质,特别是高出地面的细长目标,如烟囱、水塔、古塔、电线杆等,它们的顶部图像很小,区分很困难,但根据其阴影的形状就较容易识别或区分这类地物,如图 3-13 所示。

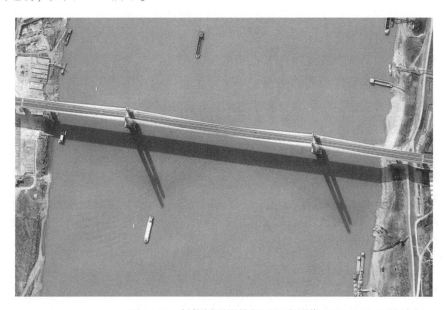

图 3-13　斜拉桥阴影特征可见光图像

2）阴影的长度

太阳照射产生的阴影长度 L 与地物的高度、太阳高度角有关，当地面平坦时，地物高度、阴影长度和太阳高度角的关系为

$$L=\frac{h}{\tan\varphi} \quad (3-1)$$

式中：L 为太阳照射产生的阴影长度（m）；h 为地物高度（m）；φ 为太阳高度角（°）。

显然，当已知成像时间时，根据阴影的长度可确定地物的高度。地面起伏对阴影的长度有拉长或压缩效果。当下坡方向与光照方向相同时，阴影被拉长，反之被压缩。同样高度的物体在太阳高度角相同的情况下，不同坡度的地段阴影的长短是不同的。因此在山区不能用阴影的长短来判别地物的高低。

3）阴影的方向

在全色波段至近红外波段的图像上，阴影方向和太阳光照射方向是一致的。在同一幅图像上，由于成像时间相同，各地物的阴影方向都是相同的。我国大部分地区在北回归线以北，中午前后太阳总是在南边，各地物阴影的方向都是向北、西北或东北。因此，在不知道图像的方位时，可以根据成像时间和阴影的方向大致确定图像的方位。我国有少部分地区在北回归线以南，这些地区在每年的夏至或夏至前后，阴影的方向将偏南。

一般情况下，高于地面目标的阴影和它的图像是不会重合的，除非地物的投影误差方向恰好与阴影的方向一致。阴影和图像的交点是地物在图像上的准确位置。另外，在地物和其背景的反差很小的情况下。地物图像难于分辨，这时可以用阴影的底部来判定物体的位置。SAR 图像上阴影的方向始终平行于探测方向，且阴影方向和其图像方向正好相反。

4）阴影的色调

阴影在可见光图像上的色调为深色调。但是，由于大气散射的影响，阴影的色调也会随着散射的强弱发生变化。地物阴影部分虽然没有太阳光的直接照射，但受天空光的照射，而天空光主要是大气散射的蓝光，所以在蓝色波段的图像上阴影的色调与图像的反差最小，在阴影内还可以识别其他地物的图像。随着波长的增大，阴影的色调将变深。

可以看出，阴影特征对确定图像方位、解译地物性质、确定地物高低及准确判定地物位置等方面是很有利的。但是，阴影也会遮挡其他较小物体，在解译时要加以注意。

5. 位置特征

位置特征是指地物的环境位置以及地物间的空间位置关系在图像上的反映，也称为相关特征，它是重要的间接解译特征。

地面上的各种地物都有它存在的环境位置，并且与其周围的其他地物有着某种联系。例如，造船厂要求设置在江、河、湖、海边，不会在没有水域的地方出现；公路与沟渠相交一般都有桥相连。特别是组合目标，它们的每一个组成单元都是按一定的关系位置配置的。例如，火力发电厂由燃料场、主厂房、变电所和散热设备等组成；自来水厂则是由按一定顺序建造的水池及加压设备所组成；导弹基地则一般由发射场、储备库和组装车间、控制指挥中心等组成。因此，了解地物间的位置特征有利于识别集团目标的性质和作用，如图 3-14 和图 3-15 所示。

图 3-14　架设在河流上的桥梁可见光图像

位置特征有利于对一些图像较小的地物或地物很小而没有成像的地物解译。例如，草原上的水井，有的图像很小或没有图像，不能直接解译，但可以根据多条小路相交于一处来识别；又如，当田间的机井房无法直接确定时，可以根据机井房和水渠的相关位置来解译。

6. 活动特征

活动特征是指由于目标活动而引起的各种征候。因为任何目标只要有活动，就会产生活动的征候，而这些征候都与目标性质有着一定的联系。一般地说，什么样的活动征候，代表着什么样的目标性质。因此，只要当目标的

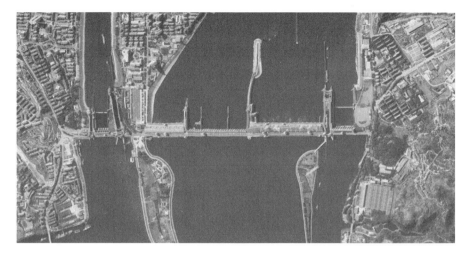

图 3-15　建在河流上的水坝可见光图像

活动征候能够在图像上反映出来,就可以根据这种征候判断出某些目标的性质和情况。例如,坦克在地面活动后所留下的履带痕迹,舰艇行驶中激起的浪花,工厂在生产时烟囱所冒出的烟等,都是目标活动的征候,所有这些征候只要能够反映到图像上,就能成为识别目标的一种依据,如图 3-16 和图 3-17 所示。

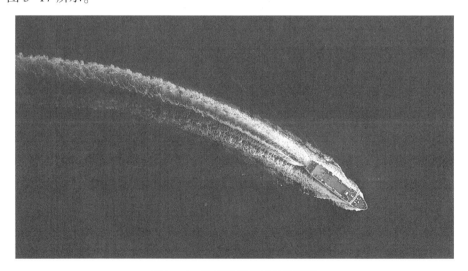

图 3-16　航行的船只可见光图像

由于目标的活动痕迹能够暴露出目标的性质,因此根据目标的活动征候,在图像上识别某些活动目标,就具有重要作用,特别是对于伪装的和外貌特

图 3-17 生产中的工厂可见光图像

征不明显的目标，活动特征的意义就显得更为重要。例如，当坦克以某种方法伪装以后，坦克的外貌特征可能改变成与某些地物相似的形状（如草堆、灌木丛等），有时甚至完全被隐蔽。但是坦克在行驶后通常会在地面留下履带痕迹，这种痕迹就能成为判明坦克的重要依据。同时，根据履带痕迹的通行方向，还能判断出坦克所在的位置。

在解译某些目标的使用情况时，活动特征也是十分重要的依据。因为目标在使用过程中或在使用以后，必然留下各种痕迹或产生其他活动征候。

由于目标的活动特征常常成为识别目标的重要依据之一，因此在作战时，为了隐蔽目标，迷惑对方，经常对目标的活动痕迹进行伪装。伪装的主要方法是将活动痕迹消除，或专门制造一些活动痕迹。此时，要判明目标的性质，必须依据当时的具体情况结合其他识别特征进行分析。

3.1.2 图像的观察方法

1. 直接目视解译

直接目视解译就是不借助解译工具，仅依靠眼睛的视觉能力，直接观察进行图像解译，是人与遥感图像相互作用的复杂认知过程，它涉及目视解译者生理与心理许多环节。大脑对图像信息生理加工有多级加工，多通道传输，多层次处理，信息并联与串联结合等特点，所以在图像解译时必须注意人类的生理特点。人类心理特点在遥感图像解译中也存在着一定影响，这些特点包括：一是解译过程中，将注意力集中在应注意的目标地物上；二是目标识别时，目视者的经验与知识结构对目标物体的确认具有导向作用；三是心理惯性对目标地物的识别具有一定影响，空间分布接近的物体容易构成整体。

眼睛的视觉能力是有一定限度的。视觉能力的好坏，是以眼睛所能辨别的最小物体的能力来表示的，这种能力叫作眼睛分辨本领。眼睛分辨本领通常是以所能辨别的最小物体对眼睛所张开的角度即视角，或以眼睛能够分辨出1mm内有多少线条来表示的。试验证明，正常人的眼睛分辨本领为每毫米6~7条线，相当于能区分出宽度为0.08mm的线条。

根据眼睛分辨本领的数值，可以了解在各种比例尺的图像上，眼睛所能分辨出的最小目标。但是，必须指出，眼睛分辨本领的数值，与目标的形状、观察时的照明条件以及目标的反差大小有关。根据试验证明，眼睛对线状物体的辨别能力要比对点状物体的辨别能力强。当照明条件和目标的反差情况不同时，眼睛的分辨本也就不同。由此可知，在解译时，要分析在图像上眼睛所能分辨出的最小目标，还必须区别不同的情况，分别对待。

直接目视解译与图像比例尺的大小密切相关，图像比例尺越大，目标的图像就越大，辨别目标的细部也就越容易。反之，图像比例尺越小，目标的图像就越小，辨别目标也就越为困难；当图像比例尺小到一定程度时，许多目标就无法辨别了。

在直接目视图像解译时，有时需借助光学仪器观察，可分为放大观察解译和立体观察解译两种。

1）放大观察解译

因为成像系统的分辨能力远比人眼的分辨本领高，也就是说，在图像上不仅包含了眼睛所能观察到的最小目标，而且包含有眼睛不能辨别的细小目标。所以，当目标的影像太小，若用眼睛直接观察解译困难时，就需要借助光学放大仪器来进行观察解译。

2）立体观察解译

立体观察解译就是利用两张从不同角度对同一地区拍摄的图像（称为立体图像或立体像对），按照一定的规则进行观察解译，它能使地面具有立体形状的物体影像，形成高低起伏的立体感觉，以恢复其原来的立体形态。这种方法，对于详细研究地形、永备筑城和伪装目标等，能提供极为有利的条件。所以，它是解译图像的一种重要的方法。

2. 人机交互观察

国外研究报告表明，全球遥感信息的综合利用率仅为搜集总量的 20%。问题都与图像信息的解译吸收效能偏低有关。目前，解译专家们梦寐以求的自动解译系统尚未实现，脱胎于传统手工作业方式的"人机交互"因受技术制约和人为干预，运行速度远不能满足信息时效性越来越高的要求。各国航天部门不得不依赖大量的人力投入作为补偿，从当今科技发展进程来看，"人机交互"的解译模式仍将占据主导地位。随着计算机工业的高速发展，对于典型目标的图像解译将以"人机交互"为基础，逐步向自动化、智能化方向发展。图像解译技术也将随着航天成像手段的提高而不断提高。

3. 计算机自动识别

遥感图像的计算机自动解译是一个正在成长的研究方向。它的许多理论方法是借用了计算机图像理解、知识工程、机器视觉等相关领域的。其基本目标是将人工目视解译遥感图像发展为计算机支持下的遥感图像理解。

利用计算机自动对遥感数字图像进行解译的难度很大，主要表现为：第一，遥感图像成像过程要受传感器、大气条件、太阳位置等多种因素的影响，图像中目标地物信息不完全，且带有噪声，计算机却必须尽可能精确地提取的提取出地表场景中感兴趣的目标物，这难度很大；第二，遥感图像信息量丰富，内容繁多，目标"拥挤"，不同地物间的相互影响与干扰使得提取目标变得非常困难；第三，遥感图像的地域性、季节性和不同成像方式更增加了计算机对遥感图像进行自动解译的难度。

尽管自动解译难度很大，但由于遥感图像可以大范围、客观、真实和快速地获取地球表层信息，广泛应用到自然资源调查与评价、环境监测、自然灾害评估和军事侦察。因此，利用计算机进行遥感图像智能化解译，快速获取地表不同专题信息，并迅速更新地理数据库，是实现遥感图像自动解译的基础研究之一，也是地理信息系统中数据采集自动化的一个方向，因此具有十分重要的理论意义和应用前景。

3.1.3 基于可见光图像的目标参数计算

1. 测量目标长度

倾斜空中成像是在相机光轴倾斜的情况下实施的，由于相机光轴的倾斜，像面和地面互不平行，因此所获得的图像，除了同一条像水平线比例尺是一致的，其他各个部分、各个方向的比例尺都不一致，而是变化的。因此，在此我们只讨论遥感垂直成像比例尺和目标长度的计算方法。

1) 遥感垂直成像比例尺的计算

计算遥感垂直成像的图像比例尺主要有 3 种方法：根据已知目标长度计算比例尺；根据成像地区的地形图计算比例尺，根据成像高度和相机焦距计算比例尺。

(1) 根据已知目标的长度计算图像比例尺。在垂直图像上，任意线段的长度是与地面相应线段的实际长度成比例关系的，而且任何线段缩小的比例又都是相等的。因此，只要知道图像上目标的实际长度，就可以直接计算图像比例尺。

根据已知目标实际大小计算图像比例尺为

$$\frac{1}{m} = \frac{l}{L} \tag{3-2}$$

式中：l 为目标的图像长度；L 为目标的实际长度。

例如，已知某一目标的长度为 20m，如在遥感图像上测得其长度为 0.5cm，则空中照片比例尺为

$$\frac{1}{m} = \frac{l}{L} = \frac{0.5\text{cm}}{2000\text{cm}} = \frac{1}{4000} \tag{3-3}$$

利用这种方法计算图像比例尺，量取的目标图像越小，图像比例尺误差越大。为提高图像比例尺的精度，要尽可能量取图像大的目标，如铁路、建筑物、舰船等。

(2) 根据成像地区的地形图计算图像比例尺。根据成像地区的地形图计算图像比例尺，应首先在地图上找出与图像上相应的两个明显的点（如道路交叉点），并按照地形图比例尺计算出这两点之间的实际长度，然后计算出图像比例尺。利用地形图计算图像比例尺为

$$\frac{1}{m} = \frac{l}{m_{地图} l_{地图}} \tag{3-4}$$

式中：$l_{地图}$ 为地形图上两点间的长度；$m_{地图}$ 为地形图比例尺分母。

用这种方法计算的图像比例尺，一般误差较大，为了能获得比较精确的数值，应选择不同方向上的 3 个和 4 个相应的点，最好选择图像内接近正交且大致经过像点的线段，并按照每两点之间的距离计算出比例尺，然后取其平均值，以求得图像的平均比例尺。为了保证更精确，所选的各点应该大致在同一个图像的同一个水平面上，每两点之间的距离应尽可能大些，一般不

小于 4~5cm。

（3）根据成像高度和相机焦距计算图像比例尺。图像比例尺的大小，决定于成像高度和相机焦距。只要知道成像高度和相机焦距，就能按照遥感垂直图像比例尺的关系式来进行计算。计算公式为

$$\frac{1}{m}=\frac{f}{H} \qquad (3-5)$$

利用这种方法计算图像比例尺，应该注意成像时所使用的高度是真高，还是相对高，或是绝对高。真高是以飞机正下方地平面为基准至飞机的垂直距离，这是照相时所要求的实际高度；相对高是以机场平面为基准至飞机的垂直距离；绝对高是以海平面为基准至飞机的垂直距离。这 3 种不同的高度有较大的差别，如图 3-18 所示。因此，用不同的高度来计算空中照片比例尺就会得出不同的结果，其中只有利用真高计算出的比例尺，才是空中照片的比例尺。

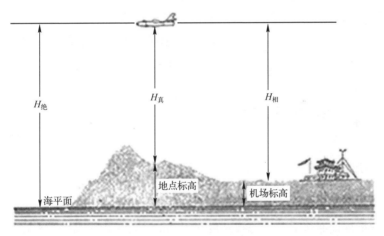

图 3-18　飞行高度示意图

2）根据图像比例尺测量目标长度

计算图像比例尺的目的，主要是为了测量目标的实际长度，以便结合运用大小特征来识别目标。测量目标的长度，首先要在图像上测量出目标在图像上的大小，然后乘上图像比例尺的分母，即得目标的实际大小。由此可得

$$L=lm \qquad (3-6)$$

2. 测量目标高度

在日常生活中，经常可以看到这样的现象：当太阳刚刚升起和即将落山

的时候，地面上物体的阴影就特别长；而当太阳在顶空的时候，阴影又特别短。同时，在同一个时间内又能明显地看出物体的高度不同，其阴影的长度也就不同。这些现象都说明了阴影的长度与太阳高度角的大小及目标高度是直接相关联的。当太阳高度角和目标高度不同时，目标阴影的长短也就不同。因此，要利用阴影测量目标高度，就必须从太阳高度角、成像时间和阴影长度的相互关系，找出其变化规律，并运用这一规律来解决在图像上测量目标高度的问题。

根据上述现象可以看出，目标阴影的长度具有如下的变化规律：当目标高度相同时，太阳高度角愈大，阴影愈短，反之则长；当太阳高度角相同时，目标高度愈高，阴影愈长，反之则短。

阴影长度与目标高度和太阳高度角之间的关系为

$$h = L\tan h_\theta \tag{3-7}$$

式中：L 为阴影实际长度；h_θ 为太阳高度角。

只要知道太阳高度角和阴影的长度，就可以求出目标的高度。阴影的长度可以从图像上求得，但是，太阳高度角则必须根据其他条件求得，所以利用阴影求目标高度的方法，必须首先解决太阳高度角的问题。

3.2 地形地貌的解译

3.2.1 山地

1. 山地的定义

山地指地面起伏显著，海拔高度在 500m 以上（相对高程 200m 以上）的高地称为山，可分为极高山、高山、中山和低山 4 种类型，如表 3-2 所列。

表 3-2 山地高程分类标准

高程分类	标准		
	海拔高度/m	相对高程/m	海拔高度/m
极高山	5000 以上	1000 以上	5000 以上
高 山	3000~5000	500~1000	3000~5000
中 山	1000~3500	200~500	1000~3500
低 山	500~1000	200~500	500~1000

从定义上看，山地构成的要素包括两个方面，起伏显著和海拔高度。判断是否属于山地类型首要关键词是"起伏显著"，很高但没有起伏的地形后面会讲到，称为高原，而不是山地。

山是大规模地壳构造运动的结构，占据较大地域，按一定的走向形成山脉。群山连绵的地域称为山地。就像对山命名时一样，通常说"某某峰""某某岭""某某山"，这其中是有区别的，"某某山"通常指山脉，"某某峰""某某岭"通常指山脉中较高的某一处山顶。

山地的基本特点是山峰此起彼伏，如犬牙交错参差不齐，山高谷深。由于所处地理位置不同，受气候因素影响不一样，还有基岩性质和结构的差异，使山地表面呈现各式各样的地理景观，有的树木繁茂，有的草木不生，有的常年积雪，有的四季常青。

山地地貌单元主要由山顶、山脊、鞍部、山谷和斜面等地貌元素组成。

（1）山顶，山的最高部位，山顶依其形状可分为尖顶、圆顶和平顶3种。根据山顶色调表现的形状和阴影特点，可在图像上清晰判明山顶的形态和位置。圆山顶顶部较圆，在图像上表现为有一定圆弧凸起；尖山顶顶部较凸出，图像上棱角分明；平山顶特征较为明显，如盆状体，中间平，四周边缘色调相近。

（2）山脊，从山顶出发划分山坡的分界线，山脊的连线叫作山脊线（也是分水线），山脊的走向通常反映地貌的分布特征。山脊由数个山顶、山背、鞍部相连所形成的凸棱部分。在图像上，有明显色调差的两坡面的交界处，就是山脊和山脊线所在之处。山脊线又是判定山地走向和山地规模的依据。

（3）鞍部，是距离较近的两山顶之间形如马鞍状的部位，道路一般设置在鞍部上。从特征上看，其部分或全部可能被两侧山顶的阴影所覆盖，在图像上依据两侧的山顶来判定。

（4）山谷，山地中的长形凹地，山谷有峡谷（"V"形谷）和空谷（"U"形谷）之分。峡谷是狭而深的谷地，两侧坡度比较陡峻，其底部常被阴影遮盖，故反映在图像上色调较深。宽谷地的底部相对比较平坦，在宽阔的宽谷地形上，通常有耕种地、居民地和道路。山谷因地势低洼，山上的雨水和融雪水沿山坡而下，汇聚于山谷，所以山谷常有小溪流水或是河流的发源地。在松散的土沙质坡地上，因雨水依山而下，日久天长，将山坡和谷坡冲刷成许多不规则的沟谷，称之为雨裂冲沟。冲沟形态弯曲，色调较深，在图像上容易发现与识别。冲沟大多成片发育，由于流水汇聚，往往构成树枝状结构图案。

值得注意的是，山地地形按地理位置的不同，其地形特点也有差异。沿海山地，海拔低，气候温和，居民地和道路网较密；高海拔山地，空气稀薄，气候寒冷，多雪山，人烟稀少，交通极为不便。高纬度山地，山顶浑圆，坡面较缓，谷宽，河少；低纬度山地，山顶较尖，坡陡谷窄，多溪流，如图 3-19 所示。

图 3-19　山地可见光图像

2. 山地图像特征

阴影和色调特征是解译山地起伏状态的主要依据。山地的基本特征是山峰林立，山高谷深，阳光照射下，阴影较为明显。依据阴影的形状和大小，可以识别出山峰的自然状态。无论有无阳光的直接照射，因为山地此起彼伏，高低不平，使其各部接受的光线强度不等，其结果必将使图像上的色调有深有浅。一般情况下，向阳坡面色调较浅，背阳的一面色调较深。色调较浅的差别越大，表示山地的起伏越大，反之则缓。此外，山地交通不便，人烟稀少，建筑空旷，道路和河流多曲折迂回，这些特点是解译山地的间接识别特征。

对山地表面结构的解译，通常是根据色调特征和植被来识别。土质表面的山地，一般比较平缓，反映在图像上色调比较均匀。岩石表面的山地，则凸凹不平，色调深浅不均；树木丛生的山地，其表面通常为土质或土石质。

3. 山地解译典型应用

山地的解译，主要是判明山地的性质、起伏状态、地貌单元内容（如山顶、山脊、鞍部、山谷等）及其位置、规模、结构等。

3.2.2 丘陵地

1. 丘陵地的定义

地面起伏较缓，海拔高度一般在 200m 以下（高差 100m 左右）的高地称为丘陵，许多错综连绵的丘陵地域称为丘陵地，丘陵地也是大规模构造运动的结果。

2. 丘陵地图像特征

丘陵地表面高低不平，但高差不大，山顶圆浑，坡度平缓，山脊棱线不明显，山谷宽而低平。它是山地与平原之间过渡地形。接近平原的丘陵地，高差较小、丘陵分布稀疏。由于天然的风化剥蚀、冲刷堆积和人文活动的影响，致使丘陵地逐渐成为波状起伏地形；接近山地丘陵地，局部地段高差较大，丘陵分布密集，坡度较陡。

与山地解译相似，形状和色调特征也是解译丘陵地的主要依据。因为丘陵地由许多高程较低、占地面积一般不大的丘陵组合而成，因此，在图像上会同时出现若干个丘陵图像，它们虽然在大小、高度上有些差异，但丘陵本身均呈闭合形态。而这种闭合形态，通过色调特征会在图像上相应地表露出来。

当丘陵地有梯田时，则可根据梯田的宽度来判定丘陵的陡缓，一般梯田较窄时，丘陵坡度较陡；梯田较宽时，则丘陵的坡度较缓。当然，这些都是为获取最大且平缓的灌溉地。

此外，丘陵地河道弯曲，河床展宽，多沙洲和浅滩，居民地、工矿企业和各种道路较山地多，这也是判定丘陵地的主要依据。

不同地区的丘陵地，由于土质、气候等条件不同，它们的特点也不一样。例如，有些丘陵形状圆浑，分布较稀疏，坡度平缓，谷宽岭低，树木和灌木丛较少，斜面和谷地多为旱田；有些地区的丘陵多为尖顶，分布较复杂，坡度较陡，树木和灌木丛较多，谷地狭窄，斜面多梯田等。这些不同的特点，反映在图像上特征也有一定的差别，如图 3-20 所示。

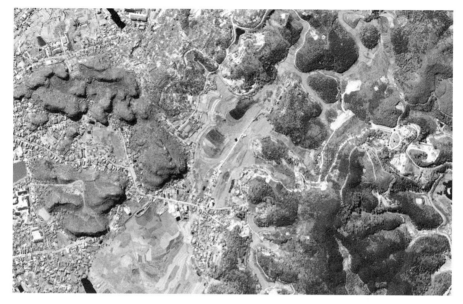

图 3-20　丘陵地可见光图像

3. 丘陵地解译典型应用

丘陵地的解译与山地类似，主要是判明丘陵地的性质、起伏状态、主要部位（如丘顶、脊线、鞍部、谷地等）及其位置、规模、结构等。丘陵地起伏较小，通常位于山地与平坦地连接地带，易于识别。

3.2.3　平坦地

1. 平坦地的定义

地面大致平坦或稍有起伏广阔地域称为平坦地，在地形解译学科中主要是指平原这种地貌单元。

2. 平坦地图像特征

由于平坦地没有显著的地形起伏，因此反映在图像上色调均匀，没有地面起伏所引起的阴影。平坦地一般适于耕种，居民地较多，交通方便，道路和河流都比较平直。

不同地区的平坦地，也有其不同的特点。例如，有的平坦地道路四通八达，路面一般较宽，江河较少，耕种地多为旱田；有的平坦地除专修的公路较宽外，道路一般较窄，而江河、湖泊和池塘较多，耕种地多为水田。在解译平坦地时，应注意区分这些不同的特点，如图 3-21 所示。

图 3-21 平坦地可见光图像

沙漠、戈壁属不属于平坦地？首先，从定义上沙漠、戈壁是按土质或植被覆盖情况进行的分类。解译属不属于平坦地，要视两种地形起伏形态而定，大多情况下属平坦地。

3. 平坦地解译典型应用

平坦地的解译，主要是在图像上判明平坦地这种常态地貌类型，进而为判定平坦地上的其他地物，奠定必要的基础和依据。按地球表面各种地貌特征分，陆地上多为山地或丘陵，平坦地较少。多位于各大河流域附近或沿海地带，人口较为集中，易于识别。

3.2.4 高原

1. 高原的定义

地势高而地面比较平缓宽广、海拔一般在 500m 以上的地区称为高原，它以具有较大的高程区别于平坦地和丘陵地，又以具有较大的平缓地面和较小的起伏区别于山地。

高原地势高亢，地面开阔又比较平坦，多数为高山之间的盆地，少数为宽阔的谷地。因为地理环境的差异，不同地区的高原亦具有不同的特点。

2. 高原图像特征

高原既不具备山地、丘陵地多起伏的状态，又不具备平原地貌一马平川的地势，所以在大面积图像上，一般根据其整体形态和纹影图案分析解译。但是在局部地区，因不易直接判明其海拔高程，使高原与丘陵、平原地貌不易区分，给判定高原带来一定困难。为此，解译时一定要抓住高原地理环境不佳、人烟稀少、交通不便、自然风貌突出、人文景观较少等特点，如图3-22所示。

图3-22　高原地面照片

3. 高原解译典型应用

高原的解译主要是研究如何在图像上判明其类型和高原内部微地貌的结构、特点，进而为判定高原上的有关地物和目标提供必要依据。

3.2.5　岛屿

1. 岛屿的定义

岛屿是散列于海洋、江河、湖泊中的较小陆地，面积大小不一，通常大的叫岛，小的叫屿。

岛屿在经济和军事领域具有重要的意义，众所周知，根据《联合国海洋法公约》，岛屿有200n mile的专属经济区，经济价值巨大；地理上可延伸各国防御前沿、及时发现敌情，控制重要水道或海域，军事价值高，对其解译也是目标解译的重要内容，如图3-23所示。

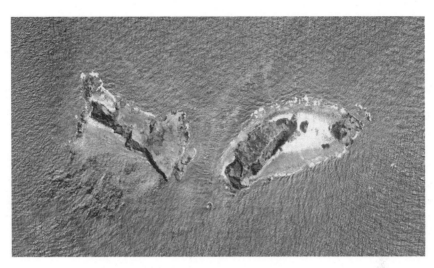

图 3-23 岛屿可见光图像

岛屿四面环水，大多面积狭小。多数为列岛或群岛，少数为孤岛。一般岛上多山，坡度陡峻，地形复杂；岸线弯曲，岸陡滩狭；道路少，且曲折狭窄；居民少，物产有限，淡水缺乏；多数岛上土质贫乏，植被发育不多，但热带地区的岛屿植被发育好，丛林茂密；岛屿属海洋性气候，温差变化较小，但岛屿气象复杂多变，特别是夏季，受台风威胁甚大。

海水面与岛屿边缘陆地接触的滨海地带称为岛屿海岸，海水面与陆地接触的分界线称为海岸线，通常以海边多年的大潮线所形成的海边痕迹线为准。岛屿海岸线大多弯曲复杂，形如犬牙交错，少数海岸线或地段呈现平直状态。

2. 岛屿图像特征

由于岛屿四周环水，因此在图像上特征较为明显，其色调与四周海水的色调有着明显的差别，其形状随岛屿海岸的曲折情况而定。较小的岛屿四周多为陡峻的崖壁，岛上道路、耕种地、居民地较少，有的甚至荒无人烟；而较大的岛屿则居民地、耕种地、道路等较多，有些还设有机场和港口等。

岛屿海岸的地质不同，反映在图像上色调也不相同。土质的海岸色调较深，常有许多弯曲的水沟；沙质的海岸则呈浅灰色；而石质的海岸通常多为陡崖，其色调一般呈灰色，当其背向阳光时，常有明显的阴影。

此外，在岛屿的附近常有礁石。礁石有明礁和暗礁之分。明礁反映在图像上呈现不规则的灰色点状，在海浪冲击下，周围常有白色浪花的图像；暗礁只有在离水面较近的情况下，才能根据其本身图像和在附近出现的紊乱的波纹和浪花图像来识别。

3. 岛屿解译典型应用

岛屿的解译,除确定其性质外,主要应判明其地形状况和表面结构、全岛的制高点和主要高地。岬湾和凸出部位的位置及其相互关系;判明易登陆的地段及其向纵深延伸的坡度状况等;判明岛屿的海岸带性质,如陡崖、坡地,土质、沙滩、石质等,以及岛屿周边主要明礁、暗礁等分布情况。

综上所述,解译常态地貌时,一定要注意以下几点:一是图像收容范围尽量大;二是分辨率不要求太高,一般3m左右;三是熟练掌握世界各国主要山脉、河流、湖泊的分布,以及主要地貌,如伊朗高原、幼发拉底河、美索不达米亚平原、苏伊士运河、霍尔木兹海峡、扎格罗斯山脉等;四是尽量使用顶视图像解译,减少畸变对视觉判断影响;五是要采用多时相、多手段对比观察方式判明目标,在海岸、岛屿解译时尤为重要。

3.3 典型目标的解译

3.3.1 机场

机场是供飞机起飞、着陆、停放和组织保障飞行活动的场所。对机场的识别包括机场的位置、区域范围、地理坐标和地形状况,跑道的材质、数量、长度、宽度和方向,飞机的型别、数量、位置和状态,滑行道、联络道、停机坪、飞机掩蔽库、洞库、候机楼、油库、弹药库、修理厂、指挥机构和营区的位置等。由于机场的用途和性质不同,解译特征有所差异,如图3-24所示。

机场的组成通常有跑道、端保险道、迫降道、滑行道、联络道、集体停机坪、个体停机坪、飞机掩蔽库、飞机掩体、飞机洞库、指挥所、航行调度室、塔台、飞机修理库、修理厂、油库、弹药库、校罗坪、校靶坪、候机楼、气象台和营房等设施。这里主要介绍跑道、滑行道、停机坪、飞机掩蔽库、飞机掩体、飞机洞库、航行调度室、飞机修理库、油库、弹药库和营房的识别特征,如图3-25所示。

1. 跑道

机场跑道是指机场内用来保障航空飞行器起飞或降落的超长条形区域,其材质可以是水泥混凝土、沥青混凝土、土质、草地、钢板或水面等,长条形跑道是目前世界上各国机场大多采用的一种方式,长度一般为2000~

图 3-24　机场建设布局示意图

图 3-25　机场可见光图像

3000m，有的长达 4000m 以上，宽度一般为 40~60m，有的宽达 100m，呈一条边沿整齐、宽大而平直的条状。

2. 滑行道

滑行道是机场内供飞机滑行的规定通道，主要功能是使已着陆的飞机迅速离开跑道，不与起飞滑跑的飞机和着陆的飞机相干扰。滑行道在可见光图像上呈浅色或深色的窄带状，宽度一般为 8~15m，并与跑道、停机坪、飞机掩体和飞机修理库等相关联。

3. 停机坪

停机坪是为飞机停放及各种维修活动提供的场所。停机坪位于跑道的一侧，并有滑行道与跑道相连。个体停机坪一般停放 1~2 架飞机，分散布置，如图 3-26 所示。集体停机坪可停放多架飞机，其面积的大小主要是根据计划停放的飞机类型及数量而定。在可见光图像上，集体停机坪呈浅色或深色的矩形，个体停机坪一般呈白色或浅灰色的矩形和圆形，如图 3-27 所示。

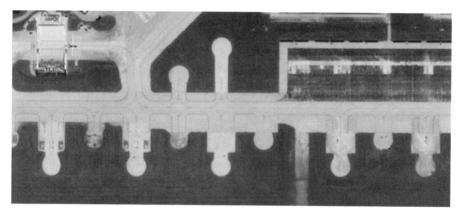

图 3-26　个体停机坪可见光图像

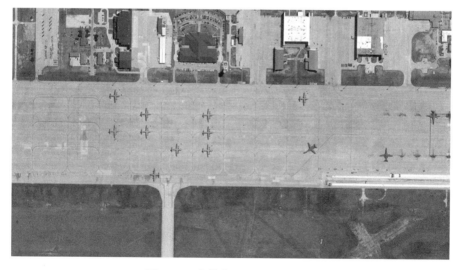

图 3-27　集体停机坪可见光图像

4. 飞机掩体、飞机掩蔽库和飞机洞库

为保护地面飞机免遭或减轻敌袭击破坏而构筑的工事，按构筑方式和结构形式，主要分为飞机掩体、飞机掩蔽库和飞机洞库3种。

飞机掩体是一种露天式的工事，通常构筑在机场疏散区内，用土或土坯砖筑墙，高度根据机型的高度确定，墙顶面的宽度一般不少于2m，形如马蹄或靴状，可停放1~2架飞机，如图3-28所示。

图 3-28　飞机掩体可见光图像

飞机掩蔽库是一种抗力较强，以防常规武器为主兼顾防核武器的飞机掩盖式工事。通常建于一二线机场，配置在跑道两端的警戒停机坪或滑行道的一侧，以利于飞机迅速隐蔽、迅速滑出进入跑道起飞。掩蔽库按单机或双机、4架飞机为一组布置，采用钢筋混凝土半圆落地拱结构或框架结构，也有的采用折线形钢筋混凝土结构或装配式的钢结构。出入口朝向应利于飞机进入跑道的方向，通常设有立转式防护门，并采用梁板式钢筋混凝土结构或拱式钢结构或钢筋混凝土结构。排气口设在后端。飞机掩蔽库的大小因不同机型的几何尺寸有所差异，以保证飞机在库内可以正常进行飞行前的各项勤务保障。有的还安装飞机牵引导轨和绞车，以利于飞机出入，如图3-29和图3-30所示。

飞机洞库是一种抗力较强的防核武器的坑道式或掘开式工事，通常在能起支撑作用的纵深机场构筑。坑道式飞机洞库主要是利用机场附近的适合山

图 3-29 飞机掩蔽库地面照片图

图 3-30 飞机掩蔽库可见光图像

体掘洞,用钢筋混凝土被覆。通常设有两个朝向不同的出入口,各口部安装一道或两道防护门,采用立转式(又称铰链式)或推拉式(又称滚动式)机械启闭。出入口还有拖机道与机场跑道相连。容量从数架到百余架不等。掘开式飞机洞库，主要是当机场附近无适合山体时，在平坦、起伏地形上构筑。通常采用钢筋混凝土结构。按其覆土分为全地下式或半地下式两种，全地下式是整个飞机洞库的结构埋在地表面以下，半地下式的结构有一部分突出地表面，覆以回填土作防护层。有的还将跑道的一端部分建在地下与飞机洞库相连接，以利于飞机从洞库滑行起飞，如图 3-31 所示。

图 3-31　飞机洞库可见光图像

5. 航行调度室

航行调度室通常配置在便于观察和指挥飞行的地方。在一条跑道的机场上，通常设于跑道中部的一侧。在多条跑道的机场上，则一般都位于主跑道的中部附近。航行调度室在机场中是最高的建筑物，一般为一幢多层的塔式楼房，附近有停车场，如图 3-32 和图 3-33 所示。

6. 飞机修理库

飞机修理库（又称机库）通常位于集体停机坪一侧，并有滑行道相连，其顶部形式有单坡面、双坡面、多坡面和拱形几种，呈长方形，在机场中是最大的库房建筑，一般长几十米，有的达上百米，如图 3-34 和图 3-35 所示。

7. 油库和弹药库

油库和弹药库通常配置在机场外，且便于隐蔽和防护条件良好的地方，一般都有铁路和公路相通。

图 3-32　航行调度室地面照片

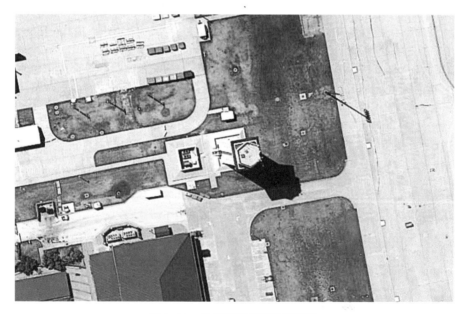

图 3-33　航行调度室可见光图像

油库一般是由若干个油罐或半地下式库房组成：油罐在可见光图像上呈白色或灰色圆形、长方形，有阴影，四周有土墙或挖有沟渠；半地下式库房呈圆形或长方形土堆状，顶部有呈圆点状的通气孔，如图 3-36 所示。

图 3-34　飞机修理库地面照片

图 3-35　飞机修理库可见光图像

弹药库的形式与一般仓库相同，但为了防止弹药爆炸而造成较大的损失和影响其他库房的安全，一般都采用小型库房，并且每个库房的周围都筑有防护墙。库房之间有道路相通，如图 3-37 和图 3-38 所示。

图 3-36　油库可见光图像

图 3-37　弹药库地面照片图

8. 营区

营区一般多位于机场以内或其附近地区，有公路与机场相通，其营房排列整齐，并建有各类运动场，如图 3-39 所示。

图 3-38　弹药库可见光图像

图 3-39　营区可见光图像

3.3.2　港口

港口是位于江、河、湖岸边，由一定面积的水域、陆域和相关码头设施组成的专供船舶安全出入、停泊和避风之用的货物和旅客集散场所，是水陆交通的集结点和枢纽。港口按用途主要分为军港、商港和工业港等。军港是指军队使用的港口，专供海军舰艇使用的港口，供舰艇停泊、补给、修建、避风和获得战斗、技术、后勤等保障，又称海军基地，具备相应的设备和防御设施。商港是指供商船往来停靠，办理客货运输业务的港口，为便于船舶出入、停泊、货物装卸、仓储、驳运作业、服务旅客的水面、陆上、海底及其他一切有关设施。工业港是为临近的大型工矿企业直接运输原料、燃料和产品的港口。港口水工建筑物一般包括防波堤、码头、修船和造船水工建筑物。

1. 防波堤

防波堤位于港口水域外围，用于抵御风浪，保证港内有平稳的水面的水工建筑物，如图 3-40 所示。

图 3-40 防波堤俯视图

2. 码头

码头是供船舶停靠、装卸货物和上下旅客的水工建筑物，是港口的主要组成部分，按码头的平面布置常见的类型有顺岸式、突堤式。

顺岸码头是指水工建筑与岸线平行方向布置的码头，码头前沿线与陆域岸线平行，具有陆域宽广、船舶停靠方便、对水流和泥沙的影响较小等优点，如图 3-41 和图 3-42 所示。

图 3-41　顺岸式码头地面照片

图 3-42　顺岸式码头可见光图像

突堤式码头是指由陆岸向水域中伸出的码头，突堤两侧和端部均可系靠船舶，具有布置紧凑、管理集中的优点。前沿线与自然岸线成较大角度的码头，它的交角一般不小于45°和不大于135°，斜交布置时锐角一带岸线较难利用，角度愈小岸线利用率愈低，如图 3-43 和图 3-44 所示。

图 3-43　突堤式码头地面照片

图 3-44　突堤式码头可见光图像

3. 船坞

船坞是指修造船用的坞式建筑物，灌水后可容船舶进出，排水后能在干底上修造船舶。船坞有干船坞和浮船坞两种。干船坞的三面接陆一面临水，基本组成为坞口、坞室和坞首，如图 3-45 所示。浮船坞是一种可以移动并浮沉的凹字形船舱，如图 3-46 所示。

图 3-45　干船坞可见光图像

图 3-46　浮船坞可见光图像

第 4 章
SAR 图像解译

SAR 图像是一种主动微波遥感系统，它以其全天候、全天时获得图像的能力体现了很大的优势，而且由于微波的特点，SAR 图像能够揭露一部分（如金属类）伪装；但是由于雷达图像成像的特点，使得图像产生斑点和阴影，图像大小可能与实际不符，而且图像缺乏光谱信息。SAR 图像主要是利用主动发射电磁波并接收物体反射和散射回波来识别目标[36,42,46]。

进行 SAR 目标图像解译，需要具备 SAR 成像的基础理论知识，掌握各种目标地物的散射特性与目标地物相互作用规律，同时也需要掌握合成孔径雷达图像的解译方法。SAR 图像的解译方法和技术不同于可见光图像。由于雷达波束是侧视的，电磁波是不可见的。因此，SAR 图像不同于眼睛或相机获得的那种图像。SAR 图像的解译，宜遵循以下方法。

（1）采用由已知到未知的方法。利用有关资料熟悉解译区域，有条件时可以拿 SAR 图像到实地调查，从宏观特征入手，对需要解译的内容，可以把 SAR 图像与专题图结合起来，反复对比目标地物的图像特征，建立地物解译标志，在此基础上完成对 SAR 图像的解译。

（2）对 SAR 图像进行投影纠正。可与多源图像进行信息复合，构成假彩色图像，利用其他图像增加辅助解译信息，进行雷达图像解译。

（3）利用同一个成像高度的侧视雷达在不同距离上对同一个地区两次成像，或者利用不同成像高度的侧视雷达在同一侧对同一个地区两次成像，获得可产生视差的图像，对 SAR 图像进行立体观察，获取不同地形或高差，或对其他目标地物进行解译。

4.1 SAR 图像的几何特点

从有关 SAR 成像机理的介绍中已经可以看到 SAR 图像不同于其他图像,它有着固有的几何特点,认识这些几何特点,对于正确地分析 SAR 图像,是十分必要的。

4.1.1 斜距显示的近距离压缩

SAR 图像中平行于飞行航线的方向称为方位向或航迹向,垂直于航线的方向称为距离向,一般沿航迹向的比例尺是一个常量。但是,沿距离向的比例尺相对复杂,因为有两种显示方式。在斜距显示的图像上地物目标的位置由该目标到雷达的距离(斜距而不是水平距离)所决定,图像上两个地物目标之间的距离为其斜距之差乘以距离向比例尺,即

$$y_1 - y_2 = f(R_1 - R_2) = \frac{R_1 - R_2}{a} \tag{4-1}$$

式中:y_1,y_2 为两目标在图像上的横坐标,纵坐标通常为航迹向图像坐标,以 x 表示,f 为距离向比例尺,a 为比例尺分母,这里的距离向比例尺是相应于所说两个目标而言。

当俯角为 β 时,有

$$\Delta R = \Delta G \cos\beta \tag{4-2}$$

式中:$\Delta R = \Delta R_1 - \Delta R_2$,为两目标斜距之差,且

$$\Delta G = G_1 - G_2 \tag{4-3}$$

式中:G_1、G_2 分别为两目标到雷达天线的水平距离。于是两目标的图上距离为

$$y_1 - y_2 = f\Delta R = f\Delta G \cos\beta = \frac{f}{\sec\beta}(G_1 - G_2) = f'(G_1 - G_2) \tag{4-4}$$

此时,比例尺 f' 不再是常数,俯角 β 越大,f' 越小。

如图 4-1 表示了地面上相同大小的地块 A、B、C 在斜距图像和地距图像上的投影,A 为距离雷达较近的地块,但在斜距图像上却被压缩了,可见比例尺是变化的,这样就造成了图像的几何失真。

为了得到在距离向无几何失真的图像,就要采取地距显示的形式,通常在雷达中,通过几何校正处理,得到地距显示的图像,对平地图像的处理,

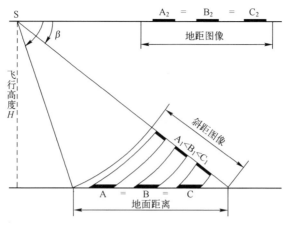

图 4-1 斜距图像与距离压缩

可以做到距离向无失真现象，如果遇到山地，即便地距显示也不能保证图像无几何形变。

4.1.2 侧视雷达图像的透视收缩和叠掩

在侧视雷达图像上所量得的山坡长度按比例尺计算后总比实际长度要短，如图 4-2 所示，设雷达波束到山坡顶部、中部和底部的斜距分别为 R_t、R_m、R_b，坡的长度为 L，从图 4-2（a）中可见，雷达波束先到达坡底，最后才到达坡顶，于是坡底先成像，坡顶后成像，山坡在斜距显示的图像上显示其长度为 L'，很明显 $L'<L$。图 4-2（b）中由于 $R_t=R_m=R_b$，坡底、坡腰和坡顶的信号同时被接收，图像上成了一个点，更无所谓坡长。图 4-2（c）中由于坡度大，雷达波束先到坡顶，然后到山腰，最后到坡底，因而 $R_b>R_m>R_t$，这时图像所显示的坡长为 L''，同样是 L''，图 4-2（a）所示图像形变称为透视收缩，图 4-2（c）所示图像形变称为叠掩。一般令雷达图像显示的坡长为 L_r，有

$$L_r = L\sin\theta \tag{4-5}$$

式中：β 为雷达波束入射角，可见当 $\theta=90°$ 时，$L_r=L$，即波束贴着斜坡入射，斜坡的图像显示才没有变形，其他情况下，L_r 均小于 L。

入射角 β 一般可表达为

$$\theta = 90° - (\beta+\alpha) \tag{4-6}$$

式中：β 为俯角，α 为山坡坡度，如图 4-3 所示，可见 β 角的符号定义通常是与山坡坡度相关的（对于某一个雷达系统，β 总是一个常数或一定的范围），

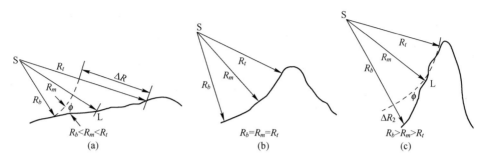

图 4-2 斜坡的成像解译

(a) 雷达透视收缩；(b) 雷达透视收缩；(c) 雷达叠掩。

由 θ 的定义可见，对同样坡度的山坡，β 角越大，θ 角越小。于是，由式 (4-6) 说明近距离时图像收缩更大，如表 4-1 所列。定义图像透视收缩比为

$$F_p = (1-\sin\theta)\% \tag{4-7}$$

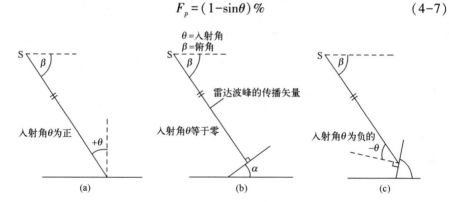

图 4-3 地形、坡度对入射角的影响

表 4-1 雷达图像收缩百分比 F_p 随入射角 θ 的变化关系

$\theta/(°)$	F_p	$\theta/(°)$	F_p
90	0.0	40	35.7
80	1.5	30	50.0
70	6.0	20	65.8
60	13.4	10	82.6
50	23.4	0	100.0

以上是考虑朝向雷达波束的坡面，称为前坡。背向雷达波束的坡面，称为后坡，对于同一方向的雷达波束，后坡的入射角与前坡不一样，如图 4-4 所示，后坡坡度与前坡相同时，图像的收缩情况不一样。表 4-2 给出了前后

坡均为15°时，后坡与前坡图像显示的坡长比。由表可见，图像上的后坡总是比前坡长，前坡的透视收缩严重，由于透视收缩本身表明回波能量相对集中，最集中的情况是山顶、山腰、山底的回波集中到一点（图4-2（b）），所以收缩意味着更强的回波信号，故而一般在图像上的前坡比后坡亮。

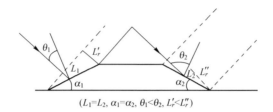

图4-4 前后坡图像收缩情况

表4-2 不同俯角时的地面入射角和雷达坡度长度

俯角/(°)	雷达坡度长度（原山坡坡长为1）		坡长比（后/前）
	前坡	后坡	
75	0	0.50	∞
65	0.17	0.64	3.76
55	0.34	0.77	2.26
45	0.50	0.87	1.74
35	0.64	0.94	1.47
25	0.77	0.98	1.28
15	0.87	1.00	1.15

表4-3给出了不同坡度产生叠掩的条件，可见波束入射角为负时才产生叠掩，如图4-5所示，俯角与叠掩的关系，即俯角越大，产生叠掩的可能性

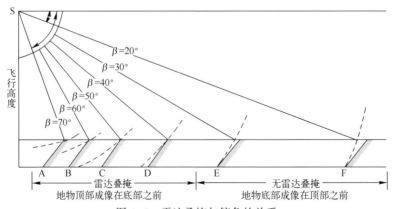

图4-5 雷达叠掩与俯角的关系

越大,且叠掩多是近距离的现象,图像叠掩给解译带来困难,无论是斜距显示还是地距显示都无法克服。如图 4-6 所示,SAR 影像显示地面上的高楼产生的叠掩向着雷达的探测方向。

表 4-3 产生叠掩的必要条件

地形坡度/(°)	β/(°)	θ
>80	10	↑
>70	20	
>60	30	
>50	40	
>40	50	负
>30	60	
>20	70	
>10	80	↓

图 4-6 雷达图像的叠掩

4.1.3 雷达"阴影"的产生

雷达波束在山区除了会造成透视收缩和叠掩外,还会对后坡形成阴影,如图 4-7 所示,在山的后坡雷达波束不能到达,因而也就不可能有回波信号,在图像上的相应位置出现暗区,没有信息。雷达阴影的形成与俯角和坡度有关。如图 4-8 所示,说明了产生阴影的条件。当背坡坡度小于俯角,即当 $\alpha<$

β 时整个背坡都能接收波束，不会产生阴影。当 $\alpha=\beta$ 时，波束正好擦过背坡，这时就要看背坡的粗糙度如何，若为平滑表面，则不可能接收到雷达波束，若有起伏，则有的地段可以产生回波，有的则产生阴影。当 $\alpha>\beta$ 时，即背坡坡度比较大时，则必然出现阴影。

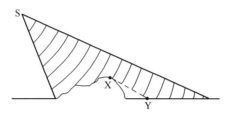

图 4-7　雷达阴影的产生

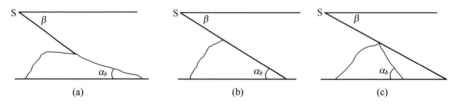

图 4-8　背坡角对雷达图像的影响

（a）$\alpha_b<\beta$ 无阴影；（b）$\alpha_b=\beta$ 无阴影；（c）$\alpha_b>\beta$ 有阴影。

雷达阴影的大小，与 β 角有关，在背坡坡度一定的情况下，β 角越小，阴影区越大，这也表明了一个趋势，即远距离地物产生阴影的可能性大，与产生叠掩的情况正好相反，如图 4-9 所示。

上面所述是山脊走向与雷达波束垂直时的情况。当山脊走向与航向不平行，其夹角 ψ 不为零时，产生阴影的条件会发生变化。图 4-9 表示在不同 ψ 角和不同俯角情况下会产生阴影的背坡坡度，图中虚线指示了当山脊走向与雷达波束的夹角为 40°、俯角为 40°时，只有当背坡坡度大于 47.5°时，才会产生阴影。

由图 4-8（c）还可看出，斜距内的雷达阴影的长度 S_s，与基准面上的地物高度 h 和雷达到阴影最远端的斜距 S_r，以及航高 H 有关，其表达式为

$$S_s = \frac{hS_r}{H} \tag{4-8}$$

若用俯角表示，则有

$$S_s = \frac{h}{\sin\beta} \tag{4-9}$$

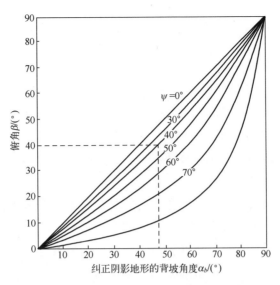

图 4-9 航向与山脊走向之间的夹角与产生阴影的地形背坡角之间的关系

这说明阴影对于了解地形地貌是十分有利的,如图 4-10 所示,可以根据对阴影的定量统计(如面积和长度的平均值、标准差等)和其他标准对地形进行分类。但是当阴影太多时,就会导致背坡区信息匮乏,这是它不利的一面。所以一般尽可能在起伏较大的地区避免阴影,为了补偿阴影部分丢失的信息,有必要采取多视向雷达技术,即一个视向的阴影区在另一个视向正好是朝向雷达波束的那一面,前者收集不到的信息在后者那里得到补偿。

图 4-10 SAR 阴影遥感图像

4.1.4 SAR 图像色调

地物表面粗糙度是影响雷达回波的主要因素，也是确定图像色调的主要因素之一。同一地物表面起伏高差，在不同波段上有着不同的表面粗糙度。例如，设地物表面起伏高差为 0.5cm，在 Ka 波段 SAR 图像上为粗糙；在 X 波段雷达图像上为中间类型；在 L 波段则为平滑类型。因此，不相同雷达波长下，同一个目标地物的 SAR 图像不一样。在 SAR 图像解译之前，要了解 SAR 图像的成像波段及成像参数。

当雷达波长固定时，目标地物表面的粗糙程度与雷达回波的强度具有以下对应关系：目标地物表面粗糙，后向散射强，SAR 图像呈现灰白色调或浅色调，如翻耕过后的田地呈现灰白色，海面上的波浪为浅白色；当目标地物表面粗糙度为中等时，后向散射变弱，SAR 图像呈现暗灰色调，如平坦的地面土路。当地物表面为平滑表面时，后向散射很弱，SAR 图像呈现暗黑色调，如机场的跑道。一般说来，平滑表面容易产生镜面反射，它使得入射的雷达能量几乎全部被反射掉，如图 4-11 所示。

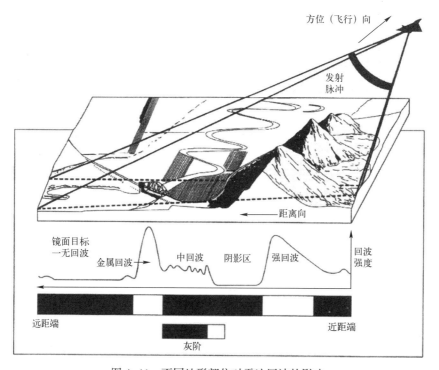

图 4-11 不同地形部位对雷达回波的影响

SAR 图像能很好地显示地表的粗糙度，随着地面由平滑表面向粗糙表面过渡，后向散射逐渐增强，SAR 图像上的色调则逐渐由深变浅。

人造地物一般具有规则的几何特征，它们在 SAR 图像上的构像随着成像雷达视向的变化而不同。例如，当 SAR 视向与建筑物的墙面呈另一方向时，回波很弱，目标图像几乎丢失。这种现象在城市建筑群 SAR 成像中比较典型，平行于航线的街道，在图像上呈现一条条明亮清晰的平行线，而垂直于航线的街道在图像上几乎没有任何表现。

自然地物一般具有不规则的几何特征，地形的高低起伏会改变 SAR 波束的入射角，这对 SAR 成像具有重要影响。对于平坦地形，如果 SAR 波束的俯角沿途不变，则入射角将保持常数，当地形坡度沿途改变时，存在两种情况：一是当地形坡向面向雷达时，有效入射角随坡度角增大而减少，此时回波增强；二是当地形坡向背向雷达时，有效入射角随坡度角增大而增大，此时回波减弱。

当山区的地形完全遮挡住 SAR 波束，在背向雷达一侧的地域会出现雷达波束照射不到的区域，产生阴影。SAR 阴影总是处于垂直飞行航向方向，当航向的高度和方向适宜时，可使整个区域的阴影一致。阴影给 SAR 图像带来很强的反差和立体感，但也造成阴影处无法获得地物目标信息。

因此，SAR 图像上面向雷达的山坡，图像呈现灰白至白色，而背向 SAR 的山坡，SAR 图像是灰色至暗黑色，其他地形的色调处于两者之间，阴影区则为黑色。

地物的雷达散射率是复介电常数的幅度函数，它是物体对电磁能量的反射率和电导率的指标。据试验测定，水的复介电常数为 80，干燥地物的复介电常数约 3~8；复介电常数高的地物包括金属、植物、水田、含水大的地物等。在自然环境里，电导率大的物体散射率也大，在 SAR 图像上为明晰的浅色调图像。电导率小的物体，散射率越小，SAR 图像上呈现深色调。例如，土壤含水量大，导电性能好，复介电常数大，其后向散射率也大，在雷达图像上，水田呈现浅淡色调，旱田呈深灰或暗色调就是这个道理。许多目标地物图像的色调灰度是相对稳定的，如高大平滑表面的建筑物和钢结构的桥梁，后向散射强，一般都是呈现强回波。平滑的飞机跑道、避风港内的平静水面等，容易对雷达的雷达形成镜面反射，后向散射很小，在图像上形成暗黑色调。

4.2 SAR 图像的辐射特性

SAR 图像是 SAR 系统完成以分辨率单元为尺度的地面点与以像素大小为尺度的图像点之间的变换。变换的主要内容是将地面点的回波转换成图像强度。因此，SAR 图像的辐射量是地物对微波散射在图像上的反映。理论与试验结果表明 SAR 图像的灰度变化取决于后向散射系数 σ 的大小，而影响 σ 的因素可分为两类：一类因素为雷达系统工作参数，其中包括工作波长、波束入射角、入射波的极化方式；另一类因素为地表参数，其中包括地物复介电常数和地表粗糙度。这里只研究地表参数的影响。

4.2.1 复介电常数的影响

描述物体表面电性能的复数介电常数称为复介电常数。它是确定物体表面反射率和发射率的主要物理量，因而也是影响雷达回波强度的重要因素。

影响复介电常数的主要因素是目标的含水量，复介电常数与其单位体积物质的液态含水量几乎呈线性增长关系，即含水量高，则复介电常数就大，其对电磁波的反射率就高，回波就强，图像就亮，但穿透力越小；反之亦然。影响复介电常数的另一因素是地物目标的电导率，微波能量的损失和衰减是地物目标电导率和波长的函数。一般来说，在地物目标含水量不变时，频率越高（波长越短），在目标物内能量的衰减也越大，因而穿透力越小，反之亦然。

4.2.2 地表粗糙度的影响

地表粗糙度是指一个雷达分辨单元以内的地表面或照射物体表面的粗糙程度，如地表细微地形高差等。地物表面粗糙度是影响雷达回波强度的最主要因素。h 为地物表面凹凸不平高度的标准偏差，λ 为入射波的波长，β 为雷达入射波的擦地角（入射角的余角）。通常根据皮克和奥利弗改进的瑞利准则公式判断地面的粗糙程度：若 $h<\lambda/(25\sin\beta)$ 则地物表面为光滑表面；若 $h>\lambda/(4.4\sin\beta)$ 则地物为粗糙面；地物表面凹凸不平高度标准偏差介于两者之间的为中等粗糙表面。由以上公式可以看出地物表面粗糙度不仅取决于高差 h，而且还与雷达工作波长和俯角有关。因此地物表面粗糙度是一个相对的而不是绝对的参数。对于光滑表面、中等粗糙表面、粗糙表面等 3 种地物类型在

SAR 图像上的表现如下。

（1）光滑表面：光滑表面对雷达波产生镜面反射。此时几乎所有的反射能量都集中在以反射波束中心线的很小的立体角范围内。因此只有当雷达波束垂直入射地物表面时，才有很强的回波。一般情况下，几乎没有回波信号，因而光滑表面（平静的水面、机场跑道、沥青路面等）在 SAR 图像上为暗色调。

（2）粗糙表面：粗糙表面对雷达波产生漫反射，即入射波能量以入射点为中心，在整个半球空间内向四周各向同性的反射能量。此时，无论雷达天线俯角如何变化，天线都可以接受较强回波，因而粗糙表面在雷达图像上为亮色调。

（3）中等粗糙表面：中等粗糙表面对雷达波产生混合反射，即程度不同的反射和散射入射波能量。此时，雷达天线可以接受部分回波，因而中等粗糙表面在雷达图像上为灰色调。

4.2.3 硬目标的影响

具有较大散射截面，在雷达图像上呈现一系列亮点或一定形状亮线的地物目标称为硬目标。例如，角反射器、谐振体、金属构件等，以及由此材质配置构成的军事战术目标，都属于硬目标范畴。下面主要分析角反射器和谐振效应对雷达图像辐射特性的影响。

（1）角反射器效应：当地物目标具有两个相互垂直的光滑表面或有 3 个相互垂直的光滑表面时，就构成两面角反射器和三面角反射器。两面角反射器具有方向性，其回波能量与目标相对于波束的方向有关，即与地物目标的方位角（取向角）有关。当方位角为 90°时，回波能量最强；方位角偏离 90°时，回波能量较弱。只有当能量入射的方向与三面角反射器的对称轴一致时，三面角反射器则产生很强的回波；而当二者不一致时，回波会减弱。需要注意的是，由于角反射器效应或雷达反射脉冲的旁瓣干扰作用，可能会产生虚假目标。在高分辨率雷达图像中，战术目标的部分散射点也有可能为虚假散射点。

（2）谐振效应：谐振体是由金属或高介电常量的材料组成的目标，其长度为雷达波长的整数倍。例如，桥梁、水塔、金属栅栏、河滩上的滚圆形石等，都是谐振体。当这些谐振体的大小与雷达波长相互对应且方向适当时，就会引起谐振效应，产生很强的回波，使谐振体在雷达图像上的图像显得特别亮。

4.2.4 斑噪的影响

在 SAR 图像上的颗粒状噪声称为斑噪。斑噪是相干成像雷达的必然结果。所谓相干是指线性调频信号的载波和基准信号保持固定的相位差,两者间没有(或小于某一个允许值)随时间变化的相位差。SAR 要求发射良好的相干性电磁波,是因为它要利用回波相位信息提高分辨率并成像。随时间变化的相位误差将和有用的回波相位信息叠在一起,干扰甚至破坏雷达成像。

由于 SAR 发射相干电磁波,因此各小散射体目标的回波也是相干的。在 SAR 图像上的一个像素对应地面一个分辨单元。一个分辨单元对雷达接收机产生的回波,实际上是分辨单元内许多小散射体所产生回波的矢量和。由于各小散射体相位不同,且随机变化,当他们在同一分辨单元内相加时,有的相位相同,产生强回波,呈现亮点;有的相位相反,相互抵消,产生回波衰落,而呈现暗点。由于 SAR 对每个分辨单元只取样一次,因此,在 SAR 图像上就产生了随机分布的亮点,即雷达光斑。简言之,雷达光斑是由于相干信号照射目标时,目标上的随机散射面的散射信号之间的相互干涉所形成的相干噪声。这种斑点噪声极大地影响了 SAR 图像的目标解译性能,斑点噪声严重时,甚至可以导致地物特征的消失。因此,滤除 SAR 图像上的斑点噪声,改善 SAR 图像的辐射性能,具有重要的意义。

4.2.5 常见地物的辐射特性

地面目标在 SAR 图像上的图像色调取决于天线接收到的目标回波的强度,回波功率强,图像色调浅,回波信号弱,则图像色调深。回波信号的强弱主要与雷达发射功率、天线功率增益、雷达波长、目标本身的微波散射特性及极化方式等因素有关。常见地物的辐射特性,如表 4-4 所列。

表 4-4 常见地物的辐射特性

目标地物	回波反射特点	微波图像特征
光滑表面岩层	弱至无反射	暗灰色到黑色
粗糙表面岩层	中等至强反射	灰色至浅白色
背波面斜坡	弱至无反射	暗灰至黑色调
迎波面斜坡	中强至强反射	灰白色至白色
光滑平坦地表	镜面反射	黑色调

续表

目标地物	回波反射特点	微波图像特征
粗糙平坦地表	弱反射	暗黑至暗灰色调
光滑水体与冰	弱至无反射	灰黑至黑色调
粗糙水体与冰	中等至强反射	淡灰色至浅白色
密林地	漫反射	淡灰色至浅白色
草地	镜面或漫反射	黑至暗灰色调
农作物	强至弱反射	灰白至暗灰色调
机耕农田	强至弱反射	灰白至暗灰色调,形状多为矩形
郊区	中等至较强反射	灰色至浅白色,街区、街道形成格网
公路	镜面或弱反射	黑至暗灰色调,线状,有弯曲的路段
铁路	强反射	灰白至白色,线状,转弯曲率小
桥梁/轮船/其他金属物体	在合适角度下具有很强反射	亮白色,形状随物体而不同
高压输电线	强反射	金属杆塔呈现规则的浅白色虚线
机场、跑道	弱反射	灰黑色,呈现规则形状
建筑物	中等反射	灰色,呈现规则形状
墙角	很强反射	亮白色,呈现L形状
城市	强反射	浅白色,由街区、街道等形成格网

4.3 SAR 图像的信息特点

SAR 对某一个特定目标体的成像,可以理解为是目标对 SAR 所发射电磁波的再辐射,也是对入射电磁波调制的过程。电磁波可由幅度、相位、频率以及极化等参量完整地表达,分别描述能量特性、相位特性、振荡特性以及矢量特性。目标对电磁波的调制主要体现在其幅度、相位、频率及极化特性上。这种调制作用由目标本身的物理结构特性决定,不同目标对相同特征的入射波有不同的调制特性。目标的成像特性主要取决于波长、极化方式、散射截面、入射角、方位角、运动状态等 6 个方面。

4.3.1 目标特性与雷达波长的关系

当电磁波在介质中传播时,由于介质的吸收和体散射(面散射表示来自表面的信号回波,体散射表示来自穿透信号回波)。电磁波会发生衰减,使得电磁波信号减弱以至消失,而不能探测到所要探测的目标物。但是,对于一些薄层的低损耗介质而言,长波段成像雷达具有穿透能力。例如,在 L 波段,波长为 24cm 时，可穿透几十米深的干砂，并可穿透地面植被，有利于探测地面和地下目标。需要注意的是，微波对于金属和其他良导体几乎是没有穿透性。

如图 4-12~图 4-14 所示，分别列举了 SAR 对植被、干砂和冰层的穿透能力。这里要强调的是，无论对何种物质，含水量的增大，都会减弱微波的穿透能力，但有一点是肯定的，即波长越长，穿透能力就越强。因此，选用不同波长的雷达，对同一目标的探测结果是不相同的。如图 4-15 所示，SAR 穿透能力随不同波段有着不同效果，可应用于揭露伪装。

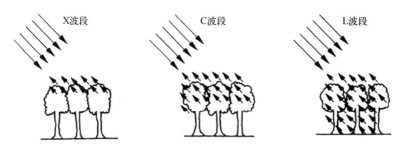

图 4-12　微波穿透植被能力示意图

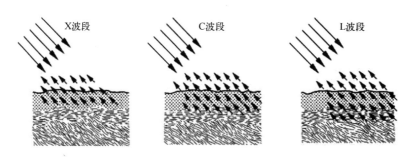

图 4-13　微波穿透干砂能力示意图

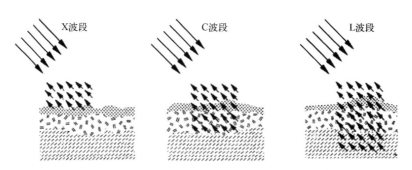

图 4-14　微波穿透冰层能力示意图

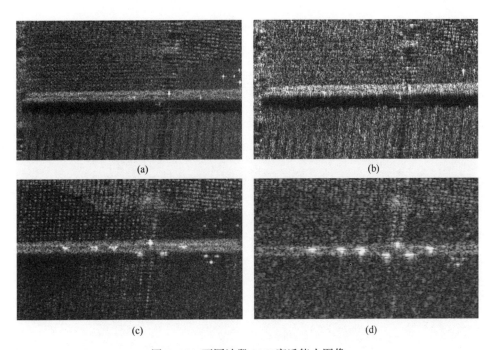

图 4-15　不同波段 SAR 穿透能力图像
(a) Ku 波段；(b) X 波段；(c) L 波段；(d) P 波段。

4.3.2　目标特性与雷达极化方式的关系

在雷达遥感应用中，电磁波的电场特性被称为极化，它是电场和磁场交替变化的过程，且它们的方向相互垂直。电场常用矢量表示，矢量必定在与传播方向垂直的平面内。矢量所指的方向可能随时间变化，也可能不随时间变化。当电场矢量的方向不随时间变化时，称为线极化。线极化分为水平极化和垂直极化。水平极化指电场矢量与雷达波束入射面垂直，记为 H。垂直极化是电场矢量与入射面平行，记为 V。雷达波发射后，遇目标平面而反射，其极化状况在反射时会发生改变，根据遥感器发射和接收的反射波极化状况可以得到不同类型的极化图像。若发射和接收的电磁波同为水平极化方式，则得到同极化（HH）图像；若同为垂直极化，则得到同极化（VV）图像；若发射为水平极化 H，而接收垂直极化 V，则得到交叉极化（HV）图像；相反的，若发射垂直极化 V，而接收水平极化 H，得到的则是交叉极化（VH）图像。除了线极化波以外，电场矢量在与传播方面垂直的平面上运动，也可能画出圆形或椭圆形的轨迹，称为圆极化波或椭圆极化波。通常应用较多的是 HH、VV、HV、VH 等 4 种线极化方式。极化方式示意图如图 4-16 所示。

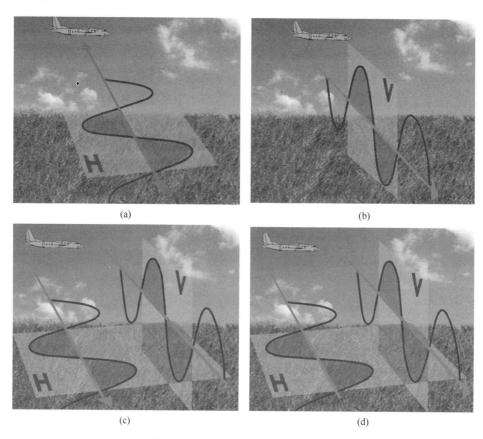

图 4-16 极化方式示意图（见彩图）
(a) HH 极化方式；(b) VV 极化方式；(c) HV 极化方式；(d) VH 极化方式。

在利用 SAR 图像进行目标检测与识别研究的过程中，人们研究发现，地物目标在不同极化通道上有很大区别，HH 极化信号多反映水平结构散射体，VV 极化信号多与垂直结构散射体有关，HV 对随机指向散射体（如植被）敏感。电磁波的传播和散射与极化状态以及介质的特性有关，利用单一极化状态的微波探测目标不足以描述这一复杂过程。人们在不断进行改善图像空间分辨率的同时，也采用多通道信息来提高识别能力。对于 SAR 系统来说，增加空间分辨率不仅需要大大增加 SAR 的复杂性和功耗，而且也将大大增加数据处理量，从而增加信息提取的计算负荷，图像像元数目随着分辨率的改善呈平方律增长，而与通道数呈线性增长的关系。一般说来，分辨率常常是需要昂贵代价的参数指标。多极化信息是通过每个像元中所包含的多维信息构成多维特征空间,从而提高检测和识别能力。

机载、星载 SAR 系统逐步从单极化发展到多极化、全极化模式。新一代 SAR 系统都采用全极化方式,即系统交替地发射水平(H)和垂直(V)极化电磁波并接收散射体的水平(H)和垂直(V)极化反射,如此则产生 4 种极化通道信息:HH、HV、VH 和 VV。国外科学家曾对同一建筑物的不同极化、不同空间分辨率进行成像证明:采用全极化(4 种极化状态)处理技术获得的图像清晰度可达到空间分辨率提高三倍后的单极化图像质量。农田的全极化 SAR 图像如图 4-17 所示。

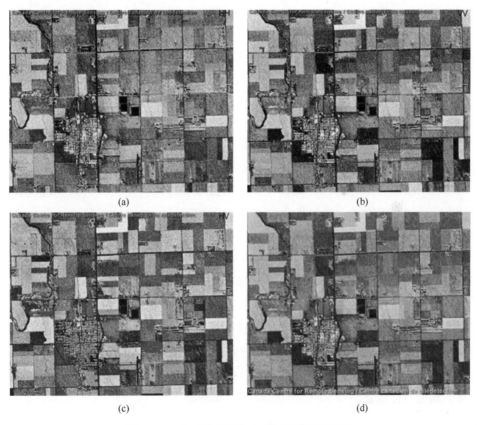

图 4-17 农田的全极化 SAR 图像(见彩图)
(a) HH 极化;(b) VV 极化;(c) HV 极化;(d) 极化合成。

极化 SAR 是通过发射和接收不同极化方式的电磁波,来探测地面对电磁波的调制特性,即目标的散射机理。由于目标对于不同极化方式的电磁波具有不同的调制作用，因此极化雷达能够全面地获取目标在观测方向上散射特性，即极化散射矩阵。相比传统的固定极化方式的 SAR 所获取的雷达散射截面（Radar Cross Section，RCS），散射矩阵蕴含了更加丰富的信息量，它既有振幅信息，也有相位信息，还可得到任意极化状态下的后向散射稀疏、极化度、同极化比、交叉极化比、散射熵及同极化相位差等信息。这使得人们对于目标的物理特性如方向、形状、表面粗糙度、复介电常数等有更为深入的分析，同时从目标的散射机理中可以提取对目标具有区分度的散射成分与参数，为感兴趣的目标检测与识别提供了有用的信息，将明显提高 SAR 解决实际问题的能力。

目标在电磁波照射下，存在着变极化效应。也就是说，目标散射场的极化取决于入射场的极化，但通常与入射电磁波的极化不一致，目标对入射电磁波有着特定的极化变换作用，其变换关系由入射波的频率、目标形状、尺寸、结构和取向等因素决定。因此研究目标的特性，就需要深入分析极化散射矩阵。在对散射矩阵的研究中，5 个源于散射矩阵准特征问题的独立参数（目标幅度、目标方位角、目标跳跃角、目标螺旋角和目标特征角）可被用于目标极化特征的描述，这种描述建立起各独立参数与目标物理特征之间的关系。按照这样的描述方法，可将目标粗略地划分为线状目标、球状目标、对称目标、螺旋目标与其他目标类等。并得到一些与极化旋转或目标绕视线旋转无关的极化不变量，这些极化不变量对于描述目标的整体极化特征是非常重要的。极化不变量与目标物理结构特性所具有的简单对应关系，即散射矩阵行列式值粗略地反映了目标的粗细或"胖瘦"，功率散射矩阵的迹表征了全极化下的目标 RCS，它大致反映了目标的大小，而本征极化椭圆率是表征目标对称性的一个物理量，其倾角则表征了目标特定的俯仰状态。

特征的描述方法还在不断出现，目标作为极化变换器，研究它的极化变换行为，可以获得目标材料特性（如材质属性及其粗糙度等），以及目标几何图形信息（如目标取向及对称性等），这是从探测信号被目标调制的参数中所得不到的目标信息。

4.3.3 目标特性与雷达散射截面的关系

RCS 是基于平面波照射下目标各向同性散射的概念，在给定方向上返回或散射功率的一种量度。RCS 用来描述雷达目标的二次散射、辐射和反射特性。电磁散射理论表明：同一个目标对于不同的雷达发射频率呈现不同的

RCS 特征。它只表征了雷达目标散射的幅度特征，缺乏对于诸如极化和相位特征之类目标特征的表征。而极化散射矩阵的引入，将目标散射的能量特征、相位特征和极化特征以统一、紧凑、直观而方便的形式表达出来。极化散射矩阵完整地描述了雷达目标电磁散射性能。一般来说，散射矩阵具有复数形式，它随雷达工作频率与目标姿态而变化，对于给定的频率和目标姿态，散射矩阵表征了目标散射特征的全部信息。

雷达目标的散射回波主要包括镜面散射和非镜面散射两大类。一般而言，镜面散射（包括多次反射贡献）是主要的，非镜面散射是相对次要的部分。但是，随着隐身技术的发展，隐身军事目标的镜面散射等强散射源已得到很好的抑制，非镜面散射的影响日渐重要。

当入射波波长远小于散射体尺寸时，将出现高频散射现象，在微波波段，大多数目标通常都满足这个条件，但也不排除构成散射体的部件尺寸与入射波波长可比拟的情况。以下一些机理的散射通常构成目标的总散射，如图 4-18 所示，它们按照重要程度的顺序排列如下。

(1) 平面、单曲面和双曲面的表面法线方向指向雷达（后向散射）时产生的镜面散射。

(2) 腔体、两面角和三面角反射器的多次反射。

(3) 平面和单曲面边界区回波形成旁瓣包络。

(4) 前缘与电场方向平行，后缘与电场方向垂直时产生的边缘绕射。

(5) 表面波散射，因平面或单曲面或导体末端不连续引起的行波，末端边缘反射波，绕曲面连续爬行的爬行波散射。

(6) 尖端绕射。

(7) 表面上空隙、裂缝和接头等不连续处的散射。

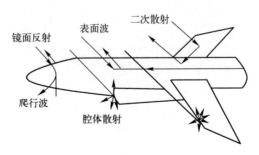

图 4-18 等效散射中心的散射机理

一般的飞机目标3个方向的RCS,如表4-5所列。

表4-5 飞机目标3个方向的RCS

目标类型	方向	RCS/m²
小型喷气式战斗机或小型商用飞机	头,尾	0.2~10
	正侧方向	5~300
中型轰炸机或中型客机 如波音727、DC-9	头,尾	4~100
	正侧方向	200~800
大型轰炸机或大型客机 如波音707、DC-8	头,尾	10~500
	正侧方向	300~550

一般来说,目标(如飞机、轮船等)的RCS测量值会随着方位角、俯仰角、频率、极化的变化而剧烈改变。在以目标为原点的球坐标系中讨论RCS相对于方位角(0°~360°)和俯仰角(-90°~90°)(角度由坐标系定义)的变化规律。如图4-19所示,位于90°和270°方向的回波最强,也就是说在这两个方向的RCS值最大。

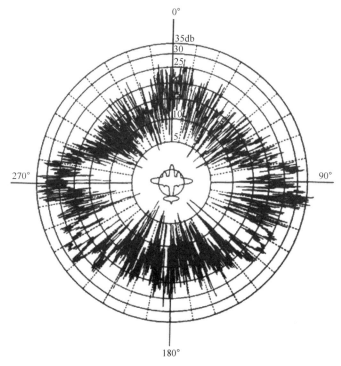

图4-19 某型飞机随方位角的RCS变化

4.3.4 目标特性与成像入射角度的关系

SAR 图像成像几何形变与入射角度相关,小入射角对应较大的几何形变,地面表面粗糙度也是雷达入射角的函数,因此雷达波入射角度的不同,直接影响 SAR 图像地物背景目标的后向散射截面大小,同一个地物背景目标在不同 SAR 入射角下的成像特征也将不同。

Radarsat-1 不同成像模式对同一地区的回波特性如图 4-20 所示,F1 模式成像时间为 2007 年 6 月 1 日,F5 模式的成像时间为 2007 年 5 月 22 日。

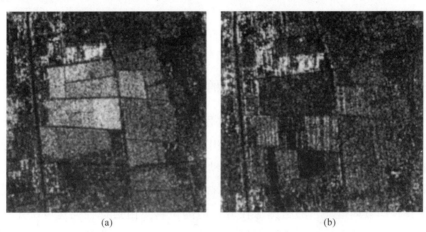

图 4-20 Radarsat-1 不同成像模式对同一地区的回波特征
(a) F1 模式,中心入射角 39.1°;(b) F5 模式,中心入射角 46.9°。

4.3.5 目标特性与成像方位角的关系

方位角是物体表面和水平面的交线与雷达波束在同一水平面的交线所组成的角,如图 4-21 所示。方位角的变化可引起目标在该方向的 RCS 大小变

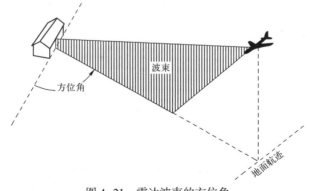

图 4-21 雷达波束的方位角

化,从而使得目标在不同方位角时产生的后向散射有所不同,最终影响目标的外形特征,如图 4-22 所示。

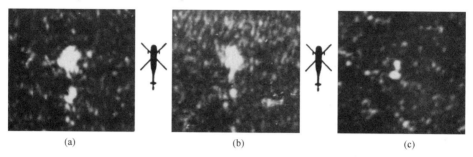

图 4-22　SAR 在不同的方位角对直升机回波影响

(a) 0°方向探测；(b) 62°方向探测；(c) 150°方向探测。

4.3.6　目标特性与目标运动状态的关系

由于 SAR 图像在进行孔径合成过程中（成像过程中）仅考虑了静止目标,运动目标在 SAR 图像中的成像会出现严重的模糊现象。同时,在方位向的成像位置会发生偏移,从而降低运动目标的成像质量（目标杂波比）,如图 4-23 所示。对于一个固定目标,多普勒频移只是由雷达运动引起,如果目标只在径向方向运动,那么图像在方位向的位移只由目标径向速度决定；如果目标只沿方位向运动,那么图像在方位向上的位移量非常小,可以忽略不计。上述两种情况的运动目标图像在方位向上都是散焦的。具体地讲,若目标具有恒定的垂直于 SAR 飞行轨道的速度,成像位置在方位向则会发生明显的偏移；若目标具有恒定的沿 SAR 飞行轨道的速度,则会导致目标的模糊。图 4-24 和图 4-25 所示分别为运动中的舰船、火车产生的多普勒位移。

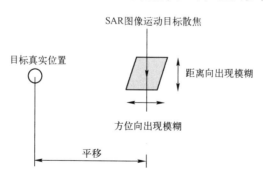

图 4-23　目标运动对 SAR 成像的影响示意图

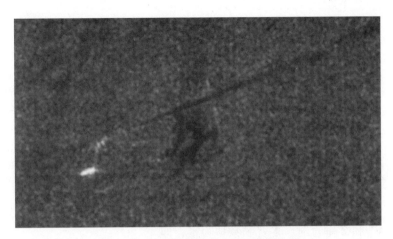

图 4-24 航行的舰船产生的多普勒位移

图 4-25 运动的火车产生的多普勒位移

根据运动目标 SAR 成像的特点,运动目标的速度 $V_目$ 可以通过运动目标在方位向的位移 d 计算。在处理回波信号时,SAR 处理器假设目标是静止的。如果目标是运动的,目标位置将在方位向产生位移。

如图 4-26 所示,设运动目标的速度矢量为 $V_目$,有

$$V_目 = (V_目 \cos\phi, V_目 \sin\phi, 0) \quad (4-10)$$

式中:ϕ 为目标运动矢量与距离向之间的夹角。

设 SAR 的位置矢量为 $\mathbf{Z} = (x, y, H)$,其中 H 为 SAR 平台高度。设 SAR 平台的速度矢量为 $(0, V_{平台}, 0)$,则运动目标关于 SAR 的相对速度为

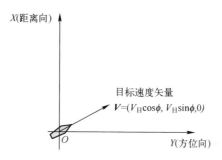

图 4-26 运动目标在原点时几何示意图

$$V'_{目} = (V_{目}\cos\phi, V_{目}\sin\phi - V_{平台}, 0) \quad (4-11)$$

当 $V'_{目}$ 和 Z 垂直时，多普勒频移为零，即

$$V'_{目} \cdot Z = 0 \quad (4-12)$$

因此有

$$xV_{目}\cos\phi + y(V_{目}\sin\phi - V_{平台}) = 0 \quad (4-13)$$

则

$$y = \frac{xV_{目}\cos\phi}{V_{平台} - V_{目}\sin\phi} \quad (4-14)$$

SAR 平台在方位向的位置 y 也描述了运动目标的成像位置，由于 $V_{平台} \gg V_{目}$，则

$$d = y \approx \frac{xV_{目}\cos\phi}{V_{平台}} \quad (4-15)$$

从式（4-15）可以看出，方位向位移 d 取决于 $V_{目}\cos\phi$，即运动目标距离向的速度。如果能够测量位移 d，就可以求出运动目标的速度。

SAR 平台高度为 H，入射角为 θ 时，运动目标相对于 SAR 平台的地距位置如图 4-27 所示。SAR 平台垂直投影点到运动目标的距离 $x = H\tan\theta$，所以有

$$d = y \approx \frac{xV_{平台}\cos\phi}{V_{平台}} = \frac{H\tan\theta V_{目}\cos\phi}{V_{平台}} \quad (4-16)$$

则

$$V_{目} = \frac{dV_{平台}}{H\tan\theta\cos\phi} \quad (4-17)$$

式中：d 为运动目标方位向位移；ϕ 为舰船运动矢量与距离向之间的夹角；H 为 SAR 平台的高度；θ 为入射角；$V_{平台}$ 为 SAR 平台速度。

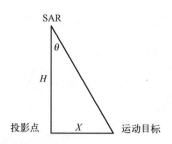

图 4-27　运动目标相对于 SAR 平台的地距位置

如图 4-27 和图 4-28 所示,列出了 SAR 平台运动方向、目标运动方向与目标位移方向之间的 4 种关系。

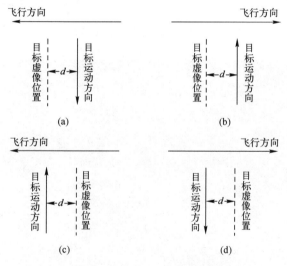

图 4-28　目标运动方向和目标位移方向示意图

4.3.7　SAR 图像中的虚假因素

由于 SAR 图像的形成过程中,地物的反射和散射或者多路径散射可能会导致虚假的目标。另外,由于雷达波束中旁瓣的作用,也可能出现这种情况,虽然这种情况很少,但了解产生的原因对于图像分析是有帮助的。

1. 沿航迹向模糊

由于天线设计或运动补偿的问题,有一些目标反射能量可能直接进入天线旁瓣,从而可能形成附加的弱图像(亮度小于实际图像),造成航迹方向的模糊。这种模糊现象通常是看不出来的,极个别的例外,如当旁瓣内有极强的目标(如桥梁)而同时主波束又在无回波的目标上(如水面),则在实际目标附近可能出现较弱的虚假目标,如图 4-29 和图 4-30 所示。

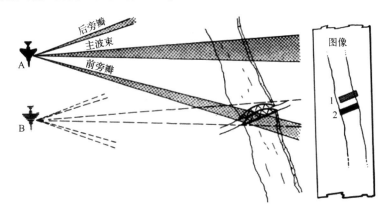

图 4-29 沿航迹向模糊示意图

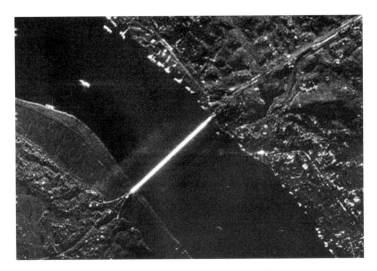

图 4-30 沿航迹向模糊 SAR 图像

2. 反射图像

合成孔径成像雷达同相机一样也会产生反射图像,只是出现在不同位置,如图 4-31 所示为一岸边的铁塔,它可以在许多方向反射雷达入射波能量。当雷达波束照射到铁塔 X 点时,如图 4-31(a)所示,其反射的雷达波能量将直接返回雷达,但由于雷达图像的叠掩效应(X 点与 Y 点到雷达天线的距离相等),X 点的图像将出现在 Y 点上。如图 4-31(b)所示,铁塔与水面(或光滑表面)构成二面角反射体,当铁塔高度大于雷达像元分辨率时,铁塔将出现第 3 个图像点。如图 4-31(c)所示,当雷达波束照射到水面,雷达波束将发生反射,再次照射到铁塔 X 点,此时 X 点的反射回波将经过同样的路径返回到雷达天线。从图中可以看出 X 点的反射回波与 U 点和 V 点的距离相同,则 X 点的图像将出现在 V 点上,X 点的图出现在铁塔基座的后方。当 SAR 分辨率较高时,一个塔在图像上可能变成几个塔,一座桥可能变成几座桥。在真实目标的附近可能出现微弱的虚假目标,虽然是个别情况,但要引起注意。

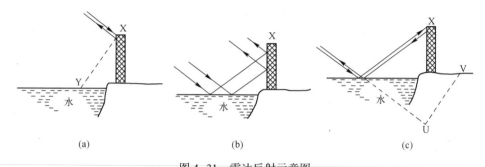

图 4-31 雷达反射示意图

(a) 一次反射;(b) 二次反射;(c) 三次反射。

图 4-32 所示为一座横跨河流的桥梁,探测方向由上往下,图像显示桥梁在水面上产生 3 条回波亮线,最上一条为桥梁的一次反射成像,中间一条为桥梁的二次反射成像,最下一条为桥梁的三次反射成像。如果不能理解反射原理,将会把 3 条亮线都解译成桥梁。

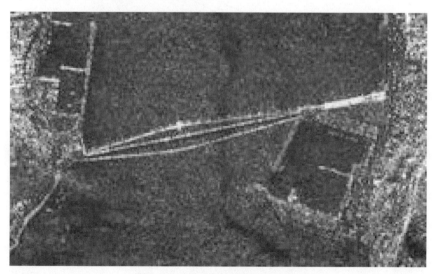

图 4-32 桥梁反射特性 SAR 图像

4.4 SAR 图像的解译方法

SAR 图像的解译与光学图像的解译有很大的区别,原因在于 SAR 独特的成像机理。人眼是一个利用可见光对物体进行成像的系统。光线穿过晶状体并聚焦在视网膜上,形成图像后再传至大脑,使得人们已经完全适应了可见光下的世界图景。因此,再看到一幅 SAR 图像时,人们会理所当然地认为它也具有某些光学图像的特点,但实际情况却并非如此。光学图像中的纹理与现实世界中的纹理表现基本相同,而 SAR 图像中的色调的明暗则表示目标回波的强弱,两者存在本质上的差别,不能等量齐观。而且,光学的图像解译标准并不适用于 SAR 图像的解译,它有一套独立的解译理论和标准。

4.4.1 SAR 和光学图像的比较

在解译 SAR 图像时,应将图像中的阴影部分向下,即远端朝向解译员,这样,分辨率更高的像点将位于图像近端,如图 4-33 所示。因此,它们看上

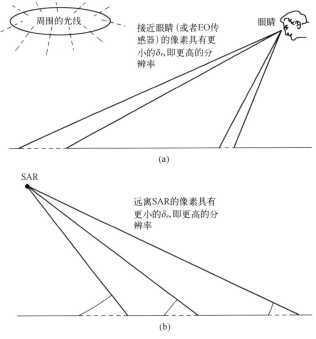

图 4-33 SAR 和光学探测示意比较

(a) 光学探测示意;(b) SAR 探测示意。

去就与光学图像中的自然走向相一致,比较符合人眼的视觉习惯,这点对于存在大入射角变化时的宽测绘带模式尤其重要。图 4-33(a)示意了人眼所看到的平坦地形,地面被阳光照亮(在穿过云层时会发生散射),在人眼(或者照相机)中,每个像素都对着相同的方位角和俯仰角。因此,无论在距离向还是方位向,远处的像素都比近处的像素显得大(分辨率更低)。

SAR 图像中的情况则完全不同,如图 4-33(b)所示(假设 SAR 足够高)。地距上的像素间隔为

$$\delta_g \approx \frac{c}{2B} \cdot \frac{1}{\cos\psi} \tag{4-18}$$

式中:c 为光速;B 为信号带宽;ψ 为擦地角。

由此可见,远处的像素比近处的像素显得小(地距分辨率更高),方位分辨率则基本与距离无关。

由于 SAR 图像和光学图像是通过完全不同的物理机制得到的,如图 4-34 所示,因此它们之间存在差别是很正常的事,图 4-34(a)示意的是光学图像中的照射几何和成像结果,纪念碑的阴影指向观察者。为了便于说明,假设太阳在纪念碑的南面,观测者在北面,由于太阳的投射,在图像北面将出现一个

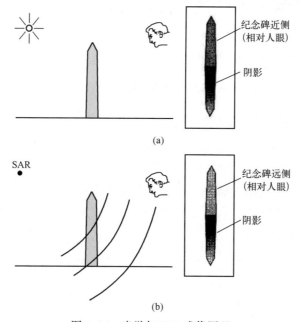

图 4-34 光学与 SAR 成像原理
(a)纪念碑光学图像;(b)纪念碑 SAR 图像。

阴影，能被看到的纪念碑部分是受到阳光照射的北侧。相比之下，图 4-34（b）示意的是 SAR 中的照射几何和成像结果，这一次，阴影仍然出现在北面，但却是由 SAR 本身的投影所产生的，能被看到的纪念碑部分是其南侧。

SAR 图像与光学图像的另一个区别是 SAR 图像含有斑点噪声，当对地面（特别是植被）进行成像时，每个像素的幅度（电压）都是由该像素内大量散射体回波的相干叠加形成的。相干叠加存在差异，因此就算两个像素来自同一个地区，幅度也不会相同。与光学图像相比，SAR 图像会在像素之间表现出更多的波动（斑点）。

综合 SAR 与光学各自的成像原理，SAR 图像和光学图像有如下区别。

(1) 几何特性。SAR 图像几乎和地图一样，但在大俯角时有些距离压缩；光学图像垂直照片几乎和地图相同，倾斜照片出现了严重的压缩。

(2) 比例尺。SAR 图像与飞机高度、距离无关，由于斜距测量，在垂直航迹方向出现某些压缩；光学图像随着高度和距离的变化而变化，倾斜照片有较大变化。

(3) 分辨率。SAR 图像在任何高度和距离上基本不变，大俯角时，垂直于航迹方向有所降低；光学图像随着高度和距离的增加而降低，在垂直拍摄时最佳，随着倾斜角的增大，分辨率下降也越大。

(4) 高度位移。SAR 图像总是朝着航迹方向，大俯角时最大；光学图像总是远离底点方向，小俯角时最大（大倾角时）。

4.4.2 SAR 图像解译标准与识别特征

1. 分辨率与识别目标的关系

图像分辨率的高低与识别目标的能力成正比关系，即图像分辨率越高，对目标的识别能力越强。距离向分辨率和方位向分辨率共同构成了地面投影的分辨率单元。根据奈奎斯特（Nyquist）采样定理，每个分辨率单元分别在距离向和方位向有两个取样点，在图像上，这些取样点被称为像元，所以每个分辨率单元有四个像元。如图 4-35 和图 4-36 所示，同一个目标在不同分辨率的图像中，其所占像元数量是不同的，这对识别雷达图像中的目标会产生不同的影响。

2. SAR 图像解译标准

高分辨率 SAR 数据源的不断增多和探测性能的不断增强，使对于陆地和海上目标进行准确有效地检测、识别成为可能。根据分类识别结果的精细程

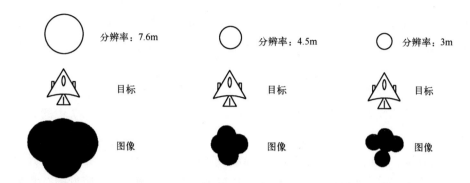

图 4-35　同一个目标在不同分辨率的 SAR 成像图

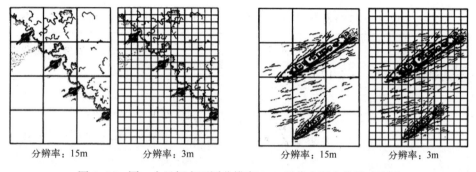

图 4-36　同一个目标在不同分辨率 SAR 图像中所占像元对比图

度，目标识别等级可细分为目标辨识（Discrimination）、目标分类（Classification）、目标识别（Recognition）和目标型识（Identification）4 个等级。关于这 4 个等级的详细说明如表 4-6 所列。

表 4-6　目标分类精度等级表

等　　级	英文表示	定　　义	例　　子
目标辨识	Discrimination	区分目标和背景及其他非目标物体	区分坦克与树木，船只与风浪等
目标分类	Classification	确认目标所属种类	确认目标属于坦克、飞机、船只或卡车
目标识别	Recognition	已知目标种类前提下，确认目标所属的类型	在已知目标为飞机，确认飞机为轰 6、波音 747 或运 7 等飞机
目标型识	Identification	已知测试目标所属目标类型，确认测试目标在目标类型中的具体型号	已知目标为 T72 坦克，确认其具体型号为 T72A 型或 B 型

目标识别的实现严重依赖于所使用的图像质量，用于评价图像质量的标准有许多种。作为一种定量的主观图像质量标准，美国国家图像解译分级

标准（National Imagery Interpretability Rating Scale，NIIRS）将用户的任务需求同遥感图像质量联系起来，是目前西方情报机构广泛使用的一种图像质量标准。

目前，各种 NIIRS 标准都由美国图像及测绘局（NIMA）负责管理，现行雷达图像的图像解译标准公布于 1992 年 8 月（表 4-7）。在表 4-7 中的分类中，"空军"指侦察空军目标或设施的任务，"电子设备"指侦察电子目标或设施的任务，"陆军"指侦察陆军目标或设施的任务，"导弹"指侦察导弹目标或设施的任务，"海军"指侦察海军目标或设施的任务，"民用设施"指侦察民用或文化设施的任务。

表 4-7 SAR 图像解译分级标准（1992 年 8 月，美国）

等级	分辨率/m	分类	判据
0	0	无法分类	由于图像模糊、退化或极低分辨率致使解译工作无法进行
1	大于 9.0	空军	发现飞机分散停机坪
		陆军	发现高密度丛林地区中的大范围清晰条带
		海军	基于码头和仓库等设施发现港口
		民用设施	发现运输线路（包括公路和铁路），但不能加以区分、辨识
2	4.5~9.0	空军	发现大型轰炸机或运输机，如图-160、伊尔-86、安-22、波音 707、波音 747
		电子设备	大型相控阵雷达类型。如鸡舍、狗窝
		陆军	由建筑模式和设施配置发现军事基地
		导弹	在已知洲际弹道导弹发射基地区域范围的条件下，可发现道路类型、围墙、停机坪以及地对地导弹发射装置（导弹发射井、发射控制发射井）
		海军	在已知港口区域范围的条件下，发现大型非战斗船只
		民用设施	型识体育场馆
3	2.5~4.5	空军	发现中等大小的飞机，如苏-19/24、苏-27、安-26、安-24、F-15
		电子设备	型识安装在圆形建筑上的 12m 碟形天线这一判据来确定卫星地面接收基地
		陆军	发现地面部队车辆的掩护体
		导弹	发现地对空、地对地、反弹道导弹等固定导弹基地中的车辆及装备
		海军	确定中型货船上的上层建筑
		民用设施	型识中型大小的铁路货运站（约有 6 轨）
4	1.2~2.5	空军	区分大型螺旋桨和中型固定翼飞机，如米-26 直升机与图-134 运输机
		电子设备	发现终端设施与指挥所间的最新电缆损痕
		陆军	发现车辆调配场内一行中的独立车辆
		导弹	区分移动导弹发射基地上单独一个车库其推拉式天窗的开关情况
		海军	型识罗普佳级两栖攻击舰的船首面积形状
		民用设施	发现所有的铁路、公路、桥梁

续表

等级	分辨率/m	分类	判据
5	0.75~1.2	空军	可计算出米-24/25，米-8/17、米-14、米-4、SA330、反潜直升机等中型直升机的数目
		电子设备	发现部署的双耳天线
		陆军	区分渡河装备和中型、重型装甲车的形状和大小。如 MTU-20 架桥车与 T-62 主战坦克
		导弹	发现在 SS-25 导弹支持装备，如运输车、发射车和众多的伪装车辆
		海军	区分攻击核潜艇的头部以及其长/宽的差异
		民用设施	发现铁路车厢间的间隔（清点铁路车厢的数目）
6	0.4~0.75	空军	区分可变翼和固定翼战斗机，如苏-19/24 和苏-27
		电子设备	区分 P-35 警戒雷达和 PRV-11 测高雷达天线差异
		陆军	区分小型支援车辆（如 UAZ-69、UAZ-469）和坦克（如 T-72、T-80）
		导弹	型识处于已知位置中的 SS-24 洲际导弹
		海军	区分"克列斯塔"级巡洋舰直升机甲板
7	0.2~0.4	空军	型识小型战斗机的类型，如米格-21、苏-7/17/20/22、米格-23/27
		电子设备	辨识卫戍部队的电子厢式拖车（拖拉机除外）与厢式卡车
		陆军	通过大小和形状区分步兵战车和中型坦克，如 BMP-1/2 和 T-64
		导弹	发现 SA-2 发射掩体中发射架上的导弹
		海军	区分"克里瓦克"级Ⅰ/Ⅱ型导弹护卫舰舰首导弹防御系统和"克里瓦克"级Ⅲ型的舰首炮塔
		民用设施	发现城市居民区或军事区中的道路或街道两侧的灯
8	0.1~0.2	空军	区分米-24/25 和米-8/17 直升机的机身差异
		电子设备	由碟形天线的数量（1 个或 3 个）区分 PWS-75A/B 或 PWS-75 C/E/F 导弹制导雷达
		陆军	通过对比 2 个 SA-6 防空导弹，识别其装卸状态
		海军	区分"667A"型和"667B"型弹道导弹核潜艇排污水孔的形状和装备差异
		民用设施	识别油罐车的顶部形状
9	小于 0.1	空军	发现大型飞机的外部结构改进，如整流片、吊舱、小翼等
		电子设备	型识预警雷达、地面指挥截击雷达、拦截雷达上的天线形状，如抛物线天线、橘瓣状天线或矩形天线等
		陆军	型识轮式或履带装甲运兵车的类型，如 BTR-80、BMP-1/2、MTLB、M-113
		导弹	型识 SA-3 导弹的前鳍
		海军	型识垂直发射的 SA-6 地空导弹系统的独立舱盖
		民用设施	型识平头式和引擎前置式卡车

从表 4-7 可以看出,利用目前可获取的高分辨率机载、星载 SAR 图像可以实现对舰船、飞机、坦克等目标的检测、识别任务。然而随着 SAR 数据源、分辨率、成像模式的不断增加,基于人工解译的目标识别面临很多困难。①要在大范围侦察区域中,人工解译实现基于 SAR 图像的目标检测、识别的任务,其工作量之大远远超过人工迅速做出判断的极限。因此,传统的人工解译方法很难完成如此之大的工作量,由此带来的主观错误和理解错误不可避免。②SAR 图像特殊的成像机理,使得 SAR 图像上的目标对方位角十分敏感,较大的方位角差异将会导致完全不同的目标图像,而 SAR 图像特有的斑点噪声的存在,使得 SAR 图像在视觉效果上与光学图像的差异进一步加大,从而增加了对图像进行解译的难度。③随着 SAR 传感器分辨率的不断提高,传感器模式、波段和极化方式的多元化,SAR 图像中的目标信息也呈现爆炸性的增长,目标由原来单通道单极化中低分辨率图像上的点目标,变为具有丰富细节特征和散射特征的面目标。这不仅使得对目标进行更细致的解译和识别工作成为可能,同时也使得目标特征的数量种类和不稳定性大为增加。因此,传统的目标检测和识别所使用的特征和检测识别方法,已经不能满足实际应用的需要,必须对目标检测和识别中的关键技术进行攻关,加快数据处理速度,提高识别的精度,以更好地适应军队和其他部门的需要。

4.4.3 SAR 图像识别特征

解译实质上是对图像上目标的再认识过程。认识能力的高低是解译水平的唯一标志。再认识的能力高,解译结果必然准确率高,反之亦然。要想解译水平高,关键有两条:一是要很好的掌握各种目标的识别特征;二是要有正确的思维方法,即主观解译要和客观事物的本质相统一。识别特征的问题,因解译目标众多,必须经过长期的实践积累,并认真总结感性知识使其升华成准确无误的科学系统的理论体系,特别是随着高新技术在军事侦察领域的运用,要不断创新,做到与时俱进。思维方法的问题,比识别特征更重要,因为识别特征经长期实践会水到渠成,而思维方法是解译定下结论的关键所在,因为事物是复杂的,千变万化的目标的识别特征可以说是相对固定的,但因时空的不同,会出现各种各样的形态与形式的变化,思维判断时必须考虑军事行动的目的、任务、指导思想、作战原则、战术运用、伪装手段、方法等,要具体情况具体分析,这是认识和判断事物的灵魂,这既要靠长期养成,又要因地因时制宜,这是最难的,而且也要做到与时俱进,不断创新。

识别特征是目标解译定性和定量分析的基本依据,无论何种侦察手段和方式获取的图像,必须掌握目标图像的识别特征,方能做出正确的判断。由于 SAR 图像的独特的成像方式,所以目标的识别特征,与可见光、红外成像有相同之处又有其特殊性。在解译方法上,掌握 SAR 本身的识别特征,这是定性和定量分析的基础和关键。

1. 直接识别特征

所谓直接识别特征,是指目标本身直接反映图像上的特点和规律,它直接反映目标的本质和性质,有着重要意义和作用。直接识别特征包括色调特征、形状特征、尺寸特征和纹理特征。

1) 色调特征

SAR 图像上,由于不同物体对电磁波的反射和散射强度不同。回波强的在图像上表现为浅色调,回波弱的必然在图像上呈现深色调,图像色调是雷达回波强弱的表现,它与许多因素有关。

一般情况下,导电率高的目标色调浅,导电率低的目标色调深,产生镜面反射电磁波的目标色调深,而产生角反射效应的目标色调浅。SAR 图像的色调受波长、俯角、方位角、季节、目标复介电常数、结构形状等因素影响。利用色调解译时要具体分析各种情况。

2) 形状特征

形状是指物体的外部轮廓和细部状况,它是主要的识别特征。日常生活中人们之所以能够区别不同的物体,首先依据不同物体的形状来确定的。因为形状是由物体的属性和功能而决定的。但是,SAR 图像上物体的形状与人们在地面和航空垂直照相见到的物体的形状截然不同。因为 SAR 是依靠目标反射的回波来成像的,使形状发生失真现象。因此,同一目标对不同的 SAR 平台会形成不同的回波。

3) 大小特征

大小特征是指地面物体实际大小的数值,是确定目标类型和定性的一种定量依据。在高分辨率的 SAR 图像上可区分许多兵器的种类和型号。由于 SAR 的成像特点,不能完全表现目标的外形,结合目标的尺寸大小来分析目标的性质就显得尤为重要,这与光学图像解译有较大差别。

4) 纹理特征

纹理是色调变化的空间频率,在图像上的纹理是其分辨率的函数,它一般可以分为3种，即细微纹理、中等纹理和宏观纹理。细微纹理与分辨单元的大小和分辨单元内的独立地物的多少有关，所以它是系统固有的一种特征，有高分辨率的图像，就能发现地物纹理的差异。中等纹理是细微纹理的包络，它是由数个分辨单元为尺度的纹理特征，由多个分辨单元中的同一个目标色调的不均匀性或不同目标的不同色调构成，在图像解译中起着重要作用。宏观纹理是以数百个甚至更多的分辨单元为尺度的色调变化特征，它主要反映地形结构特征，由于雷达回波随地形结构变化改变了雷达波束与地物目标之间的几何关系和入射角，从而造成宏观纹理的变化，宏观纹理是地貌和地质解译中的关键因素。

2. 间接识别特征

所谓间接识别特征，即不是目标本身直接反映出的特征。但不同物体，因其功能性能的不同，在图像上的表现形式和状态亦有其特有的规律和特点，间接反映物体的属性和性质。它们也是判定目标性质的重要依据。间接识别特征包括位置特征、规律性特征、阴影特征和活动特征。

1）位置特征

位置特征是指物体存在地表的位置。地面上的各种物体都有它特定存在的关系位置，如树木只能生长在有一定营养的土层地表上。特别是大型组合目标，是由众多单个目标组合而成，对有价值目标的解译，不仅要判定整个目标的性质，还要进一步判明重要单个目标的性质。而单个目标是组合目标的基础，它们按照单个目标在组合目标中的地位与作用，在组合目标中占有科学的配置关系，如机场中的跑道、滑行道、联络道、停机坪、油库、弹药库等设施都依个体目标的作用建在相关联的位置。

2）规律性特征

许多物体都有特定的规律性，这是由物体的性质和功能决定的。而这种特定规律性也必然反映到目标所在的图像中来，成为判定目标性质和定量分析的依据。例如，利用高压输电线的特殊回波，可判定发电厂的性质，这对火力发电厂、水力发电厂、风力发电站等都是适用的。

3）阴影特征

SAR图像上的阴影与其他图像上的阴影不同，它是SAR波束照射到高出的物体，在目标后部形成的无回波区（非静面反射）。在解译时，需将阴影部分靠近解译人员，亮的部分则远离解译人员，否则会造成错觉，将原本是凸起的地形看成凹下的，阴影的形成在SAR图像中是地形起伏或高大地物的标志。

4）活动特征

在 SAR 图像中，对于活动的目标是不能成像的，即使成像也是活动目标的"虚像"，可以通过运动目标与飞机平台的相互关系判定目标的运动方向。

4.5 SAR 图像典型目标的解译

4.5.1 船只与港口

1. 舰船解译技术

从 SAR 图像里判别舰船最有效的办法就是对雷达回波进行分析。在分析舰船的雷达回波前，先将舰船外形及设计特点，SAR 成像后的图像特点综合考虑进去。可为解译员提供固定的可比照的资料以帮助他们进行目标解译。

1）舰船的图像特征

SAR 对舰船目标有较强的回波反射，图像显示有容易区分的强反射信号，因为舰船有很多雷达反射面，与没有雷达信号反射或仅有轻微反射的四周水域形成视觉上的反差，因此它们很容易被发现，并有相对完整的外部轮廓。通常情况下，依据这些形状可辨别军用还是商用船只，因为军用、商用船只在基本结构和功能上有所区别，图像中作战舰只一般呈现为长、细形状，而商船则表现为宽大。船只的上部结构不同，雷达反射信号明显，作战舰只的强回波集中在船体中部，而多数大型货船的强回波来自船体后部的舰桥和舱面船室，还有来自船体中部货舱门的较弱回波，如图 4-37 所示。

2）舰船识别方法

逻辑二分法是分析舰船雷达反射信号的基本方法，这种方法将已知的舰船资料作为基础数据，主要是作战船只的长宽比等，如图 4-38 所示。

把已知舰船的基本形状作为输入点，类似航空母舰、两栖支援舰这种独特的舰种容易被识别，并一开始就与其他舰船区别开来，然后对其他船只的长/宽比进行计算，就能将船只划分为作战船只和非作战船只两类，把测得的作战船只实际长、宽数据与船上部结构特定的雷达回波位置，进行综合分析就能划分出主要的舰种（如驱逐舰、护卫舰或巡洋舰）。雷达回波越完整，测量越准确还有可能识别舰船的级别。

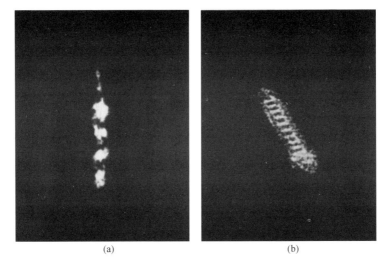

图 4-37 描述舰船细节的 SAR 图像

(a) 军用线形舰船；(b) 商用货船。

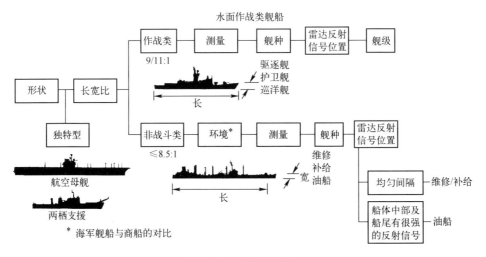

图 4-38 逻辑分析法

舰船目标最小外接矩形的长与宽之比，是舰船目标分类的重要依据。作战类舰只（巡洋舰、驱逐舰、护卫舰等）的长宽比是 9~11∶1。非战斗类的军用船只长宽比小于 8.5∶1，由于非战斗类军用船只与商用船只的雷达回波有许多相似之处，容易混淆，但军用船只通常泊于海军基地内，而不是停放在港口的商用区，这对于识别舰船性质有很大帮助。依据对来自船体上层结构的雷达回波位置的分析，又可将非战斗类船只识别为维修船或补给船或油轮等，如图 4-39 所示。图 4-39（a）（b）显示的是用这种方法进行解译的逻辑顺序。图 4-39（c）（d）显示的是航母和两栖支援舰独特的雷达反射信号，从 SAR 图像上可以直接识别它们。

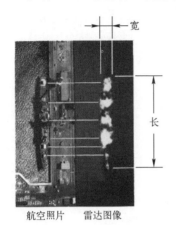

形状：作战类舰船
长宽：9.3:1
测量：133.5m 14.3m
舰种：护卫舰
雷达反射信号：4处，强雷达反射信号出现在军舰2/3后部
舰级：分析是"诺克斯"级护卫舰

(a)

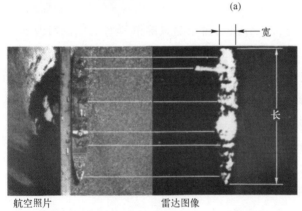

形状：分析是非战斗船只
长宽：8.5:1
测量：196.3m 22.9m
舰种：补给船/油船
雷达反射信号位置：船体中部和后部有强信号
功能：综合补给舰

(b)

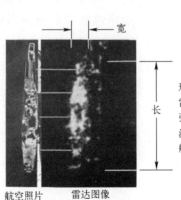

形状：两栖
雷达反射信号位置：船头为箭头形状，船前部信号强，船后部信号弱，船体中部信号强，但是破碎的。
测量：157.6m 21.3m
舰级："新港"级坦克登陆舰

(c)

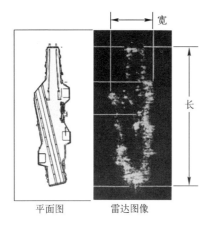

(d)

图 4-39 逻辑分析法

(a) 水面作战类舰船；(b) 支援类舰船；(c) 两栖类舰船；(d) 航空母舰。

2. 商船解译技术

商用船只解译仍然遵循逻辑二分法，商用船只的解译对商用港口及商船航运状况的分析很有帮助。将已经知道的世界各地的商用船只资料与雷达回波示意图及典型雷达图像进行综合运用。如果在商港中有一艘不明船只，首先测量其长度；然后分析船的上部结构及船桅杆（如果有的话）的位置，画出与解译法中包括的那些图案相似的草图；最后把草图与列出的图案和雷达回波进行比较，解译员就能确认这艘船的种类，如图 4-40 所示。同样，通过船只的种类就能分析整个港口性质和功能。

3. 海面情况及行驶的船只

SAR 不受气象条件影响，因此它是一种从事海上侦察非常有效的传感器。在海面平静，微风细浪，巨浪或结冰等状态下，SAR 都能对海面清晰成像，而且从船只返回的强信号与从海面返回的弱信号形成对比，因此不管是航行中的船只，还是锚泊的船只，不管是单艘船只还是舰队，发现目标都相对容易。

1) 海面情况的变化

如图 4-41 所示，SAR 图像中海面状况的轻微变化。一艘小船①通过平静海面②时形成的尾迹清晰可见。尾迹的线状雷达回波与刮风形成的海上平滑面③产生对比。两个岛屿间迎风面出现的波状线形回波，显现出波浪④，而在被风面大片海域是无雷达回波的平静海面②。

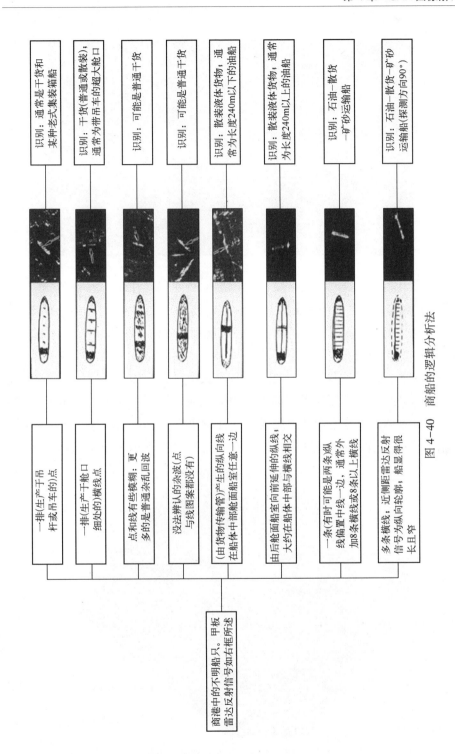

图 4-40 商船的逻辑分析法

图 4-41　海面 SAR 图像

2）舰船航行方向和速度测量

对海上行驶的船只连续两次成像，就能确定它们行驶的方向和平均速度。如图 4-42 所示，SAR 分别对同一艘船在 8min 前和 8min 后两次成像。通过两次成像时船的位置与真北方向（从飞行参数中得出）加以比较就可以算出船的航向。将船驶过的距离除以两次的时间间隔，就可以算出平均速度。将 A 船、B 船在两次成像中所处的位置（无注解箭头）都显示出来，注意与较小的 B 船相比，较大的 A 船在图像里的尾迹更长、信号更强，更容易判定。

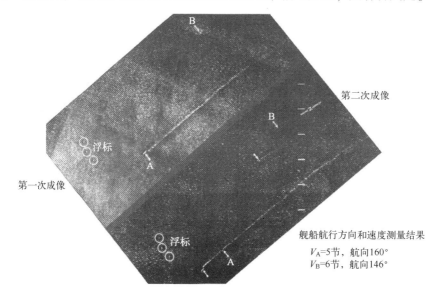

舰船航行方向和速度测量结果
V_A=5节，航向160°
V_B=6节，航向146°

图 4-42　舰船航行方向和速度测量

4. 港口和码头

SAR 图像能提供良好的水界与陆界的反差对比，这对解译港口和码头非常有利，无论这些港口和码头规模大小，军用或民用，是内河的还是海边的。从 SAR 图像上能识别和分析港口码头的关键组成部分就是突堤码头、顺岸码头、修理厂及仓储区。

1) 海军基地与商用港口

从 SAR 图像上比较容易判别区分海军基地与商用港口主要设施和之间的明显不同，如图 4-43 所示。海军基地通常有长、窄的手指形突堤码头，多数情况下有两艘或两艘以上的军舰采用舷靠方式停泊。这些码头与外界相对隔离，建有基本的地面保障设施，主要的保障设施包括各种油库、弹库及露天仓储区。商用港口有宽大的突堤码头，防波堤以及船只锚泊地，供船

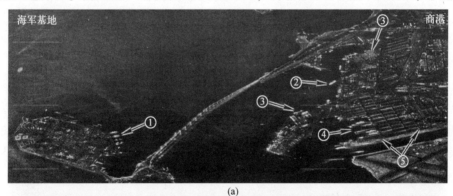

(a)

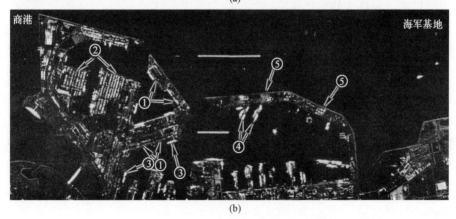

(b)

图 4-43 海军基地和商港 SAR 图像

(a) ①驱逐舰，②货船，③大型露天仓储区，④突堤码头，⑤大型仓库；
(b) ①中转仓库，②物资，③货船，④突堤码头，⑤露天仓储。

只出入的水道宽，供中转的库房及仓储的区域大，商船一般独立停泊。商用港口一般邻近市区，有便利的道路及交通运输设施，有许多样式不一的仓储区。

图 4-43（a）就说明了这些基本特征和变化。图中（左）的海军基地是相对隔离的，有手指形突堤码头（箭头），存储设施几乎没有（基地内主要的保障设施是行政及营房）。图像里停泊在突堤码头的是长、细形状的作战类舰船，可能是 3 艘驱逐舰①，驱逐舰的雷达回波与正在驶离码头的船②形成鲜明的对比，它显然是 1 艘货船。货船周边环境可解译为商用港口，关键的线索是：货船附近为大面积的码头区域，有大型露天仓储区③；宽大的突堤码头④后面有许多大型仓库⑤；还可以看到遍布的道路和铁路线。

图 4-43（b）显示的是两个功能完全不同的港口，尽管它们相邻而建。左边的港口有大型的防波堤，数座顺岸式码头，运输货物的道路良好，有许多大型中转库房①，露天仓库有大量码放整齐的物资②，而且停泊在这里的船只所返回的雷达回波③明显具有货船类的特征，据此可判定为商用港口。它的右侧毗邻着一个单独隔离的区域，建有一条大型防波堤，但码头是手指形突堤码头④，停泊的船只形状细长，并且以舷靠方式停泊，沿防波堤可以看到露天堆放的货物⑤，"爪形"防波堤防护的区域内，手指形突堤码头较多，而且停泊在码头的船只都具有作战类舰船和海军补给船只的雷达回波特征。分析此处为一海军基地。

2）港口和码头的变化监视

图 4-44 是同一地区不同时间雷达图像比较，显示了 SAR 图像对码头活动进行综合监视的能力。无论是大的变化还是只有细微变化，都能用变化检测分析发现它们的不同之处。图 4-44（b）与图 4-44（a）图相比最明显的变化是在锚泊地出现了许多货船类的船只。另一显著变化是商用港口（左）及最右边的商用突堤码头几乎没有进入的船只，露天也没有货物存放，很明显所有货物装卸已停止了一段时间，货船在等待卸货，港口显然已经关闭。海军基地内的突堤码头（中）停靠的舰船无太大变化，但是最明显的变化是海军基地防波堤（两幅图像中的箭头处对比）上的露天堆放的货物明显减少。

3）造船及修船设施

从 SAR 图像解译和分析造船与修船设施可以从如下识别特征入手：①混杂的强反射信号集中出现，这些信号产生于浮动的或突堤码头上安装的起重

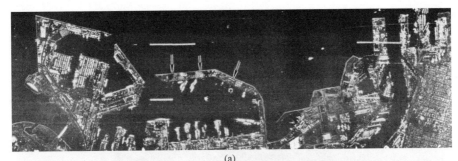

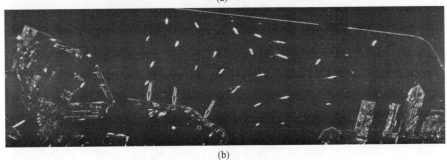

图 4-44　港口和码头监视 SAR 图像
（a）左侧为商业港口，中间为海军基地，右侧为商业用突堤码头；
（b）左侧为商业港口，中间为海军基地，右侧为商业用突堤码头。

机；②脚手架及露天堆放的货物；③大型干船坞和浮动船坞；④大型建筑物；⑤来自于船台杂乱的雷达回波，可以看见轨道上船体部分的反射回波；⑥大型船只的装配码头等。

　　船只修理厂也具有这些相同的特征，只是规模较小，如图 4-45 所示。图 4-45（a）显示一座大型造船厂，识别特征是其规模大，有杂乱的雷达回波。明显的特征是：用于装配船只的突堤码头①；船台上②有一艘大型船只正在建造中⑥的箭头所指；船只装配码头③停靠有船；有锻造、机加等多个车间的大型厂房④；干船坞⑤。由此分析结论是：该造船厂的造船任务不多，远低于图像上显示的建造和停泊能力。

　　图 4-45（b）的识别特征是：没有载船的浮动船坞①；干船坞内②有一艘坦克登陆舰独特特征的反射信号（右）；大型舰只装配的突堤码头③有两艘船的雷达回波；大型厂房④。应该特别注意的是海军基地的干船坞里也有坦克登陆舰的雷达回波⑥，这就直接表明该基地内有舰船修理厂。大的建筑物附近⑤有存放在露天的货物产生的杂乱雷达回波。由此分析结论是：海军基

地内的舰船修理厂修理任务比较繁重。

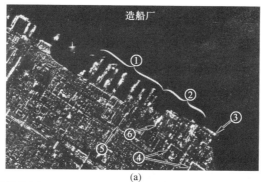

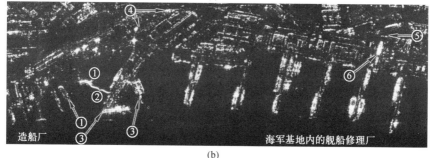

图 4-45　造船及修船设施 SAR 图像

(a) ①装配船只的码头，②船台，③船只，④铸造、机加厂房，⑤干船坞，⑥正在建造的船只；(b) ①浮船坞，②干船坞（内有坦克登陆舰），③船舶，④大型建筑物，⑤大型建筑物，⑥坦克登陆舰。

4）江河航道的监视

利用 SAR 可以对江河航运进行监视。如图 4-46 所示，这是一个监视水运的典型例子。图 4-46（a）为 3 艘捆绑在一起的驳船①向左上航行，右面的强雷达回波产生于推着它们前行的拖船（标准的水运方式）。对驳船上装载的货物仔细分析可发现货物不同。图 4-46（b）附近发现有同样大小②的雷达回波，但没有驳船产生的清晰的轮廓线，同时也不要与顺岸码头混淆，分析是一座岛屿。图 4-46（c）为另一拖船①，它刚刚通过了一对大型船闸中较长的那个船闸②，船闸在图像里为线性强雷达回波，短的并与之垂直的雷达回波为关闭的船闸门；大坝的闸门处有强雷达回波③；大坝附近一条狭窄、不能通航、专用于灌溉的河流与河岸相平行④。

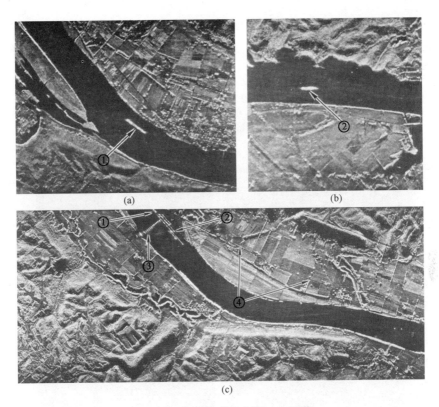

图 4-46 江河航道的监视 SAR 图像
(a) 拖驳船；(b) 岛屿；(c) ①拖驳船，②船闸，③大坝闸门，④河渠。

4.5.2 飞机与机场

1. 飞机解译技术

对 SAR 图像上的飞机特征进行系统分析能够产生有价值的情报。这种分析是建立在 SAR 图像基础知识和各种飞机外形及设计特征的基础之上。利用这种分析方法在 SAR 图像上对飞机的特征进行解译，就可以得出飞机是何种类型的结论。

1) 飞机的图像特征

飞机的设计是典型的光滑表面，圆形且尺寸较小，这使得对飞机的解译带来了一定的困难，这个不利因素又被一个事实所抵消，那就是对雷达发射的电磁波，飞机一定产生反射和散射回波，同时道面近似光滑的停机坪背景将在雷达上形成无回波图像，SAR 图像就能凸显飞机目标固有的形状并对其进行有用的分析。如图 4-47 所示，给出了飞机的 3 种回波基本特征："V"

形为后掠翼,"T"形为平直翼,双点或"花生"形为直升机,这是大部分飞机在 SAR 图像上的基本解译图形。这些特征又随着 SAR 参数及飞机型号的变化在尺寸和形状上会产生变化。

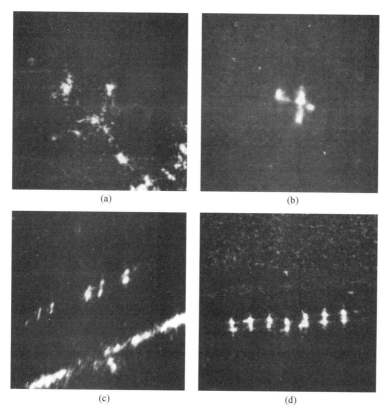

图 4-47 飞机图像特征

(a) 大型后掠翼喷气飞机;(b) 大型平直翼螺旋桨飞机;
(c) 小型后掠翼喷气飞机;(d) 直升机。

2) 飞机回波特征

飞机的回波特征是由飞机被成像时,其反射来自于飞机表面返回的单束回波或成组的回波所组成。回波图形主要由下面 3 个因素决定:①雷达的俯角,指载荷平台的水平面向下与成像区域某一点的角度(限定 0°~90°);②目标的方位角,指雷达波束方向与地面飞机位置的夹角(限定 0°~360°);③雷达反射面的数目及特点。例如:飞机的发动机;机翼与机身的结合部;尾翼结构等。

如图 4-48 所示,说明用 3m 分辨率雷达成像,中等俯角(40°)时,探测 1 架 C-118 运输机的回波特征的形成。它包括 5 个目标探测方位及这些方位对该 C-118 飞机特征的影响（根据该飞机的强回波特征，采用 3m 点回波绘制）。

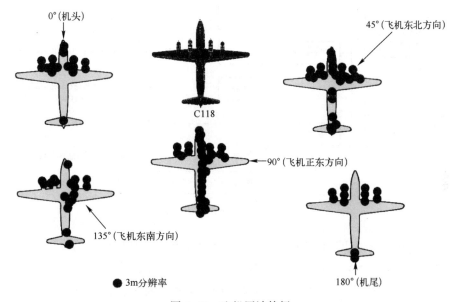

图 4-48 飞机回波特征

以基本的"T"形为主，辅以所有侧面角度的逻辑推断。这架飞机最突出的反射面（俯角 40°时）是发动机，起落架，垂直水平尾翼结合部。这些部分的表面能够向雷达天线返回能量，形成飞机的回波图像。特别提示：所有飞机的回波特征形成，可按照相似的回波规律给出。

3）飞机识别方法

分析 SAR 图像飞机特征的主要方法是逻辑二分法。如图 4-49 所示，将已知的飞机外形尺寸、形状等辅助资料与雷达特征图形结合，用这种方法解译员可以对未知的特征进行逐步的分析，得出飞机是属于"V"形、"T"形和"双点"形的结论，深入下去，进行细节推断，前提是特征明显，测量准确，可推断出飞机的种类（如轰炸机或运输机），在某些情况下还能得到飞机的基本型号，如 B-52 轰炸机或 C-118 运输机 。

不论用哪种分析，飞机的回波形状特征是主要依据，不过长度测量对于认定飞机类型也是至关重要的，如图 4-49 所示。军用机场经常出现多种飞机的回波特征，为解译员提供了相互参考的数据来进行飞机的逻辑分析。

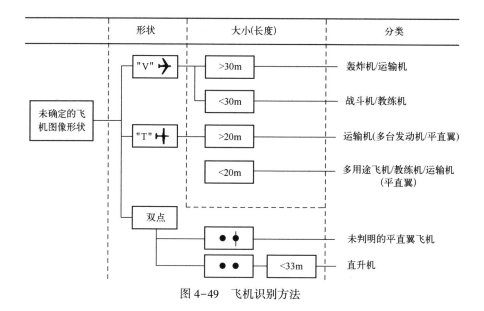

图 4-49 飞机识别方法

对 SAR 图像上的飞机特征进行系统分析能够产生有价值的情报数据。这种分析是建立在 SAR 图像基础知识和各种飞机类型的外形及设计特征的基础之上的。对飞机在 SAR 图像上的特征解译,采取这种分析的态度就能得出飞机是何种类型的结论。

(1) C-130 运输机。C-130 运输机是洛克希德·马丁公司研制的中型四发涡扇式多用途战术运输机,如图 4-50 所示,该型飞机可完成包括空运支援、航空医疗、空中喷洒、森林灭火和人道主义救援活动等任务。

图 4-50 "T"形翼飞机 SAR 图像解译
(a) C-130 运输机光学图像;(b) C-130 运输机 ka 波段 SAR 图像。

图 4-50 (b) 中四台发动机回波明显,四台发动机回波亮点可连接成一条线,说明机翼为梯形("T"形),同时也可根据机翼"阴影"判定为前直

梯形翼。机身与地面之间构成的二面角形成回波，但在机身中段有一部分无回波，这说明机翼与机身没有构成二面角，反过来就说明机翼为上单翼。综合各种因素分析，SAR 图像中的飞机为 C-130 运输机。

（2）B-52H 战略轰炸机。B-52H"同温层堡垒"是美国波音公司研制的亚声速远程轰炸机，是世界上服役时间最长的轰炸机，如图 4-51 所示，主要用于战略轰炸。目前，美军共装备 75 架，隶属空军全球打击司令部，本土部署地为巴克斯代尔和迈诺特两个空军基地。

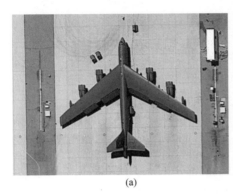 

图 4-51 "V"形翼飞机 SAR 图像解译

(a) B-52 轰炸机光学图像；(b) B-52 轰炸机 ka 波段 SAR 图像。

在图 4-51（b）中有 8 个回波特征一致，且相互对称，可确定为有 8 台发动机的飞机；机翼形成的弱回波可看出机翼为后掠翼（"V"形），另外 8 台发动机构成的阶梯状，也可分析出机翼是后掠翼，且机身细长，综合各种因素分析 SAR 图像中的飞机为 B-52 轰炸机。

（3）CH-53"海上种马"直升机。CH-53"海上种马"直升机是美国西斯科基公司研制的军民两用双发重型运输直升机，如图 4-52 所示，也可用于反潜和救援，是美海军直升机部队的重要组成部分，承担大量的两栖运输任务，常被布置在海军的两栖攻击舰上，是美国海军陆战队由海到路的主要突击力量。

图 4-52（b）中的图像特征符合"双点"状，旋翼"阴影"也可解译出是直升机，对于高频、高分辨率的 SAR 图像来说，分析其型号成为解译的重点。由旋翼"阴影"能解译出的桨叶数量是 4 片，但是这里有一个疑问，就是桨叶之间的夹角是不同的，根据直升机结构与设计原理，推测桨叶数应为 6 片，所以另外 2 片桨叶的回波正好与机身的回波重叠在一起了。从尾部"阴

(a) (b)

图 4-52 "双点"形直升机 SAR 图像解译

(a) CH-53 直升机光学图像；(b) CH-53 直升机 ka 波段 SAR 图像。

影"可以看出，海鸥翼式水平安定面高置在尾斜梁右侧。经测量，旋翼直径为 21.9m，机长为 28m。综合分析，该直升机型号为 CH-53。

2. 机场设施分析

与地面部队设施不一样，机场分为军用、民用或军民两用。然而，不管它的用途和国籍，所有机场都具有极为相似的共同点，机场能提供的后勤保障能力与跑道起降能力之间存在互相联系。

通过对机场设施的分析就可以确定机场主要用途、设施现状及战备状况。如果能了解 SAR 图像与可见光图像之间互相补充的关系，就能极大的提高机场设施分析的完整性。机场设施分析所需的基本要素由 SAR 图像提供。在训练有素的解译员眼里，从 SAR 图像中能够解译出设施的种类及使用状况。

1）军用机场与民用机场的区别

从 SAR 图像上能轻易解译出军用与民用机场众多的不同之处。军用机场一般有较多排列有序、停放整齐的飞机。大多数停放的飞机为同一种类型和相似的外形尺寸（如轰炸机/运输机或战斗机/教练机）；机场有弹药库；停机坪旁有大型维修设施；机场还有行政/后勤保障区；营区及娱乐设施；跑道两端通常有着陆拦阻装置；有通向警停机坪或集体停机坪的联络道；四周建有围墙，沿着围墙通常有环形道路。相反，民用机场上停放的大多是外形尺寸不一样的飞机；飞机排列不整齐地停在停机坪或登机桥旁；较大型的客机一般停放在候机楼附近；候机楼附近一般建有停车场；在较大的民用机场里，有一货物处理区远离航站大楼，但交通方便；围墙围起来的区域很小，且安全措施有限。如图 4-53 所示，两幅 SAR 图像说明这些基本区别。

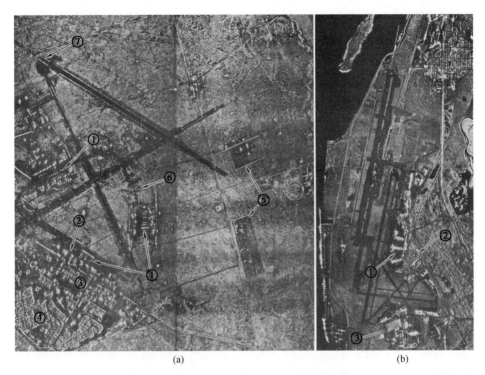

图 4-53 军用机场与民用机场 SAR 图像
(a) 军用机场；(b) 民用机场。

图 4-53 (a) 为军用机场。图中目标解译结果：①大量停放飞机，②大型维修设施，③行政/保障区，④家属区，⑤弹药库在基地内且独立，⑥警戒停机坪与跑道连接，⑦跑道的一端设有着陆拦阻装置。

图 4-53 (b) 为民用机场。图中目标解译结果：①可容纳数架大型飞机的"手指形"候机楼和登机桥，②在候机楼的一侧是宽阔的停车场，③货运站通过道路及滑行道与机场主体连接。

上述军用机场和民用机场的目标解译结果可以看出：由于机场保障的飞机在性质、用途的不同，机场设施的差异性还是非常大的。

2) 机场设施

一位训练有素的解译员完全可以通过 SAR 图像解译机场的等级、种类、运行状况。下面对图 4-54 所示的 SAR 图像进行简单的分析便可解译机场设施。

图 4-54 中目标解译结果：①导航台，②行政/保障区，③弹药库，④飞机掩体，⑤保险道，⑥停机坪，⑦滑行道，⑧废弃的跑道，⑨主跑道，⑩值

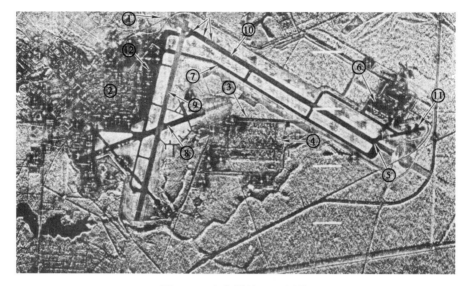

图 4-54　机场设施 SAR 图像

班跑道，⑪警戒停机坪，⑫集体停机坪。

分析如下：跑道⑧是废弃的，因为各种飞机及相关设备直接放在跑道上；跑道⑨是主跑道，主要因为它与大型集体停机坪⑫及保障设施②离得最近；跑道⑩是用于某种特殊的目的的跑道，它附近有一较小的集体停机坪⑥和警戒停机坪⑪，分析为用于战斗机起飞的值班跑道；在跑道⑩左上有 3 条无注解的箭头所示，在 3m 分辨率的 SAR 图像上还可以区别跑道反射面粗糙度的变化，左边的箭头表明无反射的平滑面，箭头逐步指向柔和的反射（右箭头），表明较粗糙的表面，说明跑道有粗糙度，具有防滑功能；维修设施后面有弹药库③，行政/保障区②；两处集体停机坪②和⑥和警戒停机坪都停有飞机。这些均表明这是一个永备的，活动频繁的空军基地。

第 5 章
红外与高光谱图像解译

如第 1 章和第 2 章中强调的，遥感图像中很多的成像波段并不仅仅是可见光波段，虽然可见光图像对目标解译具有视觉直观性，但可见光图像也有其感知缺陷。例如，假目标不易分辨，夜间无法成像，未能充分反映地物波谱特性规律等。

本章继第 3 章和第 4 章的详细阐述后，选择红外图像和高光谱图像作为典型成像依据，进一步补充说明其他成像手段带来的解译增益。作为弥补可见光图像不足的红外与高光谱图像，其图像特征并不符合人们日常对事物的认识，在解译时就会产生一定困难。红外与高光谱图像虽然也可分辨物体外形，但两者的图像空间分辨率均较低，细节刻画上仍待改进。红外图像的主要特征是展示物体的热辐射能力，以物体的热辐射能量分析物体的状态；高光谱图像的主要特征是展示目标的光谱曲线，以光谱曲线分析目标的信息。

无论采用何种图像，解译时把握其成像基本原理，发挥各自的感知优势并弥补其劣势，做到"物尽其用"才是图像解译的根本。

5.1 红外图像解译

5.1.1 红外遥感概况

1. 概况

按照红外探测原理，物体的温度只要高于绝对零度，就会释放红外辐射。物体或景物温度分布相对应的各种热图像，正是依据以上特点设计相应的采集手段探测各类红外辐射能，并将其合理量化和可视化的结果。由于可以再现景物各部分温度和辐射发射率差异，所以可视化后的热图像可以显示出不同物体的不同红外特征，对分析各种目标具有良好参考价值。从方便主观视觉分析和机器解译的角度出发，有效探测到红外目标的必备条件有3个：一是该目标辐射的波长要与热像仪的工作波段匹配，且辐射能量足够强；二是目标与背景之间要有温差；三是目标要有足够的几何尺寸。

红外谱段指的是频率低于（或波长高于）可见光谱段以外，波长在0.76～1000μm范围内，位于可见光和微波之间的光谱范围，其辐射性质存在很大差异，有反射红外波段（波长0.76～3.0μm），也有发射红外波段（波长3～18μm）。后者又称"热红外"。即使在"热红外"谱段内，物体也有少量的能量反射，只不过物体的热辐射能量大于太阳的反射能量而已。其中，波长6～18μm的"热红外"（也称"远红外"）谱段内，以热辐射为主，反射部分往往可以忽略不计；而波长3～6μm的中红外谱段内，热辐射与太阳辐射的反射部分须同时考虑（处于同一数量级）。

2. 红外成像典型方式

对红外探测器及其材料的研究，是红外技术领域最重要和最富有活力的核心部分。红外探测器、材料与系统三者之间既相互独立，又相互关联、相互促进、共同发展[167]。红外探测器材料是发展红外技术和热成像技术的基础。根据红外探测器材料所具有的基本效应，可将目前相对成熟的材料分为半导体和热敏感材料两大类。

典型成像方式分为红外行扫描仪（线阵成像）和前视红外系统（面阵成像）。

（1）红外行扫描仪由于在侦察时可以使飞机在敌方地对空火力射程以外，在大的速高比飞行条件下，在左倾或右倾观察方式对地面目标进行远距离大面积侦察，所以在战场下得到了广泛的应用。

（2）前视红外系统（FLIR系统）是20世纪60年代以后发展起来的，它采用二维扫描，可提供类似电视的实时图像。它可装于飞机、舰艇、坦克上进行前视观察和监视。前视红外系统发展十分迅速，从60年代开始已经在军队装备。一般把热成像装置分为三代，第一代热像仪为采用PC型短阵列红外探测器加上复杂的光机扫描系统，这一代产品在70年代中期发展成熟，生产并大量装备部队；第二代热像仪采用PV型中等列阵红外探测器加简单的光机扫描，重点提高其探测灵敏度和空间分辨率，已研制成功；第三代热像仪采用PV型面阵红外探测器的凝视焦平面阵列技术，整个系统的性能大幅提高，已有第三代红外器件推向市场,2k×2k 大规格器件用于工程中[168]。

3. 红外系统优点及应用

与其他夜间观测仪器相比,热成像系统具有以下优点[169,172]:①热成像系统是全被动式的,是借助目标与背景的辐射差产生景物图像,不易被对方发现和干扰,且能在 24h 全天候工作。成像机理有别于主动红外夜视仪需要红外光源,或微光夜视仪那样需要借助夜天光。②红外辐射比人眼和可见光传感器所利用的可见光具有更强的透过雾、雨、雪的能力,因而热成像系统的作用距离远。③在战场上,不会由于炮口火焰的强闪光和炸弹硝烟而产生迷茫效应。④能透过伪装,探测出隐蔽的目标,甚至能鉴别识别出刚离去的飞机和坦克等所留下的热轮廓。⑤随着计算机技术的发展,很多热成像系统具有更加有效的图像处理功能,可明显改善图像质量。数字化成像系统通常采用全电视信号,可实现与电视兼容,支持多人同时观察、录像和传输等。

红外技术在军事领域和民用工程中都得到了广泛应用,在军事领域大体分为:①侦察、搜索和预警;②探测、跟踪和识别;③战场动态监视与揭露伪装;④武器瞄准;⑤红外精确制导导弹;⑥水下探潜、探雷技术。

红外系统在民用工程方面的应用主要有:①应用于气象预报、地貌学、环境监测、遥感资源调查等领域;②应用于地下矿井测温和测气等勘察任务;③应用于电力、消防、石化、医疗和森林火灾预报等;④公共安全与安防监控等领域。

5.1.2 红外成像原理

1. 红外辐射特性分析[29,31,170]

红外热成像技术实际上是一种波长转换技术,利用目标与背景、目标自身各部分辐射差异来获得图像细节,把红外辐射转换为可见光的技术。根据普朗克辐射定律,凡是温度大于 0K 的物体都会产生红外辐射,因此自然界中的任何物体都存在红外辐射,同时也吸收周围其他物体的红外辐射。根据普朗克定律,绝对黑体的辐射出射度 M_λ,与黑体温度 T 和波长 λ 的关系为

$$M_\lambda = c_1 \lambda^{-5} \frac{1}{e^{\frac{c_2}{\lambda T}} - 1} \tag{5-1}$$

式中:$c_1 = 3.7418 \times 10^{-16} \mathrm{W \cdot m^2}$ 为第一辐射常数,$c_2 = 1.4388 \times 10^{-2} \mathrm{m \cdot K}$ 为第二辐射常数。

黑体的辐射出射度 M_λ 的含义是在指定的波长间隔内辐射源单位表面积向半球空间发射的辐射功率。普朗克公式描述了黑体辐射的光谱分布规律，解释了辐射波长与黑体温度的关系，是黑体辐射的理论基础。在自然界中，绝对黑体是不存在的，为了描述非黑体的辐射，引入了辐射发射率的概念，用 $\varepsilon\lambda$ 表示为

$$\varepsilon\lambda = \frac{M_\lambda}{M_0} \tag{5-2}$$

发射率的含义为相同温度下辐射体的辐射出射度与黑体的辐射出射度之比，它与辐射体的表面性质有关。根据物体的辐射发射率不同，将辐射体分为3类。

（1）黑体，$\varepsilon\lambda = 1$。
（2）灰体，$\varepsilon\lambda < 1$，与波长无关。
（3）选择体，$\varepsilon\lambda < 1$，且随波长与温度而变化。

由于大气中的二氧化碳和水蒸气等物质的吸收、悬浮颗粒的散射作用，只有部分波段的红外辐射能透过大气。对于红外辐射来说，主要存在3个大气窗口：$1\sim3\mu m$，$3\sim5\mu m$ 和 $8\sim14\mu m$，如图5-1所示。

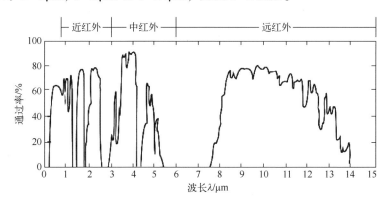

图 5-1 大气通过率示意图

由于 $1\sim3\mu m$ 上的红外辐射受背景和气象条件影响较大，抗干扰能力较差，作用距离较近，因此在此波段上应用较少。目前，红外成像 ATR 系统主要工作于 $3\sim5\mu m$ 和 $8\sim14\mu m$。

2. 目标与背景的红外成像特性分析[29,31,170]

对于红外热成像系统，具有实际意义的辐射源主要包括两类：一种是红外成像系统探测的各种目标；另外一种就是干扰红外成像系统探测的背景辐

射。背景特性分析如下。

1) 天空背景

天空背景主要包括天空和云层。晴空条件下，天空的辐射主要有两部分组成，即天空中的气体分子和气溶胶粒子对太阳的散射和大气自身的辐射；在有云的情况下，要考虑云层对太阳光的散射和云层本身的辐射。

天空的辐射大致可以分为两个区：$3\mu m$ 以下的太阳散射区和 $4\mu m$ 以上的大气辐射区，天空的辐射可以认为是上述两种辐射的叠加。太阳辐射的光谱特征通常可以认为与 5900K 黑体一样，其光谱辐射通量密度的峰值在 $0.5\mu m$，且整个发射能量的 98% 在 $0.15\sim 3\mu m$ 波段内；大气自身的辐射与路程中的水蒸气、二氧化碳和臭氧的含量有关。因此为了计算天空的辐射量度，必须知道大气的温度和视线的仰角。在低仰角时，大气路程非常长，辐亮度实质上和处于低层大气温度的黑体辐射一样；在高仰角时，大气路程较短，不同仰角下的辐亮度随波长的变化而变化，如图 5-2 所示。

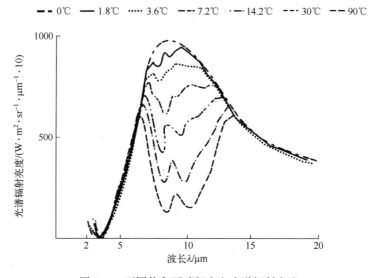

图 5-2 不同仰角下晴朗夜空光谱辐射亮度

在有云的情况下，形成云团的水汽一般来说对红外辐射是很好的吸收体，具有相当厚度的云团，对红外线的吸收率很高，因此有云团的遮盖对大气辐射有很重要的影响。

光谱窗口为 $8\sim 12\mu m$ 的长波红外成像系统对太阳照射敏感度较小，高仰角时探测天空背景较暗，热图中的云也较暗。由于目标和背景的对比度对探测目标至关重要。因此,高仰角探测时,长波设备能获得较高的目标与背景的对比度;而 $3\sim 5\mu m$ 的中波波段的辐亮度与观察仰角的关系不大,较适合于需要低仰角甚至水平探测的场合。

2) 地面背景

白天观察到的地面辐射由反射和散射太阳光和地球自身辐射两部分组成。太阳辐射的能量主要集中在 $3\mu m$ 以下的波段内;而地球的热辐射相当于 280K 的灰体,其辐射主要集中在波长在 $4\mu m$ 以上的波段内。白天观测到某典型地表的光谱辐射亮度曲线如图 5-3 所示。

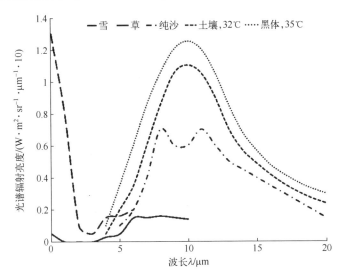

图 5-3 白天典型地表的辐射亮度曲线

由于地表物质和靠近地表水气分子的吸收率较低,使得地面背景辐射较小;而 $3\mu m$ 以下的短波区域受到大气散射和太阳辐射的影响较大,因此这部分辐射随着太阳光照度和天顶角的改变而变化。从图 5-3 中可以看出,地面背景的光谱分布出现两个峰值:短波峰值是太阳光产生的,而长波峰值来自于地球热辐射。夜间,太阳部分消失了,其光谱分布就相当于地球环境温度的灰体的光谱分布。

3. 红外图像解译的复杂性

从上面的分析可以知,红外成像主要影响因素包括:①目标的温度;②目标物体材料的发射率;③大气对目标红外辐射的衰减。由于红外热成像反映的是目标与背景之间温差的分布,因而红外图像的对比度较可见光图像低,红外焦平面阵列器件输出的目标信号往往淹没在背景噪声中。因此需要对焦平面输出的原始图像进行复杂的图像处理，如模拟预处理、非均匀性校正、图像增强等，改进图像质量使之能够方便后续处理。

红外图像具体应用中，存在与成像原理相关的诸多因素影响。其复杂性主要表现在以下两个方面：①热红外遥感的大气影响更为复杂。它的大气效应除了有大气吸收、散射外，还有大气自身的辐射。尽管，远红外谱段波长较长，大气的散射作用远不如紫外和可见光谱段显得那么重要。但是，在热红外谱段内大气分子与悬浮粒的吸收作用却是明显的。在有限的大气窗口内，最主要的影响因素是大气的水汽和气溶胶，它们既要吸收能量又要自身发射热辐射能。这种大气自身的热辐射，叠加于地面物体的热辐射信号之上，使问题复杂化。②热红外信息，除受大气干扰外，还受地表层热状况的影响，如风速、风向、空气温度、湿度等微气象参数及土壤水分、组成、结构等。

5.1.3 红外图像的特性及解译方法

1. 热红外图像特点

热红外图像记录了地物的热辐射特性——一种人眼看不见的性质，它依赖于地物的昼夜辐射能量而成像，因而它不受日照条件的限制，可以在白天和夜间成像。

可以简单地认为热图像是地物辐射温度分布的记录图像，它用黑白色调的变化来描述地面景物的热反差，图像色调深浅与温度分布是对应的。色调与色差是温度与温差的显示与反映。由于不同物体间温度或辐射特征的差异，可以根据图像上的色差所反映的温差来识别物体。一般来说，热红外图像上的浅色调代表强辐射体，表明其表面温度高或辐射率高；深色调代表弱辐射体，表明其表面温度低。热红外图像的色调特征是解译热红外图像的重要依据，它不仅具有色调辅助判断的一般作用，还能提供目标的活动、状态等情报信息。

地面物体的热红外图像，不像光学图像那样简单，这取决于目标的温度、成像时间，通常有3种情况：一是反映相似形状；二是反映实际形状；三是呈现不出真实的形状。当目标的辐射度不高，且与周围背景有温差时，常常能够反映目标的真实或相近的形状，如工厂的厂房、冷却池等。当目标的辐射度较高往往显示不出目标真实形状，因为目标温度越高，向周围辐射的热红外能量越大，这样就产生了类似光晕的现象，目标被夸大，轮廓不规则，此时被延展成面状，如温度较高的一些厂房和建筑，像钢铁厂的炼钢、炼铁、炼焦车间。

地面上非热源目标，如河流、山地、公路等，红外图像是不能反映目标的细部特征，但可以呈现出真实或相近的形状。

热红外图像也存在几何畸变，这种几何畸变主要来自扫描成像系统本身和平台飞行姿态变化的影响。例如，扫描镜旋转速度变化，使像点间隔不恒定；弧形扫描与平面记录，使边缘像点压缩或伸长；飞行姿态的滚动、倾斜，使图像弯曲变形或比例尺变化等。

热红外图像同样具有不规则性或不确定性的干扰因素，是多种原因的综合效应。例如，天气条件的干扰，云将降低热反差，雨将产生平行纹理，风将产生污迹或条纹图，冷气流将引起不同形状的冷异常等；电子噪声的影响，无线电干扰将产生电子噪声带和波状云纹的干扰图像等，多类型的因素可使图像出现一些"热"假象。

目标辐射热能的大小是决定其色调的基本因素。辐射温度高，目标在图像中呈白色调，反之在图像中呈深色调。任何物体只要其温度高于绝对温度零度，都会向外辐射红外线，辐射能量的大小取决于目标的温度和目标的辐射能力。温度越高，辐射能量就越大，不同材质的目标有不同的发射率，数值越大，辐射能力越强。如表5-1所列。

表5-1 几种材料辐射红外线的能力

材料名称	温度/C°	发射率	材料名称	温度/C°	发射率
铝（抛光）	20	0.06	沙	20	0.90
铁（抛光）	20	0.24	土壤（干）	20	0.92
钢（抛光）	40	0.21	土壤（湿）	20	0.95
红砖	20	0.93	水	20	0.993
水泥面	20	0.92	植被	20	0.96
石油	20	0.27	沥青道面	20	0.959
水面的油膜	20	0.972	水泥土道面	20	0.966

一般来说，目标的吸收能力强，辐射能力也强。如粗糙表面比平滑表面吸收能力强，黑色物体比白色物体吸收能力强。在同样温度条件下，物体辐射能力越强，在图像上的色调就越浅。

在昼夜间获取的同一目标的热红外图像在色调上有较大差别，因为在昼间获取的是目标的辐射能量,夜间获取的是目标的能量。如绿色作物辐射红外线能力弱,反射红外线能力强;水吸收红外线较多,辐射红外线能力强,反射红外线能力弱。所以在夜间获取的热红外图像,绿色作物呈灰色调,水呈白色;而在昼间获取的热红外图像,绿色作物呈浅灰色,水则呈黑色。下面仅就部分目标夜间热红外图像的图像特征进行阐述。

(1) 人工热源目标。因辐射的红外线能量较大,其图像呈白色。如火光、烟囱、散热器、冷却塔和高炉等。

(2) 金属材质目标。在正常条件下,未经受热的,裸露在外水平的金属表面,在图像上呈黑色调。因为金属辐射红外线的能力较其他物质低,虽然金属表面是很好的反射体,能够强烈地反射来自天空的辐射,但是夜间天空辐射的红外线很少,所以金属表面的色调一般都较深。

(3) 绿色植被。农作物和青草往往呈现较深的色调,这是因为它们白天将太阳光中的红外线几乎都反射出来,很少吸收,一天夜间很快冷却,再者农作物和青草导热性也差,因此反映到图像上的色调就较深,通常呈深灰色。森林或树林的色调与农作物和青草的色调不同,常呈灰色或浅灰色,这是由于森林或树林不易冷却,同时夜晚有逆温现象,树冠处的温度比地面的温度高,因此树木的色调一般都较浅。

(4) 水系。水具有很高的发射率,其热容量大,有良好的导热性。白天在太阳光的照射下,其他物体升温较快,而水则升温很慢,因此昼间获取的热红外图像,水的色调呈黑色。到了夜间水温下降的速度比周围物体慢得多,且其发射率高,因此在夜间获取的热红外线水的色调呈明显的浅色调,水系的边缘轮廓显得比可见光图像更为清晰,特别是凌晨时刻,其他地物的温度最低,而水的温度相对较高。如果在白天,遇到突然降温的天气,因水的热容量大,当其他地物迅速降温后,水仍能保持较高的温度,此时获取的图像色调类似夜间拍摄的图像,此时应注意不要误认为是夜间获取的图像,或者是将其误判为工厂排放的热水或污水。

(5) 路面。路面在白天由于太阳光的照射吸收了大量的热量并保存下来,夜晚气温低,就以较强的能力向外辐射红外线,所以路面的色调较浅,呈浅灰色或白色。通常水泥、沥青路面,机场的跑道和滑行道等其色调均为白色;铁路呈深灰色,车站的编组场,由于机车往来频繁,加之地面粗糙,辐射红外线较多,常常呈现出浅色调,如图5-4所示。

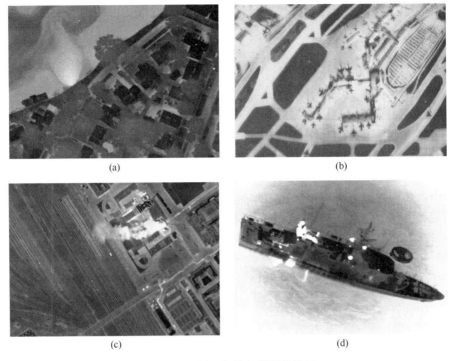

图 5-4 不同目标热红外图像特征

(a) 排污口夜间红外图像；(b) 机场夜间红外图像；
(c) 编组站夜间红外图像；(d) 舰船夜间红外图像。

2. 典型地物的辐射特征

地表接收的能量主要来自太阳的短波辐射，不同的地物具有不同的反射波谱特性，吸收的能量就有所不同，下面介绍几种典型地物的辐射特性。

1) 植被的反射波谱特性[173]

植被的反射波谱特征受到植物的形态、植物自身的反射波谱特性、季节和成熟度、太阳高度角等的综合影响。植被的形态特征是指叶片的大小、形状和方向、植物的高度以及簇叶的稠密度等。植物自身的反射特性是指叶片、树干、果实以及花开部分的波谱的主要因素。叶片波谱中主要有两个叶绿素吸收带和两个水吸收带，而在近红外波段有一个明显的反射峰，如图 5-5 和图 5-6 所示。

2) 土壤的反射波谱特性[174]

一般在可见光区土坑壤具有较高的反射值，影响土壤反射波谱特性的是土壤类型、表面粗糙度、太阳高度角和水分含量等因素。以土壤类型而言，

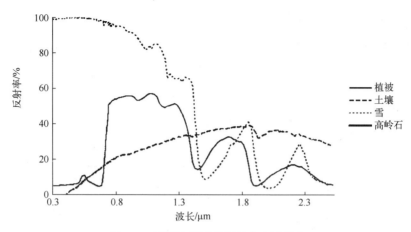

图 5-5　不同自然下垫面的分光反射率

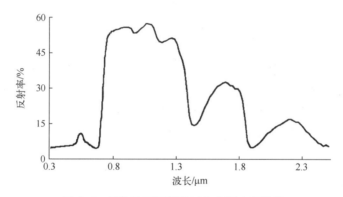

图 5-6　植物叶子反射的三个主要响应谱带

在半沙漠和沙漠地区，沙土石英含量高，反射率相对较高；黑色土壤含有大量有机质，反射率会有所下降。含水量的增加一般会使土壤表面的反射率有所下降，如图 5-7 所示。

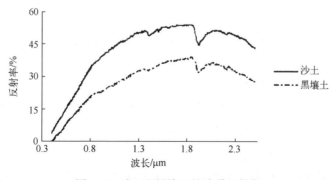

图 5-7　沙土和黑壤土的波谱反射率

3) 岩石的反射波谱特性[173]

影响岩石波谱反射特性的主要因素包括岩石的矿物成分、结构、风化状况以及岩石表层的覆盖状况、太阳高度角等因素，如图5-8所示。

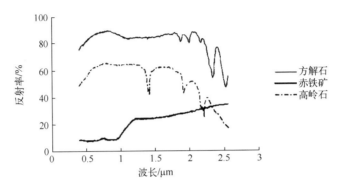

图5-8　3种不同岩石的波谱反应特性曲线

4) 水体的反射波谱特性[175]

影响水体波谱反射率的主要因素是水的混浊度、水深及波浪起伏、太阳高度角等因素。清水在蓝光区反射率最大，呈蓝（黑）色调，而近红外区反射率几乎等于零，如图5-9所示。

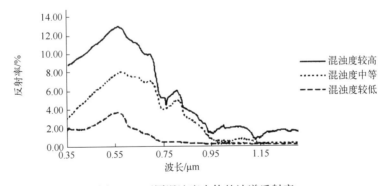

图5-9　不同混浊度水体的波谱反射率

5) 冰雪的反射波谱特性[173]

影响冰雪反射光谱特征的主要是它的纯度、温度和其他物理条件。雪面在可见光区反射率很高，但在近红外区迅速下降。

6) 云的反射波谱特性[175]

云的反射波谱特性与云的类型、厚度等因素有关。云的反射率在可见光部分均有很高的反射率，在 0.8um 以上随波长增加而减少。

3. 针对目标的红外成像最佳时段

红外最佳成像时段因目标的光谱辐射率不同而有所不同。一般来说，红外成像的时段在夜间为佳，昼间红外成像效果不及夜间。在有些情况下，要以目标的状态、材质来确定成像时段。例如：为了检测地下供暖管道的泄漏，红外成像时段最好在 22:00~04:00 之间；为了识别真与假目标（铁质），可在 09:00~11:00 实施红外成像，因为假的铁质目标一般较薄，经太阳光照射后，迅速吸收热能，并产生热辐射，在红外图像中出现白色调，而真的铁质目标一般比较厚，吸收热能较慢，产生的热辐射相对较少，在红外图像中出现暗色调；为了检测油罐储油量，可在太阳落山后 1h 实施红外成像，此时铁质油罐表面温度下降较快，产生的热辐射少，但油罐中的油因太阳光对油罐表面照射而形成的热传递，使其温度升高，由于油的汽化很弱，在油罐中的温度下降慢，产生较多的热辐射，此时红外成像可检测出油罐内储油量。红外成像的最佳时段会因季节、地面温度、天候（如晴、雨、雪、雾、霾）的不同而有所不同。目前，没有严格的标准，在使用时要具体情况具体分析，切不可一成不变。

4. 有利于解译的红外成像谱段选择

根据普朗克定律可知：成像谱段的选择是针对目标的光谱辐射峰值波长范围而言的，从工作波段讲可分为短波红外（$1~2.5\mu m$）、中波红外（$3~5\mu m$）、长波红外（$8~14\mu m$）。由于短波红外在军事领域利用的局限性，这里只对中波红外与长波红外有利于解译的红外谱段进行分析。较高温度目标在 $3~5\mu m$ 有很强的辐射，其次在潮湿或大气水分高的地区，$3~5\mu m$ 波段的大气透射要优于 $8~14\mu m$ 波段。在 $3~5\mu m$ 谱区热红外遥感器可以同时记录反射及发射的热辐射；在 $8~14\mu m$ 谱区的热图像虽然没有直接的日光反射效应，但白天的图像上均可以记录由于阴影造成的热模式，即由于太阳直射光的方向性，不同方向的物体如树、建筑物、地形等接受不同的热量而形成热"阴影"，尤其在图像中温度较低的区域内，这种热阴影更加明显。虽然这种热阴影在图像解译中有时是有用的，它有助于目标识别和地形感的加强，但是它更可能使图像分析复杂化。

炮兵射击的炮弹的辐射源主要是在空气中的高空运动引起的摩擦生热及气动加热。一般飞行速度为 $600~1200m/s$，对应的表面温度分别为 $430~800K$，其光谱辐射峰值波长范围 $3.2~6.8\mu m$，因此用中波红外探测效果好。

飞机红外特征主要表现为加热引起的蒙皮辐射，蒙皮温度为290~570K，其光谱辐射峰值波长范围为6~10μm，因此用长波红外探测效果好。

火箭弹发射后的红外特征主要表现在尾焰温度为800~1500K，其光谱辐射峰值波长范围为2~4μm，因此用中波红外探测效果好。

巡航导弹发射后的红外特征主要是由气动加热产生的蒙皮辐射，其光谱辐射峰值波长范围为6~10μm，因此用长波红外效果好。

5. 典型目标的辐射特征

1) 飞机的辐射特性

飞机温度最高的部位是发动机周围地区。普通发动机排气管外壁温度约400℃，内壁温度700℃。喷气发动机尾喷管外壁温度为500~600℃，内壁也可达700℃，其辐射最大值大约处于3~5μm波长范围。一般中型螺旋桨飞机的总辐射功率约为1kW，大型轰炸机的总辐射功率约为10kW，喷气发动机在红外波段的总辐射功率约为24kW，它在1~3μm波段只占2kW左右，而在3~5μm波段较多。

2) 导弹的辐射特性

导弹的情况和飞机类似，只要知道导弹的表面温度，就可以计算出辐射量。中短程弹道导弹的表面温度为300~600K，当速度在Ma1.7时表面温度为600K，速度上升到Ma2.75表面温度可达900K。

3) 舰船的辐射特性

舰船上有两个主要辐射源：一个是30~90℃的烟囱；另一个是舰船的上层建筑。

4) 坦克的辐射特性

坦克和汽车类似，坦克发动后，发动机和排气管发出强烈的红外辐射。行驶中履带和汽车轮胎一样，由于摩擦发生热，也会发射强烈的红外辐射。静止的坦克除发动机、排气管及其周围部位，大部分表面温度接近环境温度，坦克保护漆的表面辐射率较低，一般不超过0.2。

5) 建筑物的辐射特性

在10μm波段建筑物的图像比较清晰，发热建筑物（如发电厂）的轮廓很突出，由于夜间环境温度比白天低，建筑物的图像特征更为突出。

5.2 高光谱图像解译

5.2.1 高光谱遥感概况

1. 概况

高光谱遥感技术[176-177]是20世纪80年代以来地球观测技术最重大的成就之一，与SAR、激光探测与测距（Light Detection and Ranging，LiDAR）一起被视为今后最具发展前景的3种遥感信息获取技术。

高光谱遥感指具有高光谱分辨率的遥感科学与技术，通常采用覆盖一定波谱范围的成像光谱仪和非成像光谱仪两种传感器获取数据，高光谱遥感利用大量电磁波窄波段获取感兴趣物体的有关信息。高光谱遥感的基础是光谱学（Spectroscopy）。利用星载、机载或地面成像（Imaging Spectrometer）或非成像光谱仪获取光谱、图像数据是高光谱遥感应用的基础。成像光谱在电磁波谱的紫外、可见光、近红外和中红外区域，获得大量光谱连续且光谱分辨率较高的图像数据（有时称为数据立方体），地物光谱仪则直接获取观测点连续的光谱数据。

作为最重要的高光谱遥感传感器，成像光谱仪（Imaging Spectrometer）为每个像元提供数十个至数百个窄波段（通常波段宽度小于10nm）的光谱信息，能产生一条完整且连续的光谱曲线，同时对于每个波段又可以获取反映地物空间分布和特点的图像，实现了图谱合一的数据获取。成像光谱仪获取的数据既包括不同波段的图像，对每一像素又可以得到连续光谱曲线。

需要指出的是，欧洲航天局（European Space Agency，ESA）的（Environmental Satellite Medium Resolution Imaging Spectrometer，ENVISAT MERIS）和美国国家航空航天局（NASA）的（Moderate Resolution Imaging Spectroradiometer，MODIS）都称为中分辨率成像光谱仪，这些仪器是按照"成像光谱仪"的经典定义，即具有多于10个波段。从技术上来讲，MERIS是按照连续光谱准则构建的，但最终用户不能接收连续光谱数据产品，而MODIS只是采用许多不连续的光谱波段的仪器。这些区别也表明该领域的术语定义有必要规范。例如，有的学者建议高光谱仪是指具有许多波段的仪器，而成像光谱仪是指具有连续光谱波段的仪器。

非成像光谱仪在高光谱遥感数据的获取与应用中也发挥着重要作用[178]。

在野外或实验室测量物质的光谱反射率、透射率及其他辐射率,分门别类建立地物光谱数据库,既可以统计评估典型目标的光谱演变规律,也可以为航空或卫星高光谱影像处理提供参考数据,还可以模拟和定标成像光谱仪在升空前的工作性能。

2. 高光谱成像光谱仪分类

1) 按成像方式分类[178-179]

(1) 摆扫型成像光谱仪,成像光谱仪分光系统与其线阵探测器完成光谱维成像,扫描镜与平台的相互运动可完成空间成像。摆扫型成像光谱仪的优点在于其采用了线阵探测器,因此不存在光谱弯曲现象,易于设计与定标;缺点在于信噪比较低,而且输出图像容易产生几何畸变。

(2) 推扫型成像光谱仪,通过飞行器的推扫得到沿轨道运动方向的一维图像。狭缝长度对应成像光谱仪空间维视场,而其宽度对应成像光谱仪瞬时视场,光束在狭缝宽度方向进行色散。运用面阵探测器能获取瞬时视场像元光谱维信息,通过飞行器在扫描方向的运动可实现对目标物的连续探测。推扫型成像光谱仪的优点是其结构简单、体积小、质量小;缺点是探测时间较长、信噪比较低,由于其视场角较小,对望远成像系统的谱线弯曲与聚焦等有较高要求,对其定标也相对复杂。

(3) 凝视型成像光谱仪,扫描方式同样属于电子学扫描,工作方式与推扫式相类似,但它采用的是滤光片进行分光而没有入射狭缝。它通过一段时间内对目标物的"凝视",利用面阵探测器采集视场区域内经分光产生的二维图像,然后步进到下一个"凝视"位置,这样通过飞行器的运动就可以完成沿轨方向的画幅式成像。由于该类型成像光谱仪在成像时需要一定的"凝视"时间,所以比较适合地球同步卫星平台。

(4) 快照式成像光谱仪,是一种基于光场成像技术的成像光谱仪。在光场成像系统中,探测器能够在一次曝光中获得四维的光场信息,在微透镜阵列型光场相机的结构中,利用滤光片对主镜头孔径进行多通道光谱滤光,并将其对应到不同微透镜不同子孔径成像中,能够在一次曝光中同时获取目标的二维图像和一维光谱数据。实现了三维图谱数据的快照式采集,从而达到对目标进行快速实时探测。在实际运行中,只需沿飞行器飞行轨迹方向垂直地面拍摄取景,就能获取一个成像仪视场内的所有图像和光谱信息,而不需要往复摆动扫描成像,大大提高了成像效率与系统稳定性。

2）按分光方式分类

（1）色散型成像光谱仪。该类型成像光谱仪是出现最早、技术最成熟、使用最广泛的类型。它利用光栅或棱镜对目标像元的光谱进行分光，采集数据采用线阵列或面阵列探测器，通过摆扫或推扫的方式来获取光谱和图像。MODIS、Hyperion 和 PRISM 都是色散型成像光谱仪。

（2）滤光片型成像光谱仪。利用光学带通滤光片来传递窄带光谱辐射。目前，可以使用的方法有调谐滤光片、离散滤光片和空间可变滤光片。空间可变滤光片的代表是楔形滤光片，楔形滤光片成像光谱仪的示意图如图所示，它相对于色散型和傅里叶变换成像光谱仪的光学布局更简单，但是高质量高光谱分辨率的滤光片制造难度大并且价格昂贵。

（3）时间调制型成像光谱仪，使用迈克尔逊干涉法，通过动镜机械扫描，产生物面像元辐射的时间序列干涉图，再对干涉图进行傅里叶变换，便得到相应物面像元辐射的光谱图。它可以实现相当高精度的测量，但是要实现这一点需要非常复杂的光谱仪结构并且成本高昂。由于物面像元的干涉图是时间调制的，只适用于空间和光谱随时间变化较慢的目标光谱图像测量，导致应用领域受限。

（4）空间调制型成像光谱仪，分为双折射型干涉和三角共路型干涉，双折射型干涉成像光谱仪是利用双折射偏振干涉方法，在垂直于狭缝的方向同时产生物面像元辐射的整个干涉图；三角共路型干涉成像光谱仪是用三角共路干涉方法，通过空间调制，产生物面的像和像元的干涉图。它们都是对两束光的光程差进行空间调制，在探测面处得到光谱信息。

3）按光谱分辨率分类

（1）多光谱成像光谱仪，一般有几个光谱通道，光谱分辨率一般为几十纳米到上百纳米。这样的分辨率对于识别景物（岩石，树木，庄稼，水体，浮游生物等）的主要特征非常有用。宽视场海洋观测光谱仪（SeaWiFS）就是典型的多光谱成像光谱仪。

（2）高光谱成像仪，可以获取几十到几百个连续光谱通道的景物图像，光谱分辨率几纳米到十几纳米。超光谱数据可以识别景物的组成特性，如区分矿石、树木的种类，植被的划分等。在农业、林业、矿产、流域调查、海岸地区分析和军事侦察等领域展现出广泛的应用前景。AVIRIS、HYDICE 和 Hyperion 等都是超光谱成像仪。

（3）超高光谱成像仪，一般有超过 300 个连续的光谱通道，光谱分辨率小于 1nm。超高光谱分辨率可以分析气体的吸收特性，表征大气的温度结构、探测和测绘大气组成等。NASA 的大气红外探测仪 AIRS 和欧洲航天局的迈克尔逊大气探测干涉仪 MIPAS 都属于超高光谱成像仪。

3. 高光谱遥感图像解译优势[176,180]

各类地物在不同的电磁波段辐射（反射或发射）电磁波的特性是有差异的，有助于结合光谱信息用于遥感图像解译。同一地物在不同波段图像上所呈现的影像色调或颜色的差别，方便区分地物类型，进而达到识别解译目标的目的。在特定光谱域以高光谱分辨率同时获得连续的地物光谱图像，促进了遥感应用可以在光谱维上进行空间展开，可针对地球表层生物物理化学等方面给出定量分析。高光谱遥感信息将确定地物性质的光谱与确定地物空间和几何特性的图像结合在一起，无论对地物理化特性的深层探索，还是对地物间微小差异的精细识别，以及对自然界的知识发现，为诸多研究和应用提供了前所未有的丰富信息。

因此，较之全色和多光谱遥感，高光谱遥感有以下显著优势。

1) 蕴含着近似连续的地物光谱信息

高光谱图像经过光谱反射率重建，能获取地物近似连续的光谱反射率曲线，与地面实测值相匹配，将实验室地物光谱分析模型应用到遥感过程中。目标探测时可以根据需要通过选择或变换的方式提取特定的目标光谱特征，使光谱信息的利用更加灵活多样。

2) 地表覆盖的识别能力极大提高

高光谱数据能够探测具有诊断性光谱吸收特征的物质，能够准确区分地表植被覆盖类型、人造目标的铺面材料等。研究表明，许多地物的吸收特征在吸收峰深度一半处的宽度为 20~40nm，传统的多光谱遥感不能分辨地物光谱的这些细致差别，因而在图像中会产生很多"同谱异物"和"异物同谱"现象。然而，高光谱遥感图像可以探测出地物的精细光谱，实现对地物诊断性光谱特征的检测，使原来在宽波段中不可探测的光谱特征在高光谱遥感中能被探测到。因此，高光谱遥感为目标的精细探测提供了数据基础。

3) 图谱合一的特点使得地表图像包含丰富的空间、辐射和光谱三重信息

可适用的目标要素分类识别方法灵活多样。图像分类既可以采用各种模式识别方法，如贝叶斯判别、决策树、神经网络、支持向量机等，又可以采用基于地物光谱数据库的光谱匹配方法。分类识别特征，可以采用光谱诊断特征，也可以进行特征选择与提取，可从图像、光谱和特征等多个空间对目

标进行探测和识别,大大提高了目标探测的可靠性和稳定性。

4) 空-谱分辨率的提升对地物要素的定量或半定量分类识别成为可能

在高光谱图像中,能估计出多种地物的状态参量,提高遥感高定量分析的精度和可靠性。通过不同的组合和变换方式可以转化为丰富多样的特征,可为目标探测和识别解译提供更广泛的特征分析空间。

5.2.2 高光谱成像信息处理

高光谱遥感信息处理可以根据处理目的将其划分为输入/输出处理、数据预处理、光谱数据库建立与管理、光谱特征提取与分析、降维操作、分类、亚像元分解、典型目标提取、参数反演、专题制图等。从各功能模块的特点来看,这些处理既具有常规数字图像处理功能,如滤波、边缘提取、增强等,又具有多光谱遥感影像处理的功能,如主成分变换、非监督分类、监督分类、图像变换、几何配准等,更为重要的则是体现高光谱遥感数据特点的光谱数据库建立维护与应用、降维操作、数据立方体操作、光谱维处理与光谱分析、混合像元分解、地表参数与生化参数反演等功能模块。

高光谱遥感信息处理具有以下特点[176,180-181]。

1) 多目标性、操作对象多样性和应用目标的多领域性

高光谱遥感信息处理既可以直接针对原始波段数据进行,也可以针对原始数据经过一定处理后得到的新的信息(如导数光谱运算、光谱编码、植被指数、主成分)进行;既可以针对特定地物或像元进行光谱维数据处理,又可以从图像空间维和光谱特征维进行综合处理;既可以进行典型地物识别和分类等处理,又能够对高光谱遥感信息源各组成部分之间的关联规则和知识进行处理。

2) 信息处理是对高维信息与特征的处理

高光谱遥感信息处理要对高维数据(几十个甚至上百个波段)及由高维数据提取的特征进行同步或准同步处理,处理数据量大,有时还要涉及多源、异构信息处理,具有复杂性、多样性、海量性,因此有必要发展高效处理算法。

3) 对先验知识与背景数据的依赖性

高光谱遥感信息处理对先验知识和背景数据往往具有极高的依赖性,需要提供有关的地物光谱数据、辅助数据等。例如,高光谱数据定标需要地面实测光谱数据作为参照,标准地物光谱数据库是高光谱遥感信息处理与高光

谱应用的重要支持，基于高光谱遥感反演地表参数需要通过不同方法测定有关的物理、化学和生物参数，以此建立光谱特征与待反演参数的回归方程或统计关系。有效的先验知识和背景数据是充分发挥高光谱数据应用潜力的重要基础，随着数据挖掘技术在高光谱遥感处理领域应用的发展，如何通过机器学习、人机交互等途径发现隐含在高光谱影像数据中的知识和规则，作为后续处理的基础，这引起了研究者的极大兴趣。

4）高光谱遥感信息处理中不确定性影响明显

不确定性是遥感影像具有的本质特征，也是当前遥感信息处理领域的研究热点。高光谱遥感数据不确定性具有图像维不确定性、光谱维不确定性综合的特点，而且一些重要波段（特征）的不确定性往往引起应用结果的完全错误。因此，研究高光谱遥感数据中的不确定性、建立有效的不确定性处理与控制策略也是高光谱遥感处理中重点之一。

5）充分应用多学科理论交叉与技术方法集成

高光谱遥感信息处理应充分应用不同学科领域的最新理论、方法、技术与成果，通过多学科理论交叉与技术集成辅助解决高光谱遥感信息处理中存在的问题，特别是应充分应用当前发展迅速的非线性科学、计算智能的分支学科的理论与方法，如支持向量机、遗传算法、人工神经网络、人工免疫系统、蚁群算法等。

高光谱图像在实际应用中的不足：空间分辨率相对其他光学探测手段偏低，限制了高空间分辨率要求的相关应用，难以实现对目标的精细化分类或细节解译分析；混合像元中不同地物光谱特征互相影响，从而使目标地物的光谱特征被减弱，混合像元分析处理方法不当，带来解译不确定性；高维数据带来信息冗余，使用时需要降维、去噪、去相关的处理，增加了处理消耗；特征提取、特征选择带来信息畸变，降低了数据的使用效率和使用性能。

5.2.3 高光谱图像应用探索

高光谱遥感是一门新兴的交叉学科[182]，以航空航天、传感器、计算机等技术为基础，涉及电磁波、光谱学、色度学、物理学、几何光学、固体理论、电子工程、信息学、地理学、地球科学、地质学、林学、农学、大气科学、海洋学等多门学科。高光谱遥感的出现是一个概念和技术上的创新，由于10nm以内的光谱分辨率通常能够区分出某些具有诊断性光谱特征的地表物质。因此，许多在宽波段遥感中不可探测的物质能够被高光谱遥感探测。

1. 民用领域的主要应用

1) 高光谱遥感在地质调查中的应用

区域地质制图和矿产勘探是高光谱技术主要的领域之一[183]，也是高光谱遥感应用中最成功的一个领域。20世纪80年代以来，高光谱遥感被广泛地应用于地质、矿产资源及相关环境的调查中。最近15年来的研究表明，高光谱遥感可为地质应用的发展做出重大贡献，尤其是在矿物识别与填图、岩性填图、矿产资源勘探、矿业环境监测、矿山生态恢复和评价等方面。高光谱遥感能成功地应用于地质领域的主要原因是高光谱遥感有许多不同于宽波段遥感的性质，各种矿物和岩石在电磁波谱上显示的诊断性光谱特征可以帮助人们识别不同矿物成分，高光谱数据能反映出这类诊断性光谱特征。

随着高光谱遥感地质应用的不断扩展和日益深入，高光谱遥感技术和方法也在不断改进。近年来在基于高光谱数据的矿物精细识别、高光谱图像地质环境信息反演、基于高光谱遥感的行星地质探测等方面取得了突出的进展。高光谱遥感在地质成因环境探测、蚀变矿物与矿化带的探测、成矿预测、岩性的识别与分类、油气资源及灾害探测、高光谱植被重金属污染探测等方面也有应用。

2) 高光谱遥感在植被研究中的应用[184]

高光谱遥感能够提供图像每个像元很高的光谱分辨率，使一些在常规宽波段遥感中不能探测到的物质，在高光谱遥感中能被探测。高光谱遥感数据能够精确估算关键生态系统过程中的生物物理和生物化学参量，特别是在大尺度上冠层水分、植被干物质和土壤生化参量的精确反演，在生态学研究中有广阔的应用前景。在生态系统方面，高光谱遥感还应用于生态环境梯度制图、光合作用色素含量提取、植被干物质信息提取、植被生物多样性监测、土壤属性反演、植被和土地覆盖精细制图、土地利用动态监测、矿物分布调查、水体富营养化检测、大气污染物监测、植被覆盖度和生物量调查、地质灾害评估等。

植被高光谱遥感数据，按获取方式的不同，采用相应的高光谱遥感信息处理技术处理后可用于植被参数估算与分析，植被长势监测及估产等领域。另外，高光谱的出现使植物化学成分的遥感估测成为可能。

3) 高光谱遥感在大气科学研究中的应用[185]

高光谱遥感具有非常高的光谱分辨率，它不仅可以探测到常规遥感更精细的地物信息,而且能探侧到更精细的大气吸收特征。大气的分子和粒子成分在反射光谱波段反映强烈,能够被高光谱仪器监测。高光谱遥感技术在大气研究中的突出应用是云盖制图、云顶高度与云层状态参数估算、大气水汽含量与分布估算、气溶胶含量估计以及大气光学特性评价等。

利用高光谱数据,在准确探测大气成分的基础上,能提高天气预报、灾害预警等的准确性与可靠性。

4) 高光谱遥感在海洋研究中的应用[186-187]

随着科学技术的发展,高光谱遥感已成为当前海洋遥感前沿领域。由于中分辨率成像光谱仪具有光谱覆盖范围广、分辨率高和波段多等许多优点,因此已成为海洋水色、水温的有效探测工具。它不仅可用于海水中叶绿素浓度、悬浮泥沙含量、某些污染物和表层水温探测,也可用于海冰、海岸带等的探测。

国内海洋遥感应用基础研究主要是一些数学模型的构建。关于如何解决水体的低反射率、大气对蓝紫波段光谱的散射影响等难题的研究还未涉足。在海洋水质监测应用方面,只有可见光光谱能够观测水下的状况。另外,陆源污染、海水养殖、滩涂等海岸带典型要素的光谱特性研究工作也在开展,研究人员以航空高光谱图像为数据源,选取陆源污染、海水养殖、滩涂为监测要素,进行上述要素的光谱波段敏感性研究,试图获得其探测的最佳波段,并进一步发展准确、快速识别和探测技术。在海洋表面温度测量、海洋表层悬浮泥沙浓度的定性或半定量的观测、海洋动力现象的研究等方面都开展了相应的研究。

国际上开展的主要研究包括:海洋碳通量研究,认识其控制机理和变化规律;海洋生态系统与混合层物理性质的关系研究;海岸带环境监测与管理。

5) 高光谱遥感在农业方面的应用[188-189]

高光谱遥感技术的出现拓宽了遥感信息定量获取新领域,逐渐成为农业遥感应用的重要前沿技术手段之一。农业遥感应用中,充分利用高光谱图谱合一的优点,能够精准监测作物长势,为精准农业服务,特别是作物长势评估、灾害监测和农业管理等方面。利用高光谱遥感数据能准确地反映田间作物本身的光谱特征以及作物之间光谱差异,可以更加精准地获取一些农学信息,如作物含水量、叶绿素含量、叶面积指数(Leaf Area Index,LAI)等生态物理参数,从而方便地预测作物长势和产量。

目前,高光谱遥感技术在农业遥感应用中的研究取得了较大进展,主要研究包括作物叶片光谱特征研究、作物分类与识别、作物生态物理参数反演与提取、作物养分诊断与监测研究、作物长势监测与产量预测、农业遥感信息模型研究和农业灾害监测。

随着精准农业研究的深入，遥感光谱分辨率和空间分辨率的不断提高，今后高光谱遥感在农业方面的应用从理论走向业务化运作，特别是简单实用的高光谱农学信息提取与农情监测模型的设计与推广，将成为一个主要发展方向。

6) 高光谱遥感在其他领域的应用[189-190]

高光谱在其他领域也有广泛应用。如城市下垫面特征和环境，高光谱遥感的发展使得人们有能力对城市地物的光谱特性进行深入研究，人们用实验室光谱、地物光谱、航空和航天的高光谱遥感器对城市的光谱进行了一系列的深入分析。研究的内容包括城市地物的光谱特性及可分性，为城市环境遥感分析及制图提供基础。一些研究人员利用高光谱数据结合光谱检测算法对城市地物分类进行了研究。

2. 军事领域的主要应用

1) 战场环境分类技术[176,191]

高光谱图像的分类技术已经广泛地用于战场感知。例如，该技术在海洋水体的遥感中具有明显的应用优势——结合海洋本的水文特性和光学模型，利用高光谱图像所获取的海水洁晰度、海底深度、水流信息等，能够获得水而舰艇和水下潜艇等目标信息及其相应的动态特性。美国海军主持研发设计，现已投入使用的成像光谱仪，可提供 210 个波段（400～2500nm）的光谱数据。其主要目的是获取近海目标动态特性，同时还可以对天气进行监测分析，为海军作战提供情报参考。打击效果评估也是高光谱图像分类技术在战场环境中的一个重要应用，尤其是对地下建筑物的毁伤效果评估。此外，对战场地形的分类可为军事行动提供更有力支持。

由此可见，分类及检测是高光谱遥感图像应用中十分重要的内容。赋予每个像元以唯一光谱特征类别标识，并在此基础上提取出感兴趣目标是分类的最终目的这在战场环境的判断中具有重要的应用意义。目前高光谱图像的分类技术主要包括以下几种：

（1）半监督学习和主动学习是指能够利用已标记的有限训练集对大规模待标记像元信息进行挖掘，可以减弱"不适定"问题给高光谱图像分类带来的影响。另外。使用大量待标记数据集和少量已标记数据集进行共同学习，可构建更加有效的分类器。

（2）光谱-空间特征结合的高光谱分类方法引入了空间信息，使得地物连续性以及分类精度有较大提高。如何有效获取空间特征，以及将光谱信息与空间特征结合，是该方法研究的核心问题。根据对光谱空间联合分类时效要求的不同，可分为同步处理与后处理两种方法。

（3）高光谱图像的稀疏编码使得原子类别标记信息得以传递，具有重要应用价值。稀疏多元逻辑回归和稀疏条件随机场模型方法被引入到高光谱图像处理中，后者具有可以同时选择特征及训练分类模型的特点。

2) 战场目标检测技术

高光谱图像目标检测技术已成功地应用于航天军事目标侦察领域。通过对侦察目标的光谱特征曲线分析可以得到对应目标的组成成分，如识别隐蔽于丛林中的坦克、探测地雷、搜救人员等。坦克的迷彩与丛林极其相似，从自然光的遥感图像中是无法分辨的，但是其光谱曲线有很大区别。利用地雷与土壤的光谱差别和地面被扰动痕迹的光谱特性可以探测地雷。如果战场失踪或逃生人员用特殊物质做标记，那么可以通过高光谱传感器更加快速地定位。高光谱图像目标检测相对于可见光遥感图像战场目标侦测的主要优点是：能够对侦察目标的材料进行鉴别，以区分自然环境背景与伪装的军事目标；能够对军事目标的性质和种类进行鉴别，从而避免伪装及假目标的干扰等。

美国以星载高光谱遥感作为研究重点，成功将其应用于战场侦察中，主要包括识破伪装和监督武器生产等。识破伪装主要利用目标与伪装材料之间的光谱特性区别，判断所侦察的区域是否存在伪装目标或制造干扰的假目标。监督武器生产主要是利用高光谱成像技术侦察目标工厂的烟雾等信息，通过识别工厂烟雾中物质成分，对军工厂生产的打击武器类型进行判断。美国某公司已经为地面部队开发了一种用于侦察的便携式高光谱传感器。通过该系统能够扩展侦察兵获悉地形和威胁信息的内容。例如，在执行侦察任务过程中，传感器可以发现隐藏在背景环境中的伪装物；根据其现有配置，该装备可用于发现狙击手。

能够用于战场目标检测的技术主要包括以下4种。

（1）约束能量最小化算法：在保证目标光谱特征响应为1的情况下，通过最小化输出能量来实现目标的探测。但是，约束能量最小化算法容易受到背景光谱的影响，因此，为了提高目标探测效果有学者采用自适应的匹配滤波算法。

（2）正交子空间投影算法：通过正交投影的方式，最小化背景光谱的特性，同时保留目标光谱的特性而实现目标识别，因此本算法中所选择的投影空间为背景光谱的正交子空间。

（3）目标约束下的干扰最小化滤波算法。通过探测算子进行目标的探测，该探测算子的特点是对于目标特征能够进行正确探测，而对于背景的特征能够有效地进行抑制，防止将背景作为目标进行探测的情况发生。

（4）基于稀疏编码的目标探测算法。将每个像元通过冗余词典中少量元素的线性加权来进行表示，在具有目标光谱特征的先验知识下，可以对目标进行探测。冗余词典的构建对基于稀疏编码的目标探测算法影响较大，但是合适的冗余词典是非常难构建的。

3）识别伪装目标[192]

在军事目标侦察、识别伪装方面，高光谱遥感能够依据背景与伪装目标不同的光谱特性发现军事装备，通过光谱特征曲线，可反演出目标的组成成分，从而揭露与背景环境不同的目标及其伪装。

绿色伪装材料检测的一个重要手段就是利用植被的"红边"效应，植被在 680~720nm 反射率急剧升高，通过检测其位置和斜率的特征就可以识别植被的种类和状态。现有绿色伪装材料的光谱曲线大体上可以与植被相吻合，在多光谱侦察条件下能够满足伪装要求，但是在高光谱细微的分辨能力下，经过伪装的目标便无所遁形，有专家以植被的"红边"作为基本识别特征，识别准确率达到了 99% 以上。

在目前热红外探测中，用普朗克（Planck）定律将发射率与和温度这两个未知参数合并为一个参数，在辐射测温学中称为假设温度或辐射温度等，假设温度是真实温度与光谱发射率的融合温度，并不能反映被测目标的真实温度。

军事目标的热红外伪装主要是利用低发射率遮障降低目标的辐射能量，使目标与背景融合温度接近，则热红外探测器难以发现、识别，但是如果采用高光谱探测，在热红外波段利用线性假设构造方程，即可计算出目标表面的真实温度和发射率，高光谱突破了假设温度测量的局限性，使温度的测量求解更加逼近于物体表面的实际温度，从而更加有效地识别伪装目标与背景，如图 5-10 所示。

在高光谱图像 5-10（c）中：偏黑的地方代表水体、草地或是树木；蓝色的地域是软沙坑；红色的点是一个覆盖了伪装网的指挥所。利用光谱曲线

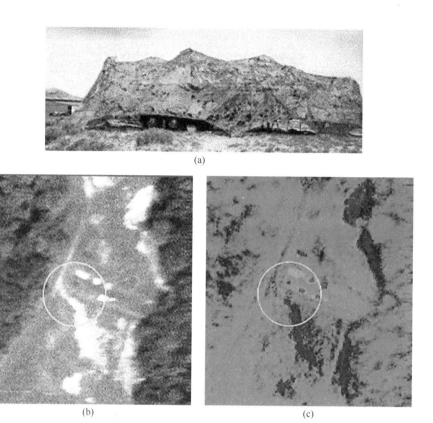

图 5-10 高光谱图像用于揭露伪装（见彩图）

（a）覆盖了伪装网的指挥所；（b）全色图像；（c）高光谱图像。

统计分析以及特征提取特征选择技术，可以完成精细化地物分类，可见光图像难以发现伪装的指挥所，但借助光谱分类标记，该目标与周围环境存在光谱类别标记差异，进而完成揭伪。

4）未来发展[176,191]

高光谱遥感图像的优势在于精细的光谱分辨率，但其空间分辨能力还远没有达到可见光成像（如依科诺斯（IKNOS）卫星、快鸟（QUICKBIRD）卫星等）的数据精度，所以目标解译的重点更倾向于以光谱信息为主，以空间信息为辅，发挥高光谱的特长。由于战场环境中对于信息的精确度要求越来越高，而高光谱图像空间维分辨率通常较低，为了进一步提高战场环境分类和目标检测精度，目前常用策略就是将高光谱图像与其他探测成像手段融合使用。例如，高光谱图像与高分辨率可见光图像进行融合，这类方法能够综合两类或多类图像的感知优点进而提高高光谱图像的利用价值。

在实现高光谱分辨率的同时，图像会伴随着产生一些不确定性特点，这些特点使目标歧义性增加，降低解译精度，使数据变得复杂，降低了解译效率。典型表现主要有：①高维特征空间在数据挖掘方面表现了可观的潜力，但也导致了巨大的难题，Hughes 现象非常容易产生；②图谱合一是高光谱遥感图像的数据构成，这是其光谱成像原理的结果，这种特性给多源特征的联合分析提供了有力的支持，也大大增加了处理分析中依赖先验知识的程度，同时成百上千幅光谱图像占据的庞大数据量增加了运算和存储的资源消耗；③物质自身的异质性、图像分辨率、混合像素、噪声等因素都可能导致光谱的变化，引入了对类内和类间进行辨别的歧义性，在军事相关的解译任务中尤其需要谨慎处理。

战场中对信息的实时性要求一般较高，现有的高光谱处理算法复杂度比较高，计算开销大。为了进一步提高战场态势感知速度，研究高光谱图像的并行处理算法，利用分布式计算方法进行高光谱图像处理分析是一个可行的解决方案。

第 6 章
时空频图像的融合方法

平台-传感器的小型化、智能化和低成本特点，为广泛的遥感科学探索与方法验证提供了越发便利的条件支撑和数据资源，参考第 3 章~第 5 章中的不同类型图像解译知识介绍，新一代遥感图像分析与解译任务促使研究者从依赖单一手段、单一信源的分析迈入信息融合的研究领域。

仅以高分辨率遥感成像系统应用为例：空间上体现了宏观和微观两个方向的延伸，宽幅成像拓广了全景视野，空间分辨率的不断提高使得遥感分析精细化水平日益改善；时间上体现了更吻合观察过程、理解动态的弹性需求，视频成像能力使得解译动态瞬间景象成为可能，回访能力提升下的累积观测有助于洞察更多的地物演化或目标运作规律；多谱段的属性感知极大丰富了目标与环境特性方面的刻画维度，远远超出人眼主观视觉所依赖的直观常识，更有利于提炼挖掘目标与地物环境的物理本质。

本章在浩如烟海的遥感图像融合方法技术中撷取若干典型分析思路，侧重时-空-频（有些文献中采用时-空-谱表述）融合的基本技术分支和关键处理层次，结合示例展示多个侧面的多源遥感图像融合方法。

6.1 单源图像面临的挑战

人类感知外部环境的手段日趋丰富，感知范围在空间、时间和属性等方面的延伸，直接推进了人类感知内容的内涵拓展，在四个关键环节（实体环境、感知手段、理解方法和响应行为）上深入影响了人与环境互动的过程[217]。

依靠单源信息尤其是图像类信息,难以解决的遥感解译难题:单一传感器探测的谱段难以全面反映感兴趣目标本质属性,这体现为频谱覆盖存在不足;单一或单时相数据难以全面精确反映感兴趣目标动态属性,这体现为时间覆盖存在不足或某类传感器无法全天候全天时工作;单一信源无法克服视角限制及相互遮挡带来的影响,这体现为空间覆盖存在不足;单一信源往往在探测有针对性设计的伪装目标时,无法克服自身感知局限;多种任务场合需要发挥传感器主被动组合、探测距离互补、分辨率互补等提高效能,单一传感器不能胜任复杂侦察任务;对抗场景应用中,系统稳健的生存能力需要有多源信息的互用互通。

众多的感知平台与仪器,旨在丰富感知手段来提升决策理解质量,进而带来任务响应的效果回报。单源信息分析带来的不足,可归纳为以下事实:①任务目的决定了信息处理的过程与方法;②任务目的只涉及实体环境的一部分特性;③单一类型传感器仅能感知有限部分特性;④感知过程中的不确定因素,导致信息多级推理过程中也充斥着不确定性;⑤理解实体环境很多情况下难以由单一传感器提供。综上所述,仅依靠单传感器或单信息源是难以精确和稳健地完成需要的决策任务,特别是复杂的、多层次、多变化的决策任务尤为显著。采用多传感器的信息融合方法和技术解决以上难题势在必行。

多传感器系统可能带来的系列优势,简单概括为 3 个方面。

(1) 提升了系统在感知环境中的稳健性。例如,使得系统可应对干扰,来自人为的(通常干扰措施针对特定的波形或波长,但该干扰对其他传感器无效),或是自然的(如大气现象,通常会降低某一个传感器的感知能力。如向低场位的多轨迹转换,雷达的通道发射效应,或光电子的大气透射等),其他情况包括:当观察环境或条件妨碍某单个传感器工作时,可采用其他可胜任的传感器系统来完成,这使得综合使用多类型传感器,可以更好缓解在具体的检测识别任务中经常出现的时间、空间或感知波段范围受限问题。例如,天时天候相关的干扰、几何掩蔽效应、空间或辐射分辨率等难题。

(2) 丰富了系统在感知过程中可收集的信息量。在很多任务中,多类型传感器的综合运用,可更加充分的发挥信源的互补优势,以弥补依赖单一信源导致的某些数据不稳定、不可测、不可用的问题。例如,提供良好测距的雷达和带有良好角分辨率的无源光学器件多普勒成像仪的联合应用,能够在四维空间（位置、方向、距离、多普勒效应）产生细粒度的分析结果；可见光（全色）、红外和多光谱信息的综合使用，有助于提取更加丰富的联合特征或变换特征，并提高对不同类型地物的精细化分类水平。

（3）实现了系统在复杂任务中的协同分工。伴随着遥感图像解译任务的多样化需求，越来越多的任务系统，需要借助于多类型传感器协同运作，作为感知组件共同分担任务需求，各传感器一方面各司其职，另一方面受整个系统的协调优化调度，既有串行交接班的协作模式，也有并行分布式的协作模式，甚至多级混合的组合形式，以期在空间、时间和属性多个维度的处理能力，都产生优化效应。例如，缩短反应周期、扩大覆盖范围、扩容目标特性刻画维度和粒度等。

在众多信息融合的应用任务中，需要综合平台、传感器、感知对象和融合处理逻辑节点等多方面情况，应对融合处理的目的和需求。客观来看，添加更多的传感器意味着系统的复杂性提高，同时伴随空间资源占用、系统功耗、成本的增加，甚至平台及硬件的灵活性折扣。综合考虑利弊，面向具体的任务场景和待感知解译的目标，需要谨慎分析以下问题：充分汇集可能获得的所有信息资源，优先选择配置在感知范围和感知特性上互补的信息资源；充分有效评估干扰与不确定性因素，减少单信息资源依赖引入的不确定性；多源信息集成时，务必降低信息冗余，缓解各级冲突并提高整体执行效能，以实现更稳健、更协调、更经济与更及时的决策。

6.2 时空频图像融合解译分析

6.2.1 基本思想说明

如何综合运用图像中蕴含的时域、空域、频域信息，提高图像情报解译的水平？其中既有融合机制问题，也有运用方法问题。

1. 不同类型图像的特点

不同种类的图像载荷对目标属性观测差别迥异，方便记忆其互补性的通俗概括如下：正视图像表现"顶部"、斜视图像表现"侧面"，可见光图像表现"形状"，红外图像表现"热辐射"，高光谱图像表现"材质"，三维激光雷达图像表现"三维"，SAR 图像表现"散射点"，地面运动目标指示（Ground Moving Target Indication，GMTI）雷达表现"运动"，各种载荷的气象环境适应性各异，综合运用旨在实现目标解译在精细描述、深度理解、全面分析上的不断进步。

可见光图像空间分辨率高，视觉直观性强，符合人类理解感知习惯，目标的轮廓和精细特征表现力好，受天时天候影响显著，如夜间无法成像、云雾遮挡带来干扰。

SAR 图像反映目标的电磁散射特性，分辨率正在逐渐提高，视觉直观性差，一般需要专业人员经过训练并结合光学图像比照，方能完成准确判断，具有全天时全天候斜视成像能力，具备一定穿透性，可体现光学成像所无法表征的目标特殊物理属性及特殊几何结构关系。

红外图像空间分辨率相较可见光有所降低，视觉直观性也有降低，有一定穿透雾霭能力，可全天时工作，反映目标的反射、辐射特性，对目标与环境、目标自身的温度差异性有较好的层次性体现。

多（高）光谱数据是同一地域多谱段成像的一组信息，空间分辨率一般不高，借助假彩色技术可实现有效的视觉直观表示，信息量丰富，对揭露伪装和实现目标精细化识别有巨大研究潜力，同质异谱和同谱异质现象是目前实现有效分类和解译的难点所在。

激光雷达（Light Detection And Ranging，LiDAR）属于一种主动成像方式，其成像原理与合成孔径雷达类似，是工作在红外至紫外区间的光频波段雷达。激光能量集中，探测灵敏度和分辨率高，可以精确跟踪识别目标的运动状态和位置。激光雷达可提供观测区域目标与背景的三维坐标数据，基于三维点云数据进行目标的检测和识别是其难点所在。

2. 时域融合的图像解译

时域融合的图像解译是指将某个目标或地域的图像，按其获取时间顺序组织起来，通过研究目标随时间变化特点而建立的融合解译方法。

时域融合的结果是表征目标变化的序列图像，以及由此判断的目标活动的时间节律。如前所述，目标与环境本身因时而变，或快或缓。在研究目标变化的过程中，要区分正常的变化和异常的变化。季节所带来的正常变化，是天时天候为目标打上的时间烙印，这种时间规律性有时可以作为针对自然生态、地质地物非常重要的信息加以提炼挖掘，有时在关注人工目标的解译任务中又会作为一种背景而予以消除。例如，目标区域内植被随四季更替呈现周期性生长变化。往往异常的变化蕴含着更加值得关注的高价值信息。又如，目标区域内阵地设施的改建、扩建，装备的更换、迁移，部队的集结、机动、数量波动等。再如，目标的变化现象还包括新目标的出现、原有目标的消失、目标在外因作用下的局部变化或破坏等。

通过有效汇集与组织针对目标异常变化的多时相图像数据，有针对性地提取表征事件的证据链，基于这个证据链再进行分析推断，可以得出更加深入并且有预见性的情报判断。例如，针对某机场目标，先发现其跑道在延拓，即可初判其具备起降大型飞机的能力；再发现修建了飞行员宿舍，即可初判要扩大部队的规模；再发现增加了导航雷达等设施，则可判断具备新机型保障能力；综合这个证据链，再结合其装备研制、部队训练等其他情报，则可比较肯定地判断哪支部队进驻，接装何种机型，何时成军形成战斗力。

预测是时域融合的最大特点和优势。知道历史，知道现在，再摸索其演变规律，则未来就在其中。对一个目标进行持续侦察监视，主要目的就是通过掌握其演变，探寻其规律，进而预测其动向。具备一定准确程度的预测性，是情报解译的灵魂价值和最高追求。

本章6.3.2节会详细说明相关的技术方法。

3. 空域融合的图像解译

空域融合的第一层含义是消除"地"对目标的影响。如前所述，"地"对目标的影响反映到空域分析的多个方面。这种空域包含地理上的空域，如南北半球，海洋陆地、城市荒漠等；还包含人类社会活动的影响，体现在建筑风格、民俗习惯等方面。不注意"地"对目标的影响，在图像解译时容易闹出笑话。例如，美军曾将我国福建客家土楼解译为"隐匿核设施"，造成一片惊慌，后来还专门派人以旅游者身份现场核查才算摸清事实。在图像解译过程中，要将"地"对目标增加的这层"烙印"去掉，才能为得出正确结论而排除障碍。又如，在研究舰船目标时；首先关注的是海陆分界线，将关注的重点放在海域；然后分析舰船目标，这是典型的应用"地"的先验知识提高目标解译性能的方法。

空域融合的第二层含义是指将某个目标的图像，按其获取的位置、角度和高度有序组织起来，通过合成目标广域的多角度和多尺度视图而建立的融合解译方法。

通常，空天平台上的成像传感设备在正下视时可观察目标的顶面，而在斜视时可观察目标的侧面，常用的还有"点跟踪"观测模式，可以获取目标全方位的图像数据。通过对顶面和多个侧面的信息进行综合，可以重建目标的三维结构，这个三维结构对于目标的解译和识别，具有很大的帮助。例如，海岸线防卫目标建设中，通常要利用海边的山地和悬崖，设施建在悬崖的侧面，而顶面就是自然山体。靠顶视图无法发现目标，要依托侧视图来进行目标解译，靠顶视图来进行环境分析和定位。又如，有些目标加装了伪装设施，往往能够伪装顶部，但是难以伪装侧面。要揭露这种伪装，也要靠侧视图来发现，靠顶视图来定位。

另外，随着成像传感设备的工作高度、探测性能的不同，所获取的图像的分辨率也不同，而针对某个目标的多分辨率图像组合起来就构成一个多尺度数据集。技术上通常可以按照"四叉树"的方式来组织图像金字塔。通过对不同尺度目标特征在图像金字塔中出现情况的分析，也会对图像解译有所帮助。例如，图像解译中往往选择具有尺度稳定性的特征，这些特征能够更为本质地揭示目标，而尺度不稳定的特征，具有较大的随机性，很难作为基本特征。

在空域上表达图像，研究者们提出"图像对象"的概念。首先，通过事先设定的范围局域性、形状紧致性、特征一致性等原则，将图像中的像素组合或者聚集为图像对象，作为一种特殊的区域；然后，针对图像对象进行多类人工特征提取，包括形状特征、纹理特征、色彩特征等，并将图像对象及其特征在多个尺度上进行关联，形成一个多尺度的图像对象体。这个方法从哲学意义上看，将图像像素升级为图像对象，具有很好的普适性，为抽象表征各类目标奠定了一个很好的架构。

本章 6.3.3 节会详细说明相关的技术方法。

4. 频域融合的图像解译

频域融合是指将某个目标的图像，按照其成像感知的频谱范围有序组织起来，通过综合运用其频谱信息而建立的融合解译方法，参与融合的典型谱段图像类型包括：全色、多光谱、高光谱、红外、SAR 和激光雷达等。

频域融合是一种按需"构像"的解译形式，即充分利用多类成像传感设备获取的图像中包含的目标信息，按照应用的需要，选择某些信息、组合某些信息、补充某些信息，进而构造信息丰富清晰、目标显著突出、特征稳定可靠的图像或特征。其背后的道理是，各类图像都是对相关频谱范围内目标的特有物理现象测量，将其综合后就形成对目标全频谱的测量，也就具备对目标进行类似全息成像的能力。按照全息成像理论，针对相关应用的需要，选择某些频段信息进行针对性地"构像"或者利用多个频段的信息进行组合式"构像",创造性地丰富图像的种类,可以突出目标、弱化背景噪声,达到提升目标解译能力的作用。

具体来说,频域融合有如下 3 种情况:一是利用冗余信息。基于多个成像传感设备获取图像中的冗余信息,提高融合图像的稳定性和可靠性,达到即使个别传感器失效,也不会造成太大损失代价的效果;二是利用互补信息。基于多个成像传感设备获取图像的互补特性,拓展融合图像所含信息尤其是频谱维度上的丰富性,提炼证据相互佐证,达到更有利于图像解译的目的;三是利用使用条件。在不利的环境条件下(如烟、尘、云、雾、雨等),通过多传感器图像融合可以改善探测质量和解译性能。例如,在烟、尘、云、雾环境下,可见光图像感知能力差,而 SAR 图像因对烟、云、尘、雾有较强的穿透能力,可带来感知增益。

下面介绍典型应用的例子:①常见的频域融合是"共视"的可见光图像提供高分辨率特性,光谱图像提供色彩特性,通过融合获得高分辨率彩色图像,这是目前卫星系统典型的应用模式;②通过几何配准好的多幅图像,利用背景噪声的随机出没、目标恒常存在的特性,进行累积后加权操作,得到目标显著而背景干净的融合图像;③根据地物的光谱特性曲线,有意识地从光谱图像中选择若干谱段的图像,按照物理、化学定律或者经验公式计算出指数图像,以凸显某种地物的特性。这种模式在植被分类等领域广泛应用。进一步的实际案例是,通过红外图像与全色图像融合发现,某电站排水口有水流排出,但进水口与排水口水池内红外辐射未见异常,研判其仍未正常运行,似在进行水循环测试。其中,可见光图像提供了该设施地物分布及其关键单元进水、排水口形状,红外图像提供了进水口和排水口的水温数据,也是运行状态分析的依据。

应当说,频域融合的这种"构像"理念,根本在于厘清各类频段的图像对目标辐射/反射/电磁散射等的表征程度,要基于目标微观材料结构的基础,进行由图像到物理本质的回归,再由辐射/反射/散射信息进行无限可能的"构像"。另外,按照全息理论所表达的"一即是多,多即是一"的哲理,如何让这种"构像"具有全息性,也是需要广泛深入探讨的研究方向。

本章 6.3.1 节会详细说明相关的技术方法。

5. 时空频融合综合运用

随着遥感平台的多样化、传感器性能的提升,遥感数据及产品也出现了更多的服务应用门类。海量的数据基础提供了越来越丰富的支撑条件,综合运用时域、空域、频域的融合方法，可以在越来越多的图像解译任务中达成更为可靠的解译结论[205]。

在全球化时代，数字地球、数字城市、数字战场等建设如火如荼，为图像解译工作提供了很大的便利。国内外众多研究机构，采集并分享了遍及全球各地的多源图像，其分辨率已经达到亚米级甚至厘米级，且更新频次也越来越高。空天平台的不断丰富，源源不断地提供着目标的正下视/侧视/斜视成像，在很多公开性官方渠道，可以下载丰富的可见光、红外、多光谱或高光谱和SAR图像等。社交媒体的蓬勃发展，带动了一批小型工作室甚至私人采集的照片、视频、影像资料等的涌现，广布在网络论坛、分享空间中，成为开展图像融合的有益素材补充。以上这些良好的数据资源为开展多类型的融合技术研究提供扎实便利的数据基础。

值得关注的趋势是，图像解译的工作平台由传统的单片分析转换到数字地球平台上。基于数字地球所提供的时空基准，将各种平台、渠道获取的图像数据进行了标准化、数字化、网络化的统一管理和便捷查询浏览。当前以及不远的未来，以下图像解译的分析流程，是遥感图像时空频综合运用的典型场景之一。①准备阶段：面向任务，针对某具体目标（一般给定地理空间范围），可以按照时间先后的顺序，将其序列多源图像产品以及其他辅助信息经检索组织后汇集展示在时间轴线上。②解译分析阶段：首先，针对准同一时刻或相近时刻的多频段图像数据，利用构像技术自动生成目标的多种融合图像，体现更丰富的本征特征和更精细化的微观细节，供机器或人员解译选择使用；然后，利用摄影测量与目标重建技术，将目标多角度、多侧面和多属性的图像合成为三维模型或高维表述模型，并配置同样合成的广域感知场景加以宏观观察分析；最后，利用多样化的变化检测技术，提取目标和场景的异常变化，形成异常变化时间序列，依照自然规律或领域知识完成该地理区域的动态监视、异常预警、态势评估预测等，并辅以各种情报判断。③验证应用阶段，进一步援引其他非影像类多源证据，给出信度评估并发布解译判读产品。

6.2.2 融合应用的前提条件

时间、空间与物质运动不可分离，统一为世界本原的物质和物质运动。遥感融合解译中关注的目标也不例外。时间与空间互为度量依据，舍此失彼，舍彼失此。数字化信息处理的大量模型，越来越依赖于在数据表达上的时间、空间一致性或属性刻画上的统一基准。合理有效的汇集、管理、组织和利用前面反复阐述的多平台多传感器多模态的遥感图像以及其他辅助信息资源，必须是建立在宏观上统一的基准或微观上相对一致的表述框架之上的，这是开展时空频融合应用的前提条件。

1. 时间基准

关于时间的认识，既有客观存在论，如牛顿力学认为时间是客观物理空间三个空间维度上的第四个维度；也有主观意识论，如莱布尼兹、爱因斯坦等认为时间是人类的错觉。与此同时，在时间系统的发展过程中，形成了植根于东方文化的循环时间观和植根于西方文化的线性时空观的两大分野。现在常用的时间系统是协调世界时间（Universal Time Coordinate，UTC），这是一种线性时间系统，是经过闰秒处理的、保持和世界时基本同步的国际原子时。闰秒一般发生在 6 月 30 日或者 12 月 31 日。

各类传感器获取时间的过程称为"授时"，目前主要利用无线电波来发播标准时间。授时的类型分为长波授时、短波授时、低频时码授时、卫星导航授时、光纤网络授时和电话授时等。其中，卫星导航授时是传感器最常用的授时方式，时间精度可以达到 10ns；光纤网络授时的精度可达到皮秒量级。

为保证时间一致性，需要将各类传感器获取图像的时刻转换到同一个时间基准下。没有准确时间要素的图像数据是没有意义的。在具体应用过程中，需要关注的要点如下。

（1）不同精度时间的管理，在将不同授时系统获取的时间转换到协调世界时间的过程中，要进行时间精度管理，高精度时间为基准，同精度时间顺序排列，不同精度的相近时间顺序可调。

（2）协调世界时与本地时的转换。图像情报分析要考虑不同地域空间的影响，比如季节、气象等与地方时的相关性比较强，而航天、航空侦察的空间跨度大，单靠某个时区的时间难以满足需要。

协调世界时与地方时之间有确定的关系式为

$$\text{UTC}_{\text{地方时}} = \text{UTC}_{\text{GMT}} + \frac{\text{Longitude}}{15} + 0.5 \qquad (6\text{-}1)$$

式中：UTC_{GMT} 为世界时也即格林尼治时间；Longitude 为经度。

（3）协调世界时与相关国家（地球）历法的转换，如亚洲文化圈内的很多民俗活动与农历关系很密切，这些民俗活动在图像中会有所反映，进行图像解译时需要将时间转换到农历时间上。

2. 空间基准

1）统一的空间坐标框架

一般采用的空间基准如中国 2000 大地坐标系（China Geodetic Coordinate System 2000，CGCS 2000）和 1985 年国家高程基准（NHD85）。各类传感器获取的图像数据要采取技术手段将其坐标系转换到这个空间基准之下。为适应载荷成像模式，可以有两种处理方式：第一种情况较为简单，对于载荷垂直或者近垂直成像模式下获取的图像，可以通过几何校正技术，将传感器图像进行正射处理，直接转换到该空间基准下，这是目前常用的方法；第二种情况比较复杂，某些载荷采用了前视/斜视、凝视/扫描、条带/画幅/并列等成像模式，难以完全将其正射纠正到该空间基准上，需要依靠载荷成像几何模型，建立图像中每个点与地球表面相应点的对应关系；同时，按照目标对图像中部分区域进行配准、裁切、提取等操作，以建立图像与目标的较为直接的空间映射关系。

2）空间几何校正

原始遥感图像通常包含严重的几何变形。表 6-1 列出了陆地卫星多波段扫描仪（Multi-Spectral Scanner，MSS）图像几何畸变的主要原因及大小。从表中可见，几何畸变来源主要有 3 类：①由于卫星的姿态、轨道以及地球的运动和形状等外部因素引起的；②由于遥感器本身结构性能和扫描镜的不规则运动、检测器采样延迟、探测器的配置、波段间的配准失调等内部因素引起的；③由于纠正上述误差而进行的一系列换算和模拟而产生的处理误差。这些误差有的是系统的，有的是随机的；有的是连续的，有的是非连续性的，十分复杂。尽管遥感图像的几何误差原因多种多样，并且不断变化，但一般可分为系统性和非系统性的两大类。系统性几何变形有规律可循，一般可通过对平台、传感器等合理建模和仿真来预测。非系统性几何变形表现为非规律性，它是遥感器平台的高度、经纬度、速度和姿态等的不稳定性，以及地球曲率及空气折射的不确定性变化等多重因素影响，难以通过数学建模合理预测。几何校正的目的就是要纠正这些系统性及非系统性因素引起的图像变形，从而实现与标准图像或地图的几何配准。

表 6-1　陆地卫星 MSS 图像的几何畸变

畸变原因	几何畸变	畸变大小/m	畸变原因	几何畸变	畸变大小/m
滚动		$\Delta X \leqslant 6400$	地球自转引起的歪斜		$\Delta Y \leqslant 6480$
俯仰		$\Delta Y \leqslant 6400$	扫描时间内的倾斜		$\Delta Y \cong 210$
航偏		$\Delta Y \leqslant 960$ $\Delta X \leqslant 5$	扫描镜旋转速度		$\Delta X \cong 400$

下面介绍几个基本术语。

（1）图像配准（Registration）：同一个区域里一幅图像（基准图像）对另一幅图像的校准，以使两幅图像中的同名像元配准。

（2）图像纠正（Rectification）：借助于一组地面控制点，对一幅图像进行地理坐标的校正。这一过程又称为地理参照（Geo-referencing）。

（3）图像地理编码（Geo-coding）：是一种特殊的图像纠正方式，把图像纠正到一种统一标准的坐标系，以使地理信息系统中来自不同遥感器的图像和地图能方便地进行不同层之间的操作运算和分析。

（4）图像正射投影校正（Ortho-rectification）：借助于地形高程模型（Digital Elevation Model，DEM），对图像中每个像元进行地形变形的校正，使图像符合正射投影的要求。

图像的几何校正需要根据图像中几何变形的性质、可用的校正数据、图像的应用目的来确定合适的几何纠正方法。一般卫星地面站的粗加工产品仅对辐射误差、系统几何误差进行校正和部分校正。主要通过卫星跟踪系统提供的卫星参数（姿态与轨道），根据卫星轨道公式，进行图幅定位及多种畸变的校正。例如，根据卫星滚动和俯仰角，确定每条扫描线中心点的坐标；根据偏航角和卫星航向，确定扫描线方向；根据扫描镜旋转速度、地球曲率的改正数，确定扫描线上任一点的地理坐标等。粗加工处理后的产品仍有不小的残余误差（如姿态误差，地形、扫描仪内部结构及加工处理产生的误差等），这说明仅用卫星参数，尚不足以精确地确定每个像元的地理位置，其定位精度不够。

为了提高定位精度，需要进行精加工处理，借助于一组地面控制点（Ground Control Point，GCP）和多项式纠正模型，来进行"地面实况"的几何纠正。具体步骤包括地面控制点的选取、像元坐标变换、像元亮度值的重采样三个方面。

（1）地面控制点的选取，在地形图和待纠正的图像上分别选取若干对地面控制点。这是几何纠正中最重要的一步。地面控制点应当具有以下特征：①显著性。地面控制点在图像上有明显的、清晰的定位识别标志，如道路交叉点、河流叉口、建筑物边界、农田界线等；②时不变性。地面控制点上的地物不随时间而变化，以保证当对两幅不同时段的图像或地图进行几何纠正时，可以同时识别出来；③高程一致性。在没有做过地形纠正的图像上选控制点时，应尽量在同一个地形高度上进行；④分布均匀性。地面控制点应当均匀地分布在整幅图像内，这是因为图像变形是非线性的，部分变形具有周期性；⑤数量充足。要求地面控制点要有一定的数量保证以确保估计结算精度，否则不足以作为纠正误差的依据。

（2）地面控制点的数量、分布和精度直接影响几何纠正的效果程度与图像的质量、地物的特征及图像的空间分辨率密切相关。控制点的精度和选取的难易与成像质量、地物特性、空间分辨率、空间广度覆盖等需求息息相关，有时应结合不同领域的遥感特定应用进行控制点设置。

3）图像配准

（1）图像配准的基本概念。图像配准方法可以从不同角度进行分类，例如，根据待配准图像的空间维度表征可分为 2D-2D、3D-3D 和 2D-3D 的不同配准，按照成像机理的异同可分为单模态和多模态图像配准，按照图像变换性质可分为基于线性变换的配准和基于非线性变换的配准。下面仅以 2D-2D 的图像配准为例说明基本处理思路。

记 (x,y) 与 (x',y') 分别为参考（基准）图像（Reference Image）R 与待配准源图像（Source Image）又称实时图像 S 中的同名点，两幅图像之间的空间几何映射关系 T 可表示为

$$(x,y) = T(x',y') \tag{6-2}$$

同时两幅图像间存在着灰度映射关系 g，则参考图像 R 与源图像 S 之间的关系为

$$R(x,y) = g(T(S(x',y'))) \tag{6-3}$$

图像配准问题是要求解图像间的空间几何映射关系 T 及灰度映射关系 g。

通常而言，相同模态图像之间灰度值由于成像模态相同存在着一定的规则映射关系，但是不同模态图像之间由于成像机理差异，灰度映射关系 g 非常复杂，难以确定具体的数学映射关系表达式。在实际研究中，灰度值映射也非多模态图像配准研究的关注重点。如前所述，图像配准的核心问题是确定两幅图像之间的空间几何变换关系 T。由此，侧重几何关系的图像配准公式为

$$E(T) = \arg\min_{T}\Big(\sum \mathrm{dist}(F_R - T(F_S))\Big) \tag{6-4}$$

式中：T 为参考图像与源图像之间的空间几何映射关系。以基于特征点集的空间配准（方法可以扩展为其他显著性语义特征集，点、线、轮廓、形状等）为例：F_R 为参考图像 R 的特征点集，F_S 为源图像 S 的特征点集，dist 为两组特征集之间选取的某种相似性度量。当整个目标函数最小化时，参考图像与源图像通过形变参数矩阵 T 实现几何对齐。

由式（6-4），将一个图像配准算法的设计过程中需要考虑到的四个标准元素（Standard Eelements）定义为：一是参数空间，空间几何映射关系 T 的可能取值空间范围；二是特征空间，即参考图像 R 的特征点集 F_R 与源图像 S 的特征点集 F_S；三是相似度测量，即 dist；四是搜索策略，即求解式（6-4）目标函数的最优化方法。除了这 4 个标准元素之外，随着应用的多样性另有第五个元素对理解图像配准方法至关重要，那就是验证图像配准算法是否准确和可靠。尽管配准方法评价并不是配准策略的一个完整组成步骤，但合理的测试、有效的评估验证，是应用和拓展不同配准方法的关键环节之一。

（2）图像配准方法分类。

① 手工配准。手工配准方法是最为原始的配准方法。在实际的生产实践活动中依旧大量应用。尽管手工配准方法能够方便选取控制点，但是手工方法能够达到的精度有限，人眼辨别控制点和手工选取操作容易存在误差，因此手工方法配合自动特征提取方法以达到更为精确的控制点定位是手工配准方法的发展趋势。

在自动配准方法存在众多局限性的现实情况下，手工配准大量应用于多模态遥感图像配准当中。主流的遥感处理软件如 ENVI 等通常会提供这一功能。手工方法并不一定对应的就是操作员手工从图像中选取，也可是人工设定控制点及 GPS 信息之后的配准方法。

② 傅里叶变换及变换域方法。该方法由于存在快速算法，在计算效率上存在较大优势，但是其能够处理的形变模型复杂度有限，通常最高到相似变

换层次。同时由于变换到频域的配准方法的原理限制，这一类方法在多模态配准中非常少见。但需要指出的是，基于小波提取的特征及基于小波的多分辨率方法虽然涉及变换域，但通常被归类为基于特征的方法和基于多分辨率的方法。

③ 基于像素或基于统计分布的方法。基于像素的方法不需要提取特征，它使用图像本身像素的灰度值来进行配准。通常它假设不同图像内像素的灰度值的分布是一致的，也就是说在不同图像里，由于是同一场景或景象的映射，图像里像素灰度值的分布应该存在某种一致性的联系。然而，基于像素的方法就是要找到这种测度将不同图像之间的一致性达到最大或者不一致性达到最小，在这种情况下，认为图像之间的几何形变已经消除，从而实现图像之间的配准。

由于不需要提取不同模态图像间的同名特征，基于像素的方法从原理上更加适用于多模态遥感图像配准。但是由于需要寻找适合的灰度值映射关系，因此许多基于分布的方法其实并不适用于多模态遥感图像配准。基于像素的方法中，互信息（Mutual Information）方法在多模态图像配准中使用的最为广泛和普遍。

④ 基于特征的方法。基于特征的配准方法使用一组特征来实现整幅图像表征（Image Representation）。通常，通过特征提取方法，图像空间被转换到特征空间，然后在特征空间实现特征之间的匹配，由匹配的特征对就可以求得图像空间中两幅图像之间存在的几何形变。由于特征类型多种多样，各种类型特征的提取方法也都有各种适应具体问题的改进，并且与特征类型相适应的特征匹配方法更是千差万别，因此基于特征的方法是最为广泛和丰富的方法。但是，由于成像模态的差异，不同模态图像中的同名特征存在极大差异，进而导致特征提取和特征匹配困难，因此需要研究适用于多模态遥感图像配准的特征提取方法及特征匹配方法。

（3）研究动态。

多模态遥感图像配准作为多模态遥感图像融合应用的重要组成部分，21世纪以来，局部不变特征的提取及应用得到了长足的进步。局部不变特征良好的"不变"特性极大解决了图像处理及计算机视觉领域的许多问题，因此在计算机视觉等领域得到了广泛的应用。研究人员将局部不变特征引入遥感图像分析领域，同样获得了许多成功的应用。不少研究人员从"不变性"入手，试图提出一种几何不变性的局部不变特征，从而一劳永逸解决图像配准问题。但是，局部不变特征在单模态遥感配准领域的成功却并不能保证多模态遥感图像配准的成功。这是因为在多模态遥感图像配准中，不仅存在着几何差异，更存在着模态差异。局部不变特征提取区域较小，使用图像信息量有限，想要达到模态不变与几何不变，困难极大。但是，通过引入局部不变特征提供的特征点周围图像局部信息和上下文信息，依然能够解决部分多模态遥感图像配准问题。

由于多模态成像带来的差异，使得多模态遥感图像配准问题中存在大量的野值点（Outliers）。需要注意的是，这些野值点虽然对配准过程起到负面作用，但也有可能是提取的良好、稳定的特征点。这是因为如果这些良好的特征点在另一种模态图像中并未提取得到，那么这些"好"的特征点依旧成为野值点，而且从特征提取上完全无法去除。野值点的大量存在使得研究鲁棒性配准方法成为多模态遥感图像配准的必备组成部分。研究者们探索使用鲁棒性的相似性度量来实现鲁棒性的特征匹配，使用鲁棒性的策略和鲁棒性的度量实现配准。这类方法通过控制特征提取与特征匹配的每一个步骤，从而逐层过滤掉野值点。同时，依旧有大量的文献采用局部不变特征与鲁棒性匹配方法结合的方法来解决多模态遥感图像配准问题。

深度学习方法用于图像配准，研究者们侧重于图像配准的五个关键元素入手，有大量的探索尝试[199]。基于特征的配准方法有：从特征提取方面，采用以卷积神经网络（Convolutional Neural Networks，CNN）等强大的特征提取能力得到具有鲁棒性的多尺度特征描述符，进而实现图像配准，部分应用初步验证了方法在特征提取效果上优于传统的特征提取方法；从相似性度量的角度，借助于深度学习网络实现图像对之间的相似性分析；在优化搜索策略方面，以深度学习网络优秀的回归能力为几何变换参数估计寻找满足精度要求的快速配准策略；在提高配准稳健性方面，通过有针对性的损失函数设计、引入可变形卷积网络等策略，改善方法对稳健特征表述能力、局部变形和多尺度的适应性。基于深度学习的方法还可以实现直接图像配准，方法探索主要依循：有监督学习、无监督学习和半监督学习的不同路径等。以上方法，一般需要大样本数据集的保障支持，在单模图像、微小几何形变下配准效果良好。

针对多模态遥感图像的，可更好应对噪声、模糊、遮挡或部分缺失、多尺度、大形变的图像配准方法依然是挑战性难题。

3. 辐射校正

利用遥感器观测目标物辐射或反射的电磁能量时,从遥感器得到的测量值与目标物的光谱反射率或光谱辐射亮度等物理量是不一致的,遥感器本身的光电系统特征、太阳高度、地形以及大气条件等都会引起光谱亮度的失真,由此带来的辐射误差主要包括:①传感器本身的性能引起的辐射误差;②大气的散射和吸收引起的辐射误差;③地形影响和光照条件的变化引起的辐射误差。为了正确评价地物的反射特征及辐射特征,必须尽量消除这些失真。这种消除图像数据中依附在辐射亮度里的各种失真的过程称为辐射校正[37,200]。本部分以光学遥感设计的典型方法展开介绍,处理流程如图 6-1 所示。其他传感器如 SAR、Lidar 等的定标方法,感兴趣读者可参考相关专著。

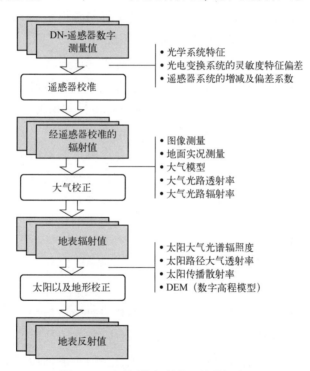

图 6-1 遥感图像辐射校正的数据流程

1) 遥感器校准

遥感器校准(定标)是将遥感器所得的测量值变换为绝对亮度值(绝对定标)或变换为与地表反射率、表面温度等物理量有关的相对值(相对定标)的处理过程。或者说,遥感器校准(定标)就是建立遥感器每个探测器输出值与该探测器对应的实际地物辐射亮度之间的定量关系，它是遥感定量化的前提。遥感图像的辐射误差主要包括定标数据中除了由探测器的灵敏度特性引起的偏差外，还包含路程的大气及遥感器的测量系统混合的各种失真。

由遥感器的灵敏度特征引起的畸变主要是由其光学系统（滤光片或其他光学元件等）或光电变换系统（电子漂移信号等）的特征所造成的。这种畸变直接影响通道的光谱响应。例如，在使用透镜的光学系统中，其摄像面存在着边缘部分比中心部分发暗的现象（边缘减光）。如果以光轴到摄像面边缘的视场角为B，理想的光学系统中某点的光量与$\cos^n B$成正比，利用这一性质可以进行$\cos^n B$校准。

遥感中常用的定标（校准）技术有实验室定标及飞行定标。实验室定标是指在遥感器发射前必须进行的实验室光谱定标与辐射定标，将仪器的输出值转换为辐射值，有的在仪器内设有内定标系统。

以星载辐射计为例，在卫星发射前，要对辐射计进行模拟太空环境的实验室定标，以确定光谱响应的灵敏度和稳定性、辐射计的输出电压与仪器接收到的辐射能之间的关系，以及星内校准源的稳定性和精度等。卫星运行后，在空间环境中的系统性能的衰退、感应元件的老化、污染等会使光学效率降低；探测器工作温度的变化及探测器的老化会影响探测器的响应率；电子元件的老化会影响电子线路的放大增益等。这都使遥感器的探测精度、灵敏度减弱。例如，典型可见光和近红外波段探测仪器增益每年均有衰减，单纯依赖原有的定标系统不再适用，必须随时进行飞行中的定标和校准，飞行中的校准包括星上定标和地面定标。

星上定标，对于可见光和近红外通道多采用太阳或标定的钨丝灯作为校准源，而对于热红外通道则多用黑体定标。由于标准参考源的光谱辐照度与波长之间的关系曲线是精确已知的，因此在任意光谱波段内，与反射辐射探测器的输出信号相对应的数据值就可以利用标准源在该波段的平均光谱辐照度来进行校准。星上定标是实时、连续的定标。但不能确切知道大气层外的太阳辐射特性，以及星上定标系统不够稳定等因素影响到星上定标的精度。

地面定标，设立地面遥感辐射定标试验场，如美国的白沙导弹试验场（White Sands），法国的Ia Crau，我国的敦煌、青海湖、青藏高原的纳木错湖、华北的禹城等遥感定标试验场，通过选择典型的大面积均匀稳定目标，用高精度仪器在地面进行同步测量，并利用遥感方程，建立空-地遥感数据间的数学关系，将遥感数据转换为直接反映地物特性的地面有效辐射亮度值，以消除遥感数据中大气和仪器等的影响,来进行在轨遥感仪器的辐射定标。法国的 SPOT 图像的地面定标精度已达 97%。但是,地面定标由于包含了路程大气的影响,必须要有大量的同步测量数据(如大气光学厚度、大气廓线、地物反射率等),而各种测量误差将直接影响到辐射定标的精度。

由此可见,星上定标、地面定标各有其特点,两者的结合可提高定标精度,适应不同遥感应用的需求。实际应用中,一般是通过定期地面测定,建立地面测量值(如辐射亮度、反射率)与遥感器输出值(灰度值)之间的线性转换关系。例如,Landsat 4,Landsat 5 的遥感器纠正是通过飞行前实地测量各波段的辐射值 L_b 和记录值 DN_b 之间的校正增量系数 A(Gain)和校正偏差量 B(Offset),其纠正的公式为

$$L_b = A \cdot DN_b + B \tag{6-5}$$

式中:定标系数 A 和 B 可从遥感数据头文件中读取,并假设它们在遥感器使用期内固定不变,但事实上它们会随时间有很小的衰减。

以上多属于绝对辐射校正(绝对定标)。至于相对辐射校正(相对定标),主要是采用基于图像的辐射校正方法,避开了实际地面光谱、大气参数测量和遥感器校准,仅利用图像自身的信息,如暗目标法、直方图匹配法、"不变特征点"法、自动散点控制回归法、主成分分析法等。此类方法假设整幅图像的大气条件水平均一,不同时间、不同波段的图像间存在线性相关,因而有一定的局限性。

2)大气校正

遥感图像的大气校正是遥感定量化研究和应用难点之一。利用多传感器、多时相遥感数据进行土地勘察、地质探测、大洋监测、资源环境分析、气候变化监测等的应用需求日益丰富,对相关数据质量的要求也越来越高,也体现在对遥感图像的大气校正需要不断提升精准性。电磁波透过大气层时,大气不仅改变光线的方向,也会影响遥感图像的辐射特征。大气的影响是指大气对阳光和来自目标的辐射产生吸收和散射。消除大气的影响是非常重要的,消除大气影响的校正过程称为大气校正。

基于辐射传输方程的大气校正:辐射传输方程具有较高的辐射校正精度,是利用电磁波在大气中的辐射传输原理建立起来的模型对遥感图像进行大气校正的方法。利用辐射传输模型法的模型较多,目前常用的模型有:太阳光谱波段卫星信号模拟 6S 模型(Second Simulation of the Satellite Signal in the Solar Spectrum);低分辨率大气辐射传输模型(Low Resolution Transmission,

LOWTRAN）；中分辨率大气辐射传输模型（Moderate Resolution Transssion MOD-TRAN）；紫外线和可见光辐射模型（Ultraviolet and Visible Radiation，UVRAD）；空间分布快速大气校正模型（A Spatially-Adaptive Fast Atmospheric Correction，ATCOR）等。

基于地面场地数据或辅助数据进行辐射校正：首先假设地面目标的反射率与遥感探测器的信号之间具有线性关系，通过获取遥感影像上特定地物的灰度值及其成像时相应的地面目标反射光谱的测量值，建立两者之间的线性回归方程式，在此基础上对整幅遥感影像进行辐射校正。本方法物理意义明确，计算简单，但必须以大量野外光谱测量为基础，成本高，对地面点的要求比较高。在遥感成像的同时，同步获取成像目标的反射率，或通过预先设置已知反射率的目标，把地面实况数据与传感器的输出数据进行比较，通过回归分析来消除大气的影响。

在特殊情况下，利用某些波段不受大气影响或影响较小的特性来校正其他波段的大气影响。一般情况下，散射主要发生在短波图像，对近红外几乎没有影响，如MSS-7几乎不受大气辐射的影响，把它作为无散射影响的基准图像，通过对不同波段图像的对比分析来计算大气影响。主要方法有回归分析法、直方图法等。

3）太阳高度和地形校正

为了获得每个像元真实的光谱反射，经过遥感器和大气校正的图像还需要更多的外部信息进行太阳高度和地形校正。通常这些外部信息包括大气程透过率、太阳直射光辐照度和瞬时入射角（取决于太阳入射角和地形）。太阳直射光辐照度在进入大气层以前是一个已知的常量。在理想情况下，大气透过率应当在获取图像的同时实地测量，但是对于可见光，在不同大气条件下，也可以合理地预测。当地形平坦时，瞬时入射角比较容易计算，但是对于倾斜的地形，经过地表散射、反射到遥感器的太阳辐射量就会依倾斜度而变化，因此需要用DEM计算每个像元的太阳瞬时入射角来校正其辐射亮度值。

通常在太阳高度和地形校正中，假设地球表面是一个朗伯反射面。但事实上，这个假设并不成立，最典型的如森林表面，其反射率就不是各向同性的，因此需要更复杂的反射模型。

4. 知识库与数据库

1）图像情报解译的知识库设计

图像情报解译工作需要设计和建设专门的知识库来支撑，主要原因有两个：一是解译工作涉及的各类知识"多、杂、细、深"，超过解译人员个人的记忆能力，必须要建设知识库作为备查的基础。一般将解译人员称为杂家，举凡天文、地理、动植分布、气象变化、社情民意等知识都要有所了解，对于国际政治动向、军备发展、科技革新等也要及时了解，对于作战条令、设施建筑、装备使用、部队行动等知识更要精通，这么庞大的知识体系，需要解译人员群体进行长期积累和共享共用才能建成。二是各种自动化和智能化的解译软件运行需要靠知识库予以驱动。从图像中发现目标、研判目标的状态，进而推断目标所属作战体系的运行状态，都需要靠各种知识来驱动。例如，目标识别特征和研判规则即是驱动目标类型识别的知识，桥梁目标的细节研判需要掌握桥梁设计、施工相关的工程知识，分圈分区的防空预警体系运行知识是判断机场、雷达站、地空导弹阵地等目标状态的有力支撑。对解译工作所需的各种知识进行规则化表达，形成以规则、数据和模型为实体的知识库，是建设智能化解译系统所必须的。

图像情报解译知识库包括知识和软件两部分内容。

图像情报解译知识库软件主要有两种类型。第一种是类似知识百科类型，主要服务于解译人员查看使用。知识组织方式是"分类-词条-关系"，"分类"的标准多样，基础是国际上的学科分类标准，在此基础上进行取舍构建特色分类；落实到图像情报领域，则可分文平台载荷、天文地理、政治外交、目标体系、作战使用等相关的类别。"词条"是知识库的根本，针对每个词条进行多要素表达，包括内涵外延、发展历史、功能性能、特点优势、参考资料等；落实到图像情报解译领域，词条的要素可以自定义，如针对设施类目标，可描述其地理位置、组成分布、建筑工程、运行流程、识别特征、研判规则等要素内容。"关系"是词条之间的多元关系，简单的如近义词、同义词、反义词等，复杂些的如各种译名、曾用名等，更复杂的是基于内容的互相关联，构成一个概念关系网络，现在称作"知识图谱"。百科软件的主要功能包括综合查询、词条显示、增量编辑，附带的功能包括语言翻译、主题聚合等。第二种是类似推理规则库类型，主要是服务于图像情报解译系统调用的。知识组织方式为"分类-规则-关系"，"分类"主要落地到解译任务环节，如检测、识别、研判等；"规则"有多种方式，一种是简单的"IF-THEN"条件选择的规则，一种是类似神经网络的规则（通过事先的训练，形成一个多输入激励-多输出响应的网络，将先验知识精炼化为一个网络）。规则库软件的主要功能是根据任务选择规则、依据输入调用规则输出结论、对规则的分类管理与编辑等。

图像情报解译知识库的知识数据制作是庞大的系统工程,需要靠长期的积累和持续优化调整方能见效,应重视3个方面的工作:一是元数据规范。要对分类、词条、规则进行体系化设计,按照一套标准进行词条、规则设置,避免重复混乱和二义性,可在参考各种辞典辞书的基础上进行选择,也可采用相关国军标、行业标、工程标的成果;二是资料收集。充分利用各种渠道广泛收集相关知识材料,如相关行业生成的各种作业指导手册、相关研究部门生成的知识库成果、科技情报资料等,尽量做到齐全完整;三是内容建设。按照词条和规则的建设标准,充分利用获取的资料,从中精细选择、甄别和验证,完成词条、规则的内容建设,并随着使用过程持续更新。

知识库软件研制上也存在一些关键技术:①知识图谱技术。对概念的界定(所谓语义本体)存在困难,一物多名,一名多物现象比较普遍,特别是不同语言和习惯的人群用词不同,再加之翻译过程的主观性,带来了概念的内涵与外延不确定和持续变化问题,为语义本体的对齐带来困难;从海量的异构素材(结构化、半结构化和非结构化等)中自动抽取和发现词条之间的关系,由于人类文字表述的含糊性、多义性,其准确度和正确性还不够。同样,目前所处理的素材以文本为主,对于图像、图形、语音等多媒体素材的使用比较少,需要从这些素材中提取语义信息的技术来支撑,如图像对象识别、图形符号识别、语音内容识别等,将这些素材转换为文字类素材。②知识推理技术。通过知识推理可发掘隐含的深层次知识。知识推理的对象可以是实体、实体的属性、实体间的关系、本体库中概念的层次结构等。知识推理方法主要可分为基于逻辑的推理与基于图的推理两种类别。基于逻辑的推理主要包括一阶谓词逻辑、描述逻辑以及规则等。一阶谓词逻辑推理是以命题为基本进行推理,而命题又包含个体和谓词。描述逻辑中的个体对应知识库中的实体对象;谓词则描述了个体的性质或个体间的关系。基于图的推理方法主要利用关系路径中蕴涵的信息,通过图中两个实体间的多步路径来预测它们之间的语义关系。知识问答功能也可依据图推理来实现,通过关联关系形成对问题进行分解和重构,最终给出较为恰当的答案。

2) 用于图像情报解译的数据库解决方案[201]

空间数据库的出现对不断增多的海量数据管理提供了一种较好的方法,它不但具有数据管理的快速和方便的特性,而且数据同时被不同用户安全访问也得以支持。图像数据库的研究开始于20世纪80年代,到20世纪90年代末，对于海量图像数据库系统的研究国内外研究者做了大量的工作，还推出若干图像数据库管理系统，如美国 ERDAS 公司推出的 Image Catalog 软件、美国环境系统研究所公司（ESRI）推出的 ArcSDE 软件模块，国产的图像数据库有武汉大学吉奥公司的 GeoStar GIS 软件平台等。

早期的遥感图像数据库一般是基于文件的管理方式，后来出现了基于面向对象类型的扩展的关系数据库，用于数据的存储管理。初期基于文件的管理方式数据读取效率高，然而对于实现多用户数据共享以及分布式存储管理的要求比较困难，此外并发操作和快捷检索在这种管理方式下实现也存在难度；纯文件的管理方式在数据安全性，语义支持等方面存在着难以保证的缺点。于是图像数据的管理由文件管理方式向数据库管理方式转变，管理方式从最初的文件和数据库混合管理到关系数据库以及扩展的面向对象关系数据库的数据库管理。当中基于关系数据库的数据管理又划分为两种形式：①利用关系数据库内建的存储大对象的数据类型（Bit Large Object，LOB）来存储图像数据；②基于中间件方式来建立图像数据库，以 ZEUS 2000 为代表的对象关系型数据库为图像数据的存储提供了新的思路。

ZEUS 2000 对象关系型数据库为基于 unisql 内核开发的数据库，其中增加了空间数据类型和相关运算符。ZEUS 2000 系统完全基于面向对象与关系理论建立的对象关系模型来建立系统，在数据库引擎中支持空间数据，非空间数据，还有多媒体数据，同时兼容关系型数据库标准。

在目前已有的商业化图像存储系统中，国外很多的遥感图像数据供应商和软件开发公司都做了较多的研究和开发工作，典型的代表性软件如下。

（1）TerraServer。基于网络的遥感图像数据库系统，由 Microsoft TerraServero1998 年在美国航空图像局，美国地质调查局以及俄罗斯空间署的辅助下，美国基于微软公司的 SQL Server 数据库管理软件和集成开发能力，建立了面向市区的地理信息网站——Microsoft TerraServer。网站在技术、信息和硬件设施方面综合了多项技术，将过去数十年美国和俄罗斯很大一部分数量的高精度卫星照片发布到网络上，供人们查询和使用。

TerraServer 对处理后的图像通过无缝拼接技术，使访问者可以对图像进行查询，缩放和漫游，并实现了金字塔的查询机制。同时，微软公司构建的数据库采用了对虚拟地球与卫星图像数据的有机结合的方式，这样，访问者只需要输入查询的地名就可以找到搜寻的目标。但是由于图像数据采用了单波段有损压缩方法，图像均以 JPEG 或者 GIF 的形式存储，TerraServer 的图像数据只可以用于查看显示，并不能进一步做分析处理。而且其没有建立图像数据的元数据库，限制了图像数据的网络发布、共享和互操作性。

（2）ESRI 公司推出的 ArcGIS 相关产品。ESRI 公司推出的 ArcGIS 系列产品使其成为国内外地理信息领域的首选系统之一。由于 ESRI 公司开发的产品与相应的数据格式和规范已成为业界的标准，从而在地理信息领域使其拥有举足轻重的地位。

ESRI 公司推出的 ArcSDE 空间数据引擎在关系数据库或者对象关系型数据库管理系统中将集成存放空间数据和属性数据，并提供空间数据类型以及空间索引的支持，提供空间查询以及空间分析方法等方面有着重要的应用。

ESRI 公司的 GDB 栅格数据管理系统的中心组件就是 ArcSDE 栅格数据和相关的元数据允许通过关系型数据库管理系统来存储。对遥感图像数据的存储管理提供支撑，图像数据被分块，然后将其存储于关系数据库中，其元数据模块的构建则通过添加有关该数据的元数据信息完成。然而该系统的设计目的是用于满足地理信息系统（GIS）矢量数据的存储，仅提供光栅图像数据的支持，而不是它的详细的功能设计。由于图像元数据与图像数据的是分开进行管理，故其对于图像的查询、检索、浏览、发布等均不理想。

（3）Image Catalog 图像数据库管理软件。美国 ERDAS 公司 IMAGINE 系列软件的图像目录处理软件 ERDAS，它的功能是对图像数据库和图像信息进行管理，其功能包括结合图像库的矢量地图数据的查询，存储和管理。图像目录管理软件支持图像目录管理，因其带有空间参考图像文件的存储结构且软件是基于文件型数据库管理，所以图像的管理比较简单，主要用于显示一个较大的地理区域的图像信息。

（4）加拿大遥感中心（Canada Centre for Remote Sensing，CCRS）建立的基于互联网的遥感图像数据库系统。加拿大遥感中心成立于 1970 年，是加拿大能源、矿产资源部的一部分，主要从事遥感研究，建立的基于互联网的遥感图像数据库主要用于存放遥感图像元数据信息。用户可以进行关键词查询、区域浏览、放大和缩小。由于其传输到客户端的图像主要是 JPEG 格式的图像，所以其主要用于分辨率要求不高的领域。

地球观测数据服务为加拿大资源部的地球科学分部、加拿大空间局、其他政府部门以及私营部门和其他用户提供对地观测数据。加拿大遥感中心的卫星地面站在加地诺和艾伯特王子城两个地方都有设立，通过地面站利用领先的对地观测管理分发系统，完成数据的接收、分发、归档。位于渥太华的加拿大遥感中心卫星数据接收部为面向加拿大政府和国外用户的服务提供了客户平台。

（5）Google Maps 与 Google Earth。谷歌公司建立了一个基于 Internet 的提供地图服务和图像服务的系统。在 Google Maps 中用户不仅可以访问和查找所需地区的地图，以及谷歌地图所提供的分类搜索服务，同时也能提供该地区所关联的卫星图像数据，同时提供了地理位置标注的服务。谷歌地球提供卫星图像的全局搜索服务，通过谷歌地球可以容易地看到卫星图像、地图、地形、3D 建筑、海洋，甚至探索外太空的星系。用户可以探索丰富的地理知识，保存访问的位置和与他人分享。

（6）Quick Bird 图像检索系统。Quick Bird 图像检索系统是 Quick Bird 公司和遥感图像产品推出方便客户找到提供图像检索的服务。系统利用基于图像索引技术的方法，对图像进行地理定位。此外，元数据和快视图也一并提供。这样客户能够选取需要的遥感图像进行购买。

关系数据库技术的发展和成熟为专业的遥感图像数据存储提供了较为完善的解决方案，但遥感图像数据的数据量较大，以及海量的数据存储都对数据库的读写提出了较高的要求，甚至成为数据共享的瓶颈。针对这种情况，设计的基于语义的遥感图像数据检索系统，将数据量较少的元数据部分存储于关系数据库中，作为数据检索的底层。将数据量较大的图像部分以文件方式存储，较好地解决了数据库的臃肿和数据读写的问题，也是目前处理遥感图像数据存储较好的解决方案。

6.2.3 多源图像融合处理的层次划分

图像融合技术是指针对多个传感器在同步或异步情况下获得相应场景的图像或是针对图像序列信息进行综合，进而融合得到全新的有关这一场景的描述。很多情况下依靠单一传感器信息处理是无法达成相应解释结果的。融合过程力求提炼高价值信息，消减信息冗余，以获得更有利于机器或人工决策分析的结果。通过有针对性的方法设计，融合后信息具有更丰富、更全面、更具细节的特点。

据此，图像融合系统应具有如下鲜明特质：减少信息冗余；合理利用互补信息提高理解的完整性；对传感器带来的固有误差进行补偿；在源图像中减少冲突或歧义信息，实现对目标场景可靠性更高、更有价值的描述；减少单源图像感知机理局限性导致的信息缺失、不确定性和模糊性，增强系统的可靠性。

依据融合层次的区别来划分具体的处理方式，一般情况下可划分为3个级别：像素级（Pixel-level）融合、特征级（Feature-level）融合和决策级（Decision-level）融合。在大量处理任务中，针对不同的应用需求，多个级别的融合方法经常组合使用，有众多演变形式。

1. 像素级融合

像素级融合作为其他层次融合的基础，是融合层次中最基层、最简单的融合方法，基本融合结构如图6-2所示。通常以多源图像高精度的空间配准为应用前提，配准后的多源图像关于同一个场景目标，可以完成针对同一像素及邻域的各种代数运算、变换和置换。该方法主要优势是：原始现场数据可以被融合中心获得，保留了像素级的细微信息（其他融合层级无法实现这一点），融合处理后的数据形式以图像数据为主，有利于更加清晰、快速、完整的视觉感知，也为下一步应用计算机处理分析提供良好的数据基础。

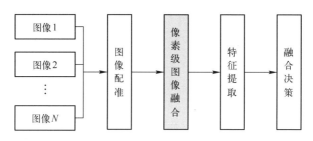

图6-2 像素级融合结构示例

像素级融合虽然保留源图像的更多细节信息，有更好的原始信息保真度和利用率，但像素级融合中需要处理大量的数据，有较低的处理效率和较高的计算代价，需要高性能融合计算设备的保障，且对数据配准精度高度依赖。与特征级融合和决策级融合相比，其信息抽象能力弱，抗干扰能力没有优势。

2. 特征级融合

特征级融合在层次上属于中间层次，基本融合结构如图6-3所示。方法涉及的关键步骤有：首先从各传感器的原始图像信息中提取特征，随后对特征进行综合和融合处理，将融合形成的特征矢量输入下一级推理决策单元，完成融合决策（如特征矢量输入某分类器，完成目标属性判别）。该方法的优点在于可显著减少数据占用空间，降低了信息冗余，通过设计有效的特征融合算法实现高价值信息的压缩和抽象，从而改善了数据传输的速度和处理效率，实用性较高。

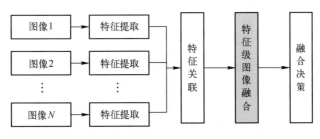

图 6-3　特征级融合结构示例

特征级融合的一个核心问题是特征提取和特征选择技术。经典方法中，图像的边缘点、线段、区域、纹理、轮廓等都可以作为待融合特征，基于有益于决策的特征选取原则（一般离不开克服信息冗余、强化信息互补），经融合生成新的特征矢量，以提高决策效率和性能。

必须强调，特征级融合的前提是各传感器数据各自提取的特征，在融合前，完成特征间的关系映射，即特征关联。精度要求虽没有像素级融合的空间配准严苛，但一旦发生特征关系混淆，就会严重影响后续的融合性能。

3. 决策级融合

决策级图像融合是比像素级和特征级融合更高层的处理方法，基本处理融合结构如图 6-4 所示。决策级融合围绕明确的决策目标，充分利用各传感器前端处理分析形成的单源决策，设计合成规则给出融合后决策，它是信息融合的最高抽象层次。

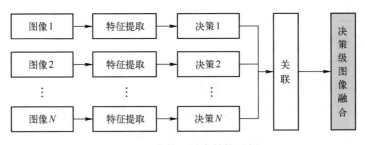

图 6-4　决策级融合结构示例

各源图像在有序完成了预处理、特征提取、局部判决后，汇总到融合中心，经联合判断给出最终决策。该层次融合对图像配准的要求较低，甚至可以不考虑，对特征关联也不做严格要求，方法适用范围广，适用于异质异构的传感器组合。信息量低、处理效率高。在某个传感器工作异常时，也可以保障系统具有一定的容错性。

该层次融合经常涉及的技术主要有投票表决法、贝叶斯推理、模糊逻辑、D-S 证据理论、基于规则推理、粗糙集、神经网络、N-P 准则、专家系统等。决策层融合的处理难点在于信息不确定性的有效刻画、合成规则设计、合理区分不确定和不知道的表述边界、冲突推理的适定性等方面、不同模型结论的稳健协调等方面。

表 6-2 给出了图像融合的各层次融合特点比较。在众多尝试探索中,很多学者并不拘泥于依赖单一数学模型或单一层次的方法解决问题,而是寻求多层次混合或多类型模型的综合运用。

表 6-2　图像融合各层级性能比较

特性 层次	像 素 级	特 征 级	决 策 级
信息量	大	中	小
信息损失	小	中	大
适用条件苛刻性	大	中	小
预处理工作量	小	中	大
容错性	差	中	好
传感器依赖性	大	中	小
抗干扰性	差	中	好
分类性	好	中	差
融合方法难易	难	中	易
系统开放性	差	中	好

4. 混合层次融合

在实际应用中,有时候采用混合层次的融合技术,来提升决策稳健性和准确性。随着待解译目标、目标依托环境、解译针对的数据资源特点和任务流程需要,演变出众多混合层次的融合方法。研究者立足发挥探测数据时域-空域-频域的多方面互补优势,解决不同的具体问题。

下面通过两个典型的例子展示这方面的有效尝试:一是借助像素级-特征级-决策级的三级混合,完成一个融合判断,实现视频卫星遥感数据的动目标检测与跟踪;二是借助像素级-特征级-决策级的三级混合,实现城市典型地物分类。

1) 混合层次融合技术用于遥感卫星视频运动车辆检测[202]

视频遥感数据是近年来在遥感领域出现的新型对地观测数据。随着中国空间技术研究院研制的欧比特视频卫星1A、1B的成功发射,中国视频卫星遥感技术发展迅速。与传统的卫星数据相比,视频遥感数据最大的优势是可以对同一个区域进行"凝视"观测,视频相比于图像可以展现目标或场景的动态变化信息,尤其适用于对目标进行连续观测和跟踪。

传统监控摄像一般要求摄像机位姿固定来拍摄视频捕获移动目标或异常事件,视频卫星"凝视"成像时其观测角度、俯仰姿态沿行进方向不断调整来拍摄全色或彩色视频。成像方式的不同导致卫星视频背景连续慢速运动带来图像的全局运动,动态背景加大了目标检测的难度。

参考主流的视频图像目标检测算法:背景差分法、帧间差分法和光流法等,文献[202]特别指出,需要克服的难题在于:常规方法大多选用背景较为单一或简单的小区域作为研究参考区,普适性受限;道路掩膜法确实有利于遥感图像车辆目标提取,但需要根据先验知识预先提取或手工绘制,在实际应用中增加了与动态背景配准的难度和附加计算量。

直接利用背景差分法对大场景的卫星视频进行车辆检测受动态背景、光照变化、高楼顶部位移及阴影影响较大,误检率高。直接利用帧间差分法对大场景的卫星视频进行车辆检测受环境噪声影响较大,而遥感卫星视频中的运动车辆在相邻帧之间运动的像素数目与自身尺寸像素数目的比值均小于1/2,属于"慢速"目标,帧间差分法对该类"慢速"目标不敏感。通过改进帧间差分法可以检测出较为完整的"慢速"目标,但是该方法邻域窗口内有多个目标或者背景复杂的时候,会导致分割不准确,漏检像素团簇过少的运动目标,检测性能受限。

针对以上不足,提出了一种典型的背景差分与帧间差分相融合的目标检测算法(Combined Background Subtraction With SFDLC Method,BSSFDLC),该方法无需道路掩膜等先验知识,能够快速精确地检测出运动车辆目标。如图6-5所示,联合差分目标检测算法主要包含4步:①卫星视频图像预处理;②基于背景差分法进行运动车辆检测;③应用改进的帧间差分算法获得运动目标变化共同区域;④将背景差分法提取的结果与改进的帧间差分算法提取的运动变化区域相融合,综合提取出完整的动态目标,详细的算法流程如图6-5所示。

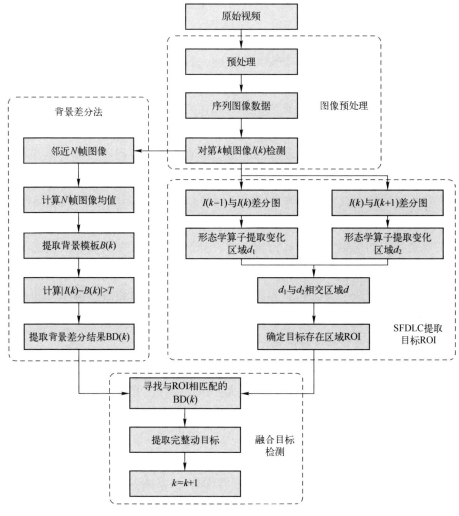

图 6-5 联合差分目标检测算法流程图

从流程中可以发现：基于 N 帧数据求代数平均的方法属于典型的像素层融合，借此完成背景模板生成；基于相邻 3 帧的差分，求取变化和活动变化像素，借此初步确定移动目标区域，也是像素层融合；背景差分与帧间差分各自的提取结果，候选感兴趣区域（Region of Interesting，ROI）与背景差分 BD，两者的融合解译属于特征层的融合，由此完成对第 k 帧的动目标检测；累计某个时间序列的一组目标检测结果，可以完成决策级融合，判断目标有无，并形成跟踪轨迹。

2）混合层次融合技术用于机载激光雷达（Light Detection and Ranging,LiDAR）与高光谱数据融合地物分类[203]

机载 LiDAR 图像与多光谱、高光谱图像的融合属于多模态图像融合，不同模态图像反映的目标特性存在很大差异，如何实现特性各异的信息的跨模态联合表示与提取是近年的热点难题。

高光谱图像的光谱分辨率高、各波段蕴含信息量丰富，在精细化地物类别区分和信息提取方面表现良好。考虑到高光谱图像各波段之间的强相关性，一般需要降维处理。机载 LiDAR 在用于城市遥感监测方面，它的优势是能提供地面物体的第三维坐标刻画即高度，该信息擅于区分存在高度差异的地物类型，如地面、房屋、树木等地物，对目标的三维形状表述可以提供更加充分的分析依据。但高度信息相近时由于缺乏必要的光谱信息支持，其地物分类准确性和精度需要借助其他信息资源做相互印证。高光谱图像与机载 LiDAR 数据各有优势，两者融合可进一步提高地物精细化特征提取与分类识别的性能。如图 6-6 所示的典型示范场景，借助于混合层次融合技术实现城市地物中不同类型房屋、树木等的分类。

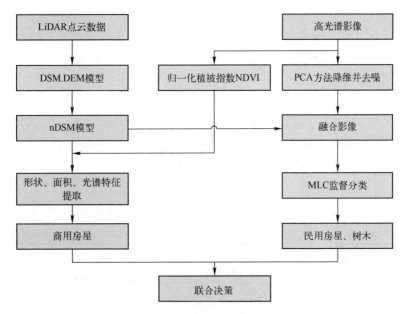

图 6-6　高光谱图像与机载 LiDAR 数据的融合分类技术路线图

参考流程示意，对机载 LiDAR 点云数据进行滤波、分类等预处理，利用所有点云内插生成数字地面模型（Digital Surface Model, DSM）。对机载

LiDAR 点云数据中的地面点内插得到数字地形模型（Digital Terrain Model，DTM）。对于高光谱图像，采用主成分分析（Principal Components Analysis，PCA）方法进行降维处理，兼顾去噪的效果。

处理步骤中，混合使用了多级融合方法：一是将 DSM 与 DTM 作差运算得到归一化的数字地面模型（normalized Digital Surface Model，nDSM），以消除地形的影响，使得 nDSM 中的像元值更符合地物高度，此处的操作属于像素级的融合。二是结合 nDSM 和归一化植被指数（Normalized Difference Vegetation Index，NDVI）提取多类型特征，采用面向对象的分析策略完成商用房屋分类。此处的操作属于特征级融合。三是对降维后的高光谱图像与机载 LiDAR 数据做像素级融合，采用监督分类方法实现对民用房屋、树木等地物提取分类。四是多通道的决策结果可以结合其他数字化资源，做进一步精细修正，此处联合决策步骤可以采用决策级的融合方法。

5. 从深度学习的角度再看各级融合

面向多模态图像的各级融合方法，除了传统的分析框架，结合卷积神经网络特有的架构特点，也有学者侧重像素级别、亚像素级别、特征级别和决策级别等各级融合，实现不同模态数据之间的信息互补，完成稳健可靠决策。如图 6-7 所示的三级典型融合结构设计，其中：cov 为卷积运算，pool 为下采样池化运算，full 为全连接运算，softmax 为分类器。随着研究对象、应用角度、信息抽象提炼方式的不同可衍生出丰富的形式。

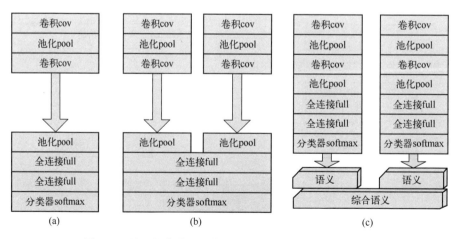

图 6-7 基于深度学习网络的多模态图像融合结构图示意

(a) 像素级；(b) 特征级；(c) 决策级。

6.3 多源图像综合分析的多种尝试

6.3.1 多波段数据综合分析

多波段的图像数据融合是一种按需"构像"的解译形式，逾30年的研究探索积累了丰富的方法技术。下面依循典型的成像传感器组合模式，把分析思路结合典型用例，以列举形式给出在多波段图像综合分析的多种尝试：

1. 可见光-红外融合

可见光图像与红外图像的融合，在环境生态评估、机器人、智能交通、智慧城市、安全监控等系统中，应用非常普遍。早年的研究中，一般的假设是可见光与红外图像共轴成像，二者同时相或准同时相，随着应用条件的复杂化，必须借助于高精度几何配准以及辐射定标，视频成像特殊应用中还需要对两类视频数据做时间配准，以奠定两源数据信息融合的应用基础。

融合方法涉及像素级、特征级、决策级以及混合级联形式。像素级融合方法中，简单代数运算方法，例如，全局或非全局加权策略、布尔运算、极值操作、基于视觉显著性度量的特定运算子设计等；结合空间变换、多尺度分析等手段，在保留高空间分辨率可见光图像结构细节优势（如边缘、轮廓、纹理等）、同时葆有提炼任务相关的红外感知优势（热辐射信息、温度分布差异性），融合后形成符合视觉观察或机器处理的图像。特征级融合方法中，往往面向不同研究目标，针对配准后的图像做典型特征提取，简单策略是把两源特征直接组合成特征矢量应用，完成后续的分类决策任务；复杂策略则需要借助于机器学习方法根据分类器特点设计有效的特征选择算法，如主成分分析（PCA）变换、独立成分分析（Independent Component Correlation Algorithm，ICA）变换等，精炼特征矢量，去除冗余信息，提高两源信息的互补信息利用，再做分类决策。决策级的融合更多体现为强化两类图像深层语义信息的有效融合，评估多源决策的信度和权重、克服不同推理框架引起的不确定性累积传递、消除歧义和决策冲突、提高综合决策的稳健性是长期的研究要点和热点。

文献[209]给出了一种结合可见光与红外遥感图像的热点区域三维温度场构建方法。热红外图像主要反映了地面的温度分布信息，但空间分辨率低；相比于热红外图像，全色与多光谱图像的空间分辨率更高，将热红外图像与全色图像或多光谱图像融合能够得到更高空间分辨率的地表温度数据。方法中的可见光相机采用卫星遥感立体测绘所搭载的三线阵 CCD 推扫立体相机获取 DSM 数据，借助于热红外遥感数据实现地表温度场反演，二者融合生成某地域地表三维温度场。地表三维温度场作为星载热红外数据与可见光数据融合使用的手段，具有几何高精度、信息多维度的优势。在构建地表三维温度场时，根据应用需求，在数据选择方面需要考虑热红外数据的时间分辨率和温度分辨率，如陆地系列卫星在理想状态下能够获取温度产品平均误差值在 1K 左右、16 天时间分辨率（时间跨度从 1984 年至今）的地表温度数据，能够广泛应用于各种热红外遥感的研究应用。可见光数据方面则需要高精度的几何定位，并且能够得到同轨立体像对，形成高品质 DSM，可选取资源三号三视影像为地表三维温度场提供精确可靠的地面三维坐标数据。

热点地区三维温度场构建流程如图 6-8 所示。先对可见光数据做预处理，消除几何与辐射畸变，同时对热红外数据做大气校正和辐射定标。再将热红外影像数据与可见光影像数据进行配准，为地表三维温度场的温度信息与几何信息的高精度嵌套提供保障。之后对热红外数据进行地表温度反演，得到携带地表温度信息的影像数据。根据三线阵立体成像原理，使用可见光数据的前视、后视及正视影像制作 DSM，其包含的高精度三维坐标可以很好地描绘地物表面的形态。最终将热红外温度产品与可见光数据得到的 DSM 通过软件程序叠加融合，以三维建模的方式，用可见光数据立体化温度产品，完成热红外与可见光遥感数据融合的应用研究。

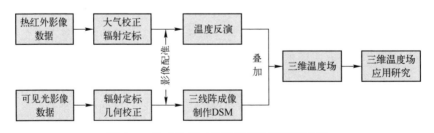

图 6-8 热点地区三维温度场构建流程示意

2. 可见光-SAR 融合

SAR 图像能够反映地物的介电特性和几何特性，但由于其侧视相干成像方式，图像噪声污染较严重且视觉直观性不佳。全色图像能够提供地物精细的空间结构信息。因此，SAR 图像与全色图像的融合，综合利用了光学成像和主动成像的独特优势，能够生成更高质量的融合图像。将全色图像与 SAR

图像进行融合，融合图像既能够保留全色图像的空间结构信息，又能够保留 SAR 图像中目标的后向散射信息，能够更好地进行后续的图像分析与解译。

众多研究中，侧重提升目视效果的融合方法探索较多，其中的难点问题有：一是由于成像原理差异性，相比于全色、多光谱、高光谱图像之间的融合，SAR 图像与全色、多光谱等光学类图像的结构差异显著，像素级融合过程中易产生严重的空间与光谱失真。二是 SAR 成像本身特有的相干斑噪声、方位角敏感、顶底倒置等现象，使得 SAR 与多光谱、高光谱图像之间存在不容忽略的配准误差，这些因素均会对融合性能造成影响。三是随着深度学习技术的兴起，近年来 SAR 与全色、多光谱图像的融合正朝着深层特征表示与语义信息融合的方向发展，探索新的跨模态特征与决策融合方法具有重要意义。

围绕目标解译融合方法的探索受到以下限制：两类数据感知机理的差异性，导致两种模态数据获取时相不一致，而不同时间段的光学与 SAR 遥感影像中，时间敏感的地物或目标会产生相对变动，小则像素级，大则可能完全无法匹配对应，这增加了实施像素级、特征级融合方法的应用难度和限制条件。

针对时相不一致的可见光与 SAR 图像融合方法，可以从以下途径展开研究：

（1）尽可能选择时相接近的数据，弱化时间敏感因素引起的地物解译困境，针对地面固定目标（时相不敏感或弱敏感地物类型）展开分析，可以实现两源数据多层次的融合分析，如土地覆盖分类和地理环境监测等遥感应用。

（2）针对时敏目标，考虑到飞机、舰船、车辆等移动类目标其各自依托环境特性的差异性，复杂背景极易干扰感兴趣目标的有效检测、鉴别与识别，如码头停泊的舰船难以与码头有效语义分割、类似车辆的某些地物场景带来车辆目标检测虚警、某些人造结构与机场中的飞机混淆带来目标鉴别难题等。为了发挥 SAR 或可见光特有的感知优势，提高解译效率，可以采用依托一种图像提取环境要素掩膜，依托另一种图像实现实时化时敏目标检测、鉴别或识别的策略。在这类方法应用中，不必严格拘泥于两源数据同时相的苛刻条件，要素掩膜是对关键目标的环境上下文信息的有效先验知识，可简化实时处理阶段的分析难度、改善目标解译精度与稳健性、提升解译效率。

针对时相一致性较好的可见光与 SAR 图像融合方法，近年有所突破。依托现有光学和 SAR 遥感影像成像能力和获取手段的不断提升，应用面向同一地区的准同时刻的光学和 SAR 影像资源成为可能，研究针对同时相多源遥感影像融合的典型目标检测、鉴别和识别算法有了实践数据支持。

文献[210]中作者实现了一种可见光与 SAR 融合完成舰船目标检测的方法。可见光与 SAR 图像融合舰船目标检测处理流程如图 6-9 所示。作者给出的舰船目标检测识别算法，主要针对港口内停泊舰船目标设计验证，该方法可兼顾海面舰船目标检测识别问题。方法中，依据舰船目标依海域存在这一先验知识，有效利用了环境上下文信息完成目标解译辅助。针对大场景多源遥感影像，首先进行码头检测，获得大量可能包含舰船的疑似码头切片，精炼缩小可疑目标待检测区域的搜索范围，以提高目标识别的速度和精度；再利用 SAR 影像筛选疑似码头切片，进一步缩小目标待检测区域；在码头切片内，利用联合形状分析检测疑似舰船目标，首先利用 SAR 影像经由非极大值抑制（Non-Maximu Suppression，NMS）来快速确定显著性点，以此作为种子点，对光学影像进行 x 方向灰度分析，获得舰船的横坐标，再对 SAR 影像进行 Y 方向亮度分析，获得舰船纵坐标，实现疑似舰船目标切片提取；针对切片提取多源多特征，组合构建特征向量经由单类支持向量机（One-Class Support Vector Machine，OC-SVM）分类器实现舰船目标粗检测；最后利用特征点匹配、轮廓提取、亮度显著性等语义特征约束，实现舰船关键部位的检测定位，根据部位检测结果，进一步利用光学影像切片获得舰船的长度信息、飞行甲板类型、船头尖角位置、船头轮廓类型、垂直发射装置位置，利用 SAR 影像切片获得了舰船宽度信息、舰桥位置等，借助投票机制，最终实现舰船目标型号识别。

3. 可见光-红外-三维激光雷达融合

文献[54]提出了一种交互式多源影像融合平台。三类模态的遥感信息源自可见光相机、红外相机和三维激光雷达等，融合处理的核心是称为 $\sum QL$ 的集成解释器，其外部主体处理框架有机结合了本体论、目标模型库、元知识、地形查询语言等子模块，通过用户交互进行操作，集成解释器内部的关键模块含：知识系统、查询处理器和信息融合模块。ATR 信息融合系统结构如图 6-10 所示。

传感器数据序贯或者并行输入，通过图像分析可以提取出不同层次的特征，如近似指向、尺寸、可能速度、温度分布等。系统平台对新插入传感器和子模块算法有良好包容度。目标库中有可见光和红外（纹理）的包含多个

第6章 时空频图像的融合方法

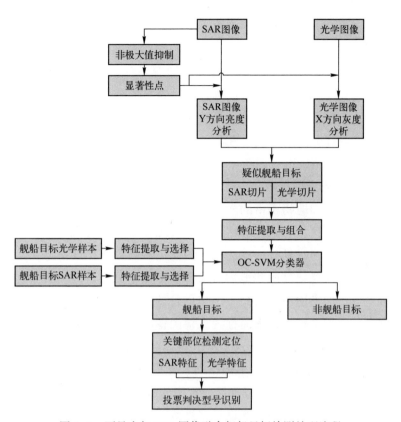

图 6-9　可见光与 SAR 图像融合舰船目标检测处理流程

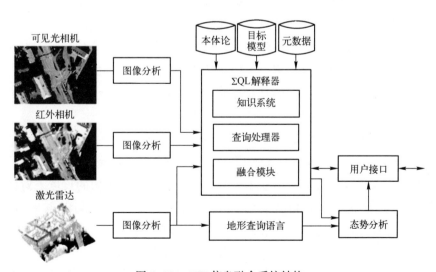

图 6-10　ATR 信息融合系统结构

CAD模型等基础信息。用户不需要有关传感器详细知识，通过图像接口与系统通讯（如可以画出希望发现目标的区域）提出需求，随后变换为解释系统的查询。本体论的作用体现在确定哪些算法应该在哪个传感器数据上工作，以回答用户的查询。目标识别的过程是利用来自传感器信息与目标模型的有效匹配，对每个模型返回似然值。系统设计能够稳定适应目标方向、位置和数目变化、允许部分遮挡和由于清晰度、伪装欺骗和温度变化等带来的变化。系统经由集成解释器的综合判断分析输出合理答案返回给用户。

4. 可见光与光谱数据融合

光谱传感器感知地物丰富的光谱特性，而全色成像传感器更多的感知地物的高频结构性信息。如果能够将这两类传感器的图像有机的融合起来，可以使融合后的图像同时具有地物的丰富的光谱和高频结构性信息，无论对目视解释，还是特征自动提取和地物自动分析都是十分有益的。由于这类图像融合增强是以增加光谱图像的高频结构信息的形式出现，所以称为面向光谱图像的融合增强，文献中也常简称为光谱图像融合增强。也有文献将这类融合策略称为空-谱融合，主要解决空间分辨率与光谱分辨率之间的制约问题，利用同一区域两幅或多幅具有不同空间、光谱分辨率的遥感影像进行融合，获得同时具有高空间分辨率和高光谱分辨率的遥感影像。经常用于全色-多光谱、全色-高光谱、多光谱-高光谱等多类型组合模式。

如何实现在保持原有图像光谱信息的同时，又获得融合图像中的空间或结构信息增益？其基本的处理思路是对原始光谱图像进行灰度调制。这里存在多种可能的技术途径，参考第7章7.1节。评价空-谱融合的质量，有两个方面：一个是空间信息融入度，主要表达影像空间分辨率的提高程度；另一个是光谱信息的保真度，指的是对原有光谱信息的损伤程度，可参考7.1节给出的多类型评价指标。

下面选择典型示例来简述不同技术途径。

1) 基于HIS变换的融合增强

这类图像增强融合方法的基本处理思路是：在全色图像的尺度上对选定的三个波段的光谱图像进行重采样，再将重采样结果变换为色度-灰度-饱和度（Hue-Intensity-Saturation，HIS）坐标系统；以全色图像替换变换后的I分量；经过HIS逆变换获得光谱域的图像，即锐化了的光谱图像。由于直接替换全色图像的低通分量会引起锐化的光谱图像有严重的辐射失真（如局部均值的偏移），于是就将HIS融合扩展到多分辨率处理中，在多层次分尺度特点以全色的信息替换 I 分量强化高频细节。这类 HIS 融合方法的弱点是：单次融合只能应用到三个波谱段，不同的光谱数据谱段选择方法可产生不同的融合结果。

2）灰度调制融合增强

灰度调制的处理思想源自建立在染色性变换基础上的 Brovey 变换，按照下列公式表达变换后的 RGB 图像的辐射值：

$$g_r^f = \frac{g_r \cdot P}{I}, \quad g_g^f = \frac{g_g \cdot P}{I}, \quad g_b^f = \frac{g_b \cdot P}{I} \tag{6-6}$$

式中：g_r, g_g, g_b 为红、绿、蓝的光谱图像，P 为用来做灰度调制的较高分辨率的全色图像，$I = (g_r + g_g + g_b)/3$。因为做彩色合成的三个光谱图像的波段范围与调制的全色图像的波段范围不一致，不可避免地会带来光谱失真。

通过研究多光谱图像与全色图像之间的相互关系，有学者采用高分辨率图像与其局部滑动窗口均值比值，对光谱图像进行灰度调制，可以更好保持原光谱图像的光谱特性。

3）基于 PCA 变换的融合增强

这类融合方法认为：多光谱图像主成分变换后的第一主分量包含多波段的主要信息，与全色波段的数据信息相似；用高分辨率的全色波段数据替换第一主分量得到的融合图像则既保持了多光谱的图像特征，也具备了高分辨率的图像特点。融合方法的基本处理思路是：求多光谱图像数据的协方差矩阵，计算其特征值和特征向量，确定各主分量；其后将全色图像进行对比度拉伸，使之与第一主分量有相同的均值和方差；再用经过拉伸的全色图像代替第一主分量；最后经逆变换得到融合的多光谱图像。为了保证各光谱图像在融合中具有相同的重要性，有文献提出采用相关矩阵求特征值和特征向量的变换融合方法。这类融合方法可以用于任意数目的光谱波段图像，但由于第一主分量与全色图像不可能完全相关，会使融合后图像的光谱信息变化，不适于地物和目标的光谱特性辨别，但可以一定程度上改进目视解译的效果。

4）基于频域滤波的融合增强

这类融合的出发点是，通过频域滤波和信息叠加的途径实现面向多光谱图像的增强。融合方法的基本处理思路是：对高分辨率全色图像进行高通滤波，提取出的细节信息；再将提取出的细节信息叠加到低分辨率光谱图像上。但融合结果受高通滤波算子的影响很大，而且难以找到一个适应具体应用的最优滤波算子。为此，人们考虑采用多分辨率处理结构的方法。首先把原始多光谱图像和全色图像进行多分辨分解，在不同的分解层上对高频分量进行融合，然后再通过多分辨重构来获得融合增强的多光谱图像。

基于频域滤波的融合方法认为，低频部分一般包含光谱信息，而高频分量包含图像的空间结构信息。但是应该注意到，低频部分事实上只是体现了多光谱图像中平稳地物的光谱信息，而高频部分则体现了非平稳地物的光谱信息。如果对多光谱图像引入不存在的高频信息或错误的变化极性，会造成融合图像中出现虚假的和错误边缘及变化极性，当融入高频信息全色图像与多光谱图像具有较弱相关性时，这方面的光谱失真更容易显现出来。

5）应用线性混合模型实现融合增强

在设计卫星传感器时，经常需要权衡使用哪种传感器，即选择较少光谱波段和低重访频率的高空间分辨率传感器，还是选择多个光谱段和高重访频率的中/低空间分辨率传感器。很多实际应用要求兼顾高空间分辨率、高光谱分辨率和高时间分辨率。因此，Jan G. P. W. 等提出应用线性混合模型实现高空间分辨率（如 Landsat Thematic Mapper）和高光谱分辨率（如 Envisat MERIS）的图像融合方法。这种方法也称为空间解混或基于解混的数据融合方法。解混方程的求解通过对高空间分辨率图像的类别数量以及邻域的尺寸进行优化来求解。实验结果表明，融合后图像可有效保持高分辨率图像具有的空间分辨率并兼顾低空间分辨率图像蕴含的光谱信息。

中分辨率传感器（如 MODIS 和 MERIS）受限于空间分辨率，存在使一个像元拍摄到多个地物类型的情况，即一个像元的值是由多个独立的地物类型信息合成的，因此这个像元也称为混合像元。只有同类地物才能在中空间分辨率图像中有纯像元。线性混合模型假设混合像元的光谱是不同类型的纯像元光谱的加权叠加，各个类型的权值由它们在覆盖中所占据的比值决定。线性混合模型数学方程为

$$p_i = \sum_{i=1}^{nc}(r_{ci} \cdot f_c) + e_i, i = 1, 2, \cdots, nb \qquad (6-7)$$

式中：p_i 为在波段 i 上的混合像素反射系数（或辐射率）；r_{ci} 为波段 i 上端元 c 的反射系数（或辐射率）；f_c 为端元 c 的权值；e_i 为波段 i 上的残差；nc 为端元的个数；nb 为光谱波段的个数。

可以用以下矩阵符号进行记录：

$$\boldsymbol{P}_{(nb \times 1)} = \boldsymbol{R}_{(nb \times nc)} \cdot \boldsymbol{F}_{(nb \times 1)} + \boldsymbol{E}_{(nb \times 1)} \qquad (6-8)$$

线性混合模型本身看上去很简单，而且它有效地建立了混合像元的框架，所以广泛应用在遥感领域。

在进行多光谱特性融合增强时，如果引入实际不存在的高频信息或错误的变化极性，会造成融合图像出现虚假的边缘和错误的边缘变化极性，尤其当多光谱图像与全色波段图像相关性较弱时，更容易显现这方面的光谱失真。

6.3.2 多时相的数据分析

1. 多时相遥感图像分析任务内涵

遥感变化检测的主要目标是研究地球资源和环境状况的动态变化，分析人类活动对地球环境的影响以及服务保障国家和社会安全。随着各种卫星遥感平台和航空遥感平台技术不断发展，遥感数据及相关的空间数据库不断积累，广泛推进了针对地球观测的多类型任务，也为把握地球变化奠定了数据资源基础。特别是地球表面从宏观到微观的变化，全面记录不同空间尺度和时间尺度的图像。如何从这些遥感图像中提取变化信息成为遥感图像变化检测研究的重要课题。

在国内外近几十年的研究中，总结出了许多基于遥感图像的变化检测方法，并广泛应用于土地覆盖变化研究、数据库更新、环境管理和防灾救灾等方面。随着变化检测技术的不断完善和发展，各种变化检测技术软件平台的研发和综合利用各平台进行检测，使得传统检测技术效率低下和误差大等缺点得到了很大的改善，促进了变化检测的自动化进程，提高了检测效率和检测精度。

以世界范围看，随着遥感变化检测技术应用服务的扩展和效益的提高，遥感变化检测技术的应用发展大体可分军事应用、公益应用和商业应用三个层次。军事应用特点是采用高新技术、发展速度快；社会公益应用的特点是政府重视、投资有保证，能实现全国土覆盖；商业应用的特点是面向工农业生产，深入经济建设、社会发展和民众生活的广阔领域，因而有大量企业参与，向着工业化和产业化目标，有广阔的发展前景。

2. 变化检测处理流程及常规方法

依据遥感图像变化检测原理，工作流程主要包括数据获取、预处理、变化检测和精度评估等步骤，如图6-11所示。随着数据资源的多样化，其应用产品有了众多分支，从最初的两时相图像简单分析，逐渐演变为多类型数据多时相的综合分析。

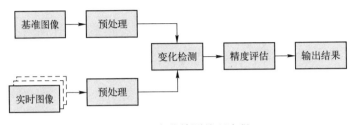

图 6-11　变化检测处理流程

从算法角度出发，变化检测方法可分为基于代数运算、基于变换、基于分类和基于空间结构四类变化检测。在下面的组织中，考虑到与目标识别的高度相关性，将后两种方法放在下一节阐述。

1）基于图像代数运算的变化检测

该类方法的优点是简单、直接，主要包括图像差分、图像比值、图像回归和植被指数索引等。这类方法的不足是难以确定变化的类别和不能对变化信息进行更加具体的描述。

（1）图像差分法。通过计算经过预处理的多时相图像对应像素差值，产生检测图像与基准图像的差值图像，然后通过适当的阈值选取方法选取阈值，找出检测图像与基准图像差异较大部分，来表示发生变化的区域。图像差分法属于最为常用和基础的方法，适用于各种地理环境、图像类型和各种波段图像，阈值的选取是研究中的难点，检测精度依赖于配准的精度，通常要求配准精度达到像素或亚像素级别。

（2）图像比值法。通过多时相图像"相除"，计算其比值，如果图像没有发生变化，则其对应像素的比值为 1，由于实际环境受各种因素的影响，只要其比值在接近 1 的某个范围（通常是选取大于和小于 1 两个阈值，这也是比值法的关键），则认为没有发生变化，如果比值在选取的阈值以外，则发生了变化。图像比值法通过计算变化前后两幅图像的比值图像来找出变化区域，需要对图像预处理，在实际工作中，通常还要对除数加一个很小的不影响结果的常数（除数不能为 0）。

（3）图像回归法。通过分析多时相图像之间的统计联系，来研究多时相图像之间的相关关系的数量表示，以此来检测多时相图像的变化信息。该方法是用一个线性函数来表示多时相图像像元值之间的关系，通过合适的数学模型（不同的应用目的，其回归模型是不同的）进行回归，然后通过计算回归值与原像元的差值，来获取多时相图像之间的残差图像。同样最后也是通过选取适当的阈值来确定变化区域。

（4）植被指数索引法。利用植被对红外波段和近红外波段之间不同的光谱效应（植被对红外的强吸收能力和近红外的强反射能力），通过研究两波段图像数据对应像素的比值（通常是灰度值或灰度值的几何运算之比），来检测植被的变化。最普遍的植被指数法有归一化差分植被索引（NDVI）和比值植被指数。利用植被指数法对不同时期植被覆盖状况的敏感性，来研究土地沙漠化、农作物和森林虫灾等。

从以上方法可以看出，基于代数运算的变化检测方法大多需要通过阈值来确定变化区域，稳健有效地门限选择方法是长期的研究热点，非实时需求下常采用交互方法确定门限。

2）基于图像变换的变化检测

为了减小遥感图像数据之间的冗余信息，通常对遥感图像进行变换，以此来增强图像之间的变化信息。该方法主要包括主分量分析（PCA）、典型相关分析（Canonical）、缨帽变换（K-T）等。

（1）主分量分析法（PCA）。为使信息损失减小，同时减少计算量和图像数据处理的复杂程度，主分量分析法将所有的信息压缩到几个特征向量上，主要应用于多个时期的图像集，将多维特征变换到正交特征空间中进行分析。主分量主要从图像数据的协方差矩阵和相关矩阵的特征向量推导而来，定义一个新的正交坐标系统的线性变换，由这些矩阵的特征向量来定义新坐标系统的坐标轴，利用向量乘积对图像的每个像素进行单独变换，得到新坐标系的坐标值。将矩阵的特征向量看作新的波段，图像每一个像素的坐标值作为此波段上的亮度值，当感兴趣区域没有显著变化时，图像数据之间的相关性较大，而当感兴趣区域发生了较大的变化时，图像数据之间的相关性减小。

（2）典型相关分析法，是将不同时相的两组多通道图像变换成一组新的多通道图像，以降低原始图像内部通道和不同图像之间的相关性的影响。可以利用该方法的线性不变性，以及对测量设备的增益和线性辐射畸变不敏感等特点，对成像条件有差异的多时相多通道遥感图像的变化检测。在实际应用中，通过学习样本计算出变换系数，确定变化关系，减小数据冗余，降低多时相图像间的线性相关性。

（3）缨帽变换，主要是为了解决主分量分析法中不同图像的主分量难以相互比较的问题，是基于图像物理特征的固定变换，主要定义了四个分量（土壤亮度指数、湿度指数、绿度指数和噪声）。缨帽变换的转换系数是固定的，独立于图像，不同时相的图像产生的亮度和绿度可以互相比较。随着植被的生长，绿度指数上信息增加，土壤亮度指数上信息减小，当植被进一步成熟或凋零时则相反。因此，可以对不同时相的图像进行缨帽变换，提取前三个分量进行比较，确定最能描述变化的分量，检测出地物变化。

3. 目标识别任务相关的变化检测技术

1) 目标识别任务与变化检测技术的结合点

遥感图像目标检测与识别一直是遥感图像处理和模式识别领域研究的热点课题，是建立在模式识别基础上的，其实质是依据目标的关键特征（含人工语义特征、机器学习特征等），把未知目标判别为给定目标类别集中某类的过程，必要时按照信度大小提供候选类别排序。主要难题包括日趋复杂的背景、多种形式的干扰对抗、历史信息及先验知识之外的目标机动性和目标多样性。以上任务主要涉及图像预处理、目标探测、图像分割、特征提取与选择、目标分类识别与目标跟踪等多级步骤。一个目标识别系统的设计一般包括特性分析与目标建模、特征提取与学习训练、识别性能评估与方法反馈等。目标识别建模是其中的关键部分，与识别的层次息息相关。依据信息组织形式的方法演变，从早期的目标模板表述模型，到基于单层或多层的特征矢量表述模型，再到基于元特征的层次结构表述模型，乃至当今热点众多的机器学习智能识别模型。以上系统设计基本步骤同样适用于变化检测，而信息组织形式的更新递进也对应了变化检测方法的不断推陈出新。

变化检测可以视为目标识别任务的内涵延拓，依据前述，目标识别任务与变化检测技术存在互相渗透关系，在三个识别层次上均可以找到结合点：第一层次，从背景中发现目标，通常称为目标检测。结合多时相信息，针对热点地区的动态监视任务中，提取变化与非变化，剔除"伪变化"或不感兴趣变化的过程；第二层次，区分目标的类型，通常称为目标分类，进一步的任务有目标鉴别与目标识别。例如，通过多时相掩膜构造，可有效识别移动目标（尤其是时敏目标）的动态情况，随着遥感数据回访周期的缩短，采用多时相或超时相数据可进一步完成某些感兴趣目标的动态特征刻画与跟踪监视任务；第三层次，个体目标的确认通常称为目标确认。随着数据空间分辨率与光谱分辨率的提高，在低层次检测识别的基础上，完成特定目标要素组成变化的精细化分析。例如，军事上的毁伤效果评估，热点地区要害单元的运作动态，舰船、车辆等目标关键部位的状态解译等。

下面，仍以基础方法为重点，简述面向目标识别任务的变化检测技术。

2）面向目标识别的变化检测技术

（1）基于图像分类的变化检测。利用图像分类对多时相遥感图像进行的变化检测主要包括分类后比较法、同时分类法和人工神经网络法。基于图像分类的方法可以提供变化目标的类别，减少外界干扰因素对变化检测的影响，但其对学习样本的精度要求较高，分类结果对其性能是影响较大。

① 分类后比较法是对每个图像进行单独的分类（监督或非监督方法），根据相对位区域像素类别的差异来检测发生变化的区域。一般情况下为了降低配准误差的影响，通过人工区分模式和形状，利用计算机进行定量分析来进行变化检测。该方法可以确定变化的空间范围和变化信息的性质，但分类方法选择较难，检测精度对图像分类精度的依赖程度较高。

② 多时相同时分类法。在监督或非监督模式下，利用多个时相的组合图像数据的单个分析来提取变化区域。在监督分类中，由变化区域和不变区域的学习样本来导出统计量，以决定特征空间；在非监督分类中，通过聚类算法来分析图像分类的类别。直接的多时相图像分类法在检测港口和森林区域的变化中，容易得到比较好的结果，同时能够简单地标记变化类别和减少分类的时间。

③ 人工神经网络法。作为非参数的监督方法，是利用人工神经网络的自组织、自适应性强的特点，通过学习不同时相的图像数据样本来估计图像数据的属性和训练网络，利用网络结点间的连接来储存信息和完成分类计算。人工神经网络法的关键是确定选择合适的训练样本和神经网络的结构层数（具体包括网络层数的确定、隐含层节点数的确定、初始权值的选择和学习速率的选择）。

（2）基于图像空间结构的变化检测。基于图像空间结构特征的分析法主要针对人造目标，根据不同图像中人造目标的空间结构信息的变化来实现变化信息的提取。该类方法对于高分辨率图像变化检测方面具有较大的优势，但如何提取特征与分析比较是这类算法的难点。

① 基于线特征。在基于目标识别的变化检测中使用的线特征主要有两种：基于图像梯度信息的边缘特征和描述目标形状的轮廓特征。基于线特征目标识别的变化检测主要是通过图像的边缘信息来描述地物，然后通过边缘特征的变化感知目标的变化，此法需要稳健的边缘特征提取方法和线匹配方法，

对于图像的预处理的精度要求不高，同时比较稳健，对于形状不规则的目标有较好的检测效果。由于此法是通过目标的边缘进行检测，因而对目标变化的细微信息难以准确地描述。

② 基于空间纹理特征。图像的纹理是图像灰度统计信息、空间分布信息和结构信息的反映，同时也是对图像空间上下文信息的描述，根据描述纹理的方法不同，典型的分析方法有利用梯度描述纹理和利用灰度共生矩阵描述纹理等。不同的物体有不同的纹理特征，因而它的变化必将引起其纹理发生变化，可以利用其空间纹理的变化来检测目标的变化。目标的变化使其空间纹理也发生了改变，进而通过空间纹理的比较来感知目标的变化，该方法需要选择合适的纹理描述方式，必须根据不同的目标纹理特征选择合适的描述纹理的方法。

4. 拓展的变化检测

遥感解译随着平台传感器研制、多星组网、数据处理等方面的不断提高，空间分辨率、时间分辨率、数据质量也得到了大幅提升，可更好地为现代农业、防灾减灾、资源环境、公共安全等重要领域提供信息服务和决策支持。近年来，变化检测的研究呈现应用广泛、数据多元、方法综合三个特点。变化检测同样体现了对有限感知数据的解释过程，随着应用需求的不断深化，精度和效率并重的变化检测需求将日益突出：一方面有着巨大的发展空间和应用前景；另一方面也面临理论方法与应用实践的严峻挑战。目前的变化检测技术，从方法上看主要停留在像元级的数据导引的方法，缺少知识导引的特征级变化检测方法，尚未充分利用多时相图像间的许多关联信息，更缺少自动的变化检测方法；空间数据和目标语义知识的挖掘方法，处于摸索阶段；变化检测中对多光谱和高光谱信息的利用刚刚起步，对结合 SAR、LiDAR 或其他矢量模型的分析方法仍然处于探索初期。

结合变化检测的应用特点，考虑到目前智能计算与自动处理的实际能力，相关研究中，以下问题值得重视：强调海量数据的快速筛选方法研究。感兴趣目标及其变化的快速筛选，逐步推向智能化、自动化、实时化，以解决实际应用需要，缓解人工处理压力；重视数据挖掘带来的知识导引。异质数据的互补潜力，多时相数据、超时相数据中隐含的大量相关信息，远未得到系统的分析与总结；应引入适当的人机交互处理。智能化处理定位不准，导致许多研究找不到直接支持情报生产的契合点，只要人工交互设计得当，符合流程特点，可以简单快捷并充分发挥人的能动性；多角度综合理论方法、领域技术及应用系统。形成集成的应用系统,综合利用先验信息、地理信息、专家-专业-专题信息等,在解决实际应用问题的同时,反过来进一步扩展目标识别与变化检测的理论研究内涵;关注实际应用中可以采用的性能评价问题。面向具体应用,从影响性能因素的提取、性能参数的测试和性能参数认定等方面,综合提炼评价指标体系,并进一步获得应用和研究部门协调认可。

以下方面的拓展有着广泛的理论研究意义和实际应用潜力[204]。

1) 从数据源角度拓展

遥感图像变化检测首先需要选择数据源。早年以双目可见光图像为主要数据源,目前变化检测所利用的数据源有多种,从搭载平台来看:有来自星载的卫星图像,有机载(有人机、无人机、飞艇等)不同飞行高度下的航拍图像。感知手段有全色、光谱、SAR、Lidar、红外图像等,以及 GIS、DEM 等其他数据类型。在数据的时相运用方面,有基于单时相图像、双时相、多时相图像、视频图像(时序分析)等。变化检测依据的数据类型方面,有图像间变化检测、以图像为主源辅助其他数据的变化检测、非图像数据与图像数据综合考虑的变化检测等。常规处理中,在数据选取时,考虑到检测区域的自然特征、光照及光谱信息等因素,最好选择同一传感器的数据,在时空上尽可能使数据减少物候和太阳高度角等因素引起的误差。

通过对比可知:基于单一模态的变化检测都或多或少受到数据精度、成像条件等制约,但是不同类型或模态的数据资源又具有其鲜明的感知特性差异。近期的研究探索表明,如果能将多种数据源进行融合,使得多源数据相互约束和互补(参见表 6-3[204]),可以提高变化检测的精度、丰富可挖掘的变化类型、拓展应用广泛性。

表 6-3　不同类型的遥感数据源特点对比

类别	优　点	缺　点	应　用
航拍影像	具有彩色信息、分辨率高、视场角大、可提供同一场景多角度影像、纹理丰富、能够反映建筑物等目标的结构信息	无法直接获取三维信息,受到光照、季节、阴影等条件影响、畸变相对大,不如卫星稳定、成本高	广泛应用在建筑物、公路、桥梁、枢纽等人造目标的变化检测
高分辨率卫星影像	具有经济、稳定性、实时性、影像清晰度高、可提供彩色、纹理等信息、较好地反映结构信息、应用范围广泛	数据量大、数据处理难度大且耗时、卫星影像视场角一般在 15°~20°之间,范围较小	广泛应用在各个领域,且通常与其他数据融合使用

续表

类别	优 点	缺 点	应 用
SAR影像	不受光照和天气等条件影响、具有多极化和一定的透射能力、分辨率分距离向和方位向、有大量强散射、可利用区域的非相似性和纹理均匀性	具有相干乘性噪声、低信噪比、易产生斑点噪声、目标边界比较模糊、斜视成像使得建筑物等目标结构形状不易直接区分	应用在需要高度信息、受天时天候影响的情况、对人造的目标揭伪、真假鉴别等
GIS	提供多源数据、集成分析、丰富的语义和非语义信息、适用复杂影像、可控、可靠性和通用性高	不同来源数据其精度度量常不一致、容易有精度损失、集成层次有待提高	一般与遥感影像融合对建筑物、地表地貌等的动态监测

从数据源角度，航空图像尤其是无人机倾斜摄影技术的快速发展，能够提供更加灵活、更清晰、更多元化的遥感图像，因此可以将倾斜摄影技术融入变化检测。充分利用多源数据，集成检测，互相弥补各类数据的不足，可提高变化检测的准确度，多源数据融合算法的改进以及基于融合图像和多时相遥感图像的变化检测是未来的重点研究方向。此外，由于变化检测主要依赖于二维信息的检测，随着三维重建技术的发展，利用三维数据对感兴趣地物进行变化检测也是值得期待，同步促进多源影像的三维重建技术以及空地一体化三维信息分析方法的研究。

2）时间序列上拓展

在数据的时相上，有单时相图像、双时相、多时相图像、时序分析策略（参见表6-4[204]）。随着应用需求的递进，多种应用已从定期的静态普查向实时动态监测方向发展，利用卫星对全球热点区域及目标进行持续监测，获取动态信息已经成为迫切需求。

表6-4 多时相遥感图像变化检测方法对比

类别	数据类型	方法原理	优 点	缺 点
单时相分类比较法	单时相多光谱或连续时相单波段影像融合成的多波段影像	把不同时相影像先分类再比较，进而分析变化区域及类别	简单、应用广泛，可以获得变化类别及时空分布	耗时耗力，地面验证工作难
双时相比较法	两个时相的多光谱影像或两个时间段长度相同的时序影像	多时相遥感影像两两组合直接进行变化检测，再进行判别分析	理论及其应用相对成熟，利用像素多特征融合，使得检测结果更加可靠	变化检测的指标规则、变化阈值难判定，对长时序影像处理能力不足

续表

类别	数据类型	方法原理	优点	缺点
时序分析法	单波段量化参数（多为同时相时序影像）	利用特征统计或影像变换等数学统计方法定量化分析地物在时序上的变化趋势和规律，再变化检测分析	有效挖掘时序变化信息，变化判别指标的制定更加容易，效率及精度较高	遥感数据要有一定的时间积累，对不同时序的影像不能利用统一的变化阈值判定变化区域及类别

特别指出的是由于视频卫星可获得一定时间范围内地物目标的时序图像，具备对运动目标的持续监视能力，该技术已成为遥感卫星发展的热点问题。视频卫星可满足对地表目标的动态监测需求，是静态遥感到动态遥感这一历史性跨越的桥梁。近期视频卫星的研究进展为实现这一目标提供了宝贵的数据源，进而推动卫星视频图像处理及应用技术的研究，并不断拓展其应用领域，也为变化检测与动态监视提供了更多拓展空间。

卫星视频预处理技术主要包含几何定标、辐射定标、视频稳像和超分重建等。任务目的在于：消除单帧视频图像几何和辐射畸变；借助于稳像技术保障视频每帧中静态目标帧间空间位置一致，辐射亮度一致；提升视频质量，保障图像几何精度和辐射质量稳定性。

卫星视频数据相对于一般卫星图像数据而言，其优点主要体现在一定的时间内获取同一区域多张图像数据，在时间维度上的信息更为丰富。经过预处理后的数据，可利用帧间数据耦合性，甄别地物静态、动态信息，进而给出动态目标的位置、速度和加速度等高价值特征，同时对静态目标区域的场景分布情况给出稳健估计，还可利用不同角度拍摄的图像数据进行精细三维重建，结合时-空-频多源信息综合解译有望实现对复杂情况的动态反演。主要应用领域有：①地面资源开发利用与动态监视，如城市交通、港口、车站等地面繁忙区域的动态监测以及低空开放后区域通航运行情况监视；②自然灾害全过程动态监测；③灾害诱发期、灾害发生、灾害发展、救灾与重建全过程动态监测，与其他传感器融合进行符合社会意义的经济参数动态反演；④军事行动保障，如热点地区、边境线连续监视、边境小规模冲突处置、突发性群体事件处置、中小型军事行动连续保障、军事训练演习保障等。

3) 从分析路径上拓展

在变化信息提取方面，引入一些新知识和模型，如引入马尔可夫随机场、人工神经网络、机器学习等方法。很多变化检测算法依赖高精度的图像分割技术，趋于采用多尺度分割、多数据融合分割以及多种算法相结合的图像分割方式。

以深度学习为代表的一系列智能处理方法越来越受到关注，并且在基于大数据的特征提取及分类方面展现了无可比拟的优势，把深度学习引入变化检测任务中，可以提取有别于人工特征的多级抽象特征，可以提高变化检测的自动化程度。

让深度学习模型高效融合时-空-频特征，像人类一样理解洞察某一事件的来龙去脉，并捕获其中的异常，仍然任重道远。需要充分结合深度学习机制和传统优化方法各自的优势，互为佐证或启发引导，以实现稳健可靠的变化检测。

6.3.3 多视点的数据分析

多视点的遥感图像，可以给解译任务带来以下拓展：①扩展观察范围，提高遥感应用的空间广域覆盖能力；②借助于多视点的透视分析，估计地物深度信息，并实现感兴趣目标的三维信息建模；③借助于多源信息的协同运用，深化地物三维信息的精细化理解，满足多样化应用。

1. 图像镶嵌技术

借助于多视点的有序数据融合，实现区域广度拓展观察，提高遥感图像的空间范围覆盖，这类宏观意义上的遥感解译分析离不开图像镶嵌技术（Image Mosaic）。当研究区超出单幅遥感图像所覆盖的范围时，通常需要将两幅或多幅图像拼接起来，形成一幅或一系列覆盖全区的较大图像，这个过程就是图像镶嵌。在数字图像分析领域，这一过程主要借助于图像拼接完成，该技术是将若干幅相互间存在重叠部分的图像进行空间匹配对准，经重采样融合后形成一幅包含所有图像信息的清晰无缝的宽视角场景的、完整的、高分辨率的新图像的技术。图像拼接技术主要有两个方法分支：基于像素到像素的直接方法以及基于特征的拼接算法。一般处理流程中，图像配准和图像融合是两个关键环节。

图像配准是图像融合的基础前提，是用来确定待拼接图像之间的重叠区域以及重叠位置的关键技术，参见 6.2.2 节关于图像配准方法的说明。进行图像镶嵌时，首先要指定一幅参考（基准）图像，作为镶嵌过程中对比度匹配以及镶嵌后输出图像的地理投影、像元大小、数据类型的基准；在重复覆盖区，各图像之间应有较高的配准精度，必要时要在图像之间利用控制点进行配准。两图（甚至多图）之间的几何变换参数求解问题，当采用单一的全局单应矩阵时，广域场景下得到的图像拼接效果不尽如人意，有可能出现误对齐以致伪影现象。借助于是网格多单应变换应用，可有效消除伪影，研究者从网格优化、多特征出发进一步尝试了消除伪影、降低透视失真、提升全局拼接后图像质量的方法。在非理想条件约束下的图像拼接，依靠不变特征以及多局部单应矩阵获得良好对齐效果的图像拼接技术值得肯定和研究。但应对复杂场景，拼接过程中出现的伪影、间隙、透视失真等问题仍然有待结合具体应用与约束条件解决和突破。

为便于图像镶嵌，一般均要保证相邻图幅间有一定的重复覆盖区。由于其获取时间的差异，太阳光强及大气状态的变化，或者遥感器本身的不稳定，其在不同图像上的对比度及亮度值会有差异，因而有必要对各镶嵌图像之间在全幅或重复覆盖区上进行亮度值的匹配，以便均衡化镶嵌后输出图像的亮度值和对比度。最常用的图像匹配方法有直方图匹配和彩色亮度匹配。

图像匹配及相互配准后，需要选取合适的方法来决定重复覆盖区域的输出亮度值，用于镶嵌的遥感图像具有一定的重叠度（如30%~60%），考虑到摄影时刻、拍摄位置以及摄影传感器畸变等因素的影响，重叠区域中的影像会存在几何和色度（调）上的不一致。此时如果不采用最优的接缝线进行镶嵌处理，生成的镶嵌结果就不能反映地物的真实情况。简单的处理策略有，取覆盖同一区域图像之间：①平均值；②最小值；③最大值；④指定一条切割线，切割线两侧的输出值对应于其邻近图像上的亮度值；⑤线性插值，根据重复覆盖区上像元离两幅邻接图像的距离指定权重进行线性插值，如位于重复覆盖区中间线上的像元取其平均值。复杂的策略有：借助于接缝线的自动生成技术实现。在有些文献中也被称为接缝线的自动检测或者镶嵌线的自动生成。接缝线自动生成就是在图像重叠区确定接缝线时，使接缝线尽量避免穿越图像重叠区域中差异较大的区域，确保镶嵌图像中地物的完整性及色度（调）一致性，从而保证镶嵌处理的质量。接缝线自动生成方法有基于重叠区影像差异的方法、基于同名点的方法、基于辅助数据的方法以及基于形态学的方法等。

要实现高精度的图像镶嵌是相当复杂的，往往伴随大量的时间和计算量。随着获取高精度的航空航天遥感图像技术的快速发展，特别是近几年高分辨率的遥感图像的广泛应用，亟待探索满足精度和速度要求的图像镶嵌自动化和半自动化技术，结合地理信息系统和数据的广泛应用，推动当前由"数字地球"向"智慧地球"的发展。

2. 双目立体分析技术

双目立体视觉技术模仿人眼视觉系统对现实世界进行三维感知，通过两幅不同视角下的图像进行立体匹配获取视差/深度信息。相比于主动式感知技术（激光扫描、结构光扫描等），双目立体视觉技术具有设备简单、成本低和效率高的优势，因此双目立体匹配技术在数十年里一直是计算机视觉领域中的热点问题，并且获得了一系列的进展。

双目立体视觉测量是基于视差（Disparity）原理，由多幅图像获取物体三维几何信息的方法[206]。在计算机视觉系统中，双目立体视觉测量一般由双摄像机从不同角度同时获取周围景物的两幅数字图像，或由单摄像机在不同时刻从不同角度获取周围景物的两幅数字图像，并基于视差原理即可恢复出物体三维几何信息，重建周围景物的三维形状与位置。

双目立体视觉测量有时简称为体视测量，是人类利用双眼获取环境三维信息的主要途径。随着计算机视觉理论的发展，双目立体视觉测量在工业测量中发挥了越来越重要的作用，具有广泛的适用性。

双目立体视觉测量是基于视差，由三角法原理进行三维信息的获取，即由两个摄像机的图像平面（或单摄像机在不同位置的图像平面）和被测物体之间构成一个三角形。已知两摄像机之间的位置关系，便可以获取两摄像机公共视场内物体特征点的三维坐标。双目立体视觉测量系统一般由两个摄像机或者由一个运动的摄像机构成，如图6-12所示。

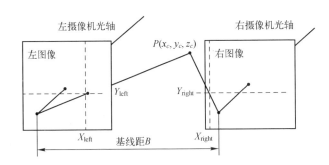

图6-12 双目立体成像原理

两摄像机的投影中心连线的距离，即基线距为 B。两摄像机在同一时刻观看空间物体的同一特征点 P，分别在"左眼"和"右眼"上获取了点 P 的图像，它们的图像坐标分别表示为 $p_{\text{left}} = (X_{\text{left}}, Y_{\text{left}})$，$p_{\text{right}} = (X_{\text{right}}, Y_{\text{right}})$。假定两台摄像机的图像在同一个平面上，则特征点 P 的图像坐标 Y 坐标相同，即 $Y_{\text{left}} = Y_{\text{right}} = Y$，则由三角几何关系得到

$$\begin{cases} X_{\text{left}} = f \dfrac{x_c}{z_c} \\[2mm] X_{\text{right}} = f \dfrac{(x_c - B)}{z_c} \\[2mm] Y = f \dfrac{y_c}{z_c} \end{cases} \qquad (6-9)$$

则视差 Disparity = $X_{\text{left}} - X_{\text{right}}$。由此可计算特征点 P 在摄像机坐标系下的三维坐标为

$$\begin{cases} x_c = \dfrac{B \cdot X_{\text{left}}}{\text{Disparity}} \\[2mm] y_c = \dfrac{B \cdot Y}{\text{Disparity}} \\[2mm] x_c = \dfrac{B \cdot f}{\text{Disparity}} \end{cases} \qquad (6-10)$$

因此，左摄像机像面上的任意一点只要能在右摄像机像面上找到对应的匹配点（二者是空间同一点在左、右摄像机像面上的成像点），就可以确定出该点的三维坐标。这种方法是点对点的运算，像面上所有点只要存在相应的匹配点，就可以参与上述运算，从而获取其对应的三维坐标。

以上仅给出简单的平视双目立体视觉三维测量原理，一般情况下，对两个相机的摆放位置不做特殊要求，借助于图像匹配，仍然可以通过估计相机之间的透视变换模型，结合相机参数求解空间物体点的三维空间坐标。具体方法在计算机视觉及视觉测量等文献中有详细说明，在此不做赘述。

实际应用中，点 P 在左右摄像机投影平面上的像素点大多数是不能在同一极线平面上的，同时受光照、遮挡等外部因素的影响，立体视觉系统无法达到理想情况，为了提高立体匹配的稳健性，一般借助于约束条件，如极线约束、唯一性约束、视差连续性约束、顺序一致性约束、相似性约束等提高视差提取精度。

立体匹配的传统策略[208]有：全局立体匹配算法，主要利用图像本身和邻域像素点信息，通过约束条件完成有效匹配，计算效率较低；局部立体匹配算法，主要是利用图像的灰度信息施行匹配，算法复杂度相对低，但对低纹理、遮挡、深度间断等情况，匹配效果并不理想。

近年关于立体匹配的研究中[207]，采用卷积神经网络代替传统匹配算法中

的一个部分或多个模块,实践了一些非端到端的估计方法,效果良好,但其或多或少都依赖于手工设计的约束方程和后处理步骤来实现,在计算复杂度、感受野受限、全局信息利用方面,尚存在难点。另一类处理思路,直接采用端到端的立体匹配技术。端到端的视差估计网络可以无缝结合立体视觉流程中各步骤,直接从双目图像中估计出完整且稠密的视差图。通常,视差估计网络的结构可以分为两类:①二维卷积层组成的编码器-解码器的层级优化结构;②三维卷积层组成的正则化网络结构。一般而言,二维卷积网络的运行速度更快,而三维卷积网络的预测精度更高。端到端的立体匹配算法在众多应用中已取代了非端到端的立体匹配算法成为主流。尽管端到端的立体匹配算法能够同时结合局部信息与图像的全局信息进行视差估计,但是这些算法依旧很难在无纹理或低纹理区域、物体边缘和细小结构上取得令人满意的效果。

3. 无人机多任务模式侦察

传统航空摄影测量方式不能有效提供人造地物,如建筑物、桥梁、交通枢纽等立面纹理与结构信息,在人造地物密集区会有遮掩等问题。近年来发展迅速的倾斜摄影技术在获取顶面纹理的同时,其搭载的倾斜相机能够同时获得地物的侧面纹理,具备了传统的航摄相片和地面影像的双重优势,极大地降低了地表尤其是对感兴趣人造地物三维重建的成本,提升了重建效率和效果。

倾斜摄影是空域图像融合的一个典型应用。倾斜摄影可以同时从垂直、倾斜等多个角度采集高分辨率航空影像,可以用于解决传统的建筑物"屋檐改正"难题和人工地物侧面纹理的自动提取等问题,弥补了传统航空影像获取和应用上的不足[208]。

一种常用的配置是依靠无人机平台悬挂五个可见光相机,按照事先规划好的任务航线,对目标区进行往返观测。五个相机既有垂直安装的,也有倾斜安装的,垂直安装的相机可以获得目标区域顶部的图像,倾斜安装的相机可以获得目标区域侧面的图像,这些图像之间要求具有较大的重叠度(通常超过30%)。空域融合的技术原理基本流程如下:首先根据飞行参数、图像数据等计算稠密点云;然后对点云进行简化以构建三角网(Triangulated Irregular Network,TIN);最后进行图像的匀光匀色并为每个三角面片贴上纹理图像,最终形成目标区域的带真实纹理图像的整体三维模型。

从图像情报解译的角度来看,倾斜摄影融合了目标的顶面和侧面信息,并构建了三维模型,能够极大地减轻地物三维解译识别的难度。多角度相机配置可形成的如下解释优势:一是目标的高度信息准确,避免了以前靠阴影等测量高度带来的不确定性;二是目标形状信息全面准确,可提取的形状特征丰富;三是目标侧面信息完整,对于顶部伪装或者隐蔽措施具有一定的揭露作用;四是可以准确定位目标的出入通道位置。存在的问题包括:一是倾斜摄影要求制空权和良好气象为保障,对抗条件下难以稳健应用;二是倾斜摄影数据处理过程复杂、耗时较长,与图像情报追求的高时效性要求有差距;三是所建立的目标三维模型需要专门的解译识别系统为支撑,而且从连续的三角网中划分出"单体"需要专门技术来支撑。

伴随着无人机技术的快速发展,巧妙运用其成本低、操作灵活、数据地面分辨率高、受天气影响小等特点,结合其他数据资源获取的三维信息(如高分辨率的星载机载光学影像、SAR 与干涉 SAR 数据、激光雷达数据等),势必为地物的三维理解提供更有效的分析依据。加速开展联合倾斜影像在内的多源遥感数据的一体化数据获取与协同处理理论方法研究迫在眉睫。这其中主要涉及倾斜摄影、地面近景摄影、激光雷达等多源遥感数据及各种辅助数据的密集型计算、数据融合与知识挖掘等交叉学科及技术的研发。

第 7 章
计算机辅助图像分析方法

海量数据的逐年激增，使得仅依赖人工完成遥感判读任务变得越来越艰巨，其时效性、客观性、规范性、协同性方面均出现了困难，迫切需要计算机作为高效信息处理工具来辅助完成遥感图像的解译判读任务。根据前面章节的介绍，参考 2.1.1 节关于目标概念和特征的概括，人工判读时关注的目标特征，涉及物理特征、环境特征、功能特征和认知特征等系列要素。如何将人类总结抽象的宝贵知识经验，与图像的数字化处理、测量和语义表述紧密结合起来，离不开基础的图像分析方法。

计算机辅助的遥感图像分析方法，脱胎于数字图像处理、图像分析理解中的大量技术和经典方法，在面向不同目标或地物解译任务时，具体算法有着丰富多样的演变技巧和拓展策略。本章从基础的计算机辅助工具入手，甄选组织以下内容：侧重于图像处理，分别介绍单源图像的增强技术与算法、多源图像的增强技术与算法、图像数据基本统计工具及图像质量评价方法；侧重于图像分析，分别介绍图像常规特征、面向对象的图像特征、智能机器学习图像特征三个方面的特征提取方法。

7.1 图像数据增强技术与算法

7.1.1 图像增强技术与算法

1. 单源图像的图像增强

图像增强和变换是为了突出相关的专题信息，提高图像的视觉效果，使分析者能更容易地识别图像内容，从图像中提取更有用的定量化信息。前者侧重于图像增强,后者侧重于变换和主要的特征信息提取。图像增强和变换通常都在图像校正和重建后进行,特别是尽可能消除原始图像中的各种噪声,否则分析者面对的只是各种增强的噪声[13,20,124,193,194]。

直方图对于图像增强很有用,通过改变图像中数字值的范围,并利用直方图来表示,可以对图像数据进行各种增强处理,从而增强或扩展图像视觉显示效果。因此,理解图像直方图的概念对于理解图像对比度增强很关键。图像增强处理的一个重要参考依据就是灰度直方图。图像灰度直方图是一张图像灰度值分布情况的统计图形表示。一般的,x 轴表示灰度值(如采用 L 表示为灰度等级最大值。对于 8 比特图像,灰度值为(0~255),$L=256$),y 轴表示该图像中每一灰度值出现的频率(或累计数)。任一给定的图像有唯一的灰度直方图,反之并不成立。这也意味着,极不相同的图像内容可以有相同的直方图统计表述。直方图可以使分析人员快速了解图像数据的分布情况。直方图的分布类型一般包括正态分布、双峰分布或倾斜分布等。

图像增强和变换按其作用的空间一般分为光谱增强和空间增强两类。

1) 光谱增强和变换

光谱增强和变换对应于每个像元,与像元的空间排列和结构无关,因此又称点操作。它是对目标物的光谱特征或其他感知类型量化幅度值以像元对比度、量化灰度间隔的亮度比进行增强和转换。光谱增强和变换主要包括对比度扩展、直方图均衡、匹配和彩色增强等。

(1) 对比度扩展。以典型的 0~255 灰度级量化为例,灰度直方图覆盖了整个动态范围,且分布均匀,往往表现出了图像的良好对比度。如果存在直方图窄峰或直方图两端的空白区域较大,则表明许多可能的灰度级未被合理用到。通过拉伸对比度,将像素值被重新分配到整个灰度量化级的范围,可以有效改善图像的能见度,尤其是主观视觉观察解译任务中。

如果图像具有足够的不同亮度级来揭示目标或感兴趣区域的重要特征,那么线性对比度扩展是一种以增强观看者视觉辨别能力的可行方法。更重要的是,通过将亮度范围在不同成像条件下获取的图像都调整到相同扩展后的对比度范围,就可使得直接对比它们成为可能。

对像素亮度的控制,可以用一个为每个像素的原始灰度值与一个处理后灰度值相关联的灰度变换函数又称传递函数来描述,图像灰度变换函数示例如图 7-1 所示。如果这种关系是一对一的,那么对于每个像素原始值存在相应且唯一的处理值（尽管视觉上不一定可辨别）。在某些情况下，使用非一对一关系的传递函数有优点，且有必要：几个原始灰度值用相同的结果值显示，以便使其他原始值可以进一步展开来增大某个特定灰度范围的视觉灰度差异或可分辨性。

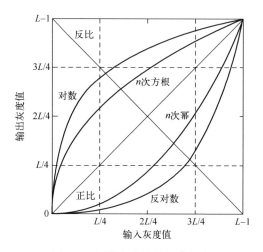

图 7-1　图像灰度变换函数示例

最常见的一类传递函数是遵从某种简单数学关系的显示亮度与存储亮度的关系曲线（如对数变换或指数变换）。上凸伽马曲线会压缩刻度范围内亮端的显示亮度，同时扩展暗端的显示亮度。下凹伽马曲线则与此相反。

对数变换的一般形式为

$$g(x,y) = a + \frac{\ln[f(x,y)+1]}{L \cdot \ln c} \tag{7-1}$$

指数变换的一般形式为

$$g(x,y) = b^{c[f(x,y)-a]} - 1 \tag{7-2}$$

式中：$f(x,y)$ 为坐标 (x,y) 对应的原始灰度值，$g(x,y)$ 为变换后灰度值。a,b,c 为控制参数。

（2）直方图均衡。除标准数学函数外，有时需要为特定图像构建传递函数。与上面给出的任何函数不同，构建传递函数的目的是提供可重复并有最优结果的一种专用算法。最常用的是直方图均衡。

过程如下：如果亮度值的范围为 0~255，那么对于原始图像（及其直方图）中的每个亮度级 j，新赋的值 k 为

$$k = 256 \cdot \sum_{i=0}^{j} \frac{N_i}{T} \qquad (7-3)$$

式中：求和（通过对直方图积分）用于计算图像中亮度等于小于 j 的像素数量，T 是图像像素总数（或直方图下的总面积）。均衡只是直方图形状调整的一个例子。通常也会用到其他的特定形状约束来均衡待分析的图像。

很多应用中不需要对整幅图像或全景数据进行操作，不管是简单线性拉伸、预定数学传递函数还是直方图形状调整。增强原始图像的一部分而非其全部，在不同类型的结构或场景中非常有用。可人为或基于某类分析准则，或机器筛选感兴趣的内容，选取图像局部区域来突出其局部细节。

修改图像内所选区域的直方图，可以显著改善细节局部可辨性，但也会改变亮度和结构间的关系。在大量机器解译的任务中，感兴趣的地物或目标其某种特性相关联的像素灰度分布如果具有规律性，可结合这类规律提取特征快速分类，因此这里的全局策略或局部策略，均以不破坏地物或目标的分布规律为设计前提。

（3）彩色增强。对图像进行彩色增强的起因主要有两点：①颜色是一个很强的描述因素，它可以简化目标识别和信息提取；②人眼能够区分几千种颜色，而能够区分的灰度级很有限，只有几十级。

彩色增强可分为真彩色增强、伪彩色增强和假彩色增强。真彩色图像的颜色看上去与目标的实际颜色一致，而伪彩色和假彩色图像的颜色看上去与目标的实际颜色不同。真彩色图像增强是指把在红、绿和蓝谱段获取的图像分别给它们赋予红、绿和蓝色来合成彩色图像。多数航天航空光学遥感图像的量化位数为 8 bits 或更高，即图像的灰度级数可达 256 级以上，而人眼能够区分的灰度级数只有几十级。如果按照某种对应关系把灰度图像变成彩色图像，则可以提高人眼对目标的识别能力。

伪彩色增强处理可以概括为：把灰度图像中每一像素的灰度值按照某种函数关系映射为彩色图像三个基色的分量值，通过彩色显示就得到伪彩色图像。

假彩色增强处理是指将彩色图像或同一目标的多光谱图像映射到色彩空间。在航天光学遥感领域，假彩色增强用得很普遍，其中比较典型的假彩色图像为给近红外谱段赋予红色、红光谱段赋予绿色、绿谱段赋予蓝色。例如，对于陆地卫星 TM 在谱段 3，2 和 1 获取的图像，如果在图像合成时分别给它们赋予红、绿和蓝色，就可以得到真彩色图像。得到的图像看上去与彩色照片相像。

（4）阈值分割。阈值处理（Thresholding）的算子选取一些具有特定值，或特定范围内的像素。它可以用来找出图像中亮度级（或给定范围）已知的目标。这说明目标的亮度也必须已知。阈值处理分为均一阈值处理和自适应阈值处理两种主要形式。在均一阈值处理（Uniform Thresholding）中，将大于一个特定亮度级的像素设为白色（前景），小于该亮度级的像素设为黑色（背景）；或设定一个亮度值范围，只要像素灰度值落入该范围，就将其归为白色（前景），否则为黑色（背景）。通过这样的处理，往往可以把感兴趣的部分从背景中分离出来，这一步骤有助于提取感兴趣目标点集。显然，均一阈值处理需要灰度级知识，否则目标特征在阈值处理过程中可能被硬性忽略或部分性删减。

自适应选取阈值的处理方法众多，一般是基于统计意义或人工设定的准则，寻找最优阈值（Optimal Thresholding）。Otsu方法（又名大律法，或称最大类间方差法）是应用广泛的一种方法，其基本思想就是借助于直方图分析，以背景-目标两类分布为假设，最优阈值是两类分离方差最大时的对应的灰度等级，其他典型的方法有基于其他错误代价、结合类内方差最小-类间方差最大、基于模糊度量或最优基准的多样化策略，还有一些特殊方法，专门研究针对具有单峰直方图（只有一个峰值）的图像进行阈值处理，这些方法通常基于统计模式识别的某些分类规则约束，结合统计特性对阈值处理的目标进行有目的分类等。

基于两类假设的简单二值化操作，很容易扩展到局部自适应方法。不过，它们很少直接用于大场景（或大图幅）遥感图像解译，一个重要的原因如果不是专门针对某目标的切片图像，图像展示的场景中存在多类型多尺度多个目标，不同的应用需求可能对应的兴趣目标都不尽相同。复杂场景中，遥感图像的遮挡、阴影、形变等因素，都会干扰分割任务的有效完成。因此需要更精细的优化准则结合恰当的度量来分析和提取个体目标相关的感兴趣区域。

一般的，完成二值化阈值处理后，可借助于形态学算子处理填充轮廓上的空洞或去除边界上或边界外部的噪声、孤立点等。

2）空间增强

空间增强主要集中于图像的空间特征或特定空间结构，即考虑每个像元及其周围像元亮度之间的关系，从而使图像的空间几何特征如边缘、目标物的形状、大小、线性特征等突出或者降低，其中包括各种空间卷积滤波、傅里叶变换，以及比例空间的各种变换如小波变换等。

卷积滤波的基本操作是在图像上使用一个移动窗口。对输入的像元在一个窗口内执行运算，计算值被放到输出图像的相同位置，也就是输入图像窗口的中心位置，然后窗口沿着同一行内从左至右逐一像元移动，以处理下一个输入像元的邻域图像数据，窗口内的后续计算是不变的。当一行图像处理结束后，窗口会移到下一行，从上至下按序重复进行处理。在移动窗口内几乎可以采用任何函数进行编程计算。任何图像都是由不同尺度的空间信息组成的，不同尺度的模板会带来不同的处理结果。

常规的数字图像处理中的图像平滑、图像锐化、多种梯度算子提取的边缘图像等策略均可以理解为某种用途的图像增强。

（1）噪声抑制。由于每个探测器灵敏度的固有变化及放大率的变化、电子转移过程中的损耗及随机热噪声。有些噪声是遍布图像的固定模式，有些噪声则是叠加在图像数据上的随机"斑点"噪声。

从成像和应用两个环节来分析有关构像质量的影响因素[37,124,176]。从成像角度，引起图像质量下降的原因主要有：①传感器自身的因素，传感器仪器本身产生的误差，由于多个检测器之间存在差异，以及仪器系统工作产生的误差，如导致接收图像不均匀、产生条纹和"噪声"、聚焦不良造成的散焦模糊、摄像装置和景物的相对运动造成的运动模糊、成像系统的像差、畸变造成的失真、一般由生产单位根据传感器参数予以校正；②大气影响因素，如太阳辐射、大气湍流、云层遮挡等造成的遥感图像失真，以吸收和散射带来的影响最为显著。目前主要的遥感辐射校正方法是针对这种定量分析进行的。

从应用角度，不同的场合和条件带来构像质量的差异，这表现在：①成像时段、天候因素；②传输与编码过程带来的干扰，数字化与数模转换造成的失真、有限带宽造成的失真、成像系统自始至终存在的噪声干扰、压缩引入的伪影，如块效应、振铃效应等；③图像预处理算法带来的影响；④不同融合增强策略带来的结果差异。

综合起来[195]，一般常见的构像质量失真现象包括模糊、随机噪声、结构性噪声等。对于自然图像而言，最常见的失真现象还是模糊和随机噪声。另外，图像的对比度太小或太大会使图像的细节不清楚，导致图像的质量下降。因此围绕对比度、模糊、噪声这几个因素是设计图像质量评价的出发点。大部分研究工作从两个方面着手：基于全局图像质量的评估方法与强调局部图像质量的评估方法。

一般情况下，图像的降质过程可表示为

$$g = Hf + n \quad (7-4)$$

式中：g、f 和 n 分别表示由观察到的降质图像、原始图像和降质过程所引入的加性噪声按照行串接改写成的矢量。H 为由降质系统点扩展函数 h 所构成的矩阵。当点扩展函数 h 为空间线性不变时，H 为一个分块循环的 Toeplitz 矩阵，此时图像的降质模型可以采用卷积形式来表示，即

$$g = h * f + n \quad (7-5)$$

式中：$*$ 为空间的二维卷积运算；g 和 f 为图像大小的二维矩阵。空间卷积的结果使得图像的清晰度下降，降低了图像的分辨率。

在一幅图像可以表示实际获得最佳质量的假设下，抑制噪声可以有效提升目标对应特征的主观可见性或便于机器做更有利于算法处理的区分度。大部分方法的基本假设是，图像中像素的尺寸远小于与目标相关的任何重要的细节，且对出现的大部分像素而言，其邻域像素代表相同的结构或灰度分布。基于这些假设，就可以应用不同的求平均法和比较法。

对于一般光学图像的加性噪声，采用低通滤波器可以抑制噪声。这类滤波器往往体现为一定窗口尺寸对应的邻域加权平均类模板。

$$P^*_{x,y} = \frac{\sum_{i,j=-m}^{+m} W_{i,j} \cdot P_{x+i,y+i}}{\sum_{i,j=-m}^{+m} W_{i,j}} \quad (7-6)$$

式中：$W_{i,j}$ 为权值，$P_{x+i,y+i}$ 对应 $[-m,m]$ 的邻域内的各个原始图像像素，$P^*_{x,y}$ 为卷积核对应的中心像素输出。窗口尺寸可以为 3×3，5×5，7×7 等。邻域尺寸越大，降噪效果越好，常见的噪声滤波，在于移除高频部分，但也伴随着明显的特征边缘模糊现象。因此，设计中既可以采用 1 权值也可以非 1 权值，即

$$\frac{1}{9}\begin{bmatrix} 1 & 1 & 1 \\ 1 & 1 & 1 \\ 1 & 1 & 1 \end{bmatrix} \qquad \frac{1}{16}\begin{bmatrix} 1 & 2 & 1 \\ 2 & 4 & 2 \\ 1 & 2 & 1 \end{bmatrix} \quad (7-7)$$

对应频率域，窗口中的对应像素权值设置可参考高斯核的形状。通过逼近高斯曲面来设计权重，计算公式为

$$G(x,y,\sigma) = \frac{1}{2\pi\sigma^2} \cdot \exp\left(-\frac{x^2+y^2}{2\sigma^2}\right) \quad (7-8)$$

式中：x 和 y 为到核的中心的距离，单位为像素。核的大小是中心像素两边的标准差的 3 倍，故添加另一行值将往矩阵中插入微不足道的小数字。这些核的标准差为包含这些系数 68%的综合幅度的半径（以像素计）。随着标准差的增加，高斯曲面形状逐渐由尖峰到平缓的扁峰，由此对应不同类型的权值。权重矩阵的快速算法在此从略。

平滑滤波器确实可以降低随机噪声，基本假设是邻域中的所有像素都表示相同值的多个样本，即它们都属于同一结构或物体。但以上假设在边缘和边界处并不成立，且上面所示的所有平滑滤波器会模糊边缘并使边缘移位，会影响进一步的细节分析或目标解译。加权平均是一种卷积运算，这种运算是一种典型的线性运算，综合运用邻域中的所有像素，在继承原始图像信息上相对有利。

在空间域，对邻域也可执行其他的降噪处理操作。这些操作可以不是线性的，且在频率域没有等效的操作。较为广泛使用的方法是根据灰度值对邻域中的像素进行邻域排序。排序后像素的中值（也即原始像素值）用作中心像素的输出值类似核运算的操作，如此扫描图像可以得到一张新图像。中值滤波器是某些常见噪声类型（包括随机叠加的变化，以及导致图像中像素毁坏或丢失的冲击噪声）的极佳抑制器。如果某个像素包含一个极值，则用一个"合理"值（邻域中的中值）来代替它可有效消除这类"坏"像素。中值滤波可以较好地保持边缘锐度，且不宜使边界移位。

其他的邻域降噪方法，试图实现中值滤波器某些优点并对邻域值的简单平均的一个改进，是所谓的奥林匹克滤波器。名称源于奥林匹克运动会项目评分规则，即去掉最高分和最低分，然后对剩余分数取平均。对邻域中的像素值也可进行同样的处理。去掉极端值，可以消除散粒噪声，对剩余的像素值取平均值，赋值为新的亮度值。

不同于传统的可见光图像处理，其他类型成像传感器因探测机理带来的噪声，往往需要更加结合噪声成因设计更加有针对性地去噪策略。

例如，SAR 成像中的相干斑抑制[36,39]。根据数据不同，采用的策略一般包括三类：

① 多视平均处理方法。即平均几幅由同一合成孔径的不同分段形成的、不相干的 SAR 图像，以得到相干斑抑制的 SAR 图像。该方法的缺点是会使图像的空间分辨率降低，并且相干斑噪声的抑制也并不理想。

② 空间域处理方法，即利用图像像素间的空间相关性来对相干斑进行滤波，以抑制相干斑。空域的处理方法常见的有均值滤波器、中值滤波器、J. S. Lee 的局部统计滤波器、最大后验（Maximum A Posteriori，MAP）滤波器、最小均方误差滤波器（Mininum Mean Square Error，MMSE）、Sigma 滤波器和形态滤波器等。同样该方法也会降低空间分辨率，使图像变得模糊，但如采用自适应窗口或结合结构检测等则可以部分地减少空间分辨率的降低。

③ 多极化、多频段、多时段的处理方法，该类方法的特点是组合多种因素所包含的信息（包括各因素所含信息及因素之间的联系所呈现出来的信息），综合考虑以期得到更好的相干斑抑制的处理方法。该类方法有 Novak 和 Burl 提出的极化白化滤波器（Polarimetric Whitening Filter，PWF），在此基础上导出的用于多视情况的多视极化白化滤波器（Multilook Polarimetric Whitening Filter，MPWF），J. S. Lee 的最优权值滤波器（Weighting Filter）和矢量滤波器（Vector Filter）等。

(2) 边缘锐化。

这类处理考虑一个重要事实，即人类视觉系统本身会关注于边缘而忽略均匀区域。抑制是发生在眼睛本身内的一个过程。视网膜内部神经元间的连接，会按照其邻域来抑制一个区域的输出。这种能力是视网膜所固有的。直接连接到视网膜传感器的是两层处理神经元，其功能类似于拉普拉斯运算。

$$\frac{1}{9}\begin{bmatrix} -1 & -1 & -1 \\ -1 & +9 & -1 \\ -1 & -1 & -1 \end{bmatrix} \tag{7-9}$$

参考式（7-9）的模板，该核通常称为锐化算子，因为它会在边缘处增大图像的对比度。通常采用高通滤波也可以获得好的图像中的高频分量。后文在特征提取工具中用到的大量边缘检测算子，可以视为通过一阶差分、二阶差分等策略提取图像中的高频分量。

提高细节和边缘可见性的一种更常用方法是反锐化掩模。对于使得图像看起来更清晰的技术来说。反锐化掩模的计算机实现通常对图像的副本应用高斯模糊，然后再从原图中减去它。如同对拉普拉斯算子一样，结果通常加回原图，以强调边缘和细节，同时保留一些整体的图像对比度。该处理增大轮廓和边缘的局部对比度。应用反锐化掩模算子可增加细节的可见性，同时抑制亮度的整体变化。

与反锐化掩模密切相关，这一技术的通用形式是，从一幅具有不同平滑度的图像中减去该图像平滑后的版本。这称为高斯差（Difference of Gaussian，DoG）方法，Marr 认为该方法类似于人类视觉系统对边界和其他特征的定位方式。DoG 实际上在形状上也与用到的另一个函数一致，即高斯拉普拉斯算子或 LoG（Laplace of Gaussian，LoG）也称为 Marr-Hildreth 算子。DoG 技术在其抑制图像中随机像素噪声变化的能力上，优于反锐化掩模。使用具有适当但较小标准差的一个高斯核平滑图像，抑制高频噪声，进行第二次高斯平滑（具有更大的标准差，一般是第一次的 3~6 倍）消除噪声和重要的边缘、线和细节。然后仅保留两幅图像间那些大小介于两个算子间的结构（线、点等）的差。如果说拉普拉斯算子和反锐化掩模可视为高通滤波器，则 DoG 更恰当地视为带通滤波器，因此它会保留所选范围的频率。

（3）形态学处理。

数学形态学（Mathematical Morphology）基本思想是利用一个结构元素（Structuring Element）来收集图像的信息。当该结构元素不断在图像中移动时，便可考察图像各个部分间的相互关系，从而了解图像各个部分的结构特征。作为探针的结构元素，可以直接携带如形态、大小以及灰度和色度信息等的知识来探测所要研究图像的结构特点。

数学形态学的基本运算有腐蚀、膨胀、开启和闭合。

例如，针对阈值分割形成的二值图像，形态学运算对象是集合，设 X 和 B 为 n 维欧式空间中的点集，一般 X 为图像集合，B 为结构元素。

用结构元素 B 对图像集合 X 进行膨胀运算定义为：

$$X \oplus B = \{x : x = a+b, \text{对于任意 } a \in X \text{ 或 } b \in B\} = \cup_{b \in B} X_{bi} \qquad (7\text{-}10)$$

膨胀后图像集合是结构元素 B 在图像 X 所有目标元素位置上平移后点的轨迹。膨胀运算在数学形态学中的作用是把图像周围的背景点合并到物体中。如果两个物体足够近，那么通过膨胀运算可以把它们连在一起。膨胀运算常用于填补图像分割后物体内部的空洞。

用结构元素 B 对图像集合 X 进行腐蚀运算定义为

$$X \ominus B = \{x : x = x+b, \text{对于任意 } b \in B\} = \cap_{b \in B} X_{bi} \qquad (7\text{-}11)$$

腐蚀后图像集合是把结构元素 B 平移后放于图像 X 的某个位置上，当 B 上各点都与 X 上相应点重合时，B 的原点位置的轨迹。腐蚀在数学形态学运算中的作用是消除物体边界点，可以把小于结构元素的物体去掉。通过选择不同大小、形状的结构元素，就能去掉不同大小的物体，在图像处理中可以滤除噪声。当结构元素足够大时，腐蚀还能去掉两个物体间细小的连通。

将膨胀和腐蚀运算联合使用，就得到开运算和闭运算：

$$XoB = (X \ominus B) \oplus B \tag{7-12}$$

$$X \cdot B = (X \oplus B) \ominus B \tag{7-13}$$

开运算对图像 X 先腐蚀后膨胀，其结果是 X 中恰能完全包含 B 的部分，从而去掉图像上的微小连接、毛刺和凸出部分；与开运算相反，闭运算是对图像 X 先膨胀后腐蚀，可以去掉图像中的小孔和凹部并连接局部缝隙。

2. 多源图像的融合增强

数据增强处理的一般特点是通过处理来人为增强数据的一部分特性，突出数据的可视性或者面向某种专门用途，以更方便人或者机器去对数据做判断和理解。本部分介绍的方法，可以结合 6.3.1 节的多种融合实例对比理解。图像增强随着研究对象的拓展，有着广泛的应用，也是数据增强研究的主体。前面已给出典型的图像增强有图像对比度的增强，直方图均衡化增强，图像的线性拉伸、变换等。

图像融合增强是建立在多源图像基础上的[13,20]。随着现代信息技术的发展，可以获取和利用的图像资源在急剧增加。由于成像原理不同和技术条件的限制，任何单一图像数据必然存在一定的适应范围和局限性，都不能全面反映场景及其中目标对象的所有特性。

图像的融合增强主要指将多源图像融合形成一幅增强的、汲取了不同源图像特色的新图像，获得仅仅从单一图像无法获得有关场景的新描述。显然，对多源图像的融合可以克服单一图像存在的局限性，提高多源图像的使用效率，有利于物理现象和事件的定位、识别和解释。多源图像涉及的图像范围比较广：可能来自多种不同的成像传感器、不同视点的同类型成像传感器、同类型不同波段的成像传感器和同一成像传感器的多焦距的图像等。图像融合增强是典型的像素级融合。多源图像信息融合技术广泛应用于军事、计算机视觉、医疗诊断及遥感应用等领域，军事方面的应用尤为突出。

融合增强的方法设计往往与其应用目的息息相关，典型应用有：①减少噪声，即通过求几个图像的平均值提高信噪比；②提高空间分辨率（超分辨率）；③扩展空间域，如图像拼接；④提高数值分辨率和扩展数值范围（增加动态范围）；⑤定性扩展（Qualitative Extension）图像值，如配准不同光谱波段的图像到一个向量值（多光谱）图像；⑥高维图像可视化（多光谱和超光谱）的伪彩色图像；⑦融合不同源的图像（成像原理不同的设备所生成的图像），强化某类特殊的目标或对象特征或细节，如红外图像与可见光图像、SAR 图像与红外图像。面向细节多源图像的可视增强，是利用多源图像中的互补信息生成一幅增强的融合图像，融合图像的细节要比多源图像中任何一幅都突出。

在多源图像配准后，可以采用的典型融合处理方法有：基于空间域简单代数方法、基于变换域的融合方法、多尺度的空域融合方法等。复杂的融合增强方法，往往是基于上述方法的基本分析思路，又进一步从传感器感知模型、视觉认知规律出发，结合其他统计或结构分析给出不同的方法设计。

1) 空间域简单代数运算融合方法

这类方法建立在基于图像空间像元的直接融合计算上，所用方法有平均、加权或者最优选择等。平均方法直接以原始多源图像对应像元的平均值作为融合后的像元值；加权则根据一定的先验信息将不同的原始图像的对应像元值进行加权，以加权和作为融合后的像元值；最优选择是一种特定的加权方法，选择参与融合图像的最强值或者其他准则确定的值，作为融合后的像元值。平均的方法可以增加融合图像的信噪比，但会降低视觉信息的对比度。文献中有考虑平均与选择相结合的方法，考虑多源图像间的相关性不同，分别采用平均和选择的方法。这类方法处理简单，适合实时处理，而当原始图像之间的灰度差异很大时，会出现明显的拼接痕迹，不利于人眼识别和后续的目标识别。

除了以上常用的加法类融合策略，还有采用减法融合思想及其拓展策略用于遥感图像变化检测；采用乘法融合思想及其拓展策略用于光谱遥感图像特殊锐化处理。例如：Brovey 全色锐化；采用除法融合及其拓展策略的比率图生成技术，用于阴影检测、变化检测等；设计复杂代数运算，用于特定感知细节的融合增强，如多极化 SAR 图像处理等。

2) 基于变换的图像融合增强

这一类方法，着重在于将原始图像的空域表达形式，按照某种变换关系，将其转换到某变换域，再来完成对应的变化域融合增强。典型的方法如下：

(1) 图像彩色空间的变换。常用的颜色空间一般表述为 RGB 空间，按照感知型颜色模型，可以转换为亮度、饱和度、色调三个分量来对人类的主观颜色感知进行量化表述，典型模型有 HIS 空间、HSV 空间、HLS 空间以及

IHLS 空间等。按照彩色空间表述的不同，将原始数据转换到相应变换后空间表述，可以再结合空间域简单代数运算融合方法来做融合增强，或在某一通道进行置换操作。通常包含三个步骤：颜色空间转换；变换后空域的融合增强；增强后图像经由逆变换返回 RGB 常规表示。

（2）空域到频域的变换。这类融合的出发点是通过频域滤波和信息叠加的途径实现有目的的图像增强。例如，借助于傅里叶变换等常规处理，完成由空域到频域的变换，再依据细节增强的任务需要，可实现在低频、中频、高频等不同类型的数据增强，一般也是采用简单代数运算或置换操作，增强后图像经由逆变换转回空域常规表示。

基于频域滤波的融合方法在多光谱数据处理中有广泛应用，一般假定认为，低频部分包含光谱信息，而高频分量包含图像的空间结构信息（如边缘或轮廓等）。应该注意到，低频部分事实上只是体现了多光谱图像中平稳地物的光谱信息，而高频部分则体现了非平稳地物的光谱信息。以代数运算或置换操作为参考的融合策略，有可能引入不存在的高频信息或错误的变化特性，导致融合图像中出现虚假的和错误边缘及变化极性。尤其是当融入高频信息全色图像与多光谱图像具有较弱相关性时，这方面的光谱失真效应更易显现出来。

（3）基于主成分分析的策略。主成分分析（PCA）着眼于变量之间的相互关系，尽可能不丢失信息地用几个综合性指标汇集多个变量的测量值而进行描述的方法。在把 P 个变量（P 维）的测量值汇集于 m 个（m 维）主成分的意义上，通常是一种降维处理。在多光谱图像中，由于各波段的数据间存在相关的情况很多，通过采用主成分分析就可以把原图像中所含的大部分信息用假想的少数波段表示出来。这意味着在葆有信息的同时尽可能地减少数据量。

基于主成分分析的融合策略认为：多光谱图像主成分变换后的第一主分量包含了多波段的主要信息，与全色波段的数据信息相似；用高分辨率的全色波段数据替换第一主分量得到的融合图像则既保持了多光谱的图像特征，也具备了高分辨率的图像特点。融合方法的基本处理思路是：求多光谱图像数据的协方差矩阵，计算其特征值和特征向量，确定各主分量；其后将全色图像进行对比度拉伸，使之与第一主分量有相同的均值和方差；再用经过拉伸的全色图像代替第一主分量；最后经逆变换得到融合的多光谱图像。

为了保证各光谱图像在融合中具有相同的重要性，有文献提出采用相关矩阵求特征值和特征向量的变换融合方法。这类融合方法可以用于任意数目的光谱波段图像，但由于第一主分量与全色图像不可能完全相关，会使融合后图像的光谱信息发生变化，很多场合并不适于地物和目标的光谱特性辨别，但其第一、二、三分量的彩色合成图像在可以一定程度上改进目视判读的效果。

3) 多尺度的空间域融合方法

这类方法首先对待融合的原始图像进行多尺度分解，再在多尺度空间中进行融合，可以有效解决融合图像的拼接痕迹。可采用的方法主要有各种塔形结构处理和小波变换等。多尺度融合有利于缓解空间/光谱分辨率与成像幅宽之间的矛盾，通过对不同空间或光谱尺度的遥感数据进行处理，以获得最优的空间/光谱分辨率与影像幅宽。需要说明的是，在以上多尺度遥感影像融合中，如果输入影像的尺度差异过大，往往难以获得理想的处理效果[122]。

下面以塔形处理为例简单说明基本原理。通过对图像进行低通或者带通形成一组有不同层次的图像塔，不同层次的图像体现了不同尺度的信息。高斯塔是通过一个阵列像元 $G_0(i,j)$ 和将其与一个 5×5 核 W 进行卷积，由低通滤波产生的塔形结构为

$$G_L(i,j) = \sum_{m=-2}^{2} \sum_{n=-2}^{2} w(m,n) G_{L-1}(2i+m, 2j+n) \quad (7-14)$$

$$0 < L < N, 0 \leq i \leq C_L, 0 \leq j \leq R_L \quad (7-15)$$

式中：N 为塔的层数；C_L 和 R_L 为第 L 层的列数和行数。这个低通滤波做缩小操作，使分辨率和样本密度减低。拉普拉斯塔是通过找出高斯塔连续层的低通塔之间的差，由带通滤波形成的。缩小和扩展技术是产生带通滤波的一种方法，扩展是缩小的逆操作。通过在给定值之间插值，可以将 $M+1$ 层的塔形扩展到 $2M+1$ 层。第 K 次扩展就是原始图像与核 W 的卷积：

$$G_{L,K}(i,j) = \sum_{m=-2}^{2} \sum_{n=-2}^{2} w(m,n) G_{L,K-1}\left(\frac{i+m}{2}, \frac{j+n}{2}\right) \quad (7-16)$$

$$0 < L < N, \quad 0 \leq i \leq C_L, \quad 0 \leq j < R_L \quad (7-17)$$

低通比值塔是另外一种塔结构，其每一层图像是高斯塔两个相邻层的比值

$$R_L = \frac{G_L}{\text{EXPAND}(G_{L+1})} \quad (7-18)$$

$$0 \leq L < N-1, \quad R_N = G_N$$

式中：N 为塔的尺寸。形态塔与高斯塔不同的是利用（灰度）形态滤波产生尺度空间。

小波方法侧重于分解图像为局部化、尺度细节信号，随着具体策略的不同衍生出众多多尺度融合增强的算子。小波方法的本质是构造小波多尺度空间，并用来进行分层次的融合结构设计。

7.1.2 图像数据基本统计工具

1. 基础统计特征分析

依据研究对象不同，一般先采用合理的分割算法，提取感兴趣待分析区域，再做进一步的统计分析。静态背景的统计特征仅针对灰度图像，可以直观地描述背景中像素的灰度值分布情况。背景灰度一阶概率分布定义为

$$p(b) = \frac{n(b)}{n} \tag{7-19}$$

式中：b 为像素的灰度值，0~255 的整数值；n 为背景图像中的总像素数；$n(b)$ 为该背景中灰度值为 b 的像素数；b_{min} 为背景图像的最低灰度；b_{max} 为最高灰度值，则背景图像的统计特征包括：

1) 均值

$$\bar{b} = \sum_{b_{min}}^{b_{max}} bp(b) \tag{7-20}$$

2) 方差

$$\sigma_b^2 = \sum_{b_{min}}^{b_{max}} (b - \bar{b})^2 p(b) \tag{7-21}$$

3) 能量

$$b_N = \sum_{b_{min}}^{b_{max}} [p(b)]^2 \tag{7-22}$$

区域的能量反映区域灰度分布的均匀性，分布越不均匀，能量越大。

4) 熵

$$b_E = -\sum_{b_{min}}^{b_{max}} p(b) \log_2 [p(b)] \tag{7-23}$$

熵也用于反映感兴趣区域灰度分布的不均匀性,分布越不均匀,其熵值越高。

5) 散度

图像区域的灰度的离差平方和的均值为

$$\mathrm{var} = \frac{1}{N} \sum_{(i,j) \in R} [f(i,j) - \mu]^2 \quad (7-24)$$

式中:var 为在图像切片中目标所在的区域的灰度的散度。散度小则说明背景区域的灰度值比较紧密的集中在中心值周围;相反,散度大则表示背景区域的灰度值比较分散。

6) 峰度系数

这里所讲的峰度是指背景区域的直方图分布的一个定量描述。直方图可以是呈对称分布的,但相对于标准正态分布可能存在一个非常高或低的峰。标准正态分布(直方图)的峰度为零。与标准正态分布相比,正峰度越大,分布图中的峰就越陡;相反,负峰度越小,分布更为平缓。计算公式为

$$\mathrm{kurtosis} = \left[\frac{1}{N} \sum_{(i,j) \in R} \left(\frac{f(i,j) - \mu}{s} \right)^4 \right] - 3 \quad (7-25)$$

式中:kurtosis 为目标所在区域的峰度;s 为背景区域灰度值的标准差,有

$$s = \sqrt{\mathrm{var}} \quad (7-26)$$

区域自身的统计分布模型,对后续目标检测识别具有良好指导作用,在大量对地观测遥感图像分析研究中,有利于地物目标和背景建模分析和基于统计检验进行模型拟合度评估。

2. 常用统计分布参考模型

对一幅图像全幅或局部感兴趣区域,进行统计分布建模,有利于在后续的分析处理中(如区域分割、检测、识别、匹配等步骤),估计出更为有效的关键参数。以下是常用分布模型的简介:

1) 瑞利(Rayleigh)分布

当背景地物杂波分量为高斯白噪声,服从均值为 0 的正态分布时,幅度分布(包络)为瑞利(Rayleigh)型的。瑞利分布的概率密度函数为

$$p(x) = \begin{cases} \dfrac{x}{\sigma^2} e^{\frac{-x^2}{(2\sigma^2)}}, & x > 0 \\ 0, & \text{others} \end{cases} \quad (7-27)$$

式中：σ 为瑞利参数，它的最大似然估计（Maximum Likelihood Estimation, MLE）为

$$\hat{\sigma} = \sqrt{\frac{1}{2n}\sum_{i=1}^{n} x_i^2} \quad (7-28)$$

瑞利分布参数估计简单，运算量小，但其要求条件较为苛刻。当地物背景是恒定 RCS 的均匀区域时，根据各态历经性，分辨单元幅度服从瑞利分布。

2）正态（Normal）分布

正态（Normal）分布是一种经常用到的概率分布，其 PDF 表达式为

$$p(x) = \frac{1}{\sigma\sqrt{2\pi}} e^{\frac{-(x-\mu)^2}{2\sigma^2}} \quad (7-29)$$

它有两个参数，其中 μ 的 MLE 为

$$\hat{\mu} = \bar{x} = \frac{1}{n}\sum_{i=1}^{n} x_i \quad (7-30)$$

σ 的 MLE 为

$$\hat{\sigma} = \sqrt{\frac{1}{n}\sum_{i=1}^{n}(x_i - \bar{x})^2} \quad (7-31)$$

在 SAR 图像中的杂波分布通常具有长拖尾，与高斯分布有较大差距。因此一般不用高斯分布进行建模。但是，与其他具有长拖尾的杂波分布模型相比，高斯分布具有简单形式，计算快速。实际应用中，特别是计算量庞大的基于滑动窗口的检测方法中经常使用高斯分布来对局部区域的杂波分布描述，以提高计算效率。

3）对数正态（Log Normal）分布

对数正态分布是 S. F. George 提出的。它是常用的描述非瑞利包络杂波的一种统计模型。它的概率密度函数为

$$p(x) = \frac{1}{\sqrt{2\pi}\sigma x} e^{\frac{-(\ln x - \mu)^2}{2\sigma^2}} \quad (7-32)$$

它有两个参数 μ 和 σ^2。顾名思义，它与正态分布联系紧密，当样本 X 以均值 μ 和方差 σ^2 服从对数正态分布时，$\ln(X)$ 以均值 μ^μ 和方差 σ^2 服从正态分布。

两参数估计值为

$$\hat{\mu} = \frac{1}{n} \sum_{i=1}^{n} \ln x_i \tag{7-33}$$

$$\hat{\sigma} = \sqrt{\frac{1}{n} \sum_{i=1}^{n} (\ln x_i - \hat{\mu})^2} \tag{7-34}$$

当时 George 提出这个分布的初衷是采用同态滤波器将 SAR 图像乘性噪声转化到加性白噪声,认为取对数后的数据服从高斯分布。对数正态分布具有很大的动态范围,但对于 SAR 图像直方图的低值部分拟合不好,存在过度拟合现象。

4) 韦伯 (Weibull) 分布

韦布尔分布的概率密度函数表示为

$$p(x) = \begin{cases} \dfrac{vx^{v-1}}{\alpha} \exp\left[-\dfrac{x^v}{\alpha}\right], & x \geq 0 \\ 0, & x < 0 \end{cases} \tag{7-35}$$

式中:v 为控制形状参数;α 为尺度参数。当 $v=2$ 时,韦布尔分布等价于瑞利 PDF;当 $v=1$ 等价于负指数分布。该分布可用于精确刻画 SAR 图像成像特性。

参数的估计值为

$$\hat{v} = \frac{\pi}{\sqrt{\dfrac{6}{n} \sum_{i=1}^{n} (\ln x_i - E(\ln X))^2}} \tag{7-36}$$

$$\hat{\alpha} = \exp\left(r + \frac{1}{n} \sum_{i=1}^{n} \ln x_i\right) \tag{7-37}$$

式中:$r \approx 0.5764$ 为欧拉常数。

和对数正态模型一样,韦布尔分布模型也是描述非瑞利包络杂波的一种常用的经验统计模型。与对数正态分布和瑞利分布模型相比,韦布尔分布模型能在很宽的条件范围内很好地与实验数据相匹配。经验表明,韦伯分布可以精确描述 RCS 恒定区域的幅度或强度图,但不适合描述多视图。

5) K 分布

K 分布能较好匹配高分辨率雷达在低视角工作时获得的海杂波、地杂波等,概率密度函数为

$$p(x) = \frac{2}{x\Gamma(v)\Gamma(L)} \left(\frac{Lvx}{\mu}\right)^{\frac{L+v}{2}} K_{v-L}\left(2\sqrt{\frac{Lvx}{\mu}}\right), \quad x > 0 \tag{7-38}$$

式中:μ 为均值;v 为形状参数;L 为 SAR 图像视数;$\Gamma(\cdot)$ 为 Gamma 函数;

K_{v-L} 为 $v-L$ 阶修正的贝塞尔（Bessel）函数。

均值、视数和形状参数的估计值分别为

$$\hat{\mu} = \frac{1}{N}\sum_{i=0}^{N-1} x_i \tag{7-39}$$

$$\hat{L} = \frac{\left(\dfrac{1}{N}\sum_{i=0}^{N-1} x_i\right)^2}{\dfrac{1}{N-1}\sum_{i=0}^{N-1}\left(x - \dfrac{1}{N}\sum_{i=0}^{N-1} x_i\right)_i^2} \tag{7-40}$$

$$\left(1 + \frac{1}{\hat{v}}\right)\left(1 + \frac{1}{\hat{L}}\right) = \frac{\dfrac{1}{N}\sum_{i=0}^{N-1} x_i^2}{\left(\dfrac{1}{N}\sum_{i=0}^{N-1} x_i\right)^2} \tag{7-41}$$

大量研究表明，K 分布不仅能够在很宽的条件范围内与杂波幅度很好的匹配，还可以正确的拟合杂波回波之间的相关特性。其回波的幅度被描述为两个随机变量的联合，其中一个随机变量为斑噪分量（快变化分量），由大量散射体的反射进行相干叠加而成的，服从瑞利分布；另一个随机变量是基本幅度调制分量（慢变化分量），它反映了与地表大面积结构有关的散射波束在空间变化的平均能量，具有长相关时间，服从 Gamma 分布。K 分布模型的本质是一个瑞利分布的快变化分量被一个 Gamma 分布的慢变化分量调制的过程。

6）Gamma 分布

Gamma 分布的概率密度函数表示为

$$p(x) = \frac{\alpha^v}{\Gamma(v)} x^{v-1} \exp(-\alpha x), \quad x > 0 \tag{7-42}$$

式中：v 为等效视数；α 为尺度参数；两者的 MLE 参数估计为

$$\hat{v} = \frac{m_1^2}{m_2 - m_1^2} \tag{7-43}$$

$$\hat{\alpha} = \frac{m_1}{m_2 - m_1^2} \tag{7-44}$$

$$m_r = \frac{1}{n}\sum_{i=0}^{n-1} x_i^r, \quad r = 1, 2 \tag{7-45}$$

虽然 K 分布模型能够在大多数情况下与实际的杂波模型相匹配，但是当估算的参数很大（$v-L>200$），K 分布模型就不太适合了。因此在这种情况下，可以用 Gamma 分布代替 K 分布。这种方法的优点就是能在很宽范围内与实际的海面杂波分布相匹配。

7）Pearson 分布

皮尔逊（Pearson）分布的概率密度函数为

$$p(x) = \begin{cases} \dfrac{\gamma}{\sqrt{2\pi}} x^{\frac{-3}{2}} e^{\frac{-\gamma^2}{2x}}, & x \geq 0 \\ 0, & \text{others} \end{cases} \quad (7\text{-}46)$$

γ 的值为

$$\hat{\gamma} = \sqrt{\dfrac{n}{\sum\limits_{i=1}^{n} \dfrac{1}{x_i}}} \quad (7\text{-}47)$$

3. 常用分布的估计策略

常规估计方法为矩估计法和最大似然估计法（Maximum Likelihood Estimation，MLE）。矩估计法的原理是将由杂波模型计算得到的各阶矩的理论值与根据样本计算得到的各阶矩的估计值建立关联，通过求取最小匹配代价来对参数进行估计。最大似然估计，适用于当被估计量的先验分布未知或为非随机的未知参量的情况。最大似然估计的计算方法参考下式，依据观测 z 可得对参数 θ 的估计：

$$\begin{cases} \dfrac{\partial p(z|\theta)}{\partial \theta} \bigg|_{\theta = \hat{\theta}} = 0 \\ \dfrac{\partial}{\partial \theta} \ln p(z|\theta) \bigg|_{\theta = \hat{\theta}} = 0 \end{cases} \quad (7\text{-}48)$$

7.1.3 图像数据质量评估常规客观指标

图像数据增强的一般性目的，无外乎提高人眼的主观视觉观察质量或提高机器处理的客观分析数据质量。针对不同类型的增强需求，衍生出的众多数据增强方法，有必要借助于一套图像质量评价的方法，来实现对其增强效果的合理分析比较[195-196]。目前众多图像质量评价方法，评价方式各异，评价对象也有所不同，较主流的分类模式如下：①从参考源的角度可分为全参考（Full-reference）、无参考（No-reference）、弱参考（Reduced-reference）等；②从评价处理方式可分为空间域、频域（Fourier 变换域）、小波域、综合分析等；③从评价指标角度可分为单因素（噪声、模糊等）、综合因素等；

④从视觉心理生理角度可分为纯数学方法、结合人类视觉系统（Human Visual System，HVS）方法等；⑤从应用智能角度可分为神经网络、机器学习、模糊理论、贝叶斯理论等。其中：基于直方图的图像质量分析方法，很多与图像的基础统计参数特征相关，可参见 7.1.2 节。

下面主要列举常用的图像质量客观评价指标。

1. 单源图像质量

收集和整理了一些常规的图像评价算法，包括方差法、梯度法、信息熵法、角二阶矩方法、锐度算法、融合性能评价方法均等。下面作简单说明：

1) 梯度

可以用平均梯度表示，它反映了影像的清晰程度，同时反映出图像中微小细节反差和纹理变化特征。

$$\nabla \overline{G} = \frac{1}{MN}\sum_{i=1}^{M}\sum_{j=1}^{N}\left[\Delta xf(i,j)^2 + \Delta yf(i,j)^2\right]^{\frac{1}{2}} \quad (7\text{-}49)$$

式中：$\Delta xf(i,j)$ 和 $\Delta yf(i,j)$ 为图像在 x、y 方向上的一阶差分，M、N 为图像长度与高度。

2) 熵

图像的熵是图像包含平均信息量多少的一种度量，定义为

$$H = -\sum_{i=0}^{L-1} p(i)\log_2(p(i)) \quad (7\text{-}50)$$

式中：$p(i)$ 为灰度 i 的分布概率，灰度范围为 $[0,1,\cdots,L-1]$。

3) 角二阶矩

角二阶矩也称能量，是基于灰度共现矩阵的统计参数，反映图像纹理丰富程度。表达式为

$$E(d,\theta) = \sum_{i,j}\left[p(i,j\mid d,\theta)\right]^2 \quad (7\text{-}51)$$

式中：$p(i,j\mid d,\theta)$ 为灰度矩阵元素，表示在 θ 方向距离为 d 的一对像元分别具有灰度等级 i,j 的情况在图像中发生的概率，尤其构成的二维矩阵称为灰度共现矩阵。该矩阵的行数和列数并非图像的宽度和高度，而是灰度级别。灰度共现矩阵通常是描述图像纹理特性的有效手段。

4) 锐度

锐度包括局部边缘锐度算法（EAV）和全局锐度估计。EAV 法统计图像某一边缘法线方向的灰度变化情况，灰度变化越剧烈，边缘越清晰，图像也越清晰。从另一个角度来看，该方法近似于统计该边缘线扩展函数能量分布

的情况。计算公式为

$$\mathrm{EAV} = \frac{\sum\limits_{a}^{b}(\mathrm{d}f/\mathrm{d}x)}{|f(a)-f(b)|} \tag{7-52}$$

式中：$\mathrm{d}f/\mathrm{d}x$ 为边缘法向的灰度变化率，$|f(a)-f(b)|$ 为该方向总体灰度变化。

但 EAV 只对图像的特定边缘区域做统计，能否代表整幅图像的清晰度仍有疑问，此外计算前须人工选定边缘区域，不易程序的自动化。改进后的全局算法公式为

$$\mathrm{DEF} = \frac{\sum\limits_{i=1}^{m \times n}\sum\limits_{u=1}^{8}(\mathrm{d}f(i,u)/\mathrm{d}x(u))}{m \times n} \tag{7-53}$$

式中：$\mathrm{d}f(i,u)$ 为第 i 位置的像元在邻域 8 方向中的第 u 方向的灰度变化幅值，$\mathrm{d}x(u)$ 为方向加权系数水平、垂直方向为 1，斜方向为 $1/\sqrt{2}$。$m \times n$ 为图像尺寸。

5）空间分辨率

行频率和列频率分别为

$$\mathrm{RF} = \sqrt{\frac{1}{MN}\sum\limits_{m=0}^{M-1}\sum\limits_{n=0}^{N-1}[F(m,n)-F(m,n-1)]^2} \tag{7-54}$$

$$\mathrm{CF} = \sqrt{\frac{1}{MN}\sum\limits_{m=0}^{M-1}\sum\limits_{n=0}^{N-1}[F(m,n)-F(m-1,n)]^2} \tag{7-55}$$

则空间分辨率表示为

$$\mathrm{SF} = \sqrt{\mathrm{RF}^2 + \mathrm{CF}^2} \tag{7-56}$$

6）均方误差（MSE）与峰值信噪比（PSNR）

在图像和视频的处理中，使用最为广泛的基于像素的全参考图像质量客观评价标准是均方误差（Mean Square Error，MSE）和峰值信噪比（Peak Signal-to-Noise Ratio，PSNR）。计算公式为

$$\mathrm{MSE} = \frac{1}{TXY}\sum\limits_{t}\sum\limits_{x}\sum\limits_{y}[I(t,x,y)-\tilde{I}(t,x,y)]^2 \tag{7-57}$$

$$\mathrm{PSNR} = 10\lg\frac{m^2}{\mathrm{MSE}} \tag{7-58}$$

式中：I 和 $\tilde{I}$ 为两个各有 T 帧图像的序列，$I(t,x,y)$ 和 $\tilde{I}(t,x,y)$ 分别为序列 I 和 $\tilde{I}$ 中第 t 帧图像(x,y)位置像素的灰度值，每帧图像的大小都是 $X \times Y$，m 为图像像素能取到的最大灰度值，在常用的 8bit 的灰度图像中，m 的值为 255。

但是,实际使用时,往往将式(7-58)简化为

$$\mathrm{MSE} = \frac{1}{XY} \sum_x \sum_y [I(t,x,y) - \tilde{I}(t,x,y)]^2 \tag{7-59}$$

从计算公式看出,MSE 测量图像间的差异,而 PSNR 测量图像间的逼真度,即处理图像与参考图像间的相似程度。一般情况下,PSNR 值高的图像质量相对较高。通常,当 PSNR 值在 28dB 以上时,图像质量差异不太显著;当 PSNR 值接近 30dB 时,人眼几乎无法分辨;当接近 40dB 时,对机器识别而言,两图像所保持的测量精度已几乎一致。

MSE 最小等同于正态分布下的最大似然估计,又由于 MSE 和 PSNR 计算的简单、快速,所以 MSE 和 PSNR 的应用十分广泛。数字水印、图像隐藏、图像编码、图像插值、图像恢复、图像分割、图像传输、图像稳定和运动估计等许多关于图像处理的技术,都使用 PSNR 比较处理后的图像和原始图像间的质量差异。通常提出一些新的质量评价方法的时候,也以 PSNR 做参考来说明新方法的性能。

随着不同应用背景下对图像质量评价提出的新要求,PSNR 相继出现一些改良方案,主要包括:面向彩色图像的 PSNR,可扩展用于光谱数据分析;加权信噪比(Weighted Signal-to-Noise Ratio,WSNR);对比度信噪比(Contrast Signal-to-Noise Ratio,CSNR);无参考图像条件下基于三阶平均细节累计量的图像质量客观评价指标。

下面对基于三阶平均细节累计量的图像质量客观评价指标给予具体说明。假定图像 $f(i,j)$ 在小的局部区域是平稳的且可用下列模型来表述:

$$f(i,j) = m_{1f}(i,j) + \sigma_f(i,j) \cdot \omega(i,j) \tag{7-60}$$

式中:$m_{1f}(i,j)$、$\sigma_f(i,j)$ 分别为在点 (i,j) 处的小邻域局部均值和方差(简称 (i,j) 点的均值和方差,$\omega(i,j)$ 为一个 0 均值单位方差的高斯过程,对于某像素点 $(2Q+1)\times(2Q+1)$ 的邻域为

$$m_{1f}(i,j) = \frac{1}{(2Q+1)^2} \sum_{k=-Q}^{Q} \sum_{l=-Q}^{Q} f(i+k, j+l) \tag{7-61}$$

$$m_{2f}(i,j) = \frac{1}{(2Q+1)^2} \sum_{k=-Q}^{Q} \sum_{l=-Q}^{Q} f^2(i+k, j+l) \tag{7-62}$$

$$c_{2f}(i,j) = \sigma_f^2(i,j)$$
$$= \frac{1}{(2Q+1)^2} \sum_{k=-Q}^{Q} \sum_{l=-Q}^{Q} f^2(i+k,j+l) - \quad (7\text{-}63)$$
$$m_{1f}^2(i,j) = m_{2f}(i,j) - m_{1f}^2(i,j)$$

式中：$m_{2f}(i,j)$ 和 $c_{2f}(i,j)$ 分别为局部区域的 2 阶矩和 2 阶累积量。定义：

$$m_{3f}(i,j) = \frac{1}{(2Q+1)^2} \sum_{k=-Q}^{Q} \sum_{l=-Q}^{Q} f^3(i+k,j+l) \quad (7\text{-}64)$$

则局部区域的三阶累积量可表示为

$$c_{3f}(i,j) = m_{3f}(i,j) - 3m_{1f}(i,j)m_{2f}(i,j) + 2m_{1f}^2(i,j) \quad (7\text{-}65)$$

由此，整幅图像的二阶累积和三阶累积量可表示为

$$c_{2f} = \frac{1}{MN} \sum_{i=0}^{M-1} \sum_{j=0}^{N-1} c_{2f}(i,j) \quad (7\text{-}66)$$

$$c_{3f} = \frac{1}{MN} \sum_{i=0}^{M-1} \sum_{j=0}^{N-1} c_{3f}(i,j) \quad (7\text{-}67)$$

实验表明，三阶累积统计量与 PSNR 有较好的符合效果，可以用于无参考图像情况下的一种 PSNR 近似。

2. 多源图像融合增强性能评估

1) 均方根误差

参考图像和融合图像的均方根误差定义为

$$\text{RMSE} = \sqrt{\frac{\sum_{m=1}^{M} \sum_{n=1}^{N} [R(m,n) - F(m,n)]^2}{M \times N}} \quad (7\text{-}68)$$

式中：$R(m,n)$ 和 $F(m,n)$ 分别为参考图像和融合图像在坐标 (m,n) 处的灰度值，图像的大小为 $M \times N$。均方根误差越小，说明融合的效果和质量越好。

2) 归一化最小方差

两幅图像间的归一化最小方差为

$$\text{NLSE} = \sqrt{\frac{\sum_{m=1}^{M} \sum_{n=1}^{N} [R(m,n) - F(m,n)]^2}{\sum_{m=1}^{M} \sum_{n=1}^{N} [R(m,n)]^2}} \quad (7\text{-}69)$$

式中：$R(m,n)$ 和 $F(m,n)$ 分别为参考图像和融合图像在坐标 (m,n) 处的灰度值，图像的大小为 $M \times N$。

3）互信息

两幅图像的互信息为

$$MI = \sum_{i=1}^{L} \sum_{j=1}^{L} h_{R,F}(i,j) \log_2 \frac{h_{R,F}(i,j)}{h_R(i) h_F(j)} \qquad (7-70)$$

式中：$h_{R,F}(i,j)$ 为图像 R 和 F 的归一化联合灰度直方图，$h_R(i)$ 和 $h_F(j)$ 为两幅图像的边缘直方图，L 为灰度级数。

互信息越大，说明融合图像从原始图像中提取的信息越多，融合效果也越好。

4）差熵

两幅图像间熵的差异反映了它们所携带的信息量的差异。差熵的定义为

$$\Delta H = |H_R - H_F| \qquad (7-71)$$

式中：H_R 和 H_F 分别为参考图像和融合结果的熵。

5）交叉熵

设 $P = \{p(0), p(1), \cdots, p(i), \cdots, p(L-1)\}$ 和 $Q = \{q(0), q(1), \cdots, q(i), \cdots, q(L-1)\}$ 为两幅图像的灰度分布情况，则交叉熵可以衡量它们之间的信息差异，交叉熵越小，表示图像间差异越小，即融合效果越好。图像 P 和图像 Q 间的交叉熵为

$$\text{CEN}(P;Q) = \sum_{i=0}^{L} p(i) \log_2 \frac{p(i)}{q(i)} \qquad (7-72)$$

如果融合过程中存在参考图像，则式（7-72）可以直接计算融合图像与参考图像间的交叉熵。如果融合过程中没有参考图像，则可以计算源图像 A、B 与融合图像 F 间的交叉熵 $\text{CEN}(A;F)$ 和 $\text{CEN}(B;F)$。总体的交叉熵定义为

$$\text{CEN}_\alpha = \frac{\text{CEN}(A;F) + \text{CEN}(B;F)}{2} \qquad (7-73)$$

另一种表达方式为

$$\text{CEN}_\beta = \sqrt{\frac{\text{CEN}^2(A;F) + \text{CEN}^2(B;F)}{2}} \qquad (7-74)$$

7.2 图像特征

特征提取方法有几条途径：利用数学和物理方法直接从数据源中提取特征；利用变换将直接提取的特征变为更有效的新特征；利用先验知识分析在原始数据上提取具有一定语义含意的元特征（人工特征），如线段、区域、角点、轮廓或者标准形态轮廓；通过多源数据分析与处理产生新的、更具有表征能力的超级特征，如立体或者多视点图像中的视差，其在 3D 场景的分类和分析中起到了重要作用。直接从不同传感器或者不同条件下获取数据中提取特征，更多的是考虑如何充分利用其具有的互补特性。从原始数据的变换后的数据中提取特征也是一种常用的途径。根据不同的任务背景和技术基础，可以提出和拓展出不同的算法。特征提取和具体应用与使用的探测手段与传感器感知机理息息相关，当所提特征形成一个维度过大特征矢量时，为了处理方便和提高效率，常常需要采用方法进行特征降维，8.2 节给出该方面研究的简要说明。

7.2.1 低层次特征

粗浅理解低层次特征即基本特征，不需要任何形状信息（空间关系支持的信息）就可以从图像中自动提取。因此，阈值处理就是作为点运算的一种低层次特征提取方式。当然，所有低层次方法都可以应用于高层次特征提取，在图像中找到感兴趣的形状或区域。从主观观察习惯出发，人们可以从画家所抽象描绘的速写、白描画像中准确识别对应的人或物，正是基于该原理。

遥感图像分析任务中涉及的低层次特征如下：

1. 边缘检测（Edge Detection）

所谓边缘通常指图像中发生有意义变化的地方，边缘检测就是检测这些有意义变化的处理。边缘检测强调的是图像对比度（Contrast）。检测对比度，即亮度上的差别，可以增强图像中的边界特征，这些边界正是图像对比度出现的地方。这就是人类视觉感知目标周界的机制，因为目标表现的就是与它周围的亮度差别。目标边界实际上是亮度级的阶梯变化。边缘是阶梯变化的位置。要检测边缘位置，亮度变化可以通过对相邻点进行差分或微分处理来增强。

一阶边缘检测算子，其算法原理假设前提是差分或微分处理可以使亮度变化增强，而且有意义的图像特征边界对应着这种变化。典型的一阶算子有：Roberts 算子（1965）、Prewitt 算子（1966）、Sobel 算子（1970）和 Canny 算子（1986）等。

同样的，二阶导数过零点（Zero Cross）位置，对应位置处意味着发生有意义变化。这使得采用二阶微分或二阶差分，在二阶信息中找到过零点，同样提取边缘。典型的二阶算子有：Laplacian 算子、LoG 算子、Marr-Hildreth 算子（1980）等。

其他的一些策略包括 Korn 算子（1988），Petrou 算子（1991）、SUSAN 算子（Smith and Brady，1997）等。

2. 角点检测（Corner Detection）

检测的目的在于检测图像中轮廓或线条上因高曲率而急剧转折处的那些点。直观地说，曲率可以看作是边缘方向的变化率，它对曲线上的点进行特征化；那些边缘方向快速变化的点就是角点（Corner），而那些边缘方向很少变化的点对应直线或图像轮廓的平稳部分。这些特殊点对形状的描述和匹配作用很大，由于它们可以精炼压缩数据来表达重要的信息。

关于角点的具体描述可以参考：①一阶导数（灰度的梯度）局部最值对应的像素点；②两条及两条以上边缘的交点；③图像中梯度值和梯度方向的变化速率都很高的点；④角点处的一阶导数最大，二阶导数为零，指示物体边缘变化存在不连续方向的位置。

通过计算或拟合图像轮廓曲率度量，设置合理阈值可以检测角点。典型的算子包括：Moravec 角点检测算子、Harris 角点检测算子（1988）、SUSSAN（1997）。其他可参考的策略还包括：角点检测或提取还可以通过增强局部知识来提高检测性能，利用角点对形状尤其是感兴趣目标的形状做特征化抽象，利用提取目标的骨架图找到节点或端点，特定线条的交叉点，借助于曲率尺度空间给出目标的层次化表述，由粗到精刻画目标。

7.2.2 局部特征提取方法

近年的研究方法关注对局部区域或兴趣图像块（Patches of Interest）进行检测分析。局部特征提取（Localized Feature Extraction）方法旨在放松早期的局部特征提取所设定的一些苛刻条件。例如，克服尺度变化带来的影响，提高识别算法的稳健性，使得一个目标不受它的外观大小影响；客服观察角度或姿态带来的影响,当目标可以由一组有序点集表示,在视角发生变化的情形下也能被识别(假设对于一帧平面图像,从不同的角度观察目标会显示不同,而那些表达目标的点集仍然保持了相似的排列);克服局部模糊或形状残缺带来的影响,利用多点有序排列还可以在有些图像模糊不清的情形下进行稳健识别,也可以应对图像包含干扰或噪声的情况。

这些方法依赖于尺度空间的概念:感兴趣特征是那些存留在所选尺度上的特征。这个尺度空间利用经过高斯滤波平滑处理过的图像进行定义,然后下采样(Subsample)形成不同尺度的图像金字塔(Image Pyramid),有些方法利用尺度空间的结构来提高信息处理速度。

1. SIFT 特征

尺度不变特征变换(Scale Invariant Feature Transform,SIFT)(Lowe,1999,2004),该特征的提出,旨在解决前文说明的典型低层次特征提取,往往依赖于规定性模板,对图像的尺度变换非常敏感,从而在实际的图像匹配、识别乃至解译任务中难以良好应用的实际难题。例如,经典 Harris 角点检测算子对图像尺度变化非常敏感,不适合用于不同尺度的图像匹配。SIFT 方法中的低层次特征提取是选取那些显著特征,这些特征具有图像尺度(特征大小)和旋转不变性,而且对光照变化也具有一定程度的不变性。此外,该方法还可以减少由遮挡、杂乱和噪声所引起的低提取概率。研究表明,把早期提出的一些方法结合利用,可以得到非常好的处理效果。

SIFT 特征有以下适合图像分析尤其是目标识别应用的特点:图像的局部特征,对旋转、尺度缩放、亮度变化保持不变,对视角变化、仿射变换、噪声也保持一定程度的稳定性;独特性好,信息量丰富,适用于海量特征库进行快速、准确的匹配;多量性,即使是很少几个物体也可以产生大量的 SIFT 特征;高速性,经优化的 SIFT 匹配算法甚至可以达到实时性;可扩展性,可以很方便地与其他的特征向量进行联合。

一般的,SIFT 特征检测的步骤如下:第一步,尺度空间的极值检测。搜索所有尺度空间上的图像,通过高斯微分函数来识别潜在的对尺度和选择不变的兴趣点。第二步,特征点定位。在每个候选的位置上,通过一个拟合精细模型来确定位置尺度,关键点的选取依据他们的稳定程度。第三步,特征方向赋值。基于图像局部的梯度方向,分配给每个关键点位置一个或多个方向,后续的所有操作都是对于关键点的方向、尺度和位置进行变换,从而提供这些特征的不变性。第四步,特征点描述。在每个特征点周围的邻域内,在选定的尺度上测量图像的局部梯度,这些梯度被变换成一种表示,这种表示允许比较大的局部形状的变形和光照变换。

下面逐步说明:

1) 尺度空间的极值检测

这里为了方便了解 SIFT 适用于多尺度的特点,简单介绍图像尺度空间。在未知的场景中,计算机视觉并不能提供物体的尺度大小,其中的一种方法是把物体不同尺度下的图像都提供给机器,让机器能够对物体在不同的尺度下有一个统一的认知。在建立统一认知的过程中,要考虑的就是在图像在不同的尺度下都存在的特征点。

图像金字塔是同一图像在不同的分辨率下得到的一组结果,其生成过程一般包括两个步骤:

(1) 对原始图像进行平滑;

(2) 对处理后的图像进行降采样(通常是水平、垂直方向的1/2)。

降采样后得到一系列不断尺寸缩小的图像。显然,一个传统的金字塔中,每一层的图像是其上一层图像长、高的各一半。多分辨率的图像金字塔虽然生成简单,但其本质是降采样,图像的局部特征则难以保持,也就是无法保持特征的尺度不变性。

典型的高斯尺度空间,可以通过图像的模糊程度来模拟人在距离物体由远到近时物体在视网膜上成像过程,距离物体越近其尺寸越大图像也越模糊,这就是高斯尺度空间,使用不同的参数模糊图像(分辨率不变),是尺度空间的另一种表现形式。

图像和高斯函数进行卷积运算能够对图像进行模糊,使用不同的"高斯核"可得到不同模糊程度的图像。一副图像的高斯尺度空间可由和不同的高斯卷积得到

$$L(x,y,\sigma) = G(x,y,\sigma) * I(x,y,\sigma) \tag{7-75}$$

式中:$G(x,y,\sigma)$ 为高斯核函数。

$$G(x,y,\sigma) = \frac{1}{2\pi\sigma^2} e^{\frac{x^2+y^2}{2\sigma^2}} \tag{7-76}$$

式中:σ 为尺度空间因子,是高斯正态分布的标准差,反映了图像被模糊的程度,其值越大图像越模糊,对应的尺度也就越大;$L(x,y,\sigma)$ 为图像的高斯尺度空间。

构建尺度空间的目的是为了检测出在不同的尺度下都存在的特征点,而

检测特征点较好的算子是高斯拉普拉斯 LoG 算子：

$$\Delta^2 = \frac{\partial^2}{\partial x^2} + \frac{\partial^2}{\partial y^2} \tag{7-77}$$

使用 LoG 虽然能较好地检测到图像中的特征点，但是其运算量过大，通常可使用差分高斯（Difference of Gaussian，DoG）来近似计算 LoG。

设 k 为相邻两个高斯尺度空间的比例因子，DoG 的定义为

$$\begin{aligned} D(x,y,\sigma) &= [G(x,y,k\sigma) - G(x,y,\sigma)] * I(x,y) \\ &= L(x,y,k\sigma) - L(x,y,\sigma) \end{aligned} \tag{7-78}$$

式中：$L(x,y,\sigma)$ 是图像的高斯尺度空间。

从式（7-78）可以知道，将相邻的两个高斯空间的图像相减就得到了 DoG 的响应图像。为了得到 DoG 图像，先要构建高斯尺度空间，而高斯的尺度空间可以在图像金字塔降采样的基础上加上高斯滤波得到，也就是对图像金字塔的每层图像使用不同的参数 σ 进行高斯模糊，使每层金字塔有多张高斯模糊过的图像。降采样时，金字塔上边一组图像的第一张是由其下面一组图像倒数第三张降采样得到。

高斯金字塔有多组，每组又有多层。一组中的多个层之间的尺度是不一样的（也就是使用的高斯参数 σ 是不同的），相邻两层之间的尺度相差一个比例因子 k。如果每组有 S 层，则 $k = 2^{\frac{1}{S}}$。上一组图像的最底层图像是由下一组中尺度为 2σ 的图像进行因子为 2 的降采样得到的（高斯金字塔先从底层建立）。高斯金字塔构建完成后，将相邻的高斯金字塔相减就得到了 DoG 金字塔。

高斯金字塔的组数一般为

$$o = [\log_2 \min(m,n)] - a \tag{7-79}$$

式中：o 为高斯金字塔的层数，m，n 分别为图像的行和列。减去的系数 a 可以在 $0 \sim \log_2 \min(m,n)$ 之间的任意值，与具体需要的金字塔的顶层图像的大小有关。高斯模糊参数 σ（尺度空间）为

$$\sigma(o,s) = \sigma_0 2^{\frac{o+s}{S}} \tag{7-80}$$

式中：o 为所在的组；s 为所在的层；σ_0 为初始的尺度；S 为每组的层数。

在 Lowe 的算法实现中，$\sigma_0 = 1.6$，$o_{\min}$，$S = 3$ 是首先将原图像的长和宽各扩展一倍。从上面可以得知同一组内相邻层的图像尺度关系为

$$\sigma_{s+1} = k\sigma_s = 2^{\frac{1}{S}}\sigma_s \tag{7-81}$$

相邻组之间的尺度关系为

$$\sigma_{o+1} = 2\sigma_o \tag{7-82}$$

高斯金字塔构建示例：以一个 512×512 的图像 I 为例，构建高斯金字塔步骤。（从 0 开始计数，倒立的金字塔）金字塔的组数，$\log_2 512 = 9$，减去因子 3，构建的金字塔的组数为 6。取每组的层数为 $S=3$，$k = 2^{\wedge}\left(\dfrac{1}{3}\right)$。

构建第 0 组，将图像的宽和高都增加一倍，变成 1024×1024（I_0）。第 0 层 $I_0 * G(x,y,\sigma_0)$，第 1 层 $I_0 * G(x,y,k\sigma_0)$，第 2 层 $I_0 * G(x,y,k^2\sigma_0)$。

构建第 1 组，对 I_0 降采样变成 512×512（I_1）。第 0 层 $I_1 * G(x,y,2\sigma_0)$，第 1 层 $I_1 * G(x,y,2k\sigma_0) * G(x,y,2k^2\sigma_0)$。

构建第 0 组，第 s 层 $I_0 * G(x,y,2^o k^s \sigma_0)$。

高斯金字塔构建成功后，将每一组相邻的两层相减就可以得到 DoG 金字塔。

DoG 空间极值检测：为了寻找尺度空间的极值点，每个像素点要和其图像域（同一尺度空间）和尺度域（相邻的尺度空间）的所有相邻点进行比较，当其大于（或者小于）所有相邻点时，该点就是极值点。如图 7-2 所示，中间的检测点要和其所在图像的 3×3 邻域 8 个像素点，以及其相邻的上下两层的 3×3 领域 18 个像素点，共 26 个像素点进行比较。

从上面的描述中可以知道，每组图像的第一层和最后一层是无法进行比较取得极值的。为了满足尺度变换的连续性，在每一组图像的顶层继续使用高斯模糊生成 3 幅图像，高斯金字塔每组有 $S+3$ 层图像，DoG 金字塔的每组有 $S+2$ 组图像，如图 7-2 所示。

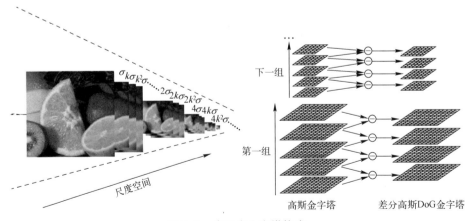

图 7-2　多尺度金字塔构成

尺度变化的连续性：设 $S=3$，也就是每组有 3 层，则 $k=2^{\frac{1}{S}}=2^{\frac{1}{3}}$，也就是有高斯金字塔每组有 3 层图像，DoG 金字塔每组有 2 层图像。在 DoG 金字塔的第一组有两层尺度分别为 σ，$k\sigma$，第二组有两层的尺度分别为 2σ，$2k\sigma$，有两项是无法比较取得极值的（只有左右两边都有值才能有极值）。由于无法比较取得极值，那么就需要继续对每组的图像进行高斯模糊，使得尺度形成 $\sigma,k\sigma,k^2\sigma,k^3\sigma,k^4\sigma$，这样就可以选择中间的 $k\sigma,k^2\sigma,k^3\sigma$。对应的下一组由上一组降采样得到的 $2k\sigma,2k^2\sigma,2k^3\sigma$，其首项 $2k\sigma=2\cdot 2^{\frac{1}{3}}\sigma=2^{\frac{4}{3}}\sigma$，刚好与上一组的最后一项 $k^3\sigma=2^{\frac{3}{3}}\sigma$ 的尺度连续起来，如图 7-3 所示。

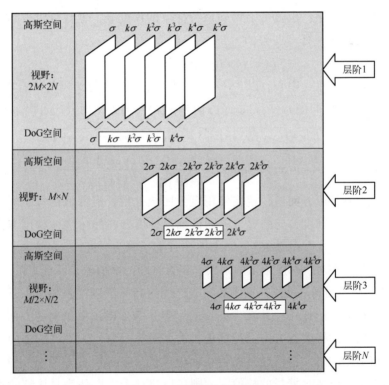

图 7-3　DoG 尺度空间示意

2）特征点定位

在每个候选的位置上，通过一个拟合精细模型来确定位置尺度，关键点的选取依据它们的稳定程度。这里需要删除不良极值点（特征点），通过比较检测得到的 DoG 的局部极值点是在离散的空间搜索得到的，由于离散空间是对连续空间采样得到的结果，因此在离散空间找到的极值点不一定是真正意义上的极值点，因此要设法将不满足条件的点剔除掉。可以通过尺度空间 DoG 函数进行曲线拟合寻找极值点，这一步的本质是去掉 DoG 局部曲率非常不对称的点。一般的，需要剔除掉的不符合要求的点主要有两种：低对比度的特征点；不稳定的边缘响应点。

3) 特征方向赋值（即求取特征点的主方向）

经过上面的步骤已经找到了在不同尺度下都存在的特征点，为了实现图像旋转不变性，需要给特征点的方向进行赋值。利用特征点邻域像素的梯度分布特性来确定其方向参数，再利用图像的梯度直方图求取关键点局部结构的稳定方向。

找到了特征点，也就可以得到该特征点的尺度 σ，也就可以得到特征点所在的尺度图像，有

$$L(x,y) = G(x,y,\sigma) * I(x,y) \tag{7-83}$$

计算以特征点为中心、以 $3\times 1.5\sigma$ 为半径的区域图像的幅角和幅值，每个点 $L(x,y)$ 的梯度的模 $m(x,y)$ 以及方向 $\theta(x,y)$ 可通过下面公式求得

$$m(x,y) = \sqrt{[L(x+1,y)-L(x-1,y)]^2 + [L(x,y+1)-L(x,y-1)]^2} \tag{7-84}$$

$$\theta(x,y) = \arctan\frac{L(x,y+1)-L(x,y-1)}{L(x+1,y)-L(x-1,y)} \tag{7-85}$$

计算得到梯度方向后，就要使用直方图统计特征点邻域内像素对应的梯度方向和幅值。梯度方向的直方图的横轴是梯度方向的角度（梯度方向的范围是 0°~360°，直方图每 36°一个柱共 10 个柱，或者每 45°一个柱共 8 个柱），纵轴是梯度方向对应梯度幅值的累加，在直方图的峰值就是特征点的主方向。Lowe 的论文还提到了使用高斯函数对直方图进行平滑以增强特征点近的邻域点对关键点方向的作用，并减少突变的影响。为了得到更精确的方向，通常还可以对离散的梯度直方图进行插值拟合。具体而言，关键点的方向可以由和主峰值最近的三个柱值通过抛物线插值得到。在梯度直方图中，当存在一个相当于主峰值 80%能量的柱值时，则可以将这个方向认为是该特征点辅助方向。所以，一个特征点可能检测到多个方向（也可以理解为一个特征点可能产生多个坐标、尺度相同，但是方向不同的特征点）。Lowe 在论文中指出 15%的关键点具有多方向，而且这些点对匹配的稳定性很关键。

得到特征点的主方向后，对于每个特征点可以得到三个信息 (x,y,σ,θ)，即位置、尺度和方向。由此可以确定一个 SIFT 特征区域，一个 SIFT 特征区域由三个值表示，中心表示特征点位置，半径表示关键点的尺度，箭头表示主

方向。具有多个方向的关键点可以被复制成多份，然后将方向值分别赋给复制后的特征点，一个特征点就产生了多个坐标、尺度相等，但是方向不同的特征点。

4）生成特征描述

通过以上的步骤已经找到了 SIFT 特征点位置、尺度和方向信息，下面就需要使用一组向量来描述关键点也就是生成特征点描述子，这个描述符不只包含特征点，也含有特征点周围对其有贡献的像素点。描述子应具有较高的独立性，以保证匹配率。

特征描述符的生成大致有三个步骤：

（1）校正旋转主方向，确保旋转不变性。

（2）生成描述子，最终形成一个 128 维的特征向量。

（3）归一化处理，将特征向量长度进行归一化处理，进一步去除光照的影响。

为了保证特征矢量的旋转不变性，要以特征点为中心，在附近邻域内将坐标轴旋转 $\theta°$（特征点的主方向），即将坐标轴旋转为特征点的主方向。旋转后邻域内像素的新坐标为

$$\begin{bmatrix} x' \\ y' \end{bmatrix} = \begin{bmatrix} \cos\theta & -\sin\theta \\ \sin\theta & \cos\theta \end{bmatrix} \begin{bmatrix} x \\ y \end{bmatrix} \tag{7-86}$$

旋转后以主方向为中心取 8×8 的窗口。如图 7-4（a）的中央为当前关键点的位置，每个小格代表为关键点邻域所在尺度空间的一个像素，求取每个像素的梯度幅值与梯度方向，箭头方向代表该像素的梯度方向，长度代表梯度幅值，然后利用高斯窗口对其进行加权运算，最后在每个 4×4 的小块上绘制 8 个方向的梯度直方图，计算每个梯度方向的累加值，即可形成一个种子点，如图 7-4（b）所示。每个特征点由 4 个种子点组成，每个种子点有 8 个方向的向量信息。这种邻域方向性信息联合增强了算法的抗噪声能力，同时对于含有定位误差的特征匹配也提供了比较理性的容错性。

与求主方向不同，此时每个种子区域的梯度直方图在 0~360°之间划分为 8 个方向区间，每个区间为 45°，即每个种子点有 8 个方向的梯度强度信息。在实际的计算过程中，为了增强匹配的稳健性，Lowe 建议，对每个关键点使用 4×4 共 16 个种子点来描述，这样一个关键点就可以产生 128 维的 SIFT 特征向量。参考图 7-5 所示。

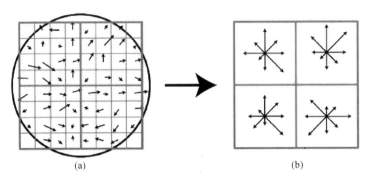

图 7-4　图像梯度方向与关键点描述子

（a）图像梯度方向；（b）关键点描述子。

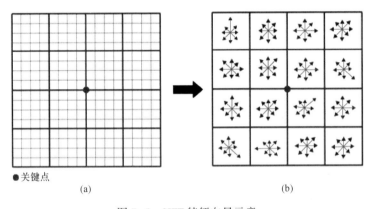

图 7-5　SIFT 特征向量示意

（a）以关键点为中心的 16×16 图像窗口；（b）128 维的 SIFT 特征向量。

通过对特征点周围的像素进行分块，计算块内梯度直方图，生成具有独特性的向量，这个向量是该区域图像信息的一种抽象，具有唯一性。

综上所述，SIFT 特征以其对旋转、尺度缩放、亮度等保持不变性，是一种非常稳定的局部特征，在近年的图像处理和计算机视觉领域有广泛应用。

2. SURF 特征

加速稳健特征（Speed Up Robust Feature，SURF），是加速版的 SIFT 特征。其基本思想也是借助于提取与周围有明显反差、差异大的点，再形成特征描述子。下面简述代表性提取思路。

1）Hessian 矩阵构建

SURF 用的是 Hessian Matrix 进行特征点的提取，Hessian 矩阵是 SURF 算法的核心。假设函数 $f(x,y)$，Hessian 矩阵 H 是由函数偏导数组成。图像中某

个像素点的 Hessian Matrix 的定义为

$$H(f(x,y)) = \begin{bmatrix} \dfrac{\partial^2 f}{\partial x^2} & \dfrac{\partial^2 f}{\partial x \partial y} \\ \dfrac{\partial^2 f}{\partial x \partial y} & \dfrac{\partial^2 f}{\partial y^2} \end{bmatrix} \quad (7-87)$$

从而每一个像素点都可以求出一个 Hessian Matrix。Hessian 矩阵判别式为

$$\det(H) = \dfrac{\partial^2 f}{\partial x^2}\dfrac{\partial^2 f}{\partial y^2} - \left(\dfrac{\partial^2 f}{\partial x \partial y}\right)^2 \quad (7-88)$$

判别式的值为 H 矩阵的特征值，可以利用判定结果的符号将所有点分类，根据判别式取值正负，从来判别该点是或不是极点的值。在 SURF 算法中，通常用图像像素 $I(x,y)$ 取代函数值 $f(x,y)$，然后选用二阶标准高斯函数作为滤波器。通过特定核间的卷积计算二阶偏导数，这样便能计算出 H 矩阵的三个矩阵元素 L_{xx},L_{xy},L_{yy}，从而计算出 H 矩阵公式为

$$H(x,\sigma) = \begin{bmatrix} Lxx(x,\sigma) & Lxy(x,\sigma) \\ Lxy(x,\sigma) & Lxx(x,\sigma) \end{bmatrix} \quad (7-89)$$

由于特征点需要尺度无关性，所以在进行 Hessian 矩阵构造前，需要对其进行高斯滤波。这样，经过滤波后在进行 Hessian 的计算，其公式为

$$L(x,t) = G(t) * I(x,t) \quad (7-90)$$

$L(x,t)$ 是一幅图像在不同解析度下的表示，可以利用高斯核 $G(t)$ 与图像函数 $I(x,t)$ 在点 x 的卷积来实现，其中高斯核 $G(t)$ 为

$$G(t) = \dfrac{\partial^2 g(t)}{\partial x^2} \quad (7-91)$$

式中：$g(t)$ 为高斯函数；t 为高斯方差。通过这种方法可以为图像中每个像素计算出其 H 矩阵的决定值，并用这个值来判别特征点。为此 Herbert Bay 提出用近似值现代替 $L(x,t)$。为平衡准确值与近似值间的误差引入权值。权值随尺度变化，H 矩阵判别式可表示为

$$\det(H_{\text{approx}}) = D_{xx}D_{yy} - (0.9D_{xy})^2 \quad (7-92)$$

因求 Hessian 时要先高斯滤波，然后求其二阶导数，这在离散的像素是用模板卷积形成的。如图 7-6 所示，如 y 方向上的模板图 7-6（a）和图 7-6（c）。图 7-6（a）用高斯平滑后在 y 方向上求二阶导数的模板。为了加快运算用了近似处理，其处理结果如图 7-6（b）所示，这样就简化了很多，并且可以采用积分图来运算，大大加快了速度。同理，x 和 y 方向的二阶混合偏导模板

图 7-6（b）与图 7-6（d）。

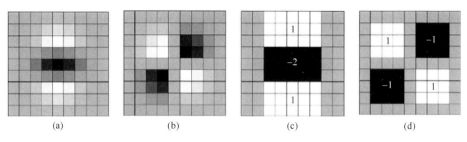

图 7-6 Hessian 求解的模板卷积示意

2）尺度空间生成

图像的尺度空间是这幅图像在不同解析度下的表示。通过上面得到了一张近似 Hessian 行列式图，这类似 SIFT 中的 DoG 图，但是在金字塔图像中分为很多层，每一层称为一个 octave，每一个 octave 中又有几张尺度不同的图片。在 SIFT 算法中，同一个 octave 层中的图片尺寸（大小）相同，但是尺度（模糊程度）不同，而不同的 octave 层中的图片尺寸大小也不相同，因为它是由上一层图片降采样得到的。在进行高斯模糊时，SIFT 的高斯模板大小是始终不变的，只是在不同的 octave 之间改变图片的大小。而在 SURF 中，图片的大小是一直不变的，不同 octave 层得到的待检测图片是改变高斯模糊尺寸大小得到的，同一个 octave 中的图片用到的高斯模板尺度也不同。算法允许尺度空间多层图像同时被处理，不需对图像进行二次抽样，从而提高算法性能。

图 7-7（a）是传统方式建立的一个金字塔结构，图像的尺寸是变化的，并且运算会反复使用高斯函数对子层进行平滑处理，图 7-7（b）说明 SURF 算法使原始图像保持不变而只改变滤波器大小。

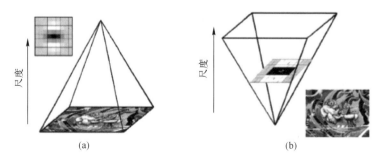

图 7-7 SURF 算子金字塔子层示意

3）利用非极大值抑制初步确定特征点和精确定位特征点

将经过 Hessian 矩阵处理过的每个像素点与其二维图像空间和尺度空间邻域内（三维邻域）的 26 个点进行大小比较，如果它是这 26 个点中的最大值或者最小值，则保留下来，当做初步的特征点。检测过程中使用与该尺度层图像解析度相对应大小的滤波器进行检测，以 3×3 的滤波器为例，该尺度层图像中 9 个像素点之一。如图 7-8 中检测特征点与自身尺度层中其余 8 个点和在其之上及之下的 2 个尺度层 9 个点进行比较，共 26 个点，图中标记 x 的像素点的特征值若大于周围像素则可确定该点为该区域的特征点。

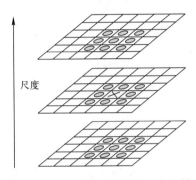

图 7-8 非极大值抑制初步确定特征点和精确定位

然后，采用三维线性插值法得到亚像素级的特征点，同时也去掉那些值小于一定阈值的点，酌量减少检测到的特征点数量，以确保显著特征点被检测出来。

4）选取特征点主方向确定

为了保证旋转不变性，在 SURF 中，不统计其梯度直方图，而是统计特征点领域内的 Harr 小波特征。即以特征点为中心，计算半径为 $6s$（s 为特征点所在的尺度值）的邻域内，统计 60°扇形内所有点在 x（水平）和 y（垂直）方向的 Haar 小波响应总和（Haar 小波边长取 $4s$），并给这些响应值赋高斯权重系数，使得靠近特征点的响应贡献大，而远离特征点的响应贡献小，然后 60°范围内的响应相加以形成新的矢量，遍历整个圆形区域，选择最长矢量的方向为该特征点的主方向。这样，通过特征点逐个进行计算，得到每一个特征点的主方向。SURF 特征点的主方向选取如图 7-9 所示。

5）构造 SURF 特征点描述算子

在 SURF 中，也是在特征点周围取一个正方形框，框的边长为 $20s$（s 为所检测到该特征点所在的尺度）。该框带方向，方向就是第（4）步检测出来的主方向了。然后把该框分为 16 个子区域，每个子区域统计 25 个像素的水平方向和垂直方向的 haar 小波特征，这里的 x（水平）和 y（垂直）方向都是相对主方向而言的。该 haar 小波特征为 x（水平）方向值之和，水平方向绝对值之和，垂直方向之和，垂直方向绝对值之和。SURF 特征点描述算子如图 7-10 所示。

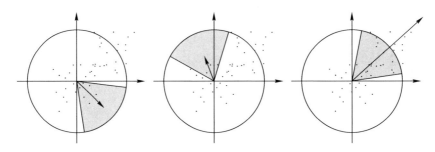

图 7-9　SURF 特征点的主方向选取

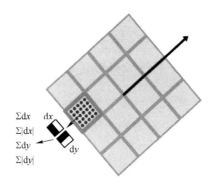

图 7-10　SURF 特征点描述算子

3. PHOG 特征

1) 基本 HOG 特征

形状特征作为图像处理分析中的重要特征之一，因其对图像光照和颜色的变化具有不敏感性的特点，被广泛应用于图像识别与检索等领域。图像中检测对象的形状是由若干个图像边缘组成，而边缘一般是根据梯度的大小和方向计算出来，因此，图像的边缘梯度特征可近似地看成对形状特征或局部结构的有效逼近。在梯度图中，图像目标的结构可以很好地被描述出来，梯度方向直方图特征描述符（Histogram of Oriented Gradients，HOG）在诸多图像分析领域的成功应用证明了这一观点。

图像梯度可以很好地实现对局部目标的细节表述和形状刻画。HOG 特征描述子是在 2005 年由 Navneet Dalal 与 Bill Triggs 首次提出，最早的应用在单帧图像的行人检测上，后来在视频流中行人以及车辆检测的检测和追踪等领域也得到了很好的应用。HOG 特征是建立在一定的假设条件之上，即在未能获得准确的图像梯度或边缘位置等信息的情况下，HOG 特征描述符仍能够将局部对象的图像边缘和形状进行特征化，而图像梯度或者边缘位置信息均不会对最终的特征矢量产生影响。图像中像素强度梯度或边缘方向分布包含图像中物体表象和形状的细节信息，该描述符正是以这些细节信息为基础，计算其图像梯度的方向信息统计值作为局部特征值，该特征能够很好地获取对应局部形状的边缘和梯度结构信息。

提取图像的 HOG 特征时，首先将图像划分成相同大小的统计单元，将统计单元中各像素点的梯度方向或边缘方向直方图的组合作为特征描述子。为了提高精确度，可以先计算各直方图在更大的图像区间中的密度，并根据这个密度值对各矢量单元做归一化，以减少光照变化和阴影等因素，获得更稳定的描述，可以有效地描述物体局部形状和表象。由于 HOG 特征描述是在具有一定排序规则的图像局部单元上操作，所以它对图像几何的（Geometric）和光学的（Photometric）形变都能保持很好的不变性，该方法对不同图像中同一检测对象的区分只会表现在更大的空间邻域上。其优势在于，在实际的图像检测应用中，可以避免对检测对象前期定位精确性的要求，很大程度上节约了处理时间，定位稍有偏差的图像也可以获得鲁棒性很高的处理结果。图 7-11 描述了该特征提取算法的处理流程。

图像 HOG 特征提取过程中，应注意以下问题：

（1）为了尽量降低光照不均匀等因素对 HOG 特征描述的影响，首先需要对整个图像的灰度级进行压缩预处理，尽量降低图像中光照的不均匀变化程度，将图像整体灰度级控制在一定范围内。在实际的光照预处理中，推荐采取 Gamma 变换进行一定范围内的压缩，计算每个各像素灰度值的平方根或者对数等。

（2）梯度的计算是 HOG 特征描述的重要基础，HOG 特征描述的优劣很大程度上取决于前期的梯度计算。梯度计算可以采用一维的中心对称梯度算子 [-1,0,1]，不对称梯度算子 [-1,1]，或是采用二维梯度算子（参见下式）等遍历整个图像，获得图像中各像素点的梯度值。

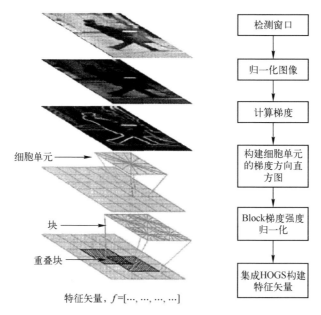

图 7-11 HOG 特征提取流程

二维梯度算子示例：$\left\{\begin{matrix} 0 & 1 \\ -1 & 0 \end{matrix}\right\}, \left\{\begin{matrix} -1 & 0 \\ 0 & 1 \end{matrix}\right\}$。

（3）在统计图像特征矢量时，首先将目标图像分成若干个分布稠密的、大小相同目标窗口，各窗口无重合的覆盖整个图像区域，这种基于各局部窗口的计算能够很大程度上削弱了光照变化的影响，对检测对象的姿态和外观变化保持弱敏感性。

HOG 特征首先分别计算图像各区域中不同方向上梯度的值，然后在个方向分区内进行累加，最后得到梯度直方图，该直方图就可以代表这块区域，也就是可以作为该区域的特征表示，送入分类器进行判断决策。但 HOG 特征描述符描述的是一个局部特征，因此，若对一整幅图像直接提取边缘梯度特征，效果反而会被制约。分析其原因。例如，一幅 640×480 的图像，按像素点计算图像的特征维度约为 30 万维，如果提取图像的 HOG 特征，而且在特征提取的过程中将方向分区划分成 360 个 bin，也就是说，可以将原始图像用一个 360 维的特征向量表示，因此对全图直接提取的 HOG 特征矢量没有足够的能力表示。

从特征表达的角度上讲，只有在图像局部区域中，基于统计原理的直方图对于该区域才有表达能力，如果图像区域比较大，那么针对两个完全不同的图像所提取的HOG特征矢量，其相似度也可能很大。如果针对感兴趣区域，局部范围内刻画目标方向统计特性，反而从规律上有显著的分析意义。

2）分层梯度方向直方图PHOG特征

边缘梯度特征通过统计目标边缘相应的梯度信息形成特征矢量，能同时对目标形状和空间布局进行较好描述。因此，在HOG特征的基础上，Anna Bosch等提出了分层梯度方向直方图（Pyramid Histogram of Oriented Gradients，PHOG）特征描述算法，PHOG特征是一种基于图像边缘的梯度特征描述，在计算图像的PHOG特征矢量时，在不同尺度层次上把图像分割成很多子块，然后对子块计算HOG特征，它不仅表征图像的整体形状，而且还表征图像的局部形状以及它们的空间位置关系，在串联起来的图像的特征矢量中，也将几何（位置）特性隐含于其中。PHOG特征是一种柔性形状特征，对较小范围内的光照变化和检测对象在图像中的位移变化等因素不敏感，具有较强的鲁棒性。

PHOG在图像检测、识别、检索等模式识别工作中取得了广泛的应用，已取得稳定、良好的效果。该方法的优势有：①图像中感兴趣对象的形状是由若干个图像边缘组成，而边缘一般是根据梯度的大小和方向计算出来，因此，对图像中感兴趣对象的边缘梯度进行统计而得到的PHOG分层梯度方向直方图分布特征，可以很好地对其形状特征进行逼近。而且，该特征的提取建立在各区块边缘的基础上，同时具有较强的抗噪性能和一定的抗旋转能力。②该特征分别在不同的图像尺度下分别统计各子块的边缘梯度特征，并将其联立组成特征矢量。能同时对目标形状和空间布局进行较好描述，兼顾了图像的全局特征和细节特征。

PHOG特征的应用也有其局限性，因为方法的有效性严重依赖图像中检测对象的边缘轮廓的提取，而当前期的边缘检测算法无法获取清晰的边缘轮廓或是所提取的伪边缘较多的情况下，最终得到的PHOG特征就会有很多冗余信息，影响特征的表现力。尤其是在自然背景下直接获取的移动目标图像，提取清晰的目标区域边缘是一项难度较大的工作。另外，方法受其分层规则的制约，缺乏一定的尺度自适应性。

4. 局部二元模式（Local Binary Pattern，LBP）特征

1）基本LBP特征

纹理特征普遍存在于各类图像之中，为图像分析的应用提供了重要的可视化线索，基于纹理特征的分类识别在场景分类、目标识别、遥感图像分析、工业检测、基于内容的图像检索等领域均有着较为广泛的应用。纹理分类是计算机图像处理和模式处理领域的关键问题之一，主要是指图像纹理特征的提取以及把图像纹理特征的划分到正确的纹理属类。

纹理特征一般是局部图像单元内多个像素点相互关联而呈现出的一种分布规律，体现出局部图像单元内多个像素之间的共同性质，也是图像中各部分间变化规律性的一种表征。既有像素本身的灰度取值，也有与其邻域的空间关系。纹理特征的提取一般通过有针对性设计的特征提取手段，获得对图像局部单元内在像素分布规律定量或定性描述的过程。与其他类型的图像特征相比，纹理特征能更好地兼顾单个像素的细节特征和多个像素相互间关系的图像宏观结构，因此它是对图像或目标进行识别和判断的关键依据之一。

局部二元模式是一种基于局部区域内纹理单元的统计模型，最早能体现这种思想的模型是 Wang 等提出的三元模式纹理统计法，但存在获取特征维度高、计算耗时大等缺点。在此基础上，Ojala 等构造出了基本的局部二元模式 LBP，基本思想是：将纹理单元中 8 个邻域像素在阈值化后的可能取值简化为 $\{0,1\}$ 两取值之一，因此可能的模式字符串排列顺序减少到 $2^8 = 256$ 种。如图 7-12 所示，以一个 3×3 的邻域单元为例，以中心像素点的灰度值为阈值对其 8 个邻域像素值进行阈值化，并将邻域像素灰度值大于或者等于中心像素灰度值的像素赋值为 1，反之则赋值为 0，并按一定顺序将赋值结果转化为二进制模式字符串 10000011。按照相应的顺序赋予每个邻域位置的像素灰度值一个设定的权重系数，二进制模式字符串中各数值与相应的权重系数的加权值，即 LBP = 1+2+128 = 131，为该像素点处的纹理描述值。

图 7-12 局部二元模式纹理描述子计算过程

由上述提取过程可知，LBP 通过周围邻域像素灰度值与中心像素灰度值的差异化获得二进制数据串，灰度值比较时关注两者的相对大小而不计算具体的灰度差值，因此，LBP 对于描述图像局部纹理特征具有灰度相对不变性，对具有一定光照变化的图像检测识别具有一定的鲁棒性。

LBP 计算如下：

$$\text{LBP} = \sum_{P=0}^{7} S(f_p - f_c) \cdot 2^p \tag{7-93}$$

如果将 LBP 算子从数学的角度扩展到一般情况，将原来的 8 邻域扩展到任意邻域，并在半径为 R 的圆形邻域上均布若干个邻域像素点。例如，局部纹理单元 T_u 由中心像素及其分布在半径为 R 的圆上均布的 N 个邻域像素组成。设中心像素 g_c 的坐标为 $(0,0)$，则从中心像素的右侧位置的 $(0,R)$ 处开始、沿逆时针方向分布的第 N 个邻域像素的坐标为 $\left(-R\sin\left(\dfrac{2\pi n}{N}\right), -R\cos\left(\dfrac{2\pi n}{N}\right)\right)$。该纹理单元可由中心点像素值、邻域像素点灰度值的联合分布来表示

$$T_u = t(g_c, g_0, g_1, \cdots, g_{N-1}) \tag{7-94}$$

式中：g_c 为局部单元内中心像素的灰度值，g_n 为第 n 个邻域像素的灰度值 $(n=0,1,2,\cdots,N-1)$。利用中心像素点的灰度值阈值对其邻域的 N 个像素值进行阈值化，公式可演化为

$$T_u \approx t(g_c) \cdot (g_0 - g_c, g_1 - g_c, \cdots, g_N - g_c) \tag{7-95}$$

由式（7-95）可知，LBP 算子实际上是计算了中心像素周围 N 个邻域像素灰度变化的共生模式，然后通过编码形成模式二进制字符串，分别统计出可描述图像中各纹理单元的纹理值即可表达图像的底层特征。具体地说，图像中的均匀区域、亮点、边缘等基本要素处在不同的纹理单元中，通过纹理单元内中心像素与周围像素之间的灰度差分，能很好地记录这些基本要素与背景间的差异。

标记出能反映对象的底层像素点，通过不同的纹理模式值反映出来。另外，通过灰度差分并形成具体的编码值时关注的是差分函数 $s(g_N - g_c)$ 的符号，并不关注具体的差值，即

$$s(x) = \begin{cases} 1, & x \geq 0 \\ 0, & x < 0 \end{cases} \tag{7-96}$$

如果再将每位符号函数 $s(g_N - g_c)$ $(n=0,1,2,\cdots,N-1)$，与分配的权重 2^n 进行累加，则可得到该纹理单元的 LBP 特征描述子为

$$\text{LBP}_{N,R} = \sum_{n=0}^{N-1} s(g_N - g_c) \cdot 2^n \tag{7-97}$$

式中：R 为邻域像素点所在圆的半径，N 为圆邻域上均布的像素点个数；$S(x)$ 为二值符号函数。

2) 旋转不变的 LBP 特征

当图像发生旋转时，局部纹理单元的邻域像素也会随之产生相应的旋转，因此邻域像素相对于中心像素的排列顺序也会发生改变，若计算局部单元的纹理值时仍按照事先设定的像素点作为起始点，必将导致邻域像素相对位置以及所分配的权重发生改变，致使旋转前、后的纹理统计值发生改变。

如图 7-13 所示，图像旋转之前所选纹理单元的统计二元模式为 Pattern = 00011110，LBP = 30。当纹理单元逆时针旋转一定角度 θ（θ = 45°，90°，135°，180°，225°，270°，315°，360°）后，所计算得到的模式 Pattern 值和 LBP 编码值均与旋转之前的结果完全不同。因此，需构造一种新的纹理描述子来克服或尽量降低旋转变化对纹理统计值的影响。虽然纹理单元旋转后所得到的模式二进制字符串和 LBP 编码值均发生改变，构成模式二进制字符串的基本元素仍为 0 或 1。因此，可定义旋转不变的局部二元模式为

$$\mathrm{LBP}_{N,R}^{ri} = \min\{\mathrm{ROR}(\mathrm{LBP}_{N,R}, i) \mid i = 0, 1, \cdots, N-1\} \tag{7-98}$$

式中：$\mathrm{ROR}(x, i)$ 为将二进制字符串 x 按顺序逐渐左移 i 次。

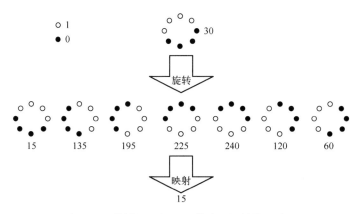

图 7-13　旋转的局部二元模式空间结构示意图

如图 7-13 所示，其中空心圆和黑色实心圆分别表示二进制字符串相应的位置取值为 1 和 0，8 种不同的模式二进制字符串 00011110(30)，00111100(60)，01111000(120)，11110000(240)，11100001(225)，11000011(195)，10000111(135)，00001111(15)。通过循环移位后都可以取得最小的编码值 00001111(15)。也就是说，不管纹理单元的模式二进制字符串在移动前如何，若通过对其进行循环移位操作后获得相同的、取值最小的 LBP 编码值，便可将其归类为一种模式(00001111(15))。因此，无论图像发生多大角度的旋转，

均可以通过对二进制字符串的移位操作，使得 $LBP_{N,R}^{ri}$ 都有确定而唯一的取值，因而具有旋转不变性，$LBP_{N,R}^{ri}$ 统计了相应于图像中量化共生的旋转不变局部二元模式。

使用旋转不变 LBP 模式，对于 8 个邻域的纹理单元可由原来的 $2^8 = 256$ 种模式进一步减少为 36 种基本模式，对于任一纹理单元，若其二进制字符串模式移位后与 36 种基本模式中的某一种模式相同，就将其模式值归为 36 种基本模式值之一。虽然旋转不变局部二元模式可显著降低图像纹理特征的维度，但是用其来表达纹理的可分辨性并不十分显著，这一点在其他文献中也得到了验证。

7.3 面向对象的特征

借助于图像分割、区域标记等处理可以检测提取大量候选感兴趣区域（Region of Interesting, ROI），此处重点给出基于感兴趣区域对象（一般对应着某类中层语义符号，如海域、林区、建筑物、油库区、车辆候选区、舰船候选区、飞机候选区等）常规的特征提取方法。

7.3.1 灰度统计特性分析与特征提取

参考第 3~5 章的解译方法说明，灰度统计特性参数往往与解译关注的色调特征、阴影特征、纹理特征等有密切关系，是提炼主观视觉解译和机器解译分析策略的主要参考依据。

1. 平均灰度

平均灰度指在图像切片中目标所在的区域的灰度的平均值，是目标区域所有像素点的灰度值的总和除以目标区域像素点的总个数，即

$$\mu = \frac{1}{N} \sum_{(i,j) \in R} f(i,j) \tag{7-99}$$

式中：μ 为目标所在区域的平均灰度，R 为目标所在区域像素点的集合，$f(i,j)$ 为像素点 (i,j) 的灰度值，N 为目标区域像素点的总个数。

2. 散度

散度指在图像切片中目标所在区域的灰度离差平方和的均值，有

$$\text{var} = \frac{1}{N} \sum_{(i,j) \in R} [f(i,j) - \mu]^2 \tag{7-100}$$

式中：var 表示在图像切片中目标所在的区域的灰度的散度。

散度小则说明目标区域的灰度值比较紧密的集中在中心值周围；相反，散度大表示目标区域的灰度值比较分散。

3. 峰度系数

指在图像切片中目标所在区域的直方图分布的一个定量描述。直方图可以是呈对称分布的，但相对于标准正态分布可能存在一个非常高或低的峰。标准正态分布（直方图）的峰度为零。与标准正态分布相比，正峰度越大，分布图中的峰就越陡；相反，负峰度越小，分布更为平缓。计算公式为

$$\text{kurtosis} = \left[\frac{1}{N}\sum_{(i,j)\in R}\left(\frac{f(i,j)-\mu}{s}\right)^4\right] - 3 \qquad (7-101)$$

式中：kurtosis 为目标所在区域的峰度，s 为目标所在区域灰度值的标准差，有

$$s = \sqrt{\text{var}} \qquad (7-102)$$

4. 邻域平均灰度

邻域平均灰度反映目标邻域灰度特性。通常采用图像切片中目标所在区域外的像素点的灰度的平均值，是目标区域外所有像素点的灰度值的总和除以目标区域外像素点的总个数。计算公式为

$$\bar{\mu} = \frac{1}{M}\sum_{(i,j)\in \bar{R}} f(i,j) \qquad (7-103)$$

式中：$\bar{\mu}$ 为目标所在区域外的平均灰度；$\bar{R}$ 为目标所在区域外像素点的集合；M 为目标区域外像素点的总个数。

5. 目标灰度极大值和目标灰度极小值

目标极大值和目标极小值是指目标所在区域的所有像素点的灰度值的最小和最大值，能很好地反映出目标成像区域的灰度范围，对于解译目标的种类具有很大的借鉴作用。计算公式为

$$\text{maxGrey} = \max_{(i,j)\in R}\{f(i,j)\} \qquad (7-104)$$

$$\text{minGrey} = \min_{(i,j)\in R}\{f(i,j)\} \qquad (7-105)$$

式中：maxGrey 和 minGrey 分别为目标所在区域的灰度值的最大和最小值。二者差距小，说明目标区域成像均匀，反之说明目标区域成像不均匀，不利于分割提取。

6. 目标区域均匀性

目标区域均匀性是指在目标区域内利用两个方向模板（水平与垂直）与像素点的灰度值进行邻域卷积完成的，如图 7-14 所示。目标区域均匀性可以较好地反映目标成像的均匀特点，该值越小，说明成像越均匀，反之说明目标区域存在纹理。

$$\begin{bmatrix} -1 & 0 & 1 \\ -2 & 0 & 2 \\ -1 & 0 & 1 \end{bmatrix} \quad \begin{bmatrix} 1 & 2 & 1 \\ 0 & 0 & 0 \\ -1 & -2 & -1 \end{bmatrix}$$
(a) （b）

图 7-14　Sobel 算子

(a) 垂直方向 Sobel 算子；(b) 水平方向 Sobel 算子。

以 3×3 窗口为例，设窗口灰度为

$$[F] = \begin{bmatrix} f(i-1,j-1) & f(i-1,j) & f(i-1,j+1) \\ f(i,j-1) & f(i,j) & f(i,j+1) \\ f(i+1,j-1) & f(i+1,j) & f(i+1,j+1) \end{bmatrix} \qquad (7\text{-}106)$$

与水平、垂直方向 Sobel 算子进行卷积计算求的水平、垂直方向上的分量 S_x 和 S_y，则目标区域均匀性可表示为

$$\text{AverSobel} = \sqrt{S_x^2 + S_y^2} \qquad (7\text{-}107)$$

7. 平均对比度

平均对比度是指目标所在区域的平均灰度与周围邻域范围内平均灰度的差值，用来反映图像中目标和周围背景在亮度上的差异性。平均对比度越大越容易从背景中将目标分割出来；反之，平均对比度太小，目标将与背景混为一团。其计算公式为

$$\text{AverContrast} = |\mu - \bar{\mu}| \qquad (7\text{-}108)$$

8. 边界对比度

边界对比度是指目标区域与非目标区域的边界上所有像素点的平均梯度，它和平均对比度一样是用来体现目标和背景在亮度上的差异，不过它更侧重于反映边界像素集合对应的差异。在屏蔽一些成像噪声、自然杂波带来的虚警问题上，该参数作用显著。

利用 Sobel 算子在以边缘点 $p(i,j)$ 为中心的 3×3 邻域上分别计算水平和垂直方向的偏导数，即

$$\begin{cases} s_x = [p(i+1,j-1)+2p(i+1,j)+p(i+1,j+1)] - [p(i-1,j-1)+2p(i-1,j)+ \\ \quad p(i-1,j+1)] \\ s_y = [p(i-1,j+1)+2p(i,j+1)+p(i+1,j+1)] - [p(i-1,j-1)+2p(i,j-1)+ \\ \quad p(i+1,j-1)] \end{cases}$$

(7-109)

通过 Sobel 算子 $p(i,j)$ 处的梯度定义为

$$g(i,j) = \sqrt{s_x^2 + s_y^2} \tag{7-110}$$

目标的边界对比度为

$$\text{BorderContrast} = \frac{\sum_{(i,j) \in C} g(i,j)}{M} \tag{7-111}$$

式中：C 为目标与非目标区域边界上像素点集合；M 为边界上像素点的数目。

9. NMI（Normalized Moment of Inertia）特征

NMI 特征是一种较常用的目标特征提取方法，它是用来计算图像的归一化转动惯量（Normalized Moment of Inertia）。在数字图像处理中，将二维数字化灰度图像 $M \times N$ 看成是二维平面上 $M \times N$ 个像素点，每个像素点的灰度记为 $f(i,j)$。

根据物理上重心的概念，灰度图像的质心定义如下：

$$\bar{i} = \frac{\sum_{i=1}^{M} \sum_{j=1}^{N} i \cdot f(i,j)}{\sum_{i=1}^{M} \sum_{j=1}^{N} f(i,j)} \tag{7-112}$$

$$\bar{j} = \frac{\sum_{i=1}^{M} \sum_{j=1}^{N} j \cdot f(i,j)}{\sum_{i=1}^{M} \sum_{j=1}^{N} f(i,j)} \tag{7-113}$$

式中：质心 $(\bar{i}, \bar{j})$ 为灰度图像的重心。

图像围绕质心 $(\bar{i}, \bar{j})$ 的转动惯量 $J_{(\bar{i},\bar{j})}$ 为

$$\begin{aligned} J_{(\bar{i},\bar{j})} &= \sum_{i=1}^{M} \sum_{j=1}^{N} [(i,j) - (\bar{i},\bar{j})]^2 \cdot f(i,j) \\ &= \sum_{i=1}^{M} \sum_{j=1}^{N} [(i-\bar{i})^2 + (j-\bar{j})^2] \cdot f(i,j) \end{aligned} \tag{7-114}$$

根据图像的质心和转动惯量的定义，可给出灰度图像绕质心 $(\bar{i},\bar{j})$ 的归一

化转动惯量 NMI 为

$$\text{NMI} = \frac{\sqrt{J_{(i,j)}}}{m}$$

$$= \frac{\sqrt{\sum_{i=1}^{M}\sum_{j=1}^{N}((i-\bar{i})^2+(j-\bar{j})^2)f(i,j)}}{\sum_{i=1}^{M}\sum_{j=1}^{N}f(i,j)} \quad (7-115)$$

式中：$m = \sum_{i=1}^{M}\sum_{j=1}^{N}f(i,j)$ 为图像质量。

NMI 特征算法简单，计算量小并且具有良好的缩放、旋转和平移不变性。在对实时性有较高要求的目标识别中为首选的特征识别方法。对形状相似的目标，NMI 值区别不大。不同的目标，NMI 特征不同，外形相似的不同类目标 NMI 特征的可区分性不强。

10. 绕轴转动惯量矩

若目标主轴的数学方程为 $Ax+By+C=0$，则目标区域上某一点到该直线的距离为 $r_i = \left|\frac{Ax_i+By_i+C}{\sqrt{A^2+B^2}}\right|$，则目标区域总的转动惯量为 $I = \sum_{i\in\Omega}m_i r_i^2$。其中，$\Omega$ 为目标区域，m_i 为目标区像素质量即灰度值，对于二值图来说，$m_i=1$，r_i 为第 i 个像素点到主轴的距离。由式（7-115）得到的转动惯量不具有缩放、平移和旋转不变性，将转动惯量归一化，得到归一化绕主轴的转动惯量矩为

$$I_g = \frac{\sqrt{\sum_{i\in\Omega_1}m_i r_i^2}}{\sum_{i\in\Omega_1}m_i} \quad (7-116)$$

为了便于分析，在实际应用中采用的形式为 $I' = \lg|I_g|$。

11. 目标区域绕质心散度和峰度

目标区域质心 $(\bar{i},\bar{j})$，目标区域像素点的集合为 Ω，则 Ω 内任意一点 (i,j) 到质心的距离为 r_i，则目标围绕质心的散度记为 $\text{cvar} = \sqrt{\frac{1}{A}\sum_{i=1}^{A}(r_i-r_{cp})^2}$，其中 $r_{cp} = \frac{\sum_{(i,j)\in\Omega}\sqrt{(i-\bar{i})^2+(j-\bar{j})^2}}{A}$，$A$ 为目标区域的面积。

目标围绕质心的峰度记为

$$\text{cskew} = \frac{1}{A}\left[\frac{(r_i - r_{cp})}{\text{cvar}}\right]^4 - 3 \qquad (7\text{-}117)$$

12. 主轴两侧矩对比度

设目标主轴的数学方程为 $Ax+By+C=0$。记满足 $A\cdot i+B\cdot j+C>0$ 的 (i,j) 的目标点所构成的集合为 Ω_1，$A\cdot i+B\cdot j+C<0$ 所构成的点集合为 Ω_2。在满足直线方程大于零的一侧目标区域内，区域内某一点到直线的距离为

$$r_{1i} = \left|\frac{Ax_i+By_i+C}{\sqrt{A^2+B^2}}\right|, \quad i\in\Omega_1 \qquad (7\text{-}118)$$

目标区域内，各点到直线的平均距离为 $\bar{r}_1 = \dfrac{1}{M_1}\sum\limits_{i\in\Omega_1} r_{1i}$，其中，$M_1$ 为 Ω_1 内像素的个数。

Ω_1 内各点到主轴的一阶原点矩、二阶中心矩（散度）、三阶中心矩和散度分别为

$$I_{11} = \bar{r}_1, \quad I_{12} = \left(\frac{1}{M_1}\sum_{i\in\Omega_1}(r_{1i}-\bar{r}_1)^2\right)^{\frac{1}{2}} \qquad (7\text{-}119)$$

$$I_{13} = \left(\frac{1}{M_1}\sum_{i\in\Omega_1}(r_{1i}-\bar{r}_1)^3\right)^{\frac{1}{3}} \qquad (7\text{-}120)$$

$$I_{\text{skew1}} = \frac{1}{M_1}\left(\frac{r_{1i}-\bar{r}_1}{I_{12}}\right)^4 - 3 \qquad (7\text{-}121)$$

同理，可以得到 Ω_2 内各点到直线的平均距离为：$\bar{r}_2 = \dfrac{1}{M_2}\sum\limits_{i\in\Omega_2} r_{2i}$，$M_2$ 为 Ω_2 内像素的个数。Ω_2 内各点到主轴的一阶原点矩、二阶中心矩（散度）、三阶中心矩和散度分别为

$$I_{21} = \bar{r}_2, \quad I_{22} = \left(\frac{1}{M_2}\sum_{i\in\Omega_2}(r_{2i}-\bar{r}_2)^2\right)^{\frac{1}{2}} \qquad (7\text{-}122)$$

$$I_{23} = \left(\frac{1}{M_2}\sum_{i\in\Omega_2}(r_{2i}-\bar{r}_2)^3\right)^{\frac{1}{3}} \qquad (7\text{-}123)$$

$$I_{\text{skew2}} = \frac{1}{M_2}\left(\frac{r_{2i}-\bar{r}_2}{I_{22}}\right)^4 - 3 \qquad (7\text{-}124)$$

主轴两侧混合矩对比度为

$$MC_{\text{mix}} = \frac{\sqrt{I_{11}^2 + I_{12}^2 + I_{13}^2}}{\sqrt{I_{21}^2 + I_{22}^2 + I_{23}^2}} \qquad (7-125)$$

主轴两侧区域一阶矩对比度为

$$MC_{\text{mean}} = \frac{\bar{r}_1}{\bar{r}_2} \qquad (7-126)$$

主轴两侧区域二阶中心矩（散度）对比度为

$$MC \frac{I_{12}}{I_{22}} \qquad (7-127)$$

主轴两侧区域峰度对比度为

$$MC_{\text{skew}} = \frac{I_{\text{skew1}}}{I_{\text{skew2}}} \qquad (7-128)$$

13. 主轴两侧灰度对比度和面积比

根据电磁散射理论，目标总的电磁散射可以认为是某些局部位置上的电磁散射的合成，这些局部性的散射源被称为散射中心。SAR 图像通常表现为稀疏的散射中心的分布变化，散射中心的位置与强度会发生改变，因此目标的表现形式呈现多样性，而散射中心的强度又与成像后图像的灰度有关。定义灰度对比度特征来描述主轴两侧灰度比值变化，定义主轴两侧面积比描述目标形态的变化。

设目标主轴的数学方程为 $Ax+By+C=0$。记满足 $A \cdot i + B \cdot j + C \geq 0$ 的 (i,j) 的目标点所构成的集合为 Ω_1，$A \cdot i + B \cdot j + C < 0$ 所构成的点集合为 Ω_2。在满足直线方程大于零的一侧目标区域内，各点总的灰度值记为 grey1，面积为 Area1。

$$\text{grey1} = \sum_{(i,j) \in \Omega_1} f(i,j)$$

同理可得目标区域 Ω_2 内，各点灰度值的和为 $\text{grey2} = \sum_{(i,j) \in \Omega_2} f(i,j)$，面积为 Area2。定义主轴两侧灰度对比度为

$$GR = \frac{\text{grey1}}{\text{grey2}} \qquad (7-129)$$

定义主轴两侧面积比为

$$AR = \frac{\text{Area1}}{\text{Area2}} \qquad (7-130)$$

7.3.2 空间结构特性分析与特征提取

空间结构特性主要对应几何特性，该类特征参数往往与解译所用的形状特征、大小特征、位置布局特征等有密切关系，是提炼主观视觉解译和机器解译分析策略的主要参考依据。

1. 长度、宽度及目标长宽比

这里的长度、宽度是指将目标从图像切片中分割出来后所得的图形的长度和宽度，但由于分割出的图形大多不够规则，因此在测其长度和宽度时我们用其长轴和短轴方向上的长度分别代表该图形的长度和宽度。目标的长宽比是指目标长度和宽度的比值，其公式为

$$\mathrm{RatioLS} = \frac{L}{S} \tag{7-131}$$

式中：L 为目标在长轴方向上的长度；S 为目标在短轴方向上的长度；RatioLS 为目标的长宽比。

很多目标在长宽比上符合某个范围约束。例如，车辆的长宽比一般为 2.0~3.0，军用舰船是更加狭长的目标，具有更高的长宽比（一般大于 5）。所以，结合长度、宽度、目标长宽比测量，能很快排除一些自然杂波或人造杂波，抑制虚警。

2. 面积、周长及目标似圆度

这里的面积是指将目标从图像切片中分割出来后所得的图形的面积，周长是指分割后区域边界的长度。目标似圆度是目标的形状与圆形的相似程度，在这里用周长的平方与面积的比值表示，其计算公式为

$$\mathrm{RoundNess} = \frac{(\mathrm{Perimeter})^2}{\mathrm{Area}} \tag{7-132}$$

式中：RoundNess 为目标似圆度；Perimeter 为目标的周长；Area 为目标的面积。目标的似圆度越大说明该目标的形状越复杂，当目标恰好为圆形时目标的似圆度最小，为 4π。也可以采用形状密集度 C（又称区域的紧凑性）表示，$C = 4\pi \cdot \mathrm{Area}/(\mathrm{Perimeter})^2$。在相同面积条件下对于各种形状物体，圆形的周长最短，称为最密集的形状，圆形密集度 $C=1$。随着周界凹凸变化程度的增加，周长 Perimeter 相应增加，C 也随之减小。可以证明，在几何上相似的两个形状，它们有相同的 C 值，且 C 对于图像的旋转、平移和缩放具有不变性。RoundNess 或 C 是一个仅与形状有关的特征，可以用来表征目标的形状

复杂程度。

3. 目标矩形度

目标矩形度是目标的形状与矩形的相似程度，在这里我们用目标区域主轴分析后的长轴长度 L 和短轴宽度 S 的乘积与面积 Area 的比值表示，其计算公式为

$$\text{RectangleNess} = \frac{L \cdot S}{\text{Area}} \qquad (7\text{-}133)$$

目标的矩形度和目标似圆度一样都是用来描述目标形状的复杂程度。该值越小，说明目标越接近为一个矩形。这个性质在车辆的检测中应用很明显，因为大多数车辆在图像中的形状都是接近于一个矩形。

4. 目标方位角

目标方位角定义为目标主轴与 SAR 图像的距离向或方位向的夹角。SAR 图像中目标对系统参数特别是方位角敏感，不同的方位角，成像区别较大。同时还存在"180°模糊"现象，即 SAR 图像无法判别目标首尾，无法确定目标准确姿态。

目标方位角对于目标精细化类别识别和状态的解译有着十分重要的意义，对于集群出现的战术目标更是分类的关键信息。在 SAR 图像分析中，基于 SAR 成像参数、结合阴影等其他特征，往往可以进一步提炼高级解译信息。

5. 长轴及短轴对称性

目标长轴及短轴对称性用来反映长轴或短轴两侧的目标区域像素点的平均灰度的差异，在这里我们用参考轴两侧的目标区域平均灰度的差值绝对值表示，其计算公式为

$$\text{lAixsSymmetry} = |\mu_1 - \mu_2| \qquad (7\text{-}134)$$

式中：lAixsSymmetry 为目标的长轴对称性；μ_1 为参考轴上侧的目标区域的平均灰度；μ_2 为参考轴下侧的目标区域的平均灰度。

计算目标短轴对称性时只需将参考轴的方向旋转 90° 即可。目标长轴及短轴对称性对于分析具有几何对称特点的目标有很好的借鉴意义，对称性测度值越小，说明目标相对该轴对称性越好。例如，飞机具有长轴的几何对称性，但短轴对称性很差。在一定程度上，对称性度量可去除方位角 180°模糊。

6. Hu 不变矩特征

Ming-kuei HU 于 1962 年提出了基于代数不变量的矩不变量。通过对几何矩的非线性组合导出了具有旋转、平移、缩放不变性的 7 个矩不变量，在图像目标识别领域得到广泛的应用。对于灰度分布为 $f(x,y)$，$(p+q)$ 阶原点矩定义为

$$m_{pq} = \iint x^p y^q f(x,y) \mathrm{d}x\mathrm{d}y, \quad p,q = 0,1,2,\cdots \tag{7-135}$$

$(p+q)$ 阶中心矩定义为

$$\mu_{pq} = \iint (x-x_0)^p (y-y_0)^q f(x,y) \mathrm{d}x\mathrm{d}y, \quad p,q = 0,1,2,\cdots \tag{7-136}$$

其中，质心 (x_0, y_0) 为 $x_0 = \dfrac{m_{10}}{m_{00}}$，$y_0 = \dfrac{m_{01}}{m_{00}}$。

在离散状态下，对于 $M\times N$ 的数字图像 $f(i,j)$，用求和来代替积分，$(p+q)$ 阶原点矩和中心矩定义为

$$m_{pq} = \sum_{i=1}^{M}\sum_{j=1}^{N} i^p j^q f(i,j) \tag{7-137}$$

$$\mu_{pq} = \sum_{i=1}^{M}\sum_{j=1}^{N} (i-i_0)^p (j-j_0)^q f(i,j) \tag{7-138}$$

式中：$i_0 = \dfrac{m_{10}}{m_{00}}$，$j_0 = \dfrac{m_{01}}{m_{00}}$。

归一化中心距为

$$\eta_{pq} = \mu_{pq}/\mu_{00}^r \tag{7-139}$$

式中：$r = \dfrac{p+q}{2}+1$，$p+q = 2,3,\cdots$。

利用二阶和三阶归一化中心距可以导出下面 7 个不变矩组：

$M_1 = \eta_{02} + \eta_{20}$

$M_2 = (\eta_{20}-\eta_{02})^2 + 4\eta_{11}^2$

$M_3 = (\eta_{30}-3\eta_{12})^2 + (\eta_{03}+3\eta_{21})^2$

$M_4 = (\eta_{30}+\eta_{12})^2 + (\eta_{03}+3\eta_{21})^2$

$M_5 = (\eta_{30}-3\eta_{12})(\eta_{30}+\eta_{12})[(\eta_{30}+\eta_{12})^2 - 3(\eta_{03}+\eta_{21})^2] +$
$\quad\quad (3\eta_{21}-\eta_{03})(\eta_{21}+\eta_{03})[3(\eta_{30}+\eta_{12})^2 - (\eta_{03}+\eta_{21})^2]$

$M_6 = (\eta_{20}-\eta_{02})[(\eta_{30}+\eta_{12})^2 - (\eta_{03}+\eta_{21})^2] + 4\eta_{11}(\eta_{30}+\eta_{12})(\eta_{03}+\eta_{12})$

$M_7 = (3\eta_{21}-\eta_{03})(\eta_{30}+\eta_{12})[(\eta_{30}+\eta_{12})^2 - 3(\eta_{03}+\eta_{21})^2] +$
$\quad\quad (3\eta_{21}-\eta_{30})(\eta_{21}+\eta_{03})[3(\eta_{30}+\eta_{12})^2 - (\eta_{03}+\eta_{21})^2]$

$$\tag{7-140}$$

这个矩组即 Hu 的 7 个不变矩，它们对于平移、旋转与缩放比例变化都是不变的。根据式（7-140）计算出的 7 个不变矩的值变化范围很大，为了便于分析，在实际应用中采用的形式为

$$\lg|M_k| \rightarrow M_k, \quad k=1,2,\cdots,7 \tag{7-141}$$

7. 紧致度

从另一个角度理解似圆度特征。随着周界凹凸变化程度的增加，周长 P 相应增加，引起不规则形状物体等效半径的增大，若以该等效半径为半径构成等效圆，则等效圆面积与该形状面积 A 的比值（为 C）也会相应增大。从平均半径的角度考虑，将似圆度改写为

$$L = \frac{\pi \cdot \bar{r}^2}{A} = \frac{\pi \cdot \sum\limits_{(i,j) \in \Omega}((i-\bar{i})^2+(j-\bar{j})^2)}{P \cdot A} \tag{7-142}$$

式中：$\bar{r} = \sqrt{\dfrac{\sum\limits_{(i,j)\in\Omega}((i-\bar{i})^2+(j-\bar{j})^2)}{P}}$ 为等效半径。该特征在计算时充分考虑了物体边界起伏变化对平均半径的影响，能比似圆度更好的描述物体形状复杂程度，因此将该特征称为紧致度。

8. 平均半径

目标区域像素的质心位置为$(\bar{i},\bar{j})$。记目标边界点所构成的集合为 Ω，则目标平均半径（单位：像素）为

$$B_{ave} = \frac{\sum\limits_{(i,j)\in\Omega}\sqrt{(i-\bar{i})^2+(j-\bar{j})^2}}{P} \tag{7-143}$$

目标平均半径可以反映出目标的形状和大小用于区分不同的目标。

9. 目标半径偏差

记目标边界点所构成的集合为 Ω，则定义目标半径偏差为

$$\sigma = \sqrt{\frac{1}{P}\sum_{i=1}^{P}(r_i-r_e)^2} \tag{7-144}$$

式中：r_i 为目标边界点到质心的距离，$r_e = \dfrac{\sum\limits_{(i,j)\in\Omega}\sqrt{(i-\bar{i})^2+(j-\bar{j})^2}}{P}$ 为目标边界点到质心的平均距离，简称为平均半径，P 为目标区域边界长度。目标半径偏差，反映了目标各边界点到质心距离与目标平均半径的偏离程度。

10. 目标区域绕主轴散度和峰度

目标区域内某一点 (i,j) 到主轴的距离为 $r_i = \left|\dfrac{Ai+Bj+C}{\sqrt{A^2+B^2}}\right|$，目标绕主轴的散度记为 $a\mathrm{var} = \sqrt{\dfrac{1}{M}(r_i-r_e)^2}$，其中 $r_e = \dfrac{1}{M}\sum_{i=1}^{M} r_i$，$M$ 为目标区域内不在主轴上点的个数。

目标绕主轴的峰度记为

$$a\mathrm{skew} = \dfrac{1}{M}\left(\dfrac{(r_i-r_e)}{a\mathrm{var}}\right)^4 - 3 \qquad (7-145)$$

7.3.3 面向对象的可视化特征及适用性分析

对分割形成的目标 ROI 区域，提取前文列举的可视化特征矢量，如表 7-1 所列。表中参考文献研究、实验测试结果及主观视觉经验，给出不同应用阶段（以图像解译过程的检测、鉴别、识别为主）不同特征的适用性推荐。

表 7-1 典型可视化特征及适用性分析

类型	特征名称	特征说明、性能评测	图像解译过程适用的推荐等级
灰度统计特征	目标平均灰度	目标区域灰度统计平均值。目标区域的平均灰度要高于背景和杂波因此借助这一特征可以将目标区域从背景中分割出来。该特征跟成像条件有关，相同成像条件下同类目标在不同姿态下，该特征差别不大；不同目标，由于散射点分布的不同，该特征值可能不同	检测
	目标灰度散度	目标区域灰度均方差。统计了目标区域内各像素点的灰度较目标平均灰度的偏离程度，是分布的二阶矩。该特征反映了目标区域内灰度分布的不均匀性。同类目标，特征随着方位角的变化而变化。背景区域质地较均匀，散度较小；目标由于少数散射中心的影响散度值较大，因此也可以从背景中将目标区域提取出来	检测、识别
	目标灰度峰度	表示目标区域灰度分布曲线在平均灰度处的峰值高低的特征，即描述了灰度分布形态的陡缓程度。峰度为 3 表示与正态分布相同，峰度大于 3 表示比正态分布陡峭，小于 3 表示比正态分布平坦。可以用于区分不同类目标，也可以用于区分不同方位角下的相同目标	检测、识别
	目标区域均匀性	区域内每个像素点与其 8 邻域内点灰度平均的统计值。该特征与目标的散射中心及其分布有关，随着散射中心及其位置的改变，该征值也发生变化。可用于区分不同类目标	检测

续表

类型	特征名称	特征说明、性能评测	图像解译过程适用的推荐等级
灰度统计特征	灰度极大值	目标区域灰度极大值。目标有少数强散射点，目标灰度极大值要高于非目标	鉴别
	灰度极小值	目标区域灰度极小值。可用于检测目标阴影区，因为阴影区灰度往往要低于目标和背景	检测
	目标邻域平均灰度	目标区域外的图像平均灰度。该特征往往要低于目标平均灰度，可用于检测目标	检测、鉴别
	目标平均对比度	目标平均灰度与目标邻域平均灰度的差值。基于先验的信息，可以用与鉴别目标与非目标	检测、鉴别
	边界平均对比度	边界上点的灰度均值。可以用于检测目标，或者基于先验的信息，用于鉴别目标与非目标	检测、鉴别
	主轴两侧区域灰度对比度	目标主轴两侧区域灰度均值的比值。该特征与目标的散射中心及其分布有关，随着散射中心及其位置的改变，该特征值也发生变化。因此该特征可以区分不同方位角下的相同目标以及几何形状差异的不同目标	识别
	主轴两侧区域灰度散度对比度	目标主轴两侧区域灰度散度的比值。反映了目标在不同姿态下主轴两侧灰度分布的不均匀性	识别
	主轴两侧区域灰度峰度对比度	目标主轴两侧区域灰度散度的比值。反映了目标在不同姿态下主轴两侧灰度分布的不均匀性	识别
	目标绕主轴转动惯量	描述了目标主轴两侧区域质量相对于主轴的空间扩展程度，同目标的几何形状，灰度分布密切相关	识别
	NMI特征	目标绕质心的转动惯量。该特征算法简单，计算量小并且具有良好的缩放、旋转和平移不变性。在对实时性有较高要求的目标识别中为首选的特征识别方法。不同目标具有不同NMI特征值；对形状相似的目标，特征值差别不大。SAR图像目标方位角敏感，即使是相同目标也具有不同的NMI特征值	识别
	LBP特征	体现目标灰度变化特性、纹理分布规律。可以描述目标的局部信息和全局形状信息。具有旋转不变性，对灰度变化不敏感	鉴别、识别
空间结构特征	目标长度	描述了目标区域最小外接矩形的长。体现了目标大小，由于不同的目标长宽不同，因此可以用于目标的检测和鉴别	检测、鉴别
	目标宽度	描述了目标区域最小外接矩形的宽。体现了目标大小，可以用于目标的检测和鉴别	检测、鉴别
	目标长宽比	最小外接矩形的长宽比。不同目标几何形状不同，如飞机、坦克、车辆、舰船等，从长宽比就可以鉴别出目标类别	检测、鉴别
	目标面积	以目标区域像素总数作为目标面积，不仅简单，而且是对区域面积的无偏和一致估计。实际中，由于目标实际大小的差异，在图像上所占区域面积不同	检测、鉴别
	目标周长	以目标边界点像素总数作为目标周长，反映了目标的大小。但不同类目标其周长可能相同	检测

续表

类型	特征名称	特征说明、性能评测	图像解译过程适用的推荐等级
空间结构特征	目标似圆度	在相同面积条件下对于各种形状物体,圆形的周长最短,称为最密集的形状,圆形的密集度 $c=1$。随着周界凹凸变化程度的增加,周长 P 相应增加,C 也随之增大。可以证明,在几何上相似的两个形状,它们有相同的 C 值,即 C 对于图像的旋转、平移和缩放具有不变性。C 是一个仅与形状有关的特征,可以用来表征目标的形状复杂程度。但对于形状相似的两类目标,该特征不能很好地区分	鉴别、识别
	目标矩形度	目标面积与最小外接矩形面积的比值。描述了目标与矩形的相似程度	鉴别、识别
	目标方位角	目标方位角变化,目标性状差异很大,其他识别特征与方位角相配合可以有效识别目标	鉴别、识别
	Hu1–Hu7阶矩	Hu 的 7 个不变矩,它们对于平移、旋转与缩放比例变化都是不变的,Hu 的前 4 阶矩相对比较稳定。这 7 个不变矩组适用于形状差别较大的目标,对于形状相似的不同类目标,差异不显著	识别
	目标半径	目标平均半径可以反映出目标的形状和大小用于区分不同的目标	识别
	半径偏差	目标边界点到质心距离与平均半径的偏离程度。可以反映目标的形状特征,如目标在不同方位角下,形状差异较大,该特征值随着方位角改变剧烈变化	识别
	紧致度	该特征在计算时充分考虑了物体边界起伏变化对目标平均半径的影响,能比似圆度更好的描述物体形状复杂程度。能较好区分形状相似的两类不同目标	识别
	质心散度	目标区域内各点到质心距离与平均距离的偏离程度	识别
	质心峰度	表示目标区域内各点到质心距离分布曲线在平均距离处的峰值高低的特征,即分布形态的陡缓程度。峰度为 3 表示与正态分布相同,峰度大于 3 表示比正态分布陡峭,小于 3 表示比正态分布平坦。可以用于区分不同类目标,也可以用于区分不同方位角下的相同目标	识别
	绕轴散度	目标主轴两侧区域内各点到主轴距离与到主轴平均距离的偏离程度。该特征随着目标方位角的不同而不同,可以有效区分两类形状相似的不同目标	识别
	绕轴峰度	目标主轴两侧区域内各点到主轴距离分布形态的陡缓程度。该特征随着目标方位角的不同而不同,可以有效区分两类形状相似的不同目标	识别
	主轴两侧距离一阶对比度	目标主轴两侧区域内各点到主轴的平均距离的比值	识别

续表

类型	特征名称	特征说明、性能评测	图像解译过程适用的推荐等级
空间结构特征	主轴两侧距离散度阶对比度	目标主轴两侧区域内各点到主轴距离与到主轴平均距离的偏离程度的比值。反映了目标在不同姿态下主轴两侧区域分布的不均匀性	识别
	主轴两侧距离混合矩对比度	目标主轴两侧区域内各点到主轴距离前3阶矩加权和的比值	识别

7.4 机器学习图像特征

当前大量方法通常依赖于监督学习来获得良好的特征表示。特别是在2006年，Hinton等在深度学习方面取得了突破性进展。采用可训练的多层网络取代人工设计特征，一些深度学习模型已经显示出令人印象深刻的特征表示能力。其优势体现在：①与需要大量工程技能和领域专业知识的传统方法相比，深度学习技术通过深层架构神经网络使用通用机器学习程序自动从数据中学习提炼特征；②与通常浅层结构模型（如稀疏编码）的无监督特征学习方法相比，由多个处理层组成的深度学习模型可以学习具有多个抽象级别的信息，特征表征能力强大；③深度特征学习方法也发现了非常好地隐藏在高维数据中的错综复杂的结构和判别信息，而深层神经网络的超层特征往往显示出语义抽象属性[198]。

纵观7.2节、7.3节中列举的大量人工特征，其提取方法是通过复杂多样的数学推导和变换实现，往往具有较强的主观视觉可解释性，可以体现高分遥感影像中较为具体的某种语义相关属性。但随着高分遥感影像数据类型内容的激增和解译任务的多样化，人工特征对影像刻画能力的局限性也日益凸显，往往只能表达高分遥感影像的低层特征（如像素、纹理、空间位置等特征）。如若将反映不同类型的人工特征进行特征融合，则需要进行大量的尝试，且不能保证融合后的特征可以更好地解决遥感影像的分析问题，虽然可以通过对底层特征进行编码，生成中层特征，从而提高底层特征的描述能力，如视觉词袋（Bag of Visual Words，BoVW），Olshausen等提出的稀疏编码等策略，但中层特征和深层抽象语义特征在特征描述能力方面依然存在很大差距。

深度网络模型特征提取与人工特征提取的主要区别在于：无须复杂的人工参与，依托训练数据集（有数量保障且标记情况符合应用需求），深度模型可"自动学习"输入和输出之间的某种"映射"关系，这种"映射"关系就是深度模型对数据进行深层抽象语义特征提取的关键。随着网络结构的加深，Krizhevsky 等的实验证明，模型提取的深层抽象语义特征具有更好的稳定性，不变性和非线性等特点，可以更好利用并表达高分遥感影像的特征信息，进而可以在实际应用中更加高效且准确地对高分遥感影像进行分析和利用。

下面以卷积神经网络 CNN 模型为代表阐述深度学习特征[197]。

深度语义特征是由深度网络模型各网络层提取的抽象特征。图像领域中常用于提取深度语义特征的深度网络模型多数基于 CNN，结构如图 7-14 所示。CNN 和传统人工神经网络都是由输入层、隐含层、输出层组成的 BP 神经网络，如图 7-15 所示。隐含层是 CNN 区别于传统人工神经网络的关键，CNN 用基于卷积模块（Conv_Module）的隐含层代替全连接的隐含层。Conv_Module 作为特征提取的核心模块，每个 Conv Module 包含了卷积层（Conv 层），池化层（Pooling 层）。其中，Conv 层进行卷积操作和激活操作：对输入数据进行特征表示，形成特征图；Pooling 层进行降采样操作：不仅可以降低特征图的分辨率，还可以降低特征对平移等变形的敏感度。通常在 CNN 的隐含部分具有多个 Conv_Module，不同深度的 Conv_Module 对输入数据的"理解程度"不同，即不同的 Conv_Module 可以提取不同层次的抽象语义特征，这是 CNN 在特征提取任务中的重要特点。

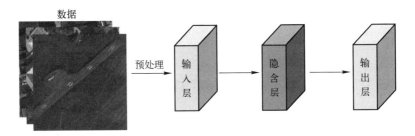

图 7-14 CNN 结构示意图

CNN 特征提取的能力受多种因素的影响，主要包括：CNN 深度、网络层的种类、卷积核大小与卷积核个数、网络层的结构与设计等。根据 CNN 的改进方式，将 CNN 在高分遥感影像特征提取方面的发展分为 3 个阶段：①CNN

初期。从 LeNet 到 AlexNet 再到 VGG 系列网络，主要对网络深度进行增加，以获取更加丰富可靠的深度语义特征；②CNN 结构突破期。由于盲目增加模型深度存在诸多问题，从 GoogleNet 开始，CNN 开始专注于改变内部结构，使深度增加的同时有效避免盲目增加模型深度所造成的问题和风险；③CNN 多样期。针对 CNN 在高分遥感影像深度语义特征提取中所面临的不同问题，将 CNN 与其他模型相结合，有针对性的设计不同的深度学习模型用于解决高分遥感影像深度语义特征提取中存在的具体问题。

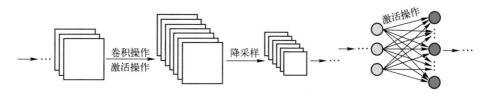

图 7-15　CNN 隐含层与人工神经网络的隐含层对比

CNN 模型多数都是由多个卷积层和少数全连接层组成，这样的卷积模型虽然在结构组成上相对简单且易扩展，但依然存在以下几个问题：①用 CNN 提取的抽象特征对旋转缩放敏感；②全连接层对输入图像的尺寸存在限制，即要求输入影像的大小一致；③CNN 对无标记的高分遥感影像的利用率很低；④卷积操作得到的抽象特征难以从主观视觉角度理解。针对以上问题，陆续出现了将卷积模型与其他网络模型相结合的多种混合模型。这些混合模型以 CNN 深度网络模型为基础，通过对混合模型的组成"部件"和组成方式进行改变，提高了深度网络模型提取特征的能力，并在实验中取得了不错的效果。

近年大量文献表明，利用卷积模型提取的高分遥感影像特征更有助于进行高分遥感影像解析，但是依然存在有待解决的问题：①随着 CNN 的不断加深，在卷积操作和下采样操作的作用下，特征图尺寸不断减小，导致 CNN 模型忽略影像遥感影像中小尺寸地物（精细化目标识别任务大量存在）的特征。如何在深度网络模型提取特征时保留小尺寸地物的特征是一个需要考虑的问题。②人工特征的提取过程虽然不如深度网络模型的特征提取过程简单，但前者可以提取更多具体的符合直观理解特征（参见本章 7.2 节和 7.3 节），在分析解译遥感影像时发挥着不可忽略的作用，如何将人工特征提取方法和深度语义特征提取进行结合是值得思考的问题。③不同网络层次提取不同层次的特征，不同层次的特征对实验结果的贡献程度不同，如果可以得到不同层次特征对最终实验结果的影响程度，保留贡献程度较大的网络层参与模型训练过程，这便于网络关注重要特征的学习。

当前，深度网络模型在特征提取方面仍然在不断发展和创新中，值得关注的研究热点有：借助于多尺度分析，提高模型在小尺寸目标、精细化地物特征识别的能力；结合具体研究对象，将深度网络模型提取的特征与经典的人工特征协同运用；借鉴集成学习的思想，融合多种 CNN 模型进一步提高遥感解译性能；通过引入不同的视觉注意力机制，优化设计网络结构或对冗余网络进行压缩裁剪，以获得性能和效率的双向提升。

第 8 章
计算机辅助图像解译识别方法

计算机利用数字化遥感图像完成辅助解译的过程，离不开目标识别的理论方法支撑。在逾 40 年的研究探索中，学者们尝试了多种技术途径来完成目标识别任务，目标的内涵日趋丰富，涉及的方法往往以不同的数学分支或理论模型为基石，围绕决策需求开展算法设计。各类辅助解译策略一般遵循：尽可能挖掘、提炼和突显图像中的有效判据，在综合证据线索支持下完成符合人类推理逻辑的解译结论，在遥感产品中赋予其相关的定性定量语义表述。所用方法尽可能地降低由探测成像质量、信息存伪残缺、过程传递不确定性、处理模型误差、局部决策冲突悖论等方面的影响，达成稳健可信的识别结果。

遥感图像解译的发展历程，溯源回顾已然经历了知识经验型、模式识别型和人工智能型三个主要发展阶段。在本书的第 3 章~第 5 章，给出了人工判读的大量知识经验总结。本章围绕计算机辅助解译识别的任务特点，从三个方面展开说明，首先阐述关于基本目标识别方法，含模式识别和人工智能两条主线的相关方法技术；然后介绍遥感影像分析中的特征工程；再说明多源信息综合研判的推理策略，它们是支撑机器解译专家系统的关键模块；最后简介人机交互完成高效解译的初步探索和应用设想。

本方面的研究仍处于广泛的探索尝试阶段，涉及的理论方法远未成熟化和体系化，但一代又一代的学者们尝试的先进理念值得遥感解译人员高度关注和应用借鉴。

8.1 遥感图像识别策略的延拓

本节从三个方面给出相关的方法介绍，首先说明经典目标识别方法，再给出遥感图像解译领域基于深度学习与迁移学习的方法研究，最后从智能目标识别的角度给出新一代任务中的探索热点。

8.1.1 经典目标识别方法

1. 模式识别基础概念

目标识别是建立在模式识别基础上的。模式来源于英文"Pattern"一词，应用非常广泛，不同研究领域，给出的定义也有不同。文献［52］给的定义是："模式与混乱（或者混沌）相反，是能够给出名称的、含糊定义的实体"。这里至少具有两个含义：一是模式表述范围宽泛；二是具体的模式伴随具体的特性，并对应相应的概念、名称或标签。模式可以认为是具体的有形和无形的客观实体，具有相同或者相似特性的模式就形成了特定的模式类，而不同的模式类之间必然存在显著的特性差异。模式识别简单说就是模式的分类问题。

当模式类别是由系统设计者事先定义，即按照某种标准给研究对象贴标签（Label），再根据标签来区分归类，这样的模式识别是有监督的，分类（Categorization or Classification）主要根据设计者定义的类别经过判别分析实现，分类的目的是回归到一个分类函数或分类模型（也常称为分类器），该模型能把数据项映射（Mapping）到给定类别中的某一指定标签；如果没有事先预定的类别，类别数不确定，模式类别是根据模式间（往往是基于特征）的相似性（Similarity Measures）学习确定的，这一类模式识别问题就是无监督的，分类主要是集群（或者聚类）的处理过程。二者的显著区别是：有监督的模式分类问题是事先定义好类别，类别数不变，分类器需要由人工标注的分类学习训练得到，属于有指导学习范畴；无监督的聚类则没有事先预定的类别，类别数不确定，聚类不需要人工标注和预先训练分类器，类别在聚类过程中自动生成。

参考模式识别（分类）经典文献［27，100，216］，一般的模式识别有四种典型的处理策略：①基于相似性度量的模板匹配方法。模式用模板表示，模板可以是实际感知的数据或者是由其提取的特征集，将待识别模式与存储的模式做合适的相似性度量分析，判别待识别模式的类别。这类方法适合一些应用领域，但对模式失真比较敏感，由此又演变出变形模板等方法；②基于特征表示的统计方法。模式用特征集表示，不同类别在特征空间中隶属于不同的子空间，模式分类就是确定特征空间中类别之间边界，为待识别模式指定子空间归属。决策边界是由同一类别模式的概率分布确定的,因此可以采用一些统计的方法实现分类;③基于基元组合的句法方法。模式是由多个简单的子模式基元组成的,它显然比子模式复杂,由子模式一般连接或者层次连接而成,可以用某种"语言"表述其构成关系。模式分类是对待识别模式根据"语言"的语法做句法分析,以确定类别的归属;④人工神经网络方法。人工神经网络是由相当多的、内部连接的、简单处理器构成的群并行分类计算系统,其主要特性是具备学习复杂的非线性输入和输出关系的能力,方法为特征提取和分类提供了一套新的非线性算法结构,对特征提取可以使用隐藏层技术,对分类可以采取多层感知等技术。神经网络就逐渐成为人工智能研究的支柱之一,新兴的技术(如深度学习和卷积)正在将神经网络带入更广泛的应用中。

以统计模式识别为例,简述其基本处理模型与关键步骤。统计模式识别的基本处理模型如图 8-1 所示[217]。

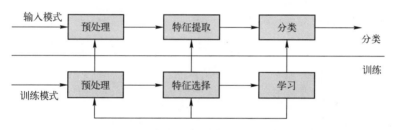

图 8-1　统计模式识别基本处理模型

图中表明统计模式识别模型由在线阶段的分类实现和离线阶段的学习训练两个部分组成。学习训练部分主要是通过已知类别的样本集,找出分类实现中三个主要部分的具体实现方法:预处理、采用的特征及其提取、分类器设计等,感兴趣读者可参考模式分类、机器学习方面相关文献。

分类器的性能依赖于样本大小、特征数目和分类器复杂性之间的内部关系。如果采用简单的划分特征空间和用样本查找表方法分类,训练的样本数目将是特征维数的指数函数,又称为"维数灾难",将导致分类器设计算法复杂度的急剧增加现象。

参见图 8-2,有三大类典型的设计分类器的方法[217]:第一大类是基于相似性概念的设计,是最简单和最直观的方法,属于这类方法有模板匹配、最近邻均值分类器、子空间方法和 K 最近邻规则等。第二大类是基于概率的概念,这类方法有 Bayes 插入方法、逻辑(Logistic)分类器、Parzen 分类器和 k

最近邻规则等。第三大类是通过最佳化某个误差准则直接构建决策边界,这类方法有 Fisher 线性判别、二叉决策树、感知器、多层感知器、径向基网络和支持向量机等。支持向量机是一个值得特别说明的方法,其出发点是一个两类问题。最佳准则是类别之间的间隔宽度,即围绕由离最近模式距离所定义的决策边界的间隔区域。这些模式称为支持向量,并最终定义分类函数。通过极大化间隔来极小化支持向量的数目。列举的这些分类器都允许用户修改一些参数和准则函数。根据应用的需求常常还提出多分类器的组合。非监督分类主要是集群(或者称聚类)分析,已经发展了许多典型的算法:K 均值、模糊 K 均值、最小张树(Minimum Spanning Tree,MST)、互邻域、单连接(Single-Link,SL)、完备化连接(Complet-Link,CL)和混合分解等[217]。

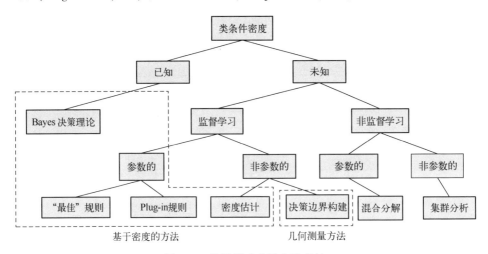

图 8-2 统计模式分类方法总结

从测量与计算代价和分类精度考虑,挑选实现最佳分类效果的数目少而精的有效特征,可大大减少特征维数(特征数目)。这就涉及特征提取和特征选择两个概念。特征可以直接从原始感知数据中设计提取,一般伴有原始模式的物理特性和人工语义属性,也可以通过对变换或者组合(线性或非线性的)而形成新特征,符合分类目的但其物理特性减弱或语义属性抽象非直观。特征选择是建立在特征提取基础上的,其基本原则是降低特征之间的信息冗余和计算代价,同时保留对原始模式的物理特性和可说明能力的特性。将高维数的特征矢量降维,涉及众多的方法与技巧,普适的法则即尽可能降低特征子集导致的分类误差,进而结合其他分类决策因素设计特征选择的准则函数。在本书的 8.2 节,会进一步讨论这个话题。

2. 目标识别的基础方法

一些文献中模式识别与目标识别两个术语常常混合使用，但其内涵存在区别。模式涉及的范围更加宽泛，目标仅是其中的一部分，又常常是指具体的客观实体。由于遥感图像解译中更多关心目标及其依托环境形成的种种现象、动态、关联事件和潜在态势等，通常提法依据文献适用的研究场景冠以合适的术语名称。

下面简单讨论围绕遥感解译的目标识别层次和涉及的基础方法。

目标识别的基本层次，因其分类任务内涵不同，对目标表述的精细程度的需求是不一样的。依据 2.4.1 节，联合国国际卫星监视机构将卫星对目标观察的细节程度分为四级：发现、识别、确认和详细描述。对应计算机目标识别算法设计中常用的术语，简单说明如下：①发现级别，可以解释为从背景中发现目标，通常称为目标检测。目标检测是识别基础的层次，对目标表述的精细程度需求程度较低，主要关心其与背景的区分；②识别级别在于区分目标的类型，通常称为目标分类。该层次一般建立在目标检测的层次上，对目标表述的精细程度需求要高些，主要关心区分不同类别的目标；③进一步的个体目标确认，通常称为目标确认。目标确认层次一般建立在目标分类层次上，对目标表述的精细程度需求较高，主要关心区分同类目标间的特殊差异性；④详细描述的级别，早期的需求是可以分辨出目标的局部特征和部位细节。在识别或确认的基础上，进一步辨识目标的不同组件单元、结构要素等。更进一步的研究正在如火如荼开展，除了面向目标或者场景的几何结构的重建，还可以对目标属性模拟或者广域场景重建。在很多文献中，在目标检测与目标识别的级别之间，还有一个目标鉴别的层次，旨在初级检测的基础上进一步评鉴区分目标真伪的过程，如去除噪声或杂波带来的假目标，降低虚警率，由于尚未进入分类的环节，此阶段的处理可以理解为一种精细化的检测步骤。

完成以上四个层级的识别任务，需要的特征不同，对图像的数据质量和空间分辨率也有基本要求。例如，通常考虑长度和翼展在 20m 范围左右的军用飞机，在图像上至少要有大于 6×6 的像元面积的成像才有可能发现它，这样可以确定发现飞机需要的图像分辨率至少不低于 4m。一些典型目标在不同识别层次需要的最低图像分辨率，如表 3-1 所列。

一个具体的遥感图像目标识别任务，首先必须明确：传感器数据类型、噪声或扰动因素、待识别目标类别和数目、方法应用的适应范围和边界条件；

再结合应用场景和任务需求，考虑其可达到的识别性能，并力求算法具备泛化能力和稳健性。基于上述分析，遥感图像目标识别处理离不开以下四个关键环节：目标特性分析、目标模型建立、学习训练和性能评估等，这四个环节是环环相扣的关系，具有深度耦合性，且后续的环节可以借助于阶段性评估反馈用于前一环节的方法设计。

目标特性分析是目标识别的基础，依据传感器感知能力的不同，在测量与分析的过程中必须要统筹考虑目标自身可能存在的变化模式、相关背景的变化模式和感知与存储过程中出现的对抗因素、噪声或误差。一个成功的目标识别模型，需要以大量的目标数据库和目标特性库为基础，并兼顾通用性与专用性两个方面。针对可见光、SAR、红外、高光谱图像，书中第 3 章~第 5 章的很多总结，体现了依托专业背景的领域知识与人工经验，它们是建立相应目标-环境特性库的基石。

经典的目标识别模型构建与识别的层次有关，不同的层次需要的决策变量是不相同的。采用计算机模拟人的感知理解过程，并给出符合逻辑的结论，目前的大部分尝试仍然停留在粗浅的摸索阶段。计算机识别建模的过程是一个反复训练学习的过程，离不开大量的专业基础、人工经验和领域知识；必要时要适度加入人机交互操作来调整机器学习训练的偏差与不足。

学习训练中，需要确保数据的数量和质量，使其符合典型性、代表性和均衡性，基于特征或元特征的目标识别方法强烈依赖目标特性分析的结果，因此特征提取与特征选择显得尤为关键。在合适的数据量、合适的特征数量、合适的测试验证方法下，借助于合适的识别性能评估，才能发现问题并进一步修正完善识别模型。

目标识别模型的性能评估，沿袭了有关分类器性能的评估基准。模型优化的核心目的就是降低分类误差，因此评估指标主要有分类准确率（Accuracy）、精确率又称查准率（Precision）、召回率（Recall）等，依据分类任务不同，这些参数与遥感目标检测识别任务中关注的目标检测率、虚警率、漏判率、识别率等存在可换算关系。在实际应用开发中，分类器的模型存储消耗、在线处理实时性、离线训练敏捷性、对样本数量的依赖程度、方法的可移植性或兼容性也可以作为关键参考项，设计相关指标。

3. 目标融合识别面临的问题

使用多传感器和多源信息进行目标识别，无疑将扩大基于单传感器和单源信息的目标识别内涵。这主要表现在两个基本方面：可以完成过去不能做的决策任务；可以用更高的性能完成过去能够做的决策任务。目标融合识别的基本问题可以概括为集成、协同、高效。随着处理模块或者系统的复杂程度变化，面临的具体挑战也会不尽相同，参考第 6 章给出的众多实例。

目标融合识别常常与需要完成的决策任务密切相关，成为研究具体实现方法与系统的出发点。为了实现有效集成，就要充分考虑多源信息在信息处理各个层次上可能起到的作用、它们的时空与属性等特性及其精度的影响、各类噪声的影响等，充分利用互补特性为线索贯穿整个集成过程。

为了实现有效的协同，要充分展开围绕多源信息的异类、异步、异地、异尺度等特点进行分析，发展或者使用合适的相应处理结构与算法，以实现全时空和全处理过程的协调工作。

为了实现整个融合决策过程的高性能，除去要有合适的融合算法或者系统本身，还需要合适的评价指标或者指标体系，需要合适的训练与考核实验平台和相关的数据资源，以充分减少处理过程与最终结果的不确定性，保证增加决策的可靠性。目标融合识别的巨大需求和面临的新挑战，无疑又需要发展和利用各种新的、先进的理论方法与技术基础的支持工具。

复杂信息融合系统是一般目标融合识别概念的延伸，从某种意义上可以说，是针对具体领域应用的多层次目标对象、多侧面决策任务的融合识别问题，而且常常是动态的、多侧面、多任务目标混合进行。典型的应用结合第 9 章进行讨论。

8.1.2 深度学习方法

可以发现，在大量图像识别任务中，基于特征的统计方法，依赖人工经验或机器统计，以逻辑主义的方法分类从功能层面与认知层面对人类视觉系统进行模拟；连接主义的方法从结构模拟的角度着手，模拟脑与视觉系统的结构：巨量的神经元连接为一个多层的深度结构。从感知与认知关系的角度，连接主义方法可视为数据驱动的视觉感知策略，而逻辑主义方法可视为符号或模型驱动的视觉推理与认知策略。经典的基于特征的统计分析方法，在诸多应用中获得了丰富的成果，但以深度学习为代表的连接主义方法，借助于大数据样本的保障条件提升，带来了视觉目标分类问题的突破式进展[216,218,219]。

目前目标检测与识别的深度学习方法主要分为两类：Two Stage 的目标检测与识别算法；One Stage 的目标检测与识别算法。前者是先由算法生成一系列作为样本的候选框，再通过卷积神经网络进行样本分类；后者则不用产生候选框，直接将目标边框定位的问题转化为回归问题处理。正是由于两种方法的差异，在性能上也有不同，前者在检测准确率和定位精度上占优，后者在算法速度上占优。

在早期深度学习技术发展进程中，主要都是围绕分类问题展开研究，这是因为神经网络特有的结构输出将概率统计和分类问题结合，提供一种直观易行的思路。国内外研究人员虽然也在致力于将其他如目标检测识别领域和深度学习结合，但都没有取得成效，这种情况直到 RCNN 算法出现才得以解决。

Ross B. Girshick 提出 RCNN 算法，在效果上超越同期的 Yann Lecun 提出的端到端方法 OverFeat 算法，算法结构也成为后续 Two stage 的经典结构。RCNN 算法利用选择性搜索（Selective Search）算法评测相邻图像子块的特征相似度，通过对合并后的相似图像区域打分，选择出感兴趣区域的候选框作为样本输入卷积神经网络结构内部，由网络学习候选框和标定框组成的正负样本特征，形成对应的特征向量，再由支持向量机设计分类器对特征向量分类，最后对候选框以及标定框完成边框回归操作达到目标检测的定位目的。虽然 RCNN 算法相较于传统目标检测算法取得了 50% 的性能提升，但其也有缺陷存在：训练网络的正负样本候选区域由传统算法生成，使得算法速度受到限制；卷积神经网络需要分别对每一个生成的候选区域进行一次特征提取，实际存在大量的重复运算，制约了算法性能。

Ross B. Girshick 又提出一种改进的 Fast RCNN 算法，借鉴 SPP-Net 算法结构，设计一种 ROI pooling 的池化层结构，有效解决 RCNN 算法必须将图像区域剪裁、缩放到相同尺寸大小的操作。提出多任务损失函数思想，将分类损失和边框回归损失结合统一训练学习，并输出对应分类和边框坐标，不再需要额外的硬盘空间来存储中间层的特征，梯度能够通过 RoI Pooling 层直接传播。但是其仍然没有摆脱选择性搜索算法生成正负样本候选框的问题。为了解决 Fast RCNN 算法缺陷，使得算法实现 Two stage 的全网络结构，Ross B Girshick 等又提出了 Faster RCNN 算法。设计辅助生成样本的 RPN（Region Proposal Networks）网络，将算法结构分为两个部分，先由 RPN 网络判断候选框是否为目标，再经分类定位的多任务损失判断目标类型，整个网络流程都能共享卷积神经网络提取的特征信息，节约计算成本，且解决 Fast RCNN 算法生成正负样本候选框速度慢的问题，同时避免候选框提取过多导致算法准确率下降。但是由于 RPN 网络可在固定尺寸的卷积特征图中生成多尺寸的候选框，导致出现可变目标尺寸和固定感受野不一致的现象。

以 RCNN 算法为代表的 Two Stage 的方法由于 RPN 结构的存在，虽然检测精度越来越高，但是其速度却遇到瓶颈，比较难于满足部分场景实时性的需求。因此出现一种基于回归方法的 One Stage 的目标检测算法，不同于 Two Stage 的方法的分步训练共享检测结果，One Stage 的方法能实现完整单次训练共享特征，且在保证一定准确率的前提下，速度得到极大提升。

Joseph Redmon 等提出的 YOLO 算法继承了 OverFeat 算法这种基于回归的 one stage 方法，速度能达到 45 帧/s，由于其速度优势迅速成为端到端方法的领先者。YOLO 算法是基于图像的全局信息进行预测的，整体结构简单，通过将输入图像重整到 448×448 像素固定尺寸大小，并划分图像为 7×7 网格区域，通过卷积神经网络提取特征训练，直接预测每个网格内的边框坐标和每个类别置信度，训练时采用 P-Relu 激活函数。但是存在定位不准以及召回率不如基于区域提名方法的问题，且对距离很近的物体和很小的物体检测效果不好，泛化能力相对较弱。

经过 Joseph Redmon 等的改进，提出了 YOLOv2 和 YOLO9000 算法，重点解决召回率和定位精度方面的误差。采用 Darknet-19 作为特征提取网络，增加了批量归一化（Batch Normalization）的预处理，并使用 224×224 和 448×448 两阶段训练 ImageNet 预训练模型后 Fine-Tuning。相比于原来的 YOLO 是利用全连接层直接预测 Bounding Box 的坐标，YOLOv2 借鉴了 Faster RCNN 的思想，引入 Anchor 机制，利用 K-Means 聚类的方式在训练集中聚类计算出更好的 Anchor 模板，在卷积层使用 Anchor Box 操作，增加候选框的预测，同时采用较强约束的定位方法，大大提高算法召回率。结合图像细粒度特征，将浅层特征与深层特征相连，有助于对小尺寸目标的检测。

针对 YOLO 类算法的定位精度问题，Liu 等提出 SSD 算法，将 YOLO 的回归思想和 Faster RCNN 的 Anchor Box 机制结合。通过在不同卷积层的特征图上预测物体区域，输出离散化的多尺度、多比例的边框坐标，同时利用小卷积核预测一系列候选框的边框坐标补偿和每个类别的置信度。在整幅图像上各个位置用多尺度区域的局部特征图边框回归，保持 YOLO 算法快速特性的同时，也保证了边框定位效果和 Faster RCNN 类似。但因其利用多层次特征分类,导致其对于小目标检测困难,最后一个卷积层的感受野范围很大,使得小目标特征不明显。

Chen 等针对大幅遥感图像中的多尺度问题,提出了一种用于车辆检测的混合深度神经网络(Hybrid Deep Convolutional Neural Networks,HDNN)模型,该网络可分为两个部分:第一部分是常规的卷积神经网络,用于提取图像特征,第二部分是多层感知机(Multi-Layer Perception,MLP)分类器,用于对图像目标进行识别;文献的创新点在于将网络的最后一层卷积层和池化层进行了扩充,采用了多尺度卷积核与池化核的组合,使得网络能够实现多尺度的特征提取。Jiang 等将卷积神经网络与超像素分割算法结合,提出了一种用于遥感图像车辆检测的算法;算法首先采用分割的方法提取图像的部分区域,然后用卷积神经网络对提取区域进行二分类,从而实现目标检测的功能。该算法的思路很明确,也参照了将图像分类问题转化为目标检测问题的一般思路,即首先通过传统的图像处理算法(如图像分割、边缘检测)进行包含目标区域的初步筛选,然后将筛选结果送入卷积神经网络中进行识别,卷积神经网络在整体系统中扮演的角色仍然是图像分类。Zhou 等将计算机视觉领域的弱监督学习的思想引入遥感图像目标检测;卷积神经网络的训练过程利用迁移学习的思想,首先采用 ImageNet 数据集完成网络的预训练,再对网络参数进行遥感数据集上的微调训练;在预选区域生成部分,引用了基于显著性的自适应分割算法,有效地了提高算法运算速度。Zhang 等结合检测目标油罐周围的上下文信息,提取基于 CNN 的油罐目标检测算法;将在大规模数据集上进行预训练的 CNN 作为特征提取器,用以提取检测目标油罐的上下文特征,结合油罐本身的特征,综合以上两个特征,采用 SVM 进行分类,识别油罐和非油罐目标。Salberg 等也将预训练的 CNN 网络作为特征提取器,成功完成了海洋背景和陆地背景中的海豹目标的检测。Sevoi 等提出了一种全新的在小数据集对预训练网络进行微调的方法;微调分为两个阶段,首先采用随机梯度下降法在小数据集上进行微调,为了防止网络在小数据集上过拟合,在微调的第二阶段,借助于自适应梯度下降算法,减小学习率,控制过拟合。

有别于监控摄像机前视成像特点,由于重力作用,图像中人、车目标的方向性存在强规律性,而遥感图像由于其成像方式的特殊性,图像中目标方位是随机的,直接将自然图像目标检测的方法应用于遥感图像存在方向不变性的问题。该问题的解决方式可以通过使网络学习大量的角度任意的遥感图像，自动对影响的方位特征进行建模的方式解决，但目前由于遥感的标准数据集并没有自然图像丰富（ImageNet 包含 1400 多万幅图片，超过 2 万个类别），大多是遥感目标检测的深度学习的研究仍然依赖于基于 ImageNet 的预训练网络，因此，有必要讨论如何在数据集有限的情况下增强深度网络检测目标的旋转不变性。Zhu 等提出一种旋转不变性基于深度卷积网络的遥感目标检测算法；算法通过组合网络不同层的特征对实际目标进行建模，文章中经过分析得出结论第五层卷积层对目标的方向较为敏感；通过组合网络不同层特征，提高了目标识别的准确率，但算法依旧依赖于预选区域生成算法 Cheng 等对完成大规模预训练的 AlexNet 进行改造，将原网络的 Softmax 层去掉，加上一个新的全连接层，称为旋转不变层，用以对目标的方向性进行建模，最后根据输出的类别数设计新的 Softmax 层；同时，算法在损失函数中也添加了旋转不变项，使网络在学习过程中尽量减小目标旋转前后引起的损失量的大小。

8.1.3 迁移学习方法

在大量的遥感图像解译任务中，经常面临以下挑战：根据全色数据集设计的识别模型，改进拓展后用于红外图像识别任务；基于历史数据集设计的识别模型，改进拓展使其可完成实时新数据集识别任务；基于正下视严格几何校准后的数据集设计的识别模型，改进拓展后用于机载大斜视成像数据识别任务；依据工作站离线训练得到的深度学习识别模型，经简化精炼后的轻量版模型拓展用于嵌入式识别中；借助于合理的仿真训练，基于全色数据模拟生成 SAR 数据，缓解数据不足的压力等。以上需求，体现了类似人类的触类旁通的跨域学习、知识精炼能力。迁移学习[219]是解决上述疑难的重要工具之一，有望在一系列遥感应用中开拓创新方法和任务模式。

迁移学习是运用已存有的数据、模型和知识对不同但相关领域问题进行求解的一种新的机器学习方法，其主要目的是借助于举一反三的联想能力把学到的知识适配到新的领域、场景和任务上。迁移学习广泛存在于人类的活动中，两个不同的领域共享的因素越多，迁移学习就越容易，否则就越困难。

尽管迁移学习方法根据不同的分类准则可以有不同的分类结果，下面参考一般性迁移学习的方法分析，按照学习方法可简单分为基于实例的迁移、基于特征的迁移、基于模型的迁移、基于关系的迁移，在以上方法基础上还有一类基于深度学习和对抗网络的迁移学习。

1. 基于实例的迁移学习（Instance-based Transfer Learning）

假设的前提是源域中的一些数据和目标域会共享很多共同特征,主要方法是对源域的实例进行重新加权,筛选出与目标域数据相似度高的数据,然后进行训练学习。这类方法的优点是比较简单,实现容易；缺点是权重选择与相似度度量依赖经验,而且源域和目标域的数据分布往往不同。

Dai等将Boosting学习算法扩展到迁移学习中,提出了TrAdaBoost算法。在每次迭代中改变样本被采样的权重,即在迭代中源领域中的样本权重被减弱,而有利于模型训练的目标领域中的样本权重被加强,他们还通过理论分析证明了该算法的有效性。该算法认为用于迁移学习任务中的源领域数据与目标领域数据虽然分布不同,但却是相关的。也就是说,辅助的源领域中的训练样本存在一部分比较适合用来学习一个有效的分类模型,并且对目标测试样本是适用的。于是TrAdaBoost算法的目标就是从辅助的源数据中找出那些适合测试数据的实例,并把这些实例迁移到目标领域中少量有标签样本的学习中去。该算法的关键思想是利用Boosting的技术过滤掉源领域数据中那些与目标领域中少量有标签样本最不像的样本数据。其中,Boosting技术用来建立一种自动调整权重机制,于是重要的源领域样本数据权重增加,不重要的源领域样本数据权重减小。在TrAdaBoost中,AdaBoost被用在目标领域中少量有标签的样本中,以保证分类模型在目标领域数据上的准确性；而Hedge（β）被用在源领域数据上,用于自动调节源领域数据的重要度。Gretton和Smola等提出了基于协方差变换的实例迁移算法。该方法给出了训练和测试数据的一组观测值,考虑了训练数据重新加权的问题,使其分布更接近于测试数据的分布,通过在高维特征空间（特别是复制的内核希尔伯特空间）中匹配训练集和测试集之间的协变量分布来实现这一目标。这种方法不需要进行分布估计。相反,样本权重是通过一个简单的二次规划过程获得的。首先描述如何将分布映射到复制的核希尔伯特空间；然后,计算这些映射之间的距离,为了使分布具有唯一映射,需要在单射的条件下描述这些特征空间映射；最后通过重新加权训练点来获得迁移学习算法,使其特征均值与未标记的测试分布的特征均值相匹配。

2. 基于特征的迁移学习（Feature-based Transfer Learning）

主要是通过特征变换,将两个域的数据变换到同一特征空间,然后进行传统的机器学习和深度学习。这类方法要求源域和目标域仅仅有一些交叉特征即可，特征选择与变换一般也可以取得较好的效果，所以该方法被广泛采用。缺点是这种迁移往往是一个优化问题，难以求解，而且容易造成过度适配。

Pan 等提出了一种新的维度降低迁移学习方法，他通过最小化源领域数据与目标领域数据在隐性语义空间上的最大均值偏差，从而求解得到降维后的特征空间。在该隐性空间上，不同的领域具有相同或者非常接近的数据分布，因此就可以直接利用监督学习算法训练模型对目标领域数据进行预测。

Gu 等探讨了多个聚类任务的学习（这些聚类任务是相关的），提出一种寻找共享特征子空间的框架。在该子空间中，各个领域的数据共享聚类中心，而且还把该框架推广到直推式迁移分类学习。Blitzer 等提出了一种结构对应学习算法（Structural Corresponding Learning，SCL），该算法把领域特有的特征映射到所有领域共享的"轴"特征，然后就在这个"轴"特征下进行训练学习。

Kan 等提出一种新的目标化源领域数据的领域适应性方法，用于人脸识别，该方法首先将目标领域数据和源领域数据映射到一个共享的子空间，在该子空间中，源领域数据由目标领域数据线性表示，并且保持稀疏重构特性以及领域本身的结构。当求出线性表示系数以后，源领域数据可以由目标领域数据重新线性表示，最后利用监督模型进行学习分类。Shao 等讨论一种迁移学习方法用于视觉分类，该方法映射源领域和目标领域数据到一个泛化子空间，其中目标领域数据可以被表示为一些源数据的组合。通过在迁移过程中加入低秩约束，来保持源领域和目标领域的结构。Yeh 等提出一种新的领域适应性方法以解决跨领域模式识别问题。他们使用典型相关分析方法（CCA）得到相关子空间作为所有领域数据的联合表示，并提出核典型相关分析方法（KCCA）以处理非线性相关子空间的情况。特别地，他们提出一种新的带有相关性正则化的支持向量机方法，可以在分类器设计中加入领域适应性能力，从而进行领域适应性模式分类。Wang 等挖掘词特征上的概念进行知识迁移，用于跨语言网页分类。他们的工作基于以下观测：不同领域可能采用不同的词特征来表示同一个概念，那么就可以利用独立于领域的概念作为知识迁移的桥梁。Long 等进一步提出双重迁移学习方法，进一步考虑词特征概念的分类，分成两种不同的概念：不同领域采用不同词特征的概念和不同领域也采用相同词特征的概念。

3. 基于模型的迁移学习（Model-based Transfer Learning）

在源域和目标域可以共享一些模型参数的前提下，基于模型的迁移学习方法可以将源域学习到的模型运用到目标域上，再根据目标域学习新的模型。这种方法很好地利用了模型间存在的相似性，但缺点是模型参数不易收敛。Oquab 等设计了一种方法来重用在 ImageNet 数据集上训练的层，以计算 PASCAL VOC 数据集中图像的中层图像表示。他们截取 ImageNet 数据集上训练模型的中间层，对这些中间层的模型参数进行微调后应用于目标域，即 Pascal VOC 数据集中的图像。结果表明，尽管两个数据集中的图像统计和任务存在差异，但迁移学习显著改善了对象和动作分类的结果，超过 Pascal VOC 2007 和 2012 数据集的当前技术水平。在目标定位和动作定位方面，该迁移学习算法也取得了很好的效果，Zhuang 等综合半监督学习的三种正则化技术，流形正则化、熵正则化以及期望正则化，提出基于混合正则化的迁移学习方法。该方法首先从源领域训练得到一个分类器，然后通过混合正则化在目标领域数据上进行优化，改善这个分类器，从而实现该分类器模型的迁移。类似的方法还有 Zhao 等提出的 TransEMDT 方法，这是一种融合决策树和 k 均值聚类算法的跨入活动识别模型自适应算法，实现了对一个人的活动识别模型迁移到另一个人这一过程。Yao 等在 Dai 等的 TrAdaBoost 算法基础上进一步提出 TaskTrAdaBoost，也实现了基于模型的迁移。

4. 基于关系的迁移学习（Relation-based Transfer Learning）

利用源域学习逻辑关系网络，再应用于目标域上。理论基础是如果两个域是相似的，那么它们会共享某种相似关系，利用这种相似关系就可以实现迁移学习。目前这类方法大都基于马尔可夫逻辑网络（Markov Logic Networks，MLN）来实现，如 Mihalkova 等提出了一个完整的 MLN 迁移系统，该系统首先将源域 MLN 中的谓词自动映射到目标域，然后再修改映射结构以提高其准确性。Davis 等提出了一种基于二阶马尔可夫逻辑的方法，以马尔可夫逻辑公式和谓词变量的形式发现源域中的结构规律，并从目标域用谓词实例化这些公式，利用这种方法，Davis 等成功地将所学知识转移到分子生物学、社会网络和网络领域。

5. 基于深度学习和对抗网络的迁移学习

基于网络的深度迁移学习是指复用在源域中预先训练好的部分网络，包括其网络结构和连接参数，将其迁移到目标域中使用的深度神经网络的一部分。它基于这个假设：神经网络类似于人类大脑的处理机制，它是一个迭代且连续的抽象过程。网络的前面层可被视为特征提取器，提取的特征是通用的。Huang 等将网络分为两部分，前者是与语言无关的特征变换，最后一层是与语言相关的分类器。语言独立的特征变换可以在多种语言之间迁移。Oquab 等通过反复使用卷积神经网络在 ImageNet 数据集上训练的前几层来提取其他数据集图像的中间图像表征，它可以有效地迁移到其他训练数据量受限的视觉识别任务。Long 等提出了一种联合学习源域中标记数据和目标域中未标记数据的自适应分类器和可迁移特征的方法，它通过将多个层插入深层网络，指引目标分类器显式学习残差函数。Zhu 等在深度神经网络中同时学习域自适应和深度哈希特征。Chang 等提出了一种新颖的多尺度卷积稀疏编码方法。该方法可以以一种联合方式自动学习不同尺度的滤波器组，强制规定学习模式的明确尺度，并提供无监督的解决方案，用于学习可迁移的基础知识并将其微调到目标任务。George 等应用深度迁移学习将知识从现实世界的物体识别任务迁移到用于多重力波信号的探测。它证明了深度神经网络可以作为优秀的无监督聚类方法特征提取器，根据实例的形态识别新类，而无须任何标记示例，一个非常值得注意的结果是 Yosinski 等指出了网络结构和可迁移性之间的关系，它证明了某些模块可能不会影响域内准确性，但会影响可迁移性。它指出哪些特征在深层网络中可以迁移，哪种类型的网络更适合迁移。

基于对抗的深度迁移学习是指引入受生成对抗网络（GAN）启发的对抗技术，以找到适用于源域和目标域的可迁移表征。它基于这个假设：为了有效迁移，良好的表征应该为主要学习任务提供辨判别力，并且在源域和目标域之间不可区分。对抗层试图区分特征的来源。如果对抗网络的表现很差，则意味着两种类型的特征之间存在细微差别，可迁移性更好，反之亦然。在以下训练过程中，将考虑对抗层的性能以迫使迁移网络发现更多具有可迁移性的通用特征。基于对抗的深度迁移学习由于其良好的效果和较强的实用性，近年来取得快速发展。Ajakan 等通过在损失函数中使用域自适应正则化项，引入对抗技术来迁移域适应的知识。Ganin 等提出一种对抗训练方法，通过增加几个标准层和一个简单的新梯度翻转层，使其适用于大多数前馈神经模型。Tzeng 等为稀疏标记的目标域数据提出了一种方法迁移同时跨域和跨任务的知识。在这项工作中使用一种特殊的联合损失函数来迫使 CNN 优化域之间的距离。因为两个损失彼此直接相反，所以引入迭代优化算法，固定一个损失时更新另一个损失。Tzeng 等提出了一种新的 GAN 损失，并将判别模型与新的域自适应方法相结合。Long 等提出一个随机多线性对抗网络,其利用多个特征层和基于随机多线性对抗的分类器层来实现深度和判别对抗适应网络。Luo 等利用域对抗性损失,并使用基于度量学习的方法将嵌入泛化到新任务,以在深度迁移学习中找到更易处理的特征。

8.1.4 智能识别技术的新启发

针对自动目标识别系统对智能处理、协同、元认知等能力的需求研判,新一代智能目标识别技术是未来 5~10 年内本领域的发展重点。主要瞄准未来更加多样化的感知和应用场景,针对目标特性复杂、数据获取高难、应用要求稳健的基本特点,还要强化环境适应柔性、博弈对抗急智水平等问题。对应本书 1.4.4 节给出的图像解译思维方法,包括时空思维、对抗思维、表里思维、链式思维与关联思维的具体内涵,需要结合在人工智能数理基础、高级机器学习理论、多域融合决策和智能博弈对抗理论等智能化前沿基础领域的方法与理论突破,以推进满足各类智能目标识别需求的系统。

1. 理论方法方面

(1)人工智能数理基础方面,需要从数学、统计、计算的角度,研究新型微分方程、流行几何、新型优化方法等,以应对智能处理面临的可计算性、可解释性、泛化性、稳定性等难题。

(2)高级机器学习理论方面,基于智能数理基础,构建新一代新型智能模型,突破目标识别领域的半监督/非监督学习、自监督学习、在线学习、增强学习、样本受限学习等技术,在模型可解释、系统鲁棒性提升、智能系统有效评估等方面取得深入进展,为目标识别智能化奠定坚实理论和技术基础。

(3)多域融合决策理论方面,通过多域信息联合表述与融合,提高信息的可靠性、高效性、灵活性,支撑构建联合深度学习与信息融合模型的可泛化智能融合与决策推理框架,支撑基于多系统多要素智能融合的目标识别应用场景。

(4)智能博弈对抗理论方面,面向不同任务归纳分析不同应用领域的对抗博弈要素,提炼挖掘处理模型缺陷漏洞,设计智能对抗攻击策略和防御手段。全面分析和优化博弈基础要素,形成目标识别应用领域的高效博弈策略。

2. 关键技术方面

具体地，伴随平台传感器与理论方法的发展，在新一代智能目标识别领域，有望在如下方面取得突破：

（1）目标识别认知机理与计算模型。利用信息手段认识脑、模拟脑乃至融合脑，并从可表示、可学习的角度建立计算模型。越来越多的图像解译场景中，不仅要知道目标是什么，目标在哪里，还要分析目标将要执行什么任务、推演分析目标之间的关系及变化。通过对海量信息的选择与过滤、信息的保留与维持以及信息的复杂推理等来完成这些任务，包括大量关系挖掘、动机分析与因果学习的高级认知任务。

（2）信息不完全条件下的目标识别技术。目标信息的收集往往具有不完全性，主要表现在数据概念标记不完全、固有关系信息不完全和目标类信息不完全三个方面。发展结构化统计和知识推理型的分类体系，研究弱信息条件下的强识别方法和信息不对称条件下的识别方法，并在实用任务中反复验证评估和迭代优化。

（3）开放环境自主进化的目标识别技术。开放环境下，样本分布持续动态变化，新的目标不断呈现。有别于传统的目标识别系统训练完成将不再改变的固化处理机制，面向混杂流式数据和多类型环境，转变传统的一次性训练到主动训练、序列训练，构建模型演化与优化迭代技术范式，实现环境动态自适应。

（4）知识嵌入的目标识别技术。以深度学习为代表的主流识别方法：一方面需要海量标注数据进行学习；另一方面对数据中未能涵盖的模式泛化性较差。因此，未来可能将领域知识嵌入不同类型的目标识别系统、不同层次的学习过程中，通过知识和数据双驱动的方式，进一步提升模型的泛化性和鲁棒性。

（5）可解释的目标识别技术。机器学习模型的核心都有一个响应函数，它试图解释自变量和因变量之间的关系。当模型预测或寻找见解时，需要做出某些决定和选择。模型解释试图理解和解释响应函数所做出的决定。学习模型可解释的三个最重要方面的解释：什么驱动了模型的预测、为什么模型会做出某个决定以及如何信任模型预测。通过这些问题的解决，有助于更好地理解模型本身和提升模型的服务质量。

（6）安全强化的目标识别技术。新型应用场景中不仅要求识别系统具有高精度的分类能力，并且要求给出的决策是可行的，同时要求系统具有可对抗性和抗侵入性。因此，发展安全目标识别理论与方法是未来的一个重要方向。未来，目标识别系统将具有对单模态和多模态联合或独立适应的能力。其次，目标识别系统还具有鉴别伪装目标和篡改目标的能力，以及抗侵入的能力。

3. 应用实践方面

在上述基础理论和关键技术的支撑下，未来在典型应用实践上可能取得以下突破：

（1）机器自主解译模式。随着人工智能、智能控制等学科的发展，机器智能自主决策能力是减少"人在回路"影响的必然趋势。要求在执行任务时，目标识别、环境感知、决策系统、控制系统等任务协调一致是遥感解译系统在不确定环境中具有任务自组织和自适应能力的保证。其中涉及多传感器融合、自主学习与决策、任务规划与控制等，主要涉及在自主目标识别、态势感知与评估、自主学习与决策等关键技术的突破。

（2）多平台多模态协同解译模式。机器自主决策模式是多平台多模态协同决策的能力基础。应对不同的图像解译任务需求，在多个平台、传感器和有效载荷之间架构桥梁，形成平台数据共享的分布式网络，应用分布式协同识别与感知技术等，同时有效执行同一或多个探测感知解译任务，有效达成微观到宏观的双向理解与反馈。主要包括协同体系构建、多源数据融合、决策共享与节点管理、集群自组织等。

（3）人机交互智能解译。随着智能产品的更新换代，针对遥感图像的解译、分发与共享，将在人与人之间、人与机器之间以及机器与机器之间，均带来巨大突破。为了使人、机器和所需要的服务之间互相配合，提升遥感产品服务质量和图像解译性能，需要借助于更加人性化和自然化的交互模式，综合命令、菜单、用户界面（如语音、触屏、视觉互动、动作交互、脑波交互等），并通过混合现实、增强现实以及虚拟现实场景来拓展图像解译的认知深度和应用维度。

8.2 遥感影像分析中的特征工程

特征工程（Featurre Engineering）是机器学习建模前的重要步骤。机器学习的本质，简单理解就是要找到从特征（标量或矢量）到类别或决策的映射关系。因此，合理有效的特征成为关键因素。它在机器学习任务的重要性甚至超过建模和训练。特征工程在遥感应用中，已经成为不容忽视也是发展迅猛的热点问题。这方面的探索研究涵盖了数据预处理、特征提取、特征选择、特征构造、特征降维以及非均衡处理等内容。朴素的理解，特征工程是利用领域知识和历史数据，形成更优的特征，以利于机器学习。其方法可以是手动、机器自动处理或混合处理。

本节侧重特征选择，阐述如下：

8.2.1 联动紧密的数据、特征与解译应用

数据、特征与解译应用三者联动且密不可分。越来越多的研究显示，新一代的遥感解译任务面临着海量数据的激增，但数据增量是否意味着特征质量（人工特征或机器学习特征表征目标的能力）有了本质提升，如何检验评估？更进一步，随着传感器的日新月异，研究分支的不断细化，新思路新方法带来的特征"森林"是否得到充分实践以切实提升目标识别和解译应用的效能，如何检验评估？

与中低分辨率影像相比，多源高分辨率影像，除了具有丰富的光谱特征外，地物的结构、形状和纹理等空间细节特征更加丰富。感兴趣目标或环境的光谱、形状、纹理、拓扑甚至是语义等特征，极大丰富了图像特征的内涵。随着多种类型成像传感器的性能提升，这一领域的研究因时间、空间分辨率改善、多频谱覆盖探测手段的扩展等，引起数据规模的剧增，带来许多新挑战和新问题，特征提取与特征选择无论在传统识别方法中还是新兴模型应用中，都是必不可缺的关键环节。

图像的特征提取技术，如 7.2 节至 7.4 节所述，已经形成很多良好的算法库和工具包，如何有效地从高维、异质、异构的多源数据中提取或选择出有用的特征信息（或规律）并将其用于稳健分类识别，是众多信息科学研究者面临的难题。其核心目的是使得学习算法在构建分类模型时，只注重有用的或者重要的特征，而不关注无关或冗余的特征，以提高学习算法的处理效率、降低计算复杂度，并避免分类模型过拟合，在简化分类模型及提高模型的预测性能的同时，充分挖掘分类目标与数据样本内的关联本质。特征选择方法设计不合理，不仅降低机器学习效率、弱化识别分类效果，而且增加时、空、频多重应用实现的复杂度。近年来，特征选择的研究呈现出多领域跨学科应用的特点，将传统特征选择算法与机器学习、信息论等知识相结合，衍生出丰富的设计和算法。从统计分类和统计信息的角度来看，熵、互信息等

信息论中的概念可以作为一种合理的距离度量手段应用于特征选择中，近年来诸多学者借助信息论，提出了新的算法，并取得了一些成果。

面向多源遥感图像解译的具体任务，开展针对感兴趣目标识别的特征选择方法研究，可以充分发挥多源数据的互补优势。结合不同类型目标和依托环境特性特点，借助信息理论工具，可以设计合理和高效的特征选择方案，从而精简处理复杂度并提高检测识别性能；不断激增的多源成像数据智能处理，有必要探索多源信息融合应用的多特征适用性评估准则，围绕特定场景、特定目标，结合检测识别任务成像条件、适用环境约束，有必要设计任务相关的多层次目标特征优化组合策略。

8.2.2 特征选择方法

特征选择可以简单地理解为从一组候选特征集合中按照一定的规则挑选出特征子集的过程，是模式识别研究中的关键问题之一，涉及众多的应用和方法分支。"特征"概念的泛化以及应用领域的拓展，使得特征选择至今尚未形成一个统一、完善的数学定义。当前，特征选择已经逐渐发展为一个交叉学科，不同学者结合各个领域的知识从算法模型的多个角度对其开展研究。本节主要从特征选择的定义、基本分类和关键环节等方面进行说明。

1. 特征选择的定义

以不同的视角开展研究，对特征选择会有不尽然相同的定义，但是它们之间又存在一些相通的地方。下面四种定义彼此存在差异并涵盖了多数研究者对特征选择问题的认识：

第一种，理想定义。在保证对目标概念完整描述的前提下，找到所需的最小特征子集。

第二种，经典定义。从 N 个特征中选择一个包含 M 个特征的子集，$M<N$，使得评价准则函数在这个子集上可以得到最优值。

第三种，提高预测精度。选择出一个特征子集，且当仅将其输入分类器时，可以提高分类准确率，或者降低模型的大小而不显著降低分类准确率。

第四种，近似原始类别分布。使选出的特征子集对应类别的条件概率分布，与原始特征集对应类别的条件概率分布基本一致。

第三个定义强调的是分类预测精度，而第四个定义强调的是结果的类别分布。从概念上来说，二者十分不同。由此可见，不同的研究角度、不同的数学描述、不同的应用范畴,对特征选择有着不同的定义。

Dash 和 Liu 总结提出了特征选择的经典模型,如图 8-3 所示。

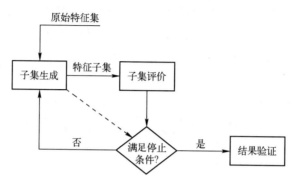

图 8-3　特征选择经典模型

特征子集的生成过程可视为一个搜索过程。生成过程可以三种状态开始:一是从空集开始;二是从全集开始;三是随机地从一个特征子集开始。在第一种状态下,特征是迭代添加的,在第二种状态下,特征是迭代删除的,而在最后一种状态下,特征可以被迭代地添加也可以被迭代地删除。

在子集评价部分,使用评价准则衡量搜索过程生成的特征子集,并按照某种度量方式将其与上一次迭代生成的特征子集进行比较。如果发现当前子集更优,那么它将取代上一个最优的子集。

如果没有合适的停止条件,特征选择过程可能会在子集空间中无限地进行。生成过程和评价准则会影响停止条件的选择。基于生成过程的停止条件可以是:①是否选择了规定数量的特征;②是否达到了循环上限。基于评价准则的停止条件可以是:①改变(添加或删除)子集中的特征是否会带来更好的性能;②是否得到一个满足评价准则要求的最优子集。特征选择过程通过向后续验证过程输出已选特征子集而停止。

结果验证过程本身并不属于特征选择,但是在实际操作中,一个特征选择结果必须进行验证。验证部分进行多次测试并将结果与前面得到的结果进行比较,来衡量所选特征子集是否为最优子集,根据目的的不同使用人工数据集、真实数据集等进行比较。

常用的维数约减方法有特征提取和特征选择。特征提取是将原始特征集中的特征相互结合或进行变换,创造出新的特征,而特征选择是直接从原始特征集中筛选出部分特征组成一个新的相关特征子集。因二者原理的不同,适用领域也有所分别。特征提取多适用于仅需要降维的情景中，主成分分析和线性判别分析是两种典型的特征提取方法。然而，特征选择因为未对原始特征进行改变，更适用于对特征物理意义有需求的情境中。

特征选择广泛应用于专家系统和智能系统的相关应用领域，如图像处理、异常检测、生物信息学和自然语言处理等。特征选择通常用于数据预处理阶段，这个过程也被特征约减、变量选择或者变量子集选择。

2. 特征选择的分类

按照与分类器的关系，特征选择算法分为 Filter 方式、Wrapper 方式、Embedded 方式和混合方式。

1) Filter 方式特征选择

特征选择算法与后续分类器无关，因此可以用于学习算法的预处理。1994 年，Dash 和 Liu 首次使用距离度量准则、信息度量准则、相关性度量准则和一致性度量准则四类来对特征选择的度量方式进行划分。Relief 及其改进算法 ReliefF、IRelief 就是一系列基于欧氏距离度量准则的特征选择算法。使用一致性准则度量特征与类别的关系，并与不同的搜算法如穷举搜索、启发式搜索、随机搜索等相结合形成不同的特征选择算法。从相关性度量的角度提出了特征选择算法 CFS。许多基于信息理论的特征选择算法也相继被提出。Battiti、Koller 基于信息论，利用熵和互信息的概念构建评价准则函数，并以此函数衡量特征与类别、特征与特征之间的关系。Liu 提出 FCBC 算法利用对称不确定性度量，可以有效识别冗余和不相关特征并相比于同时期特征选法具有较低的运算复杂度。表 8-1 所列为 Filter 方式特征选择的工作原理。

表 8-1　Filter 方式特征选择算法

算法：Filter 特征选择
输入：　　X，训练样本集 　　　　S_0，初始特征子集 　　　　δ，终止条件
输出：　　S_b，最优特征子集
步骤：
初始化：$S_b = S_0$ 　　　　根据独立评价准则函数 J 评价特征子集的分类性能：$\gamma_b = eval(S_0, X, J)$ While δ 是否满足

续表

根据给定搜索策略生成特征子集：$S=gen(X)$ 根据独立评价函数 J 评价特征子集的分类性能：$\gamma=eval(S,X,J)$ 　If $\gamma_b<\gamma$ 　　$\gamma_b=\gamma$；$S_b=S$ 　End If End 返回最优特征子集 S_b

2) Wrapper 方式特征选择

该类特征选择算法是由 John 最先提出的。该类算法的核心思想是相同的特征子集在不同的分类器上可能会有不同表现，而特征选择的目的是为了提高分类器的性能，因此在选择子集的时候可以针对将要使用的分类器选取分类效果好的特征子集，从而获得一个较高分类性能的模型，并能够直接提高算法的最终应用效果。有学者使用支持向量机作为分类器，提出一种高效的特征选择算法 SVM-RFE，该算法以分类器的分类准确率作为评价准则来衡量所选取特征子集的性能。快速 Wrapper 方式特征选择算法，有效提高了算法的收敛能力。

Wrapper 方式特征选择算法能够在保证较高分类准确率的同时，选择出一个比较小的最优特征子集，提高了特征选择结果的理解性。但在实际应用中，该类算法需要对候选特征中的所有特征子集进行训练和测试，因而计算复杂度较高，运行速度较慢。实验结果显示，Filter 方式特征选择算法比 Wrapper 方式特征选择算法更加有效率。同时，Wrapper 方式泛化能力较差，它的结果依赖于所选择的分类器类型，使用不同分类器也许会有不同的选择结果。表 8-2 所列为 Wrapper 方式特征选择的工作原理。

表 8-2　Wrapper 式特征选择算法

算法：Wrappers 特征选择
输入：　　X，训练样本集 　　　　　S_0，初始特征子集 　　　　　δ，终止条件
输出：　　S_b，最优特征子集
步骤：
初始化：$S_b=S_0$ 根据分类器 A 分类正确率估计值评价特征子集的分类性能：$\gamma_b=eval(S_0,X,A)$

续表

```
While δ 是否满足
    根据给定搜索策略生成特征子集：S=gen(X)
    根据独立评价函数 I 评价特征子集的分类性能：γ=eval(S,X,A)
    If γ_b < γ
        γ_b = γ；S_b = S
    End If
End
返回最优特征子集 S_b
```

3) Embedded 方式特征选择

这一类特征选择算法的分类过程与特征选择过程是同时进行的，它将特征选择算法本身作为分类算法的一个组成部分。在构建分类模型的过程中，每一步都会选择一个特征，直到学习模型构建完成，在这个过程中所涉及的特征就被视为特征选择的结果。决策树算法中的 C4.5，就是 Embedded 方式中最典型的例子。

4) 混合方式

近年来特征选择研究呈现出多学科综合与多元化发展趋势，在上述三种传统方式的基础上，混合方式特征选择算法应运而生。这类算法将 Filter 方式和 Wrapper 方式相结合，先通过 Filter 方式算法从原始特征集中剔除大部分无关或噪声特征，选出一个较小的特征子集有效地减少后续搜索过程的规模，然后再将此子集作为输入参数传递给一个 Wrapper 方式算法对其进行二次筛选。有文献使用一种混合方式特征选择算法对高维数据集进行处理，该算法兼具 Filter 方式时间复杂度低及 Wrapper 方式分类效果更好的优点。

3. 特征选择的关键环节

特征选择模型中有两个最主要的步骤：一是搜索策略，因为要设计一个特征选择算法，首先必须要明确以何种方式在特征空间中寻找最优子集；二是评价准则，以确定用什么方式来评价所选出的特征子集的性能。本节将从这两方面对特征选择方法进行介绍。

1) 特征选择的搜索策略

搜索策略可以分为全局最优搜索、启发式搜索和随机搜索三类。图 8-4 给出了详细的搜索策略分类方式。

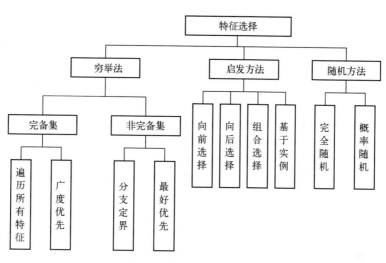

图 8-4　搜索策略分类方式

全局最优搜索策略指遍历特征空间中所有可能的特征子集，选取最优特征组合子集的方法。目前典型的方法是分支定界法。常用的方法有回溯方法及其变改进方法等。这种搜索策略的优点在于一定可以得到最优子集，它计算复杂度为 $O(2^N)$。在实际操作中当处理高维多类问题时，由于特征空间过于庞大，计算复杂度呈指数增长，使算法运算效率降低，因而实用性不强，并未被广泛使用。

启发式搜索策略是一种近似最优算法，具有较强的主观倾向。该算法并不对全部可能的特征组合进行检验，而是采用合理的启发式规则仅针对当前还未被选择特征进行判别，从中选出最优（或最差）的一个或多个，重复迭代添加（或删除）的特征。这类方法实现过程比较简单而且快速，它计算复杂度一般小于或者等于 $O(N^2)$。基于启发式搜索策略的特征选择方法在实际中应用非常广泛，主要有单独最优特征组合法、顺序前向选择方法（SFS）、顺序后向选择方法（SBS）、增 l 减 r 法等。

随机搜索策略相对前两者起步较晚，可细分为完全随机方法和概率随机方法两种。完全随机方法是指子集的产生过程是"纯"随机的，概率随机是指子集的产生过程按照的概率进行。典型方法有模拟退火算法、粒子群优化算法、蚁群算法等，或者仅仅是一个随机重采样过程结合起来，基于概率推理和采样过程，根据对分类结果估计的有效性，在迭代中对每个特征赋予一定的权重；然后根据某个阈值（人为设定或自适应设定）对特征重要性进行评估。当一个特征的权重超过了该阈值，便将它纳入目标特征子集。虽然该类方法的计算复杂度理论上仍为 $O(2^N)$，但通过限定最大迭代次数，可以有效降低运行时间。此类方法中不同的参数值对是否能得到最优子集会产生较大影响，如何有效地设置这些参数仍是该类方法的研究者关注的问题。

随着特征选择领域研究的发展，搜索策略的界限逐渐模糊，一些研究者尝试将多种策略融合起来进行子集的搜索。Huang 使用遗传算法和全局最优搜索两种策略分别对特征全集和局部进行最优特征子集的构建。Gheyas 基于模拟退火算法、遗传算法、广义回归神经网络和贪婪算法提出了一种混合搜索策略 SAGA。Zararoaci 将随机搜索和启发式搜索相结合，基于人工蜂群优化算法和差分进化算法提出了一种特征选择算法。

2) 特征集合的评价准则

从 Dash 和 Liu 给出的经典定义可以看出，特征选择可以视为一个优化问题，其关键是依据一种评价准则对原始特征集合进行判断，找出哪些特征与类别之间存在相关性、冗余性等关系，来最终确定哪些特征组合有助于分类。根据不同的评价准则可能会得到不同的特征子集。评价准则可分为五类：距离测度、信息测度、依赖性测度、一致性测度和分类错误率。根据特征选择算法与后续分类器的关系，特征选择方法可分成 Filter、Wrapper 和 Embedded 三种。其中，Filter 方式独立于分类器，因而它的评价准则函数是基于前四种测度来设计的。Wrapper 方式和 Embedded 方式因与分类器结合紧密，则采用分类错误率作为评价准则函数。

距离测度是以特征之间的距离来度量其相似度的一种方式。在二分类问题中，对于特征 X 和 Y，若使用 X 比使用 Y 能得到更大的类间条件概率差异，则 X 优于 Y。特征选择的目的是在特征空间中找到使类别尽可能分离的特征，距离测度的思想是，两个特征之间距离越小则说明它们越相似，即对冗余度大，反之则差异性越大，即冗余度小。典型的距离测度有欧氏距离、S 阶明可夫斯基距离、切比雪夫距离、平方距离等。这种直接以样本间距离作为判据的方式虽然计算方便，直观概念清楚，但没有考虑各类的概率分布，不能确切表明各类交叠的情况。因此，概率距离测度作为一种扩展被提出，常用的类型有 Chernoff 概率距离以及 Mahalanobis 距离等。Relief 及其变种算法 ReliefF、BFF 是几种典型的使用距离测度作为评价准则的特征选择算法。

信息测度是为了衡量后验概率分布的集中程度所规定的一个定量指标，这种测度可以表示一个或多个特征所带来的信息，通常使用信息增益或互信息来衡量。信息增益概念可以用于表示先验不确定度与期望的后验不确定度之间的差异。从这个角度来看，利用信息增益大即具有最小不确定性的特征子集来分类会得到最好的结果，因此研究者们将信息论领域中度量不确定性的函数作为评价准则，如熵、条件熵、互信息等，它们能有效地选择出关键特征，剔除无关或冗余特征。本文所提出的特征选择算法也是基于信息测度，关于此测度的更多内容将在第 2 章进行介绍。

依赖性测度又称相关性测度，它具有用一个已知特征来预测另一个特征的值的能力，即使用两变量之间的统计相关性度量变量的重要程度。它可以从两方面进行评价准则函数的设计，既可以利用特征与特征间的依赖关系度量其冗余性，也可以以此度量特征与类别之间的相关性。相关系数是一个经典的度量手段，常用的相关系数有皮尔逊相关系数、Fisher 分数、概率误差、线性可判定分析、最小平方回归误差等。

因为熵及其相关衍生概念不要求假定数据分布已知，并能够对特征间的不确定性进行量化评估，且可以有效地评估特征间非线性关系，很多学者将基于信息论的特征选择算法作为研究对象，提出了大量基于此方向的特征选择算法，并且通过实验验证了算法的有效性。

8.2.3 遥感识别中特征选择面临的难点

融合识别任务，离不开有效的特征表述和组织。但参与各级识别处理的特征，常常面临以下问题：

1) 不完备的探测数据或不恰当的处理模型使得特征降质

由于感知过程中受到了外界干扰、测量自身的信号处理不确定性、传输影响等，进行特征提取后会将这种缺陷传递给下一级特征；不良的模型假设和特征提取方法，也导致特征不能对目标进行完整、准确的表述。借助于机器学习或语义引导，设计合理的特征选择策略，可以降低这类低质低效特征对识别的影响。

2) 特征形式多样且反映目标的不同本质属性

基于不同物理探测机理的传感器，收集的数据形式不同，由此抽象而成的特征也差别迥异，同质传感器获取的数据具有相对一致性，而异质或异构的传感器组合往往特征形式多样，除了依赖传统分析思路，更要开拓新型分析工具，善于挖掘交叉学科中可借鉴的数学、物理、信息、运筹等先进理论，结合人工智能、知识挖掘等新思想，发挥特征互补性去除冗余性。

3）多传感器带来的高维特征组合不利于高效识别决策

融合识别需要高效的决策机制：一方面受通信时间和带宽的限制，融合后的数据面临如何在融合系统各模块之间及时传输的问题；另一方面，越来越多的实际应用，对内存占用、存储空间、运算复杂度、实时响应等，提出苛刻的要求。多传感器带来的高维特征组合不利于应对以上需求，因此，在多级特征融合处理中，除了沿用简单的降维、数据压缩方法，还应结合具体识别任务和目的，设计数字化筛选准则，以简洁有效的特征组合高效解决融合决策判决。

8.3 遥感图像综合解译的推理工具

8.3.1 不确定性推理

针对遥感图像的研判任务经常需要借助多源信息，完成综合推理和决策。对应的信息处理过程中，会面临四类不确定性：①证据源头中存在大量的不确定性证据性变量；②解译知识中主要依据来自人（领域专家、判读员、解译系统设计人员等）/机（借助于统计评估、数据挖掘与分析等）的多样化不确定性先验知识；③推理模型遵循的推理逻辑规则包含不确定性因素；④综合决策形成的结果也伴随不确定性。研究中将这类融合处理方法统称为基于不确定性推理的融合决策。

本章侧重遥感图像解译专家系统设计中常用的不确定性推理模块，阐述典型方法：基于概率的 Bayes 估计方法、Dempster-Shafer 的证据理论（简称 DS 证据理论或者证据理论）方法、基于模糊集合的逻辑推理方法、综合集成的方法等。

8.3.2 基于概率的方法

无论是系统或部件的观测量还是处理过程中的状态量，常常都属于随机变量的范畴。随机变量可以是标量或矢量，可以是连续的或离散的量。连续随机变量常常可以用概率密度函数（或者称密度函数）模型化，它定义在随机变量集 X 上，一般简写为 $p_x(x)$ 或 $p(x)$。如果满足下列条件：对所有 x，它

是正的，即都有 $p(x)>0$；其和（积分）概率为1，即 $\int_x p(x)\mathrm{d}x = 1$，则 $p(x)$ 是有效的。采用类似的方式可以定义条件概率密度函数 $p(y|x)$。

链规则可以用条件和边缘分布来扩展组合密度函数为

$$p(x,y) = p(x|y)p(y) \tag{8-1}$$

链规则可以用来扩展任意数目的变量为

$$p(x_1,\cdots,x_n) = p(x_1|x_2,\cdots,x_n)\cdots p(x_{n-1}|x_n)p(x_n) \tag{8-2}$$

全概率定理为

$$p(y) = \int p(y|x)p(x)\mathrm{d}x \tag{8-3}$$

在分析中需要考虑变量之间的独立与条件独立问题，如果两个观测 z_1 和 z_2 之间不独立，都必须依赖状态 x，有

$$p(z_1,z_2) \neq p(z_1)p(z_2) \tag{8-4}$$

然而，如果两个观测对已知状态存在条件独立，则有

$$p(z_1,z_2|x) = p(z_1|x)p(z_2|x) \tag{8-5}$$

考虑两个随机变量 x 和 z，它们定义了一个联合概率密度函数 $p(x,z)$。根据条件概率的链规则，整个概率密度函数可以用两个途径扩展表示为

$$p(x,z) = p(x|z)p(z) = p(z|x)p(x) \tag{8-6}$$

于是获得贝叶斯规则为

$$p(x|z) = \frac{p(z|x)p(x)}{p(z)} \tag{8-7}$$

已知先验分布 $p(x)$ 和观测 $p(z|x)$，可以计算后验 $p(x|z)$。考虑一组观测（或特征）$Z^n \equiv \{z_1 \in Z_1,\cdots,z_n \in Z_n\}$，已知观测（特征）集的后验分布为

$$p(x|Z^n) = \frac{p(Z^n|x)p(x)}{p(Z^n)} = \frac{p(z_1,\cdots,z_n|x)p(x)}{p(z_1,\cdots,z_n)} \tag{8-8}$$

如果理论上可以获得 $p(z_1,\cdots,z_n|x)$ 的准确估计，则可以得出最小错误概率下的贝叶斯最优判决。但完全给定联合概率分布需要估计指数多的组合情况，直接估计将是十分困难的。合理引入假设，使以上问题简化。假定观测或特征独立：

$$p(z_1,\cdots,z_n|x) = p(z_1|x)\cdots p(z_n|x) = \prod_{i=1}^{n} p(z_i|x) \tag{8-9}$$

更新的公式为

$$p(x\mid Z^n) = \{p(Z^n)\}^{-1} p(x) \prod_{i=1}^{n} p(z_i\mid x) \qquad (8-10)$$

更进一步，由于是在同一个 Z 上做出比较，$p(Z^n)$ 可忽略。可以通过最大化 $p(x\mid Z^n)$，给出合理的分类结果。

同理可得离散随机变量的推理公式。

实际应用中，联合似然矩阵通常的有效建立是难点问题。利用 Bayes 统计理论进行多源信息的综合决策，是遥感数据综合研判分析的基础性工具。在具体应用中具有以下特点：①充分利用了观测对象的先验信息；②根据递次的测量结果，可结合式（8-8）和式（8-10）实现对先验概率到后验概率的修正。方法可结合时域、空域、频域的多源证据组合模式，实现灵活拓展。

8.3.3 DS 证据理论

1. 基本方法

1）基本概念

设有论域 U 和元素 A，且 $A \subset U$，U 中所有元素间互不相容，U 是 A 的识别框架。如果有

$$m:2^U \to [0,1], \quad m(\phi)=0, \quad \sum_{A\subset U} m(A)=1 \qquad (8-11)$$

式中：$m(A)\in[0,1]$，其中 $A\subset 2^U$，则函数 m 称为概率指派函数，$m(A)$ 为 A 的概率赋值。基本概率赋值表示源 i 对观测数据属于子集 A 的信任度，$m(A)$ 表示对 A 的直接支持。

似真度函数与信任函数。似真度函数 $Pl(A)$ 表示不否定 A 的信任度。信任函数 $Bel:2^U\to[0,1]$ 和似真度函数 $Pl:2^U\to[0,1]$ 都由 $m(A)$ 导出：

$$\mathrm{Bel}(A) = \sum_{B\subseteq A} m(B)=1, Pl(A)=1-\mathrm{Bel}(\bar{A}) \qquad (8-12)$$

如果识别框架 U 的一个子集 A，具有 $m(A)>0$，则其称为信任函数 Bel 的焦元，所有焦元的并称为核。焦元 A 的信任度区间 $El(A)$

$$El(A)=[\mathrm{Bel}(A), Pl(A)] \qquad (8-13)$$

A 的不确定性有几种情况：

① $[1,1]$ 表示 A 真（因为 $\mathrm{Bel}(A)=1, \mathrm{Bel}(\bar{A})=0$）；

② $[0,0]$ 表示 A 伪（因为 $\mathrm{Bel}(A)=0, \mathrm{Bel}(\bar{A})=1$）；

③ $[0,1]$ 表示对 A 一无所知（因为 $\mathrm{Bel}(A)=0, \mathrm{Bel}(\bar{A})=0$）。

2) 组合规则

① 组合公式

$$m = m_1 \oplus m_2 \tag{8-14}$$

设 Bel_1 和 Bel_2 为同一识别框架 U 的两个信任函数，m_1 和 m_2 分别为对应的基本概率赋值，焦元分别为 $A_1, \cdots, A_k$ 和 $B_1, \cdots, B_r$，又设

$$K_1 = \sum_{i,j, A_i \cap B_j = \phi} m_1(A_i) m_2(B_j) < 1 \tag{8-15}$$

则

$$m(C) = \begin{cases} \dfrac{\sum\limits_{i,j, A_i \cap B_j = C} m_1(A_i) m_2(B_j) < 1}{1 - K_1}, & \forall C \subset U, C \neq \phi \\ 0, & C \neq \phi \end{cases} \tag{8-16}$$

当 $K_1 \neq 1$，$m(C)$ 有一个确定的概率赋值。当 $K_1 = 1$，表明 m_1 和 m_2 矛盾，不能对基本概率赋值进行组合。多证据需要逐对进行组合。

② 组合信任区间（组合后的证据间隔）。

$A, B \subset U$，A 和 B 的信任区间分别为

$$El_1(A) = [\text{Bel}_1(A), Pl_1(A)], El_2(B) = [\text{Bel}_2(B), Pl_2(B)] \tag{8-17}$$

$$El_1(A) \oplus El_2(B) = [1 - K_2(1 - \text{Bel}_1(A))(1 - \text{Bel}_2(B)), K_2 Pl_1(A) Pl_2(B)] \tag{8-18}$$

式中：

$$K_2 = \{1 - [\text{Bel}_1(A) \text{Bel}_2(\overline{B}) \text{Bel}_1(\overline{A}) \text{Bel}_2(B)]\}^{-1} \tag{8-19}$$

2. 基于证据理论的决策基础方法

1) 基于信任函数的决策

利用求出的 m 信任函数进行判决，这是一种软判决。利用最小点原则，希望缩小真值范围或找出真值，删除可以去掉的元素，即 B_1 是 A 中的子集；信任函数差小于预置的门限值

$$|\text{Bel}(A) - \text{Bel}(B_1)| < \varepsilon \tag{8-20}$$

式中：ε 为门限值。

2) 基于基本概率赋值的决策

设 $\exists A_1, A_2 \subset U$，满足

$$\begin{aligned} m(A_1) &= \max\{m(A_i), A_i \subset U\} \\ m(A_2) &= \max\{m(A_i), A_i \subset U, A_i \neq A_1\} \end{aligned} \tag{8-21}$$

若有 $m(A_1)-m(A_2)>\varepsilon_1$，$m(U)>\varepsilon_2$，$m(A_1)>m(U)$，则 A_1 为判决结果，ε_1，ε_2 为预置的门限值。

8.3.4 模糊推理的方法

8.3.2 节与 8.3.3 节的不确定性推理其理论基础是基于概率论的，一般研究对象有确定的含义，由于发生的条件不充分，使得事件的出现与否表现出不确定性，相关的处理模型是对这种不确定性的随机性的表示与处理。

模糊推理理论基础是模糊集理论和模糊逻辑。

1. 基本概念

1）定义

模糊集合是带有隶属程度的元素的集合。设 U 是论域，U 上的一个模糊集合 A 由隶属函数 $\mu_A:U\rightarrow[0,1]$，设 $x\in U$，则 $\mu_A(x)$ 表示 x 属于 A 的程度，称 $\mu_A(x)$ 为 x 关于模糊集 A 的隶属度。

当论域 $U=\{u_1,u_2,\cdots,u_n\}$，U 上的模糊集合 A 也可以用向量 $A=\{A(u_1), A(u_1),\cdots,A(u_n)\}$ 表示。由于 $A(u_i)\in[0,1]$，$i=1,2,\cdots,n$，我们将这种特殊的向量称为模糊向量。

2）经典模糊集合运算的基本性质

设 U 是论域，A,B,C 为 U 上的三个经典集合，则其并、交和补三种运算有以下性质：

① 幂等律 $A\cup A=A$，$A\cap A=A$。

② 交换律 $A\cup B=B\cup A$，$A\cap B=B\cap A$。

③ 结合律 $(A\cup B)\cup C=A\cup(B\cup C)$，$(A\cap B)\cap C=A\cap(B\cap C)$。

④ 吸收律 $(A\cup B)\cup B=B$，$(A\cap B)\cap B=B$。

⑤ 分配律 $A\cap(B\cup C)=(A\cap B)\cup(A\cap C)$，$A\cup(B\cap C)=(A\cup B)\cap(A\cup C)$。

⑥ 复原律 $(A')'=A$。

⑦ 两极律 $A\cup U=U$，$A\cap U=A$，$A\cup\varnothing=A$，$A\cap\varnothing=\varnothing$。

其中 $\varnothing$ 为不包含任何元素的集合，称为空集。

⑧ De Morgan 对偶律 $(A\cup B)'=A'\cap B'$，$(A\cap B)'=A'\cup B'$。

⑨ 排中律（互补律）$A\cup A'=U$，$A\cap A'=\varnothing$。

3）模糊逻辑融合希望具有的性质

假定 Θ 是样本空间，包含一组事件，$\Theta = \{\theta\}$。假定 $\mu_1(\theta), \mu_2(\theta), \cdots, \mu_n(\theta)$ 是样本空间对于某个事件 θ 的真实程度。融合具有的性质如下：

（1）通用性（Generality）。融合应该能快速处理任何数量的证据。联合证据为

$$\mu(\theta) = f[\mu_1(\theta), \mu_2(\theta), \cdots, \mu_n(\theta)] \tag{8-22}$$

f 为联合运算函数，能同时处理 n 个证据。

（2）确定性测试（Test for Certainty）。给定两个确定估计，μ_i 和 μ_j，支持同一事件 θ，相应地有模糊度 f_i，f_j。模糊度越高表明确定性越小。

（3）数字稳定性（Numerical Stability）。统计推理应该有数字稳定性，也就是说当观测模型出现一个小的偏差时，最终结果也只应该出现一个小的偏差。系统的稳定性通常用稳健性来描述。

（4）凸面性（Convexity）。$\forall \theta \subset \Theta$，隶属函数 $\mu_1(\theta), \mu_2(\theta), \cdots, \mu_n(\theta)$ 的联合结果为 $\mu(\theta) = f[\mu_1(\theta), \mu_2(\theta), \cdots, \mu_n(\theta)]$，它必须是凸面的，也就是满足下式：

$$\min(\mu_1, \mu_2, \cdots, \mu_n) < \mu < \max(\mu_1, \mu_2, \cdots, \mu_n) \tag{8-23}$$

（5）幂等性（Idempotence）。联合函数 f 需要具有幂等性，也就是当 $\mu = \mu_1 = \mu_2 = \cdots = \mu_n$ 时，$f(\mu_1, \mu_2, \cdots, \mu_n) = \mu$ 这保证了如果所有信源对某个事件都有相同的支持度，那么融合的结果也必须是该相同的支持度。

（6）对称性（Symmetry）。联合函数 f 必须具有对称性，也就是说

$$f(\mu_i, \mu_j) = f(\mu_j, \mu_i), i, j = 1, 2, \cdots, n \tag{8-24}$$

对称性保证了证据的接收顺序不会影响融合的结果。

（7）单调性（Monotonicity）。单调性保证强的证据有强的支持力度。对于 $i, j, k = 1, 2, \cdots, n, j \neq k$，当 $\mu_j > \mu_k$ 时，有

$$f(\mu_i, \mu_j) > f(\mu_i, \mu_k) \tag{8-25}$$

2. 模糊推理运算

1）基本模糊集运算

（1）与运算：

$$A \cap B \Leftrightarrow \mu_{A \cap B}(x) = \min[\mu_A(x), \mu_B(x)] \tag{8-26}$$

（2）或运算：

$$A \cup B \Leftrightarrow \mu_{A \cup B}(x) = \max[\mu_A(x), \mu_B(x)] \tag{8-27}$$

(3) 非运算：
$$\overline{B} \Leftrightarrow \mu_{\overline{B}}(x) = 1 - \mu_B(x) \tag{8-28}$$

一般地，在论域 U 上的所有模糊集合对于上述运算具有交换率、结合率、幂等率、分配率、吸收率和德摩根律等性质。

2) 多传感器多特性模糊推理运算

以多传感器识别目标为例说明。有 L 个传感器，识别 V 个目标，所有可能的目标属性为 K，ω_l 为每个传感器 i 的权值，L_k 为所有传感器中贡献属性集 K 中 k 属性的传感器。这里有乘积模糊融合推断、最小模糊融合推断和贝叶斯模糊融合推断。

(1) 乘积模糊融合推断。

对"或"和"交"的融合乘积模糊公式分别为

$$\mu_{prod-U} = \sup_{y \in V} \left\{ \sup_{k \in K} \prod_{l \in L_k} \left[(\mu_{\text{sensor}-l}(y))^{\omega_l} \right] \right\} \tag{8-29}$$

$$\mu_{prod-I} = \sup_{y \in V} \left\{ \inf_{k \in K} \prod_{l \in L_k} \left[(\mu_{\text{sensor}-l}(y))^{\omega_l} \right] \right\} \tag{8-30}$$

(2) 最小模糊融合推断。

这个推断不像乘积模式对中间属量的组合，对"或"和"交"的融合最小模糊融合公式分别为

$$\mu_{\min-U} = \sup_{y \in V} \left\{ \sup_{k \in K} \min_{l \in L} \left[(\mu_{\text{sensor}-l}(y))^{\omega_l} \right] \right\} \tag{8-31}$$

$$\mu_{\min-I} = \sup_{y \in V} \left\{ \inf_{k \in K} \min_{l \in L_k} (\mu_{\text{sensor}-l}(y))^{\omega_l} \right\} \tag{8-32}$$

(3) 贝叶斯模糊融合推断。

贝叶斯模糊融合推断是模糊逻辑和现代贝叶斯统计的组合。它具有传统模糊逻辑推理的基本特性，但又做了进一步发展。贝叶斯模糊融合推断组合的所有步骤具有乘积模糊推理的乘积形式，而同时又具备贝叶斯后验密度的分子结构，主要目的是为了改进最终决策的精度。贝叶斯模糊融合推断的结构表达式为

$$\mu_{Bayes} = \sup_{y \in V} \left\{ \prod_{k \in K} \prod_{l \in L_k} \left[(\mu_{\text{sensor}-l}(y))^{\omega_l} \right] \right\} \tag{8-33}$$

3. 模糊综合评价

多因素组合判决的不确定性反映在服务于最终决策的推理过程中，被广泛应用于多因素模糊综合评价。其应用主要步骤如下：

1) 建立模糊因素集

建立模糊因素集 $U = \{u_1, u_2, \cdots, u_k, u_n\}$，其中，$u_k$ 为影响判决的第 k 个模

糊因素。

2) 按照模糊因素集的权重

分配 U 上的模糊集 $\tilde{A} = \{a_1, a_2, \cdots, a_k, a_n\}$，集中 a_k 表示第 k 个因素 u_k 对应的权重，a_k 的选择应根据第 k 个因素对判决过程的重要性或影响大小来决定，一般规定为

$$\sum_{k=1}^{n} a_k = 1 \tag{8-34}$$

3) 确定模糊因素变量 U 对应模糊辨识对象集 $\tilde{A}$ 的模糊隶属函数

通常有正态型分布、哥西型分布、居中型分布和降 Γ 分布等。

正态型分布函数形式为

$$\mu(x) = \exp\left[-\tau_k\left(\frac{x^2}{\sigma_k^2}\right)\right] \tag{8-35}$$

哥西型分布函数形式为

$$\mu(x) = 1/[1+\tau_k(x^2/\sigma_k^2)] \tag{8-36}$$

居中型分布函数形式为

$$\mu(x) = \begin{cases} 1 & 0 \leq |x| \leq \tau_k\sigma_k \\ \left[1+\left(\dfrac{|x|}{\sigma_k-\tau_k}\right)\right]^{-1} & \tau_k\sigma_k \leq |x| \leq 3\tau_k\sigma_k \\ 0 & |x| \geq 3\tau_k\sigma_k \end{cases} \tag{8-37}$$

式中：σ_k 对应模糊集 $\tilde{A}$ 中第 k 个因素 a_k 的展度，τ_k 为调整度，各式中的两值取值不同，其值由仿真确定。

降 Γ 分布函数形式为

$$u(x) = \begin{cases} 1 & 0 \leq |x| \leq c \\ e^{-\alpha(|x|-c)} & |x| > c, \alpha > 0 \end{cases} \tag{8-38}$$

式中：α, c 为标准化常数，需要仿真确定。

4) 建立模糊评判矩阵 R

设识别的辨识对象集 $A = \{A_1, \cdots, A_n\}$，每类特征参数 $X = \{x_1, \cdots, x_m\}$，模糊因素 $X = \{x_1, \cdots, x_m\}$ 对辨识对象集 $A = \{A_1, \cdots, A_n\}$ 的模糊隶属度函数为 $\{\mu_{A_1}(x), \cdots, \mu_{A_n}(x)\}$。从而得到多目标、多特征参数的模糊评价矩阵 $R = (r_{ij})_{n \times m}$，其中 $r_{ij} = \mu_{A_i}(x_j)$ 为测量值 X 的第 j 个指标对辨识对象 A_i 隶属度函数。建立的模糊关系评判矩阵 R 为

$$R = \begin{array}{c} \\ A_1 \\ A_2 \\ \vdots \\ A_n \end{array} \begin{array}{cccc} x_1 & x_2 & \cdots & x_m \\ \left[\begin{array}{cccc} r_{11} & r_{12} & \cdots & r_{1m} \\ r_{21} & \cdots & & \\ \vdots & & \cdots & \\ r_{n1} & & & r_{nm} \end{array}\right] \end{array} \quad (8\text{-}39)$$

5）选择模糊属性评价模式

模糊属性典型评价模式有"加权平均型""主因素决定型"和"几何平均型"三种方法。

加权平均型可以充分利用各个信息参与决策，其结果对所有因素依权重大小均衡兼顾，即

$$D_i = \sum_{j=1}^{m} w_j r_{ij} \quad (8\text{-}40)$$

主因素决定型突出主因素，按照先比较取小者再取大者的综合策略，该运算会丢失较多信息，即

$$D_i = \bigvee_{j=1}^{m} (w_j \wedge r_{ij}) \quad (8\text{-}41)$$

几何平均型取多属性重叠最大的决定型，判决的鲁棒性较差，即

$$D_i = \prod_{j=1}^{m} r_{ij}^{w_j} \quad (8\text{-}42)$$

上述各式中 w_j 为模糊判决的权重值，可依据先验信息设定，或通过客观评估获取。一种可行的设置方法为归一化均方差来计算：

$$w_j = \frac{\sigma_{ij}^{-1}}{\sum_{j=1}^{m} \sigma_{ij}^{-1}} \quad (8\text{-}43)$$

6）依据规则给出判决

一般的，采用最大隶属度原则进行判决，即

$$D_k = \max_{1 \leq i \leq n} \{D_i\} \quad (8\text{-}44)$$

则 $X \in A_k$。

8.3.5 综合集成的方法

1. 计算智能技术的综合集成

1）模糊系统与神经网络的结合

模糊技术的特长在于逻辑椎理能力，容易进行高层的信息处理，将模糊

技术引人神经网络可大大地拓宽神经网络处理信息的范围和能力，使其不仅能处理精确信息，也能处理模糊信息和其他不精确性联想映射。特别是模糊联想及模糊映射。

神经网络在学习和自动模式识别方面有极强的优势，采取神经网络技术来进行模糊信息处理，可以自动提取仅模糊规则及自动生成模糊隶属度函数，使模糊系统成为一种具有自适应、自学习和自组织功能的模糊系统。

2）神经网络与遗传算法的结合

神经网络和遗传算法的结合表现在以下两个方面：一是辅助式结合，比较典型的是用遗传算法对信息进行预处理，然后用神经网络求解问题，如高光谱遥感地物标记任务中先用遗传算法进行波谱特征提取和特征选择，而后用神经网络进行分类标记；二是合作方式结合，即遗传算法和神经网络共同求解问题。这种结合的一种方式是在固定神经网络拓扑结构的情况下，利用遗传算法研究神经网络中的连接权重优化，另一种方式是直接利用遗传算法优化神经网络的结构如网络剪枝操作等，然后用 BP 算法训练网络。

3）模糊技术、神经网络和遗传算法的综合集成

遗传算法是一种基于生物进化过程的随机搜索的全局优化方法。它通过交叉和变异大大减少了系统初始状态的影响，使得搜索到最优结果而不停留在局部最优处。遗传算法不仅可以优化模糊推理神经网络系统的参数，而且可以优化模糊推理神经网络系统的结构，即采用遗传算法可以修正冗余的隶属函数，得到模糊推理神经网络的优化分层结构，产生简化的模糊推理神经网络结构（规则、参数、数值和隶属函数等）。混合使用模糊技术、神经网络和遗传算法也可以用于集成复杂系统，可以用遗传算法调节和优化全局性的网络参数和结构，用神经网络学习子算法调节和优化局部性参数，从而大大地提高系统的性能。

2. 集成学习的方法

集成学习（Ensemble Learning）通过构建并结合多个机器学习器来完成学习任务，也被称为多分类器系统（Multi-classifier System）、基于委员会的学习（Committee-based Learning）。具体地，对于给定训练数据集，通过训练若干个个体训练器，并配合一定的结合策略，最终形成一个更好更全面的强学习器。个体学习器通常由现有的学习算法，如 BP 神经网络等，以及训练数据上产生。集成学习根据个体学习器采用的算法种类数目，可分为同质集成和异质集成两种。

同质集成是指只包含根据单一算法生成的同一类型的个体学习器，相应地，该算法被称为"基学习算法"，个体学习器被称为"基学习器"。原始训练集依据某种规则划分为若干个子训练集，用于从"基学习算法"上训练得到不同的"基学习器"。同质集成通常用于大规模数据集。

异质集成是指采用由不同算法生成的不同类型的个体学习器，如决策树和神经网络，相应地，个体学习器被称为"组件学习器"。不同类别的个体学习器分别在训练数据集上训练得到最终的个体学习器组。异质集成通常用于小规模数据集。

通常，构建集成需要两个步骤：首先产生基学习器；然后将它们结合起来。为了获得好的集成，需要两个步骤的良好配合，准确且尽可能不同的基学习器，符合推理特点的结合策略。

根据基分类器的生成方式，集成学习方法有两种范式：串行生成基分类器的"串行集成方法"，以及并行生成集成分类器的"并行集成方法"。两者分别以 AdaBoost 和 Bagging 为代表。

在不同的个体学习器上得到预测结果后，需要通过某一结合策略将所有结果集成为最终的学习结果。常用结合策略有：平均法，投票法和学习法。

1) 平均法

对于数值类的预测问题，通常使用平均法。对若干个弱学习器的输出进行平均，得到最终的预测输出。常用的有两种方式：一种是算术平均；另外一种是加权平均，根据各个个体分类器在该任务中的重要程度进行个体预测结果权重分配。

2) 投票法

对于分类问题的预测，通常采用投票法。投票法的实施准则是少数服从多数，数量最多的类别即为最终的分类类别。

3) 学习法

通过学习的方式进行结果集成，即在输出层设计一个集成学习器，将个体学习结果作为输入，重新训练一个学习器来得到最终的结果输出。学习法可以有效减少平均法和投票法在集成逻辑运算中引入的误差。

通常，集成具有比基学习器更强的泛化能力。实际上，集成学习方法之所以那么受关注，很大程度上是因为他们能够把比随机猜测稍好的弱学习器（Weak Learner）变成可以精确预测的强学习器（Strong Learner）。集成学习中基学习器也称为弱学习器。

8.4 人机交互在图像解译中的重要性

8.4.1 人机交互的分类

按照文献[100]的阐释,人机交互技术聚焦普适交互(随处可见的快捷便利交互环境)、自然交互(使用类似人类的交流手段和行为)和直觉交互(结合人体生理信号对第一反应做更好地理解)三个核心目标,除了早期的鼠标、键盘这些交互手段,以下四个技术方向值得关注。

(1)触控式交互:随着触摸屏手机、计算机、相机、电子广告牌甚至触控墙等触控产品的广泛应用与发展,触控交互技术与人们的距离越来越近,应用愈加广泛。触摸屏由于其便捷、简单、自然、节省空间、反应速度快等优点成为当前非常重要的人机交互方式之一。多点触控(Multi-touch)技术,在针对文本、图片、链接等的操作应用潜力还有很大空间。

(2)智能语音交互:人类最常见的交互方式就是语言和动作。在自然语言理解领域的诸多技术突破下,人机交互也正在走向语言这种交互形式。语音交互设计(Voice User Interacticm Design)就是一个以用户心理模型为中心的设计过程和一个以交谈式问答为核心的交互方式。它因输入效率高、便捷安全、成本低等优点,是最为自然的交互方式。

(3)体感和沉浸式交互:体感交互技术让人们可以使用肢体动作与周边的装置或环境互动,无须使用任何复杂的或接触式的控制设备,便可让人们沉浸式地融入所营造出的环境中。采用表情或微表情、头部、手势或肢体动作,启发强化了沉浸式的感知能力,结合虚拟现实和增强现实技术,可以在动态监视、广域态势感知、侦察指挥控制中发挥越来越多的作用。

(4)脑电波交互:前面提到的几种交互方式多为主动式交互,还有另外一类被动式交互,这就是人体多导生理信号交互。人体生理信号多种多样,按照信号形式可以分为电信号类,如脑电、皮电、心电、肌电等;非电信号类,如脉搏、呼吸、血压、血氧、体温等。依靠脑电波这样的人体生理信号去追踪、识别和模拟人脑的意识运行规律,进一步测度和管理人类行为,为未来人机交互技术的发展指明了一条最激动人心的方向,这也是人工智能技术和脑科学两个热点学科之间非常重要的结合点之一。

8.4.2 遥感图像解译的人机交互任务

图像情报解译工作需要靠人机联合来实施，要构造有机的人机联合系统，其要点在于人机交互，依此实现人与计算机的有效对话。

图像情报解译人机交互要考虑三个方面的内容：一是任务分工。考虑解译人员和计算机系统各自的优势弱点，合理设计其在图像情报解译工作流程中的任务分工。实际工作中的分工情况是，与图像情报解译相关的各类数据的存储、处理、查询、显示与研判支撑是计算机系统的强项；而图像情报的监视、分析、研判、决策等是解译人员的强项。二是交互内容。从物质、能量、信息三大类来看，计算机系统和解译专家之间交互的主要是信息。计算机系统以图、文、影、音等各类媒介向解译人员提供信息供认知理解，解译人员向计算机系统提供操控指令、研判结果等供转换状态、完善功能。三是交互方式。主要基于视觉、听觉、触觉的三类交互方式。视觉是最常用的交互方式，计算机系统靠显示设备为解译人员提供各种画面供视觉感知信息；听觉是新近发展起来的方式，采用知识推理和语音合成等技术，以计算机系统和情报人员之间互问互答的方式来协同完成情报解译任务；触觉方式是靠鼠标、键盘、触摸屏、数据手套等方式，由情报人员给计算机系统输出操控指令。

图像情报解译的人机交互设计主要物化为图像情报解译的"虚拟桌面"，通过这个桌面，整体性地提供图像情报解译所需的任务信息、支撑数据、研判工具和协作环境，实现"一站式"服务和"一张图"解译。图像情报解译"虚拟桌面"由四个部分构成（可部署于计算机显示设备的左中右下区域）：

第一部分是主工作区（部署于显示设备的中央），采用数字地球技术，分层叠加显示全球范围的地貌、地形、地质、地名、气象、水文、电磁等各类环境信息构成物理数字战场，再叠加显示阵地、武器、部队部署情况构成情报数字战场，然后叠加显示新近获取的航天、航空遥感图像，作为图像情报解译的媒介。数字地球技术可以为图像情报解译提供全球背景环境，将对局部目标的分析研究纳入全球的宏观视野下。数字地球所具有的海量数据高效调度显示、二三维显示平滑切换、多种投影和比例尺灵活调整等特性，为图像情报解译工作提供了极大的便利。

第二部分是目标信息区（部署于显示设备的左侧），区分基础设施、武器装备、部队人员三类目标，分区显示其详细信息，辅助开展图像情报分析研判；对于基础设施类目标（阵地），主要显示其建设历程、地理分布、建筑规模、材质结构、内部状况、修复能力等信息；对于武器装备类目标，主要显示其作战用途、部署规模、战技性能、活动规律等信息；对于部队人员类目标，主要显示其指挥关系、编制情况、担负任务、训练水平、活动规律、领导人员等信息。同时，分类显示各类目标的光学、雷达图像历史积累，以及在此基础上总结形成的识别特征和研判规律，辅助解译人员规范作业。

第三部分是情报研判区（部署于显示设备的右侧），显示任务来源、完成时限、研判情况、修订情况等任务信息；显示与该地域、目标、部队相关的动向性、预警性情报线索，辅助预见性地开展研判作业；显示解译工作组内协同工作情况。

第四部分是工具支撑区（部署在显示设备的底部），主要提供综合查询、浏览显示、目标分析、标绘注记、情报研判等各类工具。其中，综合查询工具为最常用，借助知识图谱的关联信息查询综合资料库内的各类相关信息，并按照主题进行分组聚合；目标分析工具主要提供阵地类目标的通视分析、组成分析等功能，武器装备类目标的战技性能分析等功能，部队人员类目标的活动规律分析等功能，这是开展情报研判最为基础的功能支撑；情报研判工具主要提供情报分析框架（如竞争性假设、德尔菲、红队蓝队等）和证据采集工具。

8.4.3 面向任务提升人机工效

为应对大量图像数据的流水线式情报解译工作，构建图像情报解译"虚拟桌面"，需要考虑人机工效问题，以最大限度降低人员工作强度，提高生产效率。主要考虑以下几个因素：一是显示尺寸与布局问题。按照解译人员视锥范围和感知习惯，选择显示设备的尺寸，合理确定各种要素画面的布局，达到一目了然的状态，而不需要左顾右盼才能看全。二是显示刷新频率问题。25 帧/s 是人类视觉暂留特性的基础门限，低于该刷新频率则容易导致闪烁问题出现，容易引起视觉疲劳，同时要显示流畅，不要出现卡顿等现象，否则也容易引起心理不适。三是信息显示清晰明确。所显示的文字、符号、标注、线条等要清晰明确，要采取反走样措施提升美观性，不应出现遮挡、层叠、混杂、虚化等影响视觉效果的情况，关键信息要高亮显示，动态信息要闪烁显示，以最好的视觉效果来降低疲劳。四是显示对比度适中。要符合人眼对光亮感知的特性，随背景亮度及时调整画面对比度，保证清晰明确的前提下，背景显示尽量用冷色调，前景显示尽量用暖色调。

近期学术研究的热点之一"情景觉知"也可以为提升人机工效提供很好的借鉴。这项研究最早脱胎于飞行人机工效，飞行员在空中高速运动过程中，通过监视航空仪表、画面来确认飞行状态、周边环境和任务目标，视觉感知的劳动强度很大。随着信息化的发展，各种应用场景中大量使用信息显示设备，很多工作也转变为人员对信息画面的监视上，由体力负担转化到心理负担上。"情境觉知"就是在特定的任务情境下，操作者基于对当前设备和环境的动态变化感知、综合，运用基于分析（短时/工作记忆）、联想（长时记忆）、规则（长时记忆）的预测方式，实现任务连续情境的模式识别与匹配并采取相应的对策，进而达到圆满完成任务的目的。其要义有三：一是视觉感知各类信息，涉及视觉感知、对象识别、知识认知、注意集中、环境感知等过程；二是视觉综合构建统一图像，涉及记忆、图式、认知偏差等要素；三是运动中预见性地更新图像，涉及推理、记忆、认知偏差、目标修正等要素。这项研究给予图像情报解译人机工效设计很好的启示，主要体现在：一是总结解译人员工作过程中心理变化规律，作为人机工效工作的立足点，指导开展心理压力分配相关工作；二是预见性地提供各类信息图像，通过信息的持续更新，牵引注意力长期集中，防止遗漏等错误发生；三是构造标准统一的图式，便于解译人员团队统一理解，降低认知的复杂性；四是采取措施及时纠正认知偏差，防止主观惯性。

通过增加人机交互的输入和输出模态，提高交互的通道和质量，在表示、理解和利用方面，最大限度地提高交互进程的效率和自然互动效果，借助于大量自主或半自主遥感专家系统辅助计算机完成智能学习和应用泛化。在样本不完全、数据稀疏、冷启动等严峻工作模式下，模仿用户的处理偏好、处理顺序或关系组织，使得机器更易领会用户行为进而改善机器处理流程。立足多模态数据处理任务，借助于多通道数据实现在联合特征空间中依据上下文情景感知，并给出融合分析。前面在 8.1 节~8.3 节介绍的多类型识别和推理方法，提供了很多值得借鉴的专家系统分析框架，人机交互的方法，在特征级的早期融合、语义级的后期融合和混合式的中期融合均需要开展深入研究。

# 第 9 章
高分图像解译与应用

在前面的章节中，对图像解译的历史回顾、图像解译面临的问题、图像情报解译的流程、影响图像情报解译效果的因素，解译识别特征与方法等理论分别做了较为详细的阐述。理论的总结是否能在实践中得到落实，得到运用，只有看理论与实践的符合度高不高，实践是检验真理的唯一标准。针对常用的四种载荷生成多源图像，采用单源图像解译、单源图像情报分析、多源图像融合情报分析、单源图像多时相融合等多种解译方式，以回应前述章节中所给出的解译理论在实际工作中的效能。案例采用点、线、面相结合的形式，将独立事件的边缘放大，并与外部信息结合，形成解译、分析、情报环环相扣的工作过程。通过可见光图像对发生的事件进行综合情报分析；通过热红外图像看目标的动态信息；通过高光谱、SAR 图像揭示目标的本质；通过多源图像融合增强图像信息的效能；通过单源多时相融合总结目标规律。让图像解译人员理解如何利用图像做到由表及里、去伪存真的分析方法。

高分图像工作谱段主体是可见光、近红外、短波红外、热红外以及微波波段，与此对应的图像就分为全色或彩色图像、热红外图像、合成孔径成像雷达（SAR）图像和多（高）光谱图像。

9.1 图像综合研判

从局部战争来看，不管是阿富汗战争还是伊拉克战争，在战争前，美国利用其成像侦察卫星、电子侦察卫星等来获取对方部署、装备和需要打击的目标部位，美国对每一个目标用多少弹，用什么弹都预先确定好。通过对美国公布的机场打击后的图像进行分析发现；美军根据机场跑道最小起降窗口实施打击,打击的跑道上弹坑呈等间距排列,使机场的作用完全丧失。另外,美军对机场第一次打击时出现的偏差,在经过第一轮实时评估后,第二轮打击对第一轮未击中的目标再次打击。由此可见,美军在遥感图像的应用非常普遍。

平时,根据国际形势的发展变化,卫星侦察重点监视周边重要的国家和地区,特别是与本国存在领土争端的国家,对本国家安全有重大影响的国家,关系到国家统一和领土完整的地区,与本国战略利益攸关的重大突发事件和热点问题等。将获取的图像情报资料经过加工处理,做出接近客观实际的判断和结论,形成供党、政、军各级领导和部门制定政策、决定战略和拟定作战方针的有价值的情报。

为了更加深刻地理解高分图像在军事上的应用,利用开源情报以案例的方式分析图像情报的具体运用过程。

9.1.1　朝鲜丰溪里核试验场废弃前核试能力

2018年5月24日,朝鲜在丰溪里核试验场对多条坑道和附属设施进行爆破拆除,并宣布正式废弃这座核试验场。该试验场从2006年10月至2017年9月先后进行了6次核试验,特别是第6次核试验引发了山体的大规模崩塌,造成了外界对朝鲜核试验以及核能力的极大兴趣,由于透露信息非常少,外界对朝鲜核能力判断结论差异较大,因此利用遥感图像对该试验场的使用情况进行分析[30],可以对朝鲜核武器发展能力做出较为客观的判断。

1. 丰溪里核试验场的发展

由于朝鲜国土地域狭小,可选择核试验地区非常有限,但朝鲜利用北部多山和邻近大海的特点,自核武器计划伊始就在咸镜北道吉州郡地区建立了丰溪里核试验场。

(1)建设阶段:朝鲜核武器技术开发现在可以追溯到20个世纪50年代末期,苏联不但援助了朝鲜最基本的核原料开采和研究设施,而且为帮助朝鲜应对可能的核战争,协助朝鲜选址和建设了相应的核训练设施。1958年1月,在苏联的援助下,在朝鲜的吉州郡建立了"原子武器训练中心",但此后似乎长期作为核战争背景下的常规部队训练,直到20世纪90年代末,韩国政府获得情报称,朝鲜人民军正在吉州郡的人头岭开凿较大规模的"坑道"。从2002年开始,美国持续对该地进行侦察和监视。美国的成像卫星拍下了挖坑道所运出的渣石堆,然后依据土方量计算出了人头岭坑道的可能深度。此时,美国与韩国均认为,朝鲜人民军可能在人头岭建造新的导弹基地,并没有往核试验上面联想。这一阶段,"坑道"进展还较为缓慢,保障设施也较为简陋。

(2)发展阶段:2004年后,丰溪里地区的"坑道"和保障设施建设进入快速发展阶段。根据2004年8月底的卫星侦察图像分析,美国情报人员发现这里的坑道开凿土方量较大,而且坑道被覆只采用了附近就地采伐的原木,没有发现较高等级的建筑和被覆材料,因此建设的所谓坑道可能只是较窄但较长的"巷道",情报人员从咸镜北道吉州郡的卫星侦察所获得的图像显示,朝鲜人民军的挖掘车和其他装备都与其他国家的核试验场建设所用工具没什么两样。因此美方开始猜测人头岭坑道可能是用于核试验的平洞,这使得过去很多迹象得到了新的合理解释。例如,朝鲜人民军先后在这里进行过多次大当量普通爆炸试验,而这些试验往往是核爆试验前需要的爆轰试验;而从地质情况分析,人头岭是整个朝鲜境内唯一适合进行核试验的场地,这个特殊的位置和地貌使得即便在核试发生意外的情况下,对朝鲜本国和整个半岛的影响也能降至最低。

(3)应用阶段:2005年4月底,美国情报人员通过侦察卫星发现,朝鲜正在丰溪里疑似试验场的地区建造观礼台和回填坑道。图像显示,在距离可疑的试验场几千米处,正在搭建大型观礼台,从观礼台的规模来看,官员的级别应该是"平壤最高层"。此外,由于用于地下核试验的坑道与常规的矿业坑道最大的区别是必须将核爆装置回填回坑道里,因此后来发现的土石回填现象被认为是朝鲜将马上在这里进行地下核试验的主要迹象。此外,卫星侦察所获得的图像显示朝鲜在这个可疑的试验场存在载有起重机和其他设备的卡车频繁运输,情报人员根据起重机的出现判断试验坑道内存在部分垂直坑道,而非完全的水平隧道。

2006年8月,朝鲜在丰溪里试验场的活动频繁,包括车辆运输和卸载大卷轴电缆。2006年9月底,韩国国民大会情报委员会的报告称,各种情报迹象表明咸镜北道人头岭的试验坑道已经完工,该坑道在人头岭下深约700m,是一个水平坑道,而且已完成测试仪器的部署,随时可进行核试验。2006年10月3日,朝鲜宣布"将进行核试验",但声明没有透露具体地点和日期,但外界普遍认为朝鲜的核试验只能在丰溪里试验场。

2. 丰溪里核试验场的使用情况

到目前为止,朝鲜所进行的全部6次核试验都是在丰溪里核试验场进行的，这些试验从2006年10月到2017年9月超过10年，其为朝鲜的核武器发展做出了重大贡献，如图9-1所示。

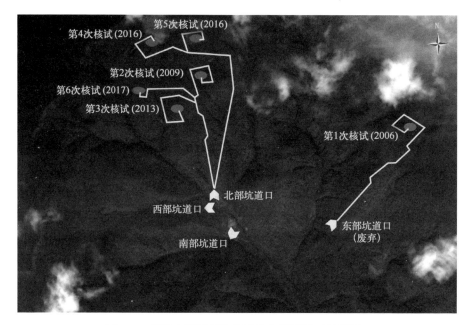

图9-1　朝鲜丰溪里历次核试验位置图像（见彩图）

第1次核试验：朝鲜的首次核试验是在2006年10月9日进行的，这次试验规模比以往其他国家的核试验都小。试验爆炸中心点与此前怀疑的东部隧道开挖点直线距离1.65km。相当于不小于800t TNT爆炸产生的烈度，造成了一次3.6级的人工地震。

第2次核试验：2009年5月25日，朝鲜再次在丰溪里进行了一次地下核试验，威力比2006年10月9日进行的核试验更大。在朝鲜东北部探测到地震后不久，朝鲜官方媒体承认已经进行了核试验。此次试验相当于7000t TNT爆炸产生的烈度，造成了一次4.5级的人工地震。

第3次核试验：2013年2月12日，朝鲜宣布成功进行了第三次地下核试验，并称此次试验的是小型轻量级原子弹，同时多国宣布检测到了可能与此相符的地震。相当于12000t TNT爆炸产生的烈度，造成了一次4.9~5.1级的人工地震。核试验发生时，中国吉林省延边朝鲜族自治州安图县、辉春市和长白山天池北区等地，普遍有长达1分多钟的明显震感。

第4次核试验：2016年1月6日，朝鲜宣布成功进行了氢弹试验，试验爆点仍在丰溪里核试验场，位于2013年核爆地点以北800m、以西400m的位置，相当于11000t TNT爆炸产生的烈度，造成了一次5.1级的人工地震。外界普遍由于爆炸当量过小认为此次试验并非氢弹试验或只是一次不成功的氢弹试验。而朝鲜在试验后高调表彰了氢弹开发与试验人员。

第5次核试验：2016年9月9日朝鲜政府发表声明，称朝鲜进行了旨在鉴定新研制的核弹头威力的核爆炸试验，核弹头爆炸试验取得圆满成功。外界普遍认为，此次地震震中位于朝鲜清津西南部78km处，就在丰溪里核试验场附近。在核试验的当量上，外国研究机构认为此次核试验相当于18000t TNT爆炸产生的烈度，造成了一次5.0级的人工地震。

第6次核试验：2017年9月3日，地震台网测定，当天11时30分在朝鲜附近发生6.3级左右地震，按照烈度与当量的对比，预估当量为160000t TNT。此后在9月3日11点38分，在朝鲜又测得4.6级塌陷地震。当天下午，朝鲜官方报道确认在朝鲜北部成功进行了洲际弹道导弹装载用氢弹核试验。从相关情况来看，此次核试验造成山体大面积塌陷，北部坑道或彻底报废不再使用，如表9-1所列。

表9-1 朝鲜历次核试验相关数据统计

核试次数	时间	地点	爆炸当量
第一次	2006年10月9日	丰溪里	相当于不小于800t TNT爆炸产生的烈度，造成了一次3.6级的人工地震
第二次	2009年5月25日	丰溪里	相当于7000t TNT爆炸产生的烈度，造成了一次4.5级的人工地震
第三次	2013年2月12日	丰溪里	相当于12000t TNT爆炸产生的烈度，造成了一次4.9~5.1级的人工地震
第四次	2016年1月6日	丰溪里	相当于11000t TNT爆炸产生的烈度，造成了一次5.1级的人工地震（研判为氢弹试验）
第五次	2016年9月9日	丰溪里	相当于18000t TNT爆炸产生的烈度，造成了一次5.0级的人工地震
第六次	2017年9月3日	丰溪里	相当于160000t TNT爆炸产生的烈度，造成了一次6.3级的人工地震

3. 丰溪里核试验场的组成

无论第6次试验是否是洲际弹道导弹装载用氢弹试验，朝鲜已经进行6次核试验的事实是不可否认的，而朝鲜6次核试验使用的丰溪里核试验场基本是外界唯一能洞悉朝鲜核发展能力的信息来源。总的来看，丰溪里核试验场由行政管理区和东、南、西、北4个坑道试验区组成。

核试验场的中心区域是试验指挥设施，从历年卫星图像看，该地下建筑主体是从2005年开始建设的，建设和改建活动持续到2009年。2012年4月的卫星图像显示指挥掩体入口建筑已经完成，外界从开掘出的石渣量估计，指挥掩体至少有100m^2大小，入口到地下建筑主体至少50m，在指挥掩体区地面分布多个建筑或设施，大部分为通风系统或核试监测器材，以及试验保障的气象监测仪器。通信保障设施由于核装置爆炸指令将由朝鲜领导层发出，因此与平壤保持可靠通信就至关重要。为此朝鲜很可能建立了以铜芯电缆或光纤电缆为核心的通信方式，以实现首都到试验场的远距离语音甚至图像传送，这种方式既可靠又安全。但是可能由于2012年夏天和秋天的台风或者其他技术原因导致通信线路被破坏，因此需要建立备份通信方式来保持可靠通信。为此朝鲜在该试验点部署了微波接力通信系统。从卫星图像可以看出，在2013年核试验前，在行政管理区场坪上，靠近指挥掩体出口的地方临时平行停放部署了3辆卡车方舱，方舱上有明显的桅杆及碟形天线。从外观尺寸和部署方式看，这里部署的应该是俄罗斯R404或R414无线接力系统，这种无线接力系统通常只担负语音通信的指挥控制保障，其数据传送能力无法满足监视试验所要求的大量数据。此外，由于微波通常只能直线传播，因此为了确保指挥掩体入口处的通信车发送的信息能飞越山谷可靠传递，无线接力通道就必须在山谷中呈锯齿形蜿蜒前行，以回避大山的阻隔。为了完成16km远的通往基站的通道，需要在多个山顶建立无线转发站，这些山顶站点始建于2009年，完成于2012年，转发站所在的山顶都被清理过，无线转发站的较高支架，保证了每个无线接力节点之间可以建立清楚的直线通道，通过这些转发站，信号被送到位于丰溪里军事或行政管理区入口的基站。

丰溪里核试验场的行政管理建筑主要包括试验保障区建筑群和试验管理区建筑群。保障区内有大型楼房建筑两栋，估计主要存放和测试试验器材，其北部是试验管理区，这里应该是主要的日常办公和生活场所，管理区建筑前为一处4000m^2的场坪。从卫星照片来看，这里既是停车场，也是部队集合和训练的场所，还临时担负施工器材和渣土石的堆放，如图9-2所示。

东部试验坑道沿着行政管理建筑区山谷向东北部延伸大致5~6km的山脚处有一人工开凿平台，这就是发现2006年核试验的坑道口，2006年的核试验爆炸点与这里直线距离大约1.65km。这一坑道自2006年试验后再未发现人员和车辆活动迹象，估计该坑道在2006年试验后即废弃。

第9章 高分图像解译与应用

图9-2　行政管理区卫星图像

南部试验坑道位于指挥管理区南侧，与指挥管理区在同一山谷隔河而建，有一简易桥梁将两者连接。该坑道始建于2009年，其挖掘和配套设施一直严格保密。据推测，该坑道应该是平洞式试验坑道，其笔直穿入山体，并向内延伸可能达2200m，在坑道终端建有较大核爆腔室和支坑道，用于最后组装核装置并实施核爆，较大的腔室还可以减轻核爆带来的地震效应。但是2012年9月韩联社报道称，该隧道因洪水和台风"布拉万""三巴"的袭击而遭到破坏，地道入口处出现了一定程度的土石坍塌，相关通信和交通设施也遭到不同程度的破坏。到11月中旬修复工作已完成。此外，地下坑道入口11月中旬之后出现漏水现象，排水系统可能存在问题，坑道内试验配套设施可能遭到一定程度破坏，但进入冬季后，该隧道逐渐出现活动频繁的迹象。因此在朝鲜2013年第3次核试验前，外界普遍猜测朝鲜的第3次核试验将在这里进行，但最终此次试验在北部坑道实施，这里至今仍未使用。

西部试验坑道是2016年1月朝鲜核试验前发现的，是在北部坑道挖掘结束后开始的。该坑道曾是指挥管理区到北部坑道的必经之地，具体在连接该山谷南北侧的石质桥梁的南端平台山脚处。2015年初，外界从卫星图像发现该桥梁对岸出现大量渣石，以此判断了新坑道的存在和大致规模。该坑道至今仍未有过核试验准备迹象。

北部试验坑道位于人头岭主峰一侧,并被认为朝鲜第 2~6 次核试验均在该坑道。但由于核试验后坑道内将遗留大量危险残留物,因此不可能反复使用,所以该坑道内应该有至少 5 个分支坑道,分别完成了上述 5 次核试验。从近期科研机构测定计算结果看,3 次试验的爆炸点基本沿着人头岭主山脊依次向北延伸,逐渐靠近人头岭主峰。几次核爆试验基本都在北部坑道口附近发现了朝鲜布设的测试设备或放置测试设备的帐篷设施。通常核试验场布设的各类核试验测试设备可以分为两类:一类是监视和检测核装置是否满足爆炸状态,并记录爆炸前和过程中的各种数据,以分析核爆成功或失败的原因;另一类是测量爆炸发生时的地震、放射性泄漏及电磁脉冲辐射等环境参数。由于核装置数据测量要求非常精确,电缆传输的信号损耗和外部电磁干扰产生的误差都可能使其无法满足测量需要,因此前一类测量仪器需要尽可能靠近核爆装置。因此试验坑道口附近的试验设备布设通常是判断试验进程的主要依据。从坑道开凿出渣量看,北部坑道出渣量是整个试验场所有坑道中最多的,这与其内部有多个分支坑道有关。而且可以判断这里的坑道长度和结构应该也是最长和最复杂的,如图 9-3 所示。

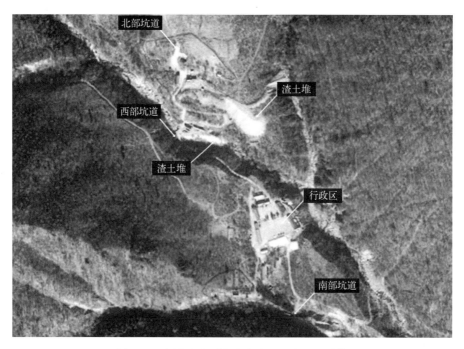

图 9-3　丰溪里地下核试验基地组成卫星图像

4. 丰溪里核试验场试验能力分析

从丰溪里核试验场的建设和使用情况可以看出，在2018年5月之前，该试验场为朝鲜永久性试验场，但由于地理位置等限制，朝鲜核试验能力和试验方式都受到一定局限。

试验规模受限制：在核试验方式一定的情况下，影响核试验场试验规模的主要是试验场的地理位置和地质结构。虽然丰溪里试验场选址其国土东北，临近日本海，但是其距离我国边境只有不到100km。从历次试验情况看，几乎每次都在我国边境地区产生了大约1min的明显震感，一些建筑遭到损坏。总的来看，试验场爆炸震级达到4级以上，就会对我边境军民生活造成明显影响，而该震级规模只相当大约2万t TNT当量核装置爆炸。如果按照震级每相差0.1级，能量释放相差1.4倍计算，如果试验当量28万t，震级就将达到5级，这将对我边境地区带来较为严重的破坏，如果进行百万吨当量试验将会给我国辉春和长白地区带来破坏性地震。

实际上，朝鲜面临的问题在印度核试验中也遇到过。1998年印度连续进行了5次核试验，当量分别为4.5万t和1.5万t，以及200、300和500t级，这一系列较小威力试验也曾引起外界对其核试验成功与否的质疑，但是近来印度有关人士对此进行了解释，由于印度试验场的水泥井是17年前建造的，由于保密原因，没办法在此基础上加深到超过150~200m，而且不想对大量的农村人口进行搬迁，同时也担心爆炸漂浮物进入巴基斯坦境内，印度不得不将核试验最大当量限制在了4.5万t。

试验地点选择受限：从朝鲜已经进行的6次试验情况来看，其布设爆点相互距离都较近，这样布局造成的泄漏风险较大，因为后续的爆炸可能造成前次爆炸封闭的沾染物泄漏。只有对地质结构和爆炸威力设计有较高把握才可能采取这样的布局，而且后续爆炸当量只能人为控制在较小范围内，否则将带来较大风险。因此这种爆点布局只能是不得已情况下采取的，主要目的是尽可能利用试验场的有限空间，为未来可能试验预留足够场地。

试验当量不断增大：朝鲜首次核试验的TNT当量小于1000t，从第一次到第六次核试验过程，就可以判断得知，从小当量到大当量，从失败到成功。其实，一步步都是在按照朝鲜的意愿展开并结束的，如图9-4所示。

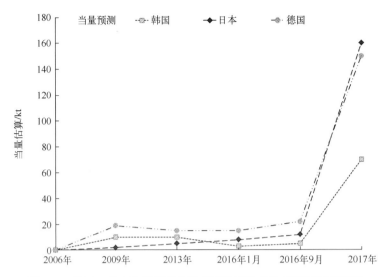

图 9-4　韩国、日本和德国对朝鲜核试验历次爆炸当量预测示意图

9.1.2　美军"战斧"导弹空袭叙利亚目标毁伤效果

2017年4月7日,美国出动两艘导弹驱逐舰,使用59枚"战斧"巡航导弹空袭了叙利亚沙伊拉特空军基地,摧毁了基地大量军事设施。时隔一年后的2018年4月14日,美军又向叙利亚3处疑似化武设施共发射了包括"战斧"巡航导弹在内的105枚巡航导弹,彻底摧毁了疑似设施。美军在空袭叙利亚的两次行动中,均以"战斧"巡航导弹为主力装备,以远程精确打击为主要作战模式,充分发挥了"战斧"巡航导弹突防能力强、打击精度高、毁伤威力大的特点,是"战斧"巡航导弹作战使用的又一经典范例。

1. "战斧"巡航导弹基本情况

"战斧"巡航导弹是美国研制的一种从敌防御火力圈外投射的纵深打击武器,能够自陆地、船舰、空中与水面下发射,攻击舰艇或陆上目标,主要用于对严密设防区域的目标实施精确攻击。1970年由通用动力公司推出,1972年开始研制,1976年首次试飞,1983年末具备作战能力,陆续装备于核动力攻击潜艇、驱逐舰、巡洋舰和战列舰。"战斧"巡航导弹攻击陆上或海上战略目标和重要战场目标,分为战略型和战术型。战略型的有"战斧"对陆核攻击导弹 BGM-109A;战术型的有反舰导弹 BGM-109B 和对陆常规攻击导弹 BGM-109C 等,如图9-5所示。

图 9-5 美军"战术战斧"巡航导弹

近两次美军空袭叙利亚所使用的型号是第 4 批次的"战斧"巡航导弹，即"战术战斧"巡航导弹。该型弹全长 5.56m，弹径 0.527m，战斗部为 1000 磅级的半穿甲弹和爆破弹两种弹头，采用地形匹配制导辅助惯性导航系统，换装了具反干扰能力的 GPS 接收器，并加装双波段卫星 UHF 资料链，能在飞行中途更改攻击目标。此外，战术型战斧增设一台电视摄影机，在目标区飞行时可将目标区的图像以资料炼传至指挥单位作为前一波攻击战果评估，如有需要可对其再度发动攻击，或者引导导弹攻击新的目标；如此，战术型战斧可以看作是巡航导弹与侦察用 UAV 的结合。为了增加战斧导弹的快速反应能力，美国海军将配合战术型战斧导弹引进新的舰上计划系统，使得装载战斧导弹的水面舰艇或潜艇能自行拟定任务计划，而且与原先相比最多可减少 90h 的任务计划时间。

2. "战斧"巡航导弹的作战使用与行动组织

自诞生以来，"战斧"巡航导弹以其突防能力强、打击精度高、毁伤威力大等特点，成为美军海基打击力量的核心装备。1991 年波斯湾战争是战斧导弹的处女秀，开战前美国有大约 900 枚 BGM-109C 与 100 枚 BGM-109D，另外有 60 枚潜射型陆攻 C 型导弹由麦道公司紧急修改，提升内部的燃料携带量，使得攻击潜艇可以在较远的距离发射。美国海军使用包括提康德罗加级巡洋舰、阿利伯克级驱逐舰、洛杉矶级核潜艇等 13 艘水面船舰与至少两艘潜艇上发射的战斧导弹攻击伊拉克的陆上目标。这些舰艇当时处于波斯湾、红海与地中海等海域。其中大约 100 枚在第一波攻击机组进入伊拉克领空前先打击数个重要目标。第一波发射的52枚导弹当中有51枚击中预定的目标，包括将一座电视转播塔炸成两截。在整场冲突当中，一共使用了291枚战斧导弹攻击各类地面目标，发射成功率是95%，命中率是85%。许多战斧导弹的攻击计划是安排在侦察卫星通过目标区之前的1h命中目标[213]，能够透过卫星取得攻击效果的评估资料。如果目标区的天气状况不佳，导致无法使用导引武器时，也会改以战斧导弹取代有人飞机。

1991年与伊拉克的武装冲突结束之后，美国仍数度使用战斧巡航导弹攻击伊拉克境内的目标。1993年1月17日美国发射45枚导弹攻击伊拉克核设施，摧毁大多数的建筑。一枚导弹在发射过程中无法转入巡航飞行模式而自行摧毁，一枚在巴格达被击落，3枚没有命中目标。1993年6月美国为了报复伊拉克企图暗杀已卸任布什总统而再度使用22枚导弹，其中3枚未击中目标。1996年9月美国海军发射14枚导弹攻击6处目标，第2天再度发射17枚导弹对付4处目标，命中率约90%。1998年的沙漠之狐行动中，美国动用325枚战斧巡航导弹，其中292枚命中预定目标。

1995年美军对塞尔维亚第一次使用战斧巡航导弹，"诺曼底"号巡洋舰一共发射13枚导弹，而这也是第一次使用第三批次、GPS导引的战斧。1999年科索沃冲突开始时，除了美国海军之外，英国海军的潜艇也发射20枚战斧攻击各处目标。26枚战斧分别针对18处可移动目标，摧毁或者是损伤10架停在地面的飞机与14具雷达。在78天的冲突中，一共使用了238枚战斧，其中198枚命中目标，这些目标包办了50%可移动目标与42%的整合防空系统。美国海军的菲律宾海号巡洋舰还创下准备与计划任务时间最短非正式记录（101min对比于一般需要6h）。

2011年3月19日晚，美国、法国和英国等十多个国家以执行联合国安理会第1973号决议的名义，开始了名为"奥德赛黎明"的军事行动，展开了对利比亚政府军的空中打击。法国战机打响了空袭的第一枪，美英舰艇随即利用战斧巡航导弹发动了强势攻击。而此前，3架B-2战略轰炸机已经从美国本土起飞，携带JDAM精确制导炸弹远赴利比亚。一场21世纪以来参与国家最多的军事行动就此拉开序幕。

通过上述几次高技术局部战争，美军逐步建立起了以空袭为主要模式、以海空基平台为基本作战平台、以"战斧"巡航导弹为主力武器的远程精确打击的作战样式。该作战样式充分利用海军部队的战略灵活性、作战机动性、精确制导武器及部队的无限期维持能力，从海上投送占优势的、决定性的攻击力量,保障联合作战目标的实现。以作战的风险和效果而论,远程精确打击作战是任何其他作战方式所无法比拟的,不仅确立了空中优势地位,也决定了战争的进程和结局。其具有精确性,同时还具有综合性和灵活性,在其一举摧毁对方指挥体系、防空体系夺取制空权的同时,对所有暴露或隐蔽的各类目标——固定的战略、战役、战术目标(包括民用设施)和瞬息即逝的机动目标——进行了震慑性突击,达成瘫痪对方防御体系,消灭对方武装力量,动摇对方军民抵抗意志的目的,使"快速控制"理论成为事实。

美国空军认为,通过实施远程精确打击,即使没有完全达成战争目的,也只需在尔后派遣相对较少的地面部队即可直捣对方心脏和要害地区赢得战争胜利,而不必担心残存的对方军队还能发动有效的反击。因此,远程精确打击作战是发动战争的首选作战样式。该作战概念通过适当使用精确且持续的火力、高度机动的部队、特种作战资源以及海基信息战来实施快速作战行动。远程精确打击能力的将在很大程度上依赖于情报、监视和侦察网络(ISR网络)所提供的知识和决策优势。基于上述优势,参战部队能够提高对敌方兵力、自然环境和整个战场空间的掌握程度,最佳的使用部队和武器,所有的兵力都被集成在一起,从而发挥最大的作战能力,如图9-6所示。

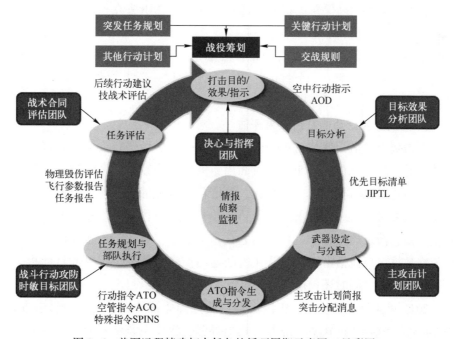

图9-6 美军远程精确打击任务的循环周期示意图(见彩图)

这一点在此次美国联合英法针对叙利亚的军事行动中得到了又一次验证。从所谓的化武事件发生到空中打击行动进行，时间均为72h，是目前美军战术空中打击任务的典型时间。根据美军作战条令，一次完整的战术空中打击任务包括6个阶段：

阶段1：明确打击目的，效果和作战指示（T-72h）；

阶段2：目标分析（T-60h）；

阶段3：武器设置与分配（T-48h）；

阶段4：空中打击指令生成和分发（T-36h）；

阶段5：部队行动和实施打击（T-24h）；

阶段6：评估（T+12h）。

从各阶段可以看出，一次空中打击任务，真正的打击过程一般不超过2h，战前准备过程也不超过24h，真正占大部分的是前期的情报准备与参谋筹划时间，只有周密的规划，才能确保达成目的，减小自身代价。十几年前的伊拉克战争期间，这个周期需要的时间是96h，现在被缩小到了72h。紧急情况下，也有根据预案的8~9h应急打击行动。但72h依然是目前的典型。真正大规模战争中，空中打击是24h不停歇的，那就需要有3~4个这样的72h循环在轮番滚动进行，确保每天都有新的打击任务下达下去在执行，也有执行完的任务在进行评估和准备下一轮任务。每天都是：一个空中打击任务在执行；一个空中打击任务正在形成指令和分发指令；一个打击任务指令正在细化，分析目标，武器分配；一个打击任务正在评估上一轮打击效果，拟制新的打击需求。周而复始，循环进行。

3. 两次空袭行动的打击效果评估

打击效果评估，就是在对一个目标或者一片区域进行火力打击以后，发起攻击的军队，要在尽可能短的时间内，准确的侦察目标区域被打击后的情况，并通过对比目标的前、后变化，判定目标区域的真实毁伤概况，进而决定是不是要进行再一轮打击，以及再一轮打击的具体方案。完整的打击效果评估体系，涉及的方面非常广泛。它包括侦察卫星、各类侦察飞机带来的空中侦察数据，也包括由特种部队在内的地面侦察力量提供独立的目标指引和打击效果评估，同时还包括各种武器装备本身的功能设计。

2017年4月7日凌晨，美国出动两艘导弹驱逐舰，采用饱和打击方式，在1min内齐射59枚新型"战斧"巡航导弹，集中空袭叙利亚沙伊拉特空军基地，致使叙空军驻该基地的作战飞机、防空武器、掩蔽库、油库、弹药库等保障设施遭到毁灭性破坏。2018年4月14日凌晨,美盟海空力量对叙利亚境内3处疑似化武设施进行打击,共发射各型巡航导弹105枚,彻底摧毁了3处疑似化武设施。

1) 空袭沙伊拉特空军基地

沙伊拉特空军基地位于叙利亚中部平原地区,距首都大马士革市东北约120km、霍姆斯市东南约30km处,美军声称使用化学武器袭击平民的叙空军战机就是从这个基地起飞的。该基地各类军事设施分散配置,飞机及"三库"防护设施比较齐全,其中,"V"形跑道2条、集体停机坪2处、飞机掩蔽库22座(其中:单机库5座、双机库17座)、半地下弹药库10座、地面航材库6座、半地下卧式油罐3处,以及导航台站、飞机维修厂房、地空导弹阵地等军事设施,是叙政府军目前所控制的9个空军基地中第2大空军基地,常驻各型飞机约30架,如图9-7所示。

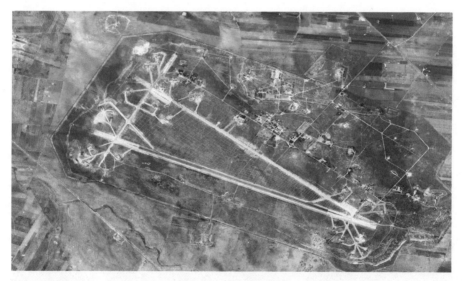

图9-7 叙利亚沙伊拉特空军基地卫星图像

美军此次打击旨在消灭有生力量,主要针对飞机掩蔽库、"三库"、着陆雷达及导弹阵地等重要设施设备,并未对跑道、滑行道、塔台等设施进行打击。导弹全部以与水平面接近90°的命中角攻击掩蔽库顶部,未攻击防护门。叙军使用的12座双机掩蔽库和2座单机掩蔽库全部被毁伤,其中1座单机库被彻底摧毁;10座半地下弹药库、3座半地下卧式油罐、5栋地面航材库房和2部雷达被炸毁;而俄罗斯使用的7座计12个单机掩蔽库未受打击。

如图 9-8 所示，可以看出，导弹精确洞穿加固机堡，并彻底摧毁了停放在飞机掩蔽库内的战机。

图 9-8　空袭后的飞机掩体库地面照片图

如图 9-9 所示，显示 3 座飞机掩蔽库在打击前的完好状态。

图 9-9　空袭前的飞机掩蔽库卫星图像

如图 9-10 所示，在空袭后，左侧的飞机掩蔽库几乎被夷为平地，很可能内部储存的弹药发生爆炸。右侧飞机掩蔽库也被彻底摧毁。图像上半部分的双机掩蔽库分别被两枚"战斧"导弹精确击穿。

图 9-10　空袭后的飞机掩蔽库卫星图像

如图 9-11 所示油库区内有 3 座地下油罐，状态完好。

图 9-11　空袭前的油库卫星图像

如图 9-12 所示在美军空袭中，3 枚导弹各自准确击中油库顶部，该油库被彻底摧毁，地面可见燃爆痕迹。

图 9-12　空袭后的油库卫星图像

如图 9-13 所示的是 5 座航材库，状态完好。

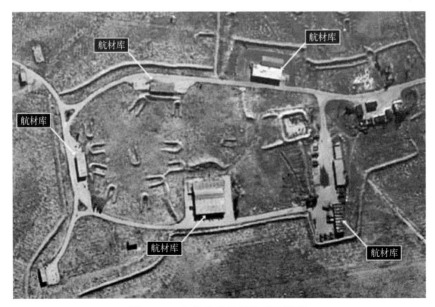

图 9-13　空袭前的航材库卫星图像

如图9-14所示空袭中,美军"战斧"导弹精确打击了5座航材库,并彻底摧毁了这些目标。

图9-14 空袭后的航材库卫星图像

如图9-15所示在掩体内停放有2辆ZSU-23-4自行高炮。

图9-15 空袭前的防空车辆装备卫星图像

如图 9-16 所示空袭中，美军 1 枚"战斧"导弹精确命中该掩体，2 辆 ZSU-23-4 自行高炮被彻底摧毁，地面烧蚀严重。

图 9-16　空袭后的防空车辆装备卫星图像

2）空袭叙利亚疑似化武设施

2018 年 4 月 14 日，美军部署在东地中海的"伯克"级导弹驱逐舰"唐纳德.库克"号和 1 艘隶属于美军第 5 舰队的"提康德罗加"级巡洋舰、空军的"B-1B"轰炸机，向叙利亚 3 处疑似化武设施共发射了 105 枚精确制导导弹，其中"战斧"巡航导弹 70 余枚，彻底摧毁了疑似化武设施。

如图 9-17 所示是 2018 年 4 月 13 日拍摄的叙利亚大马士革城区北部的巴泽科研中心卫星图像，主体为 3 栋钢筋混凝土结构的多层建筑。

如图 9-18 所示是 2018 年 4 月 14 日打击后的空中俯视图，可以看出，导弹精确命中科研中心 3 栋主楼，大楼主体大部坍塌，功能彻底丧失。

如图 9-19 所示是 2018 年 4 月 13 日拍摄的叙利亚霍姆斯疑似化武存储和军事指挥综合体，由 1 处半地下设施组成。

如图 9-20 所示是 2018 年 4 月 14 日拍摄的打击后卫星图像，半地下设施被多枚导弹以近乎垂直的角度直接命中，地面可见大规模烧蚀痕迹，遭到了彻底的摧毁。

第 9 章　高分图像解译与应用

图 9-17　空袭前的叙利亚巴泽科研中心卫星图像

图 9-18　空袭后的叙利亚巴泽科研中心卫星图像

379

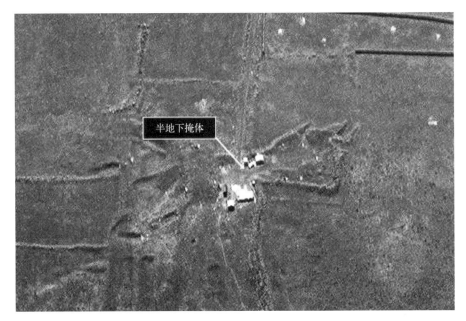

图 9-19　空袭前的叙利亚霍姆斯疑似化武存储和军事指挥综合体卫星图像

图 9-20　空袭后的叙利亚霍姆斯疑似化武存储和军事指挥综合体卫星图像

如图 9-21 所示是 2018 年 4 月 13 日拍摄的叙利亚霍姆斯另一处疑似化武存储中心,由 3 处地面库房组成。

图 9-21　空袭前的叙利亚霍姆斯疑似化武存储仓库卫星图像

如图 9-22 所示是 2018 年 4 月 14 日拍摄的打击后卫星图像,3 栋库房被多枚导弹直接命中,完全坍塌损毁,周边有明显的烧蚀痕迹。

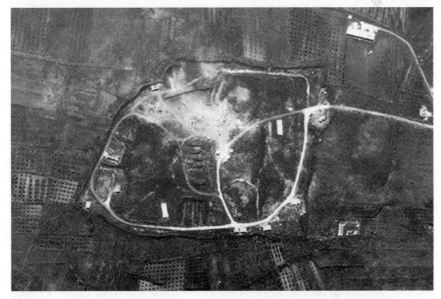

图 9-22　空袭后的叙利亚霍姆斯疑似化武存储仓库卫星图像

此次行动，70 余枚"战斧"巡航导弹远程低空奔袭逾 1000km，较 2017 年 4 月打击行动 500km 大幅增加，且接近巡航导弹最大射程，并精确摧毁了预定打击目标，达成了战术目的，体现了其突防能力强、命中精度高、毁伤威力大、作战效益好的特点，也再次验证了美军远程精确打击的作战样式。

9.1.3　从外部环境看五角大楼战备值班情况

五角大楼是美国国防部的办公大楼，位于弗吉尼亚州阿灵顿县，因建筑物为正五边形而得名，是世界上最大单体行政建筑，如图 9-23 所示，五角大楼于 1941 年 9 月 11 日动土起建，1943 年 1 月 15 日完工，整个建筑面积约 600000m^2，高 22m，建筑分为 5 层（包括地下 2 层），每层由内至外共有 5 个环状走廊，走廊总长度达 28.2km。五角大楼除国防部机关外，还包括下属的参谋长联席会议和陆、海、空军三军总部。一层大厅内有银行、邮局、书店、诊疗所、电报局以及各种商店。参谋长联席会议在二层。国防部长办公室和陆军部在三层。三层以上为海军部和空军部。整栋大楼可以同时容纳 4 万人办公，大楼南北两侧各有一大型停车场，可同时停放汽车 1 万余辆，依据美国人用车习惯，车辆与人员之比应为 1:2，如图 9-23 所示。

图 9-23　五角大楼停车场卫星图像

五角大楼内大约 2.3 万军方人士及文职人员在此工作，另外还有约 3000 名非国防志愿者在五角大楼服务。从卫星图像分析[211]，平时南停车场停放车辆约 2700 辆、北停车场停放车辆约 2400 辆。部分人员可能乘坐公共交通工具，少部分人员可能是搭同事顺风车上班，平时上班总人数约为 1 万人[211]。

从卫星图像和统计表可以得出以下结论：

（1）在周一至周五工作时间段，停车场车辆每日停放总数在 5000 辆左右，预计上班人数在 1 万人左右，如图 9-24 所示。

图 9-24　五角大楼工作日车辆停放情况卫星图像

（2）双休日南侧车辆停放数量大约在 200 辆左右，北侧车辆停放数量大约在 40 辆左右。按照车辆就近停放原则，作战值班的主要场所应该分布在大楼的南侧，如图 9-25 所示。

（3）一般情况下双休日车辆停放总数量为 220~240 辆之间，值班人员总数应该在 500 人左右。双休日遇紧急情况，值班人员有所增加。2012 年 10 月 13 日（周六）美海军"蒙彼利埃"号核潜艇与提康德罗加级巡洋舰"圣哈辛托"号在佛罗里达东部海域训练时发现相撞，巡洋舰声呐导流罩被撞毁。此时五角大楼停车场车辆停放数量为 340 辆左右，较往常增多 100 余辆，值班人数在 600~700 人。2012 年 10 月 28 日飓风"桑迪"在美东海岸新泽西州登陆，造成美国百余人死亡，联合国总部受损。同日，五角大楼停车场车辆停放数量为 500 辆左右，较往常增加约 250 辆左右，值班人数在 800~1000 人。由此可以看出，10 月 30 日的战备等级明显高于 10 月 13 日。据此推断，五角大楼值班人员数量在假日期间依战备等级有所不同，值班人数有所不同，如表 9-2 所列。

图 9-25　五角大楼双休日车辆停放情况卫星图像

表 9-2　五角大楼南、北停车场停车数量统计

日　　期	星　　期	北侧停车场停放车辆数量	南侧停车场停放车辆数量	停放车辆总数
20051001	周六	约 20 辆	约 200 辆	约 220 辆
20051023	周日	约 20 辆	约 200 辆	约 220 辆
20060201	周三	约 2000 辆	约 2700 辆	约 4700 辆
20060221	周二	约 2000 辆	约 2700 辆	约 4700 辆
20070606	周三	约 2400 辆	约 2600 辆	约 5000 辆
20080101	周二	约 20 辆	约 1100 辆	约 1120 辆

续表

日　　期	星　　期	北侧停车场停放车辆数量	南侧停车场停放车辆数量	停放车辆总数
20080519	周一	约 2800 辆	约 2700 辆	约 5500 辆
20090101	周四	约 3100 辆	约 2000 辆	约 5100 辆
20100402	周五	约 1700 辆	约 2000 辆	约 3700 辆
20100829	周日	约 40 辆	约 200 辆	约 240 辆
20110201	周二	约 2400 辆	约 2800 辆	约 5200 辆
20110621	周二	约 2400 辆	约 2800 辆	约 5200 辆
20121013	周六	约 40 辆	约 300 辆	约 340 辆
20121028	周六	约 100 辆	约 400 辆	约 500 辆
20121218	周二	约 2400 辆	约 2800 辆	约 5200 辆
20130310	周日	约 40 辆	约 200 辆	约 240 辆
20130420	周六	约 40 辆	约 200 辆	约 240 辆
20130531	周五	约 2400 辆	约 2700 辆	约 5100 辆
20130716	周二	约 2400 辆	约 2700 辆	约 5100 辆
20131015	周二	约 2400 辆	约 2700 辆	约 5100 辆
20140412	周六	约 40 辆	约 200 辆	约 240 辆
20140416	周三	约 2400 辆	约 2700 辆	约 5100 辆
20140419	周六	约 40 辆	约 200 辆	约 240 辆
20140424	周一	约 2400 辆	约 2700 辆	约 5100 辆
20141008	周三	约 2400 辆	约 2800 辆	约 5200 辆
20150412	周日	约 40 辆	约 200 辆	约 240 辆
20150723	周四	约 2400 辆	约 2800 辆	约 5200 辆
20160415	周五	约 2400 辆	约 2600 辆	约 5000 辆
20161209	周五	约 2400 辆	约 2800 辆	约 5200 辆
20161215	周四	约 2400 辆	约 2800 辆	约 5200 辆
20161219	周一	约 2400 辆	约 2700 辆	约 5100 辆
20161220	周二	约 2400 辆	约 2700 辆	约 5100 辆
20161225	周日	约 40 辆	约 200 辆	约 240 辆
20170118	周三	约 1700 辆	约 2800 辆	约 4500 辆

9.2 目标活动解译分析

9.2.1 航空母舰舰载飞机昼夜间训练情况

1. 昼间红外图像分析

从红外图像中分析可以看出：4部蒸汽弹射器全部处于开启状态，舰首的2部蒸汽弹射器被停放在舰面的F/A-18"大黄蜂"战斗机占据，并未实际使用。舰面停放的9架F/A-18"大黄蜂"战斗机，有4架F-18战斗机机翼呈亮色，说明机翼内已加满油，准备参加昼间的飞行训练，另外5架机翼呈深色调，说明这5架飞机早已结束飞行训练。舰面停放的6架F-14D"雄猫"战斗机有2架的中部色调较浅，说明这2架飞机已结束飞行训练，另有4架的中部呈亮色，说明这4架飞行还未完成当日飞行训练。舰面停放的6架S-3B"海盗"反潜飞机，有4架机翼呈浅色调，说明这4架飞机刚刚结束飞行，机翼内油料所剩无几，另2架机翼呈亮色，说明这2架飞机还未完成当日飞行训练。舰面停放的1架E-2C"鹰眼"预警机机翼和发动机部分全部呈深色调，说明E-2C"鹰眼"预警机早已结束或未参加当日的飞行训练。综合分析：当日舰队航空兵训练主要以战斗机为主，兼顾反潜作战训练，整体训练强度并不大，如图9-26所示。

图9-26 航空母舰昼间红外图像

2. 夜间红外图像分析

从红外图像中分析可以看出：4部蒸汽弹射器全部处于开启状态，舰首的

2部蒸汽弹射器被停放在舰面的5架F/A-18"大黄蜂"战斗机和2架F-14D"雄猫"战斗机占据,占据舰首蒸汽弹射器的5架F/A-18"大黄蜂"战斗机机翼呈深色调,但位于发动机的位置却呈现亮白色,说明这5架飞机刚刚结束飞行。占据舰首蒸汽弹射器的2架F-14D"雄猫"战斗机中部呈亮白色,说明这2架F-14D"雄猫"战斗机尚未实施飞行训练。在舰面中部稍靠后的位置有5架F-14D"雄猫"战斗机,其中3架机体中部均呈亮白色,说明正在准备进行夜间的飞行训练,另外2架F-14D"雄猫"战斗机,1架机体呈浅色调,说明该架飞机较早前已结束飞行,1架机体呈深色调,说明该架飞机未参加当日飞行,且这2架飞行停放区域正好位于升降坪上,分析这2架飞机即将入库。舰面上停放的EA-6B"徘徊者"电子战飞机和S-3"海盗"反潜飞机大部分处于机翼折叠状态,机体呈浅色调,说明这两型飞机已基本完成飞行训练,但有1架S-3"海盗"反潜飞机正位于舰面中部,且机翼呈展开状态,机翼呈亮白色,说明该架飞机将执行飞行训练任务。综合分析:当日舰队航空兵训练主要以战斗机为主,兼顾反潜作战与电子战训练,整体训练强度较大,如图9-27所示。

图9-27 航空母舰夜间红外图像

9.2.2 机场飞机飞行活动情况

机场飞机数量的变化与状态是重要的情报,这些活动的高价值目标,了解飞机的数量和状态,就显得尤为重要,即使可见光在昼间侦察能清晰地识别停放在机场内的飞机数量,但飞机的状态与已经滑出的飞机却不能有效地掌握，热红外则能弥补可见光的不足。

F-4 飞机的各种状态如图 9-28 所示。图 9-28（a）中 F-4 飞机的机翼的色调呈浅白色，说明机翼内的油箱是加满油的，尾部的白色扇面状，是飞机发动机在尾端喷出的高温气体在热红外图像上呈现的色调，且飞机机身两侧发动机呈白色亮线，说明飞机的发动机正在工作，准备起飞。图 9-28（b）中 F-4 飞机的机翼的色调主体呈深色调，只有机翼前缘有两条白线，说明机翼内的油箱基本上空的，只剩少许油量，尾部的白色扇面状，是飞机发动机在尾端喷出的高温气体在热红外图像上呈现的色调，且飞机机身两侧发动机呈白色亮线，说明飞机的发动机虽然在工作，但综合结论是油快用尽刚着陆的飞机。图 9-28（c）中 F-4 飞机的机翼的色调主体呈深色调，只有机翼前缘有两条白线，说明机翼内的油箱基本上空的，只剩少许油量，无尾部的白色扇面状，且飞机机身两侧发动机呈深色调，说明飞机的发动机没有工作，综合结论是没有飞行任务的飞机。图 9-28（d）中在 1 架 F-4 飞机的旁边有一个形似飞机平面形状的"阴影"，这是飞机离开后不久在空位上留下的阴影，产生的原因是由于飞机的遮挡造成的地面与周围的温度有差别，地面的阴影和尾部的白色扇面状，说明飞机刚滑出不久。图 9-28（e）中阴影部分的尾部无白色扇面状，说明这架飞机滑出的时间比图 9-28（d）中那架飞机滑出的时间要久，所以尾部的白色扇面状已不明显，但飞机在未滑出时在地面停留的时间比图 9-28（d）中造成阴影的那架飞机的时间长，原因是图 9-28（e）中的阴影比图 9-28（d）中的阴影更加明显。阴影的存在为统计飞机的数量提供了准确的依据。

(a)

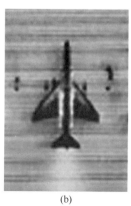
(b)

(c)

(d)　　　　　　　　　　　　(e)

图 9-28　停机坪上的 F-4 飞机红外图像

9.2.3　地面车辆目标伪装揭露

由于 SAR 特殊的成像机理，其成像结果不同于可见光、热红外或高光谱图像，往往较难解译，但其规律性仍然很强，总体来看，在相同分辨率条件下，波长越长，目标棱角表现力越弱；波长越短，目标棱角表现力越强。另外，对不同材质目标的散射有着较强的表现能力，在 RCS 相同的情况下，金属类目标的散射强度比木质类目标的散射强度要大，反之亦然。在军事上常用于伪装的揭露。

如图 9-29 所示为某试验场各类目标分布图像，图中可以解译出有金属材质的悍马车、坦克以及木质的假坦克、假导弹发射车等目标。在探测方向基本一致的情况下，如图 9-30 所示为利用 ka 波段、如图 9-31 所示为利用 ku 波段分别对该试验场进行成像，从各目标摆放的位置与方向看，2 辆假坦克相对于雷达天线照射方向具有最大的 RCS；假导弹发射车车头相向于探测方向，相对而言，其 RCS 比 2 辆假坦克的 RCS 要小；悍马与探测方向略呈 35°夹角，真坦克与探测方向略呈 20°夹角。如果仅从 RCS 大小考虑，不考虑目标的材质，2 辆假坦克的散射回波应该是最强的，从图 9-30 中可以看出，ka 波段 SAR 图像上，2 辆假坦克的散射回波相对于悍马车与真坦克的散射回波来说相对较弱，原因是 2 辆假坦克是木材制作的，其复介电常数比金属的复介电常数要小，所以即使 RCS 大，散射回波仍然比较弱。假导弹发射车车体较宽，相对于悍马车与真坦克具有较大的 RCS，但同样是由木材制作的，其散射回波同样较弱。在同一场地上，很容易将假目标与真目标区分开来，散射回波强的，在图像中呈亮白色的为真目标；散射回波弱的，在图像中呈暗亮色的为假目标。从图 9-31 中可以看出，ku 波段的成像结果与揭伪能力基本一致，同样是真坦克的散射回波为最强，但 RCS 不是最大。

图 9-29　真目标与假目标可见光图像

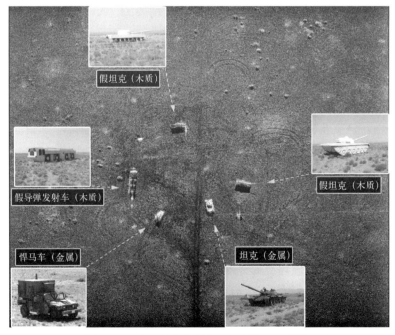

图 9-30　真目标与假目标 Ka 波段 SAR 图像

图 9-31　真目标与假目标 Ku 波段 SAR 图像

9.2.4　地面设施目标性质

　　世界各地的军用设施都具有与其他设施明显不同的地方，最突出的是它们的组成分布不同，其他的设施是围墙、车辆、建筑物、操场、文化娱乐场及训练区。这些设施往往整体或部分形成几何图形，这些图形是由相同建筑材料，统一设计和规格的建筑物，按编序和朝向所形成的。营地的建筑包含从帐篷到多层永久性建筑物在内的建筑。不同种类的建筑一般不会在一定的区域内混杂。大量同一种类车辆的存在，这些车辆不使用时在车场里停放得整齐有序，在演习区域里出现的车辆也是判别部队车辆活动的线索之一。出操/文化娱乐场地包括有少数观众座位的阅兵场和运动场。军用装备，安全防护设施，训练区域至少应包括：停放或处于发射位置的大炮，排成阵列的坦克、靶场、铁丝网及发射各种武器的阵地。出现了上述种种现象只能与军事有关。

　　上述有关军事设施的特点在合成孔径雷达图像上都能观察到。因此对图像进行广泛的分析就能发现军事设施的类型（如步兵驻地、炮兵营区、后勤补给设施、仓库等)。

1. 步兵营区

从合成孔径雷达图像里能找到涉及军事设施基本信息的答案,包括设施的主要用途,营区的组成分布,营区现状、大小、建筑类型、警卫措施等。下面对图9-32进行简单分析。

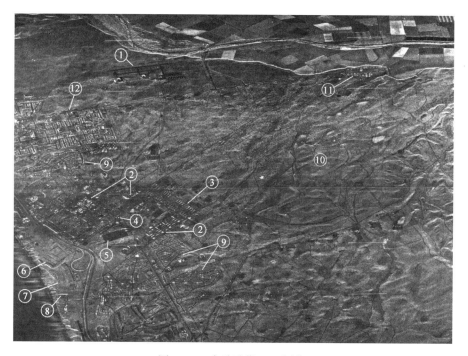

图9-32 步兵兵营SAR图像

对图像的解译结果是:1. 机场;2. 车场;3. 营房(新);4. 营房(旧);5. 阅兵场/旧的简易机场;6.7 射击训练场;8. 弹药库;9. 家属区;10. 演习场/训练场;11. 卫星站;12. 社区。

确定图像中目标的性质,应从下列因素和相互之间关系着手:一是该设施有公路、铁路、航空为其提供服务,机场①被认为是该设施的一部分,虽然它地处营区外,但有道路直接与基地连接;但社区(12)则不属于兵营,因为它与附近的家属区⑨没有直接的道路相连。二是营房③、④数量较多,相比之下,车场规模较小。三是大面积的轻武器射击场⑥、⑦,弹药库⑧适合存放小口径弹药,从规模上来看不足以保障炮兵或装甲部队的需要。四是虽然演习场里有很多拖曳痕迹,但没有履带车辆痕迹,也无火炮射击位置。五是没有大型非公路车辆行驶的车辙痕迹。综合以上分析该设施为步兵营区。

2. 炮兵营区

合成孔径雷达图像对军事设施判定，可以在保持其明显的细节情报的同时，利用局部放大对其综合观察，如图 9-33 所示。

图 9-33　炮兵兵营 SAR 图像

对图像的解译结果是：1. 营房；2. 机场；3. 行管/后勤保障区；4. 家属区；5. 仓库（露天储存和库房）；6. 弹药库；7. 射击场；8. 运动场；9. 阅兵场；10. 演习场。

区域放大图像说明：车场内每个目标的形状，大小看起来大致相同，该图形表明这是同类型的装备。最终认定该设施主要用途时，应考虑到下面几个因素：一是车场数量与营房数量之间的关系；二是弹药库的规模大小；三是演习区里有无履带车辆痕迹。

车辆数量多排除了单纯步兵营区的可能，但有可能是机械化步兵营区。但是规模较大的弹药库表明它存储的可能是数量较大的大口径弹药，这就排除机械化步兵的可能，但有可能是装甲部队或炮兵的营区，这种推断与车场出现的同一类型装备图形一致。然而，在训练区里看不到杂乱的辙迹，这就排除装甲或机械化步兵的可能。综合以上分析该设施为炮兵营区。

9.2.5 房屋板材检测

由于多（高）光谱具有在光谱上区分地物类型的能力，因此它在地物的精细分类、目标检测和变化检测上体现出较强的优势，成为一种重要的战场侦察的手段。

高光谱图像识别伪装的能力较强，可以分辨出在绿色植被（自然草地）背景下的真实目标和诱饵目标（假目标）；在沙漠背景下可以快速地检测出战术小目标（军用车辆和导弹发射架等）。高光谱通过伪装、诱饵和真实目标之间的波谱差异检测与鉴别目标。

如图9-34所示，植被与伪装网光谱曲线图可以看出，自然植被与美军、俄军伪装网在可见光波段，具有相似的低反射率；在近红外波段，自然植被与美军、俄军伪装网光谱曲线则有较大差异，俄军伪装网具有较高的反射率，美军伪装网光谱曲线则起伏较大，两者均与自然植被有较高的反射率。

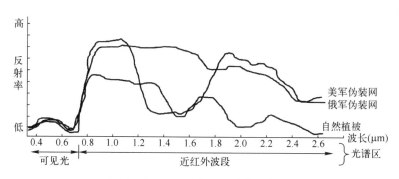

图9-34 植被与伪装网光谱曲线图

多（高）光谱的数据融合是对不同材质的最好检测手段和方法，不同谱段的融合，对不同材质的检测结果也有所不同，这要与光谱分辨率相结合，不同的光谱分辨率有不同的效果，如图9-35所示。图9-35（a）显示的是北京亚运村附近的3座房屋，在真彩色图像上，无法区分出钢板材质的差别。经数据融合后，在真彩色图像上无法区分的钢板材质，在光谱融合图像上则有不同的反射率反应（图 9-35（b）），最左侧房屋顶部使用的钢板（深蓝色部分）为国产板材，中间房屋顶部使用的钢板（绿色部分）为韩国浦项生产的钢板，右侧房屋顶部使用的钢板（红色部分）为中韩合资大连浦项公司生产的钢板。虽然同为钢板，由于钢铁厂的生产工艺不同，使得钢板中的元素含量不同所致。

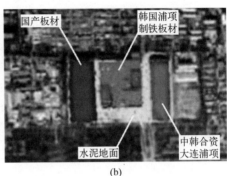

图 9-35　不同材质光谱检测（见彩图）

(a) 厂房真彩色图像；(b) 厂房光谱假彩色图像。

9.2.6　坦克材质光谱检测

多（高）光谱成像时形成的间断和连续光谱图像，均为单色的黑白图像，由于其分辨率较低，往往不能象可见光图像那样分辨目标的形状，只有在进行数据融合后，提取目标的光谱曲线，用曲线来区分目标的性质，做到图谱合一。如图 9-36 所示，分别对应的是单一波段图像和光谱图像融合集，以及从光谱图像中提取的 3 种不同型号坦克的光谱曲线。在单一光谱图像中，放置的 3 辆坦克，仅能发现坦克目标，不能做到识别坦克类型。现将 95 个波段图像做数据配准，分别提取坦克 1、坦克 2 和坦克 3 的连续谱线，得到图 9-37 中不同坦克的光谱曲线，很容易将坦克的型号区分，虽然 3 个坦克的光谱曲线非常相似，有的谱段上还有重叠，但是大多数谱段上则有明显的差异，这些差异是区分坦克型号的基础，最上面的连续光谱曲线是坦克 1 的光谱曲线，中间的连续光谱曲线是坦克 3 的光谱曲线，最下面的连续光谱曲线是坦克 2 的光谱曲线。从光谱成像的基本原理来讲，同质同相，不同质不同相，光谱曲线不同，则说明 3 种坦克分属不同型号。

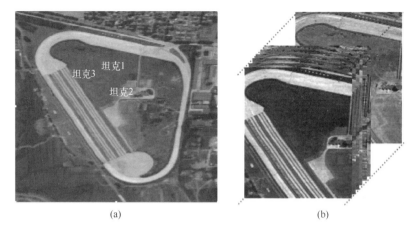

图 9-36 坦克材质光谱检测（见彩图）

（a）坦克放置位置图；（b）光谱融合图。

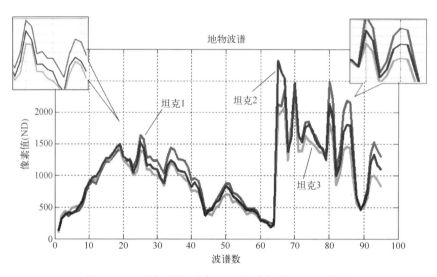

图 9-37 不同型号坦克提取的光谱曲线图（见彩图）

9.2.7 水下物体探测

高光谱技术可以精细地描述战场情况，帮助指挥员进行登陆点选择、障碍物识别、地表特征识别、水下障碍物判断以及地表对部队机动、火力的影响和军事力量分布；由此可以协助指挥员选择攻击点。

如图 9-38 所示，有一根地下水管从陆地延伸到了水下，排水管的位置及走向进入河流后在可见光的图像中（图 9-38（b））已无法识别，且岸坡的倾斜程度也无法了解。高光谱图像有效地帮助我们了解这些未知的问题，从高光谱图像（图9-38（a））中可以看出，引入水下的管道，一直延伸到了水比较深的区域，靠近岸边的水质与陆地河床中的水质有明显差异，可能是岸边坡度较缓，水比较浅所致，也有可能是水质受到了污染。总之，高光谱图像相对于可见光来说，一些表面不易发现的问题和性质在图像中有着较明显的反映。这也是其他载荷所不能及的。

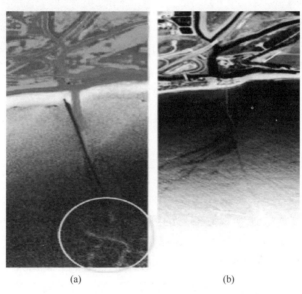

图 9-38　水下物体探测（见彩图）
（a）光谱图像；（b）可见光图像。

9.2.8　遮蔽目标检测

针对传感器在光谱频率、空间分辨率等方面存在的局限性，通过多传感器的特征融合获得包含多源的图像特征信息，有利于对特定事件和现象进行定位、识别和解译，这里是利用SAR的穿透能力与光学的高分辨率特点，对机场飞机防晒棚内的飞机进行的综合研判。图9-39（a）中，3个飞机防晒棚内是否停放有飞机不得而知，此时仅利用光学图像对停放的飞机进行分析，解译结论是无法结出的。如果融合SAR图像（图9-39（b）），会发现在飞机防晒棚内停有2架飞机。这里需要说明的是SAR穿透能力不仅受其波长、极化等影响，还受到被探测目标材质、含水量等因素的影响。由于飞机防晒棚的顶部是轻薄材料，所以电磁波穿透了飞机防晒棚的顶，探测到了飞机防晒棚内停放的飞机并产生了回波。因此充分利用 SAR 图像表现出的目标特征信息，进行融合的结果对于准确分析该机场飞机的状况起到了很好的作用。

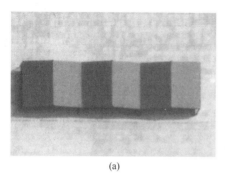
(a)

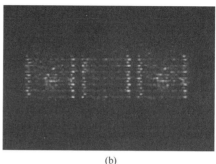
(b)

图 9-39　可见光与 SAR 图像融合
（a）飞机防晒棚可见光图像；（b）飞机防晒棚 SAR 图像。

9.2.9　舰船目标活动

遥感数据融合目的是优化信息，改善目标识别的图像环境，多时相遥感信息融合是加强遥感连续观测信息的理解和挖掘，增加解译的可靠性。下面以日本自卫队海上基地为例[212]，看遥感数据多时相融合后信息增强效果。

日本潜艇舰队隶属于海上自卫队的自卫舰队，下辖潜艇舰队司令部、第 1 潜艇作战群、第 2 潜艇作战群、潜艇教育训练队、第 1 潜水训练练习队、潜艇教育横须贺分队。日本潜艇舰队现有作战潜艇 19 艘、训练潜艇 2 艘，共计 21 艘。

第 1 潜水队群创建于 1962 年，司令部位于吴基地，下辖第 1 潜水队（SS-507 仁龙、SS-510 翔龙、SS-593 卷潮、SS-594 矶潮）、第 3 潜水队（SS-504 剑龙、SS-596 黑潮、SS-600 望潮）、第 5 潜水队（SS-501 苍龙、SS-502 云龙、SS-503 白龙、SS-508 赤龙）；直辖 1 艘潜艇救援舰 ASR-403 千早。

第 2 潜水队群创建于 1973 年，司令部位于横须贺基地，下辖第 2 潜水队（SS-592 涡潮、SS-595 鸣潮、SS-597 高潮）、第 4 潜水队（SS-505 瑞龙、SS-598 八重潮、SS-599 濑户潮）、第 6 潜水队（SS-506 黑龙、SS-509 清龙）；直辖 1 艘潜艇救援舰 ASR-404 千代田。

日本亲潮级潜艇始建于 1994 年，至今已建造 11 艘，最后 1 艘 SS-600 于 2008 年服役，SS-590 与 SS-591 现已转隶于第 1 练习潜水队。该级潜艇基准排水量为 2750t，全长 82m、宽 8.9m，水中航行速度约 20 节，装备有 89 式鱼雷、鱼叉级反舰导弹，动力采用柴油电机系统，如图 9-40 所示。

图 9-40 "亲潮"级潜艇地面照片

日本苍龙级潜艇始建于 2005 年,至今已建造 SS-501 至 SS-510 共计 10 艘。此外,SS-511 始建于 2015 年,预计 2020 年 3 月服役;SS-512 始建于 2017 年,预计 2021 年 3 月服役。该级潜艇基准排水量为 2900t,全长 84m、宽 9.1m,水中航行速度约 20 节,装备有 89 式鱼雷、鱼叉级反舰导弹。前 10 艘潜艇动力采用斯特林闭循环推进系统,第 11 艘和第 12 艘潜艇动力采用柴油电机系统。日本《2019—2023 年中期防卫力量整备计划》表示要在 5 年内新建 5 艘潜艇,以确保潜艇舰队扩充至 22 艘的编制体制,如图 9-41 所示。

图 9-41 "苍龙"级潜艇地面照片

日本"亲潮"级、"苍龙"级两型潜艇的长度、宽度、外壳,舰桥等外形有所差异,最显著的识别特征是"苍龙"级尾舵为交叉的"x"形,"亲潮"级为垂直的"+"形。我们可以在地面照片和卫星图像中明显区分出来，如图 9-42 和图 9-43 所示。

图 9-42　横须贺海军基地停靠的"苍龙"（下）和"亲潮"（上）级潜艇卫星图像

图 9-43　吴海军基地停靠的"苍龙"（码头上）和"亲潮"（码头下）级潜艇卫星图

选取2008年到2019年之间开源遥感图像，经解译统计横须贺海军基地和吴海军基地潜艇靠泊与出港情况，如表9-3所列和表9-4所列。

表9-3 吴海军基地潜艇靠泊与出港情况统计表（潜艇服役数量11艘为基准）

日 期	"苍龙"级靠泊（艘）	"苍龙"级服役（艘）	"亲潮"级靠泊（艘）	"亲潮"级服役（艘）	潜艇靠泊总数（艘）	出港潜艇数量
20080109	0	0	7	11	7	4
20090330	1	1	6	10	7	4
20100721	1	2	6	9	7	4
20110508	0	3	5	8	5	6
20120329	1	4	5	7	6	5
20120426	2	4	2	7	4	7
20120804	1	4	6	7	7	4
20131203	2	4	2	7	4	7
20140319	2	4	2	7	4	7
20140324	2	4	2	7	4	7
20141104	2	4	2	7	4	7
20160420	1	5	0	6	1	10
20170403	2	6	3	5	5	6
20170609	2	6	2	5	4	7
20180710	2	6	1	5	3	8
20180715	1	6	3	5	4	7
20180807	3	6	3	5	6	5
20190108	3	7	4	4	7	4

表9-4 横须贺海军基地潜艇靠泊与出港情况统计表（潜艇服役8艘为基准）

日 期	"苍龙"级靠泊（艘）	"苍龙"级服役（艘）	"亲潮"级靠泊（艘）	"亲潮"级服役（艘）	潜艇靠泊总数（艘）	出港潜艇数量
20090319	0	0	2	8	2	6
20100501	0	0	1	8	1	7
20140310	1	2	1	6	2	6
20140316	1	2	1	6	2	6
20151129	2	3	3	5	5	3

续表

日期	"苍龙"级靠泊（艘）	"苍龙"级服役（艘）	"亲潮"级靠泊（艘）	"亲潮"级服役（艘）	潜艇靠泊总数（艘）	出港潜艇数量
20171209	1	3	3	5	4	4
20180111	1	3	4	5	5	3
20180517	1	3	2	5	3	5
20180626	1	3	2	5	3	5

从统计的数据可以看出：①日本潜艇出港活动或训练的强度较大。一般情况下，横须贺海军基地潜艇出海训练潜艇约为 2~5 艘，吴海军基地潜艇出海训练潜艇约为 3~7 艘。日海上自卫队常年在外执行任务或开展训练的潜艇数量至少保持在 5 艘以上，最高可达 12 艘。②潜艇靠泊泊位时常发生变化，说明潜艇时常进出港口，出动较为频繁。

9.3 地质灾害解译分析

我国地域辽阔，地理条件错综复杂，是自然灾害发生率极高的国家之一。尤其是近年来几次地震引起的大面积山体滑坡、崩塌和泥石流等地质灾害十分严重。这些地质灾害的发生不仅直接或间接地威胁着当地群众的生命财产和工农业生产的安全，还造成严重的水土流失和区域生态环境的恶化，以及直接影响恢复重建、城市规划和居民点安置等。

为了能及时地调查地质灾害状况，为抢灾与救灾及灾后重建工作提供准确资料，根据国民经济建设与可持续发展的需要，在地质灾害调查中采用遥感技术这一先进手段，这也是现代高新技术应用发展的必然趋势。地质灾害的突发性与救灾的迫切性要求利用遥感技术进行调查。

9.3.1 堰塞湖及灾情分析解译

堰塞湖是指山崩、泥石流或熔岩堵塞河谷或河床，储水到一定程度便形成的湖泊，通常为地震、风灾、火山爆发等自然原因所造成，也有人为因素所造就出的堰塞湖，如炸药击发、工程挖掘等，如图 9-44 所示。

堰塞湖的形成，通常是不稳定的地质状况所构成，当堰塞湖构体受到冲刷、侵蚀、溶解、崩塌等作用，堰塞湖便会出现"溢坝"，最终会因为堰塞湖构体处于极差地质状况,演变成"溃堤",发生山洪暴发的洪灾,对下游地区有着毁灭性破坏。

图 9-44　堰塞湖可见光图像(见彩图)

堰塞湖的堵塞物不是固定永远不变的,它们也会受冲刷、侵蚀、溶解、崩塌等。一旦堵塞物被破坏,湖水便漫溢而出,倾泻而下,形成洪灾,极其危险。

从遥感影像中如何确定堰塞湖的形成:①堰塞体是否完全堵塞原河道;②上游水位上升,上游河道加宽并形成回水;③下游水位下降,最终断流,如图 9-45 所示。

要由专家进行堰塞性质判断和危险性评估。堰塞湖一般有两种溃决方式:逐步溃决和瞬时全溃。逐步溃决的危险性相对较小;但是,如果一连串堰塞湖发生逐步溃决的叠加,位于下游的堰塞湖则可能发生瞬时全溃,将出现危险性最大的状况。专家可根据堰塞湖的数量、距离、堰塞体的规模、结构、堰塞湖的水位、水量等进行判断。堰塞体若是以粒径较小、结构松散的土石堰塞坝,相对来说是比较容易溃决的。

对于危险性大的堰塞湖,必须以人工挖掘、爆破、拦截等方式来引流,逐步降低水位,以免造成大的洪灾。

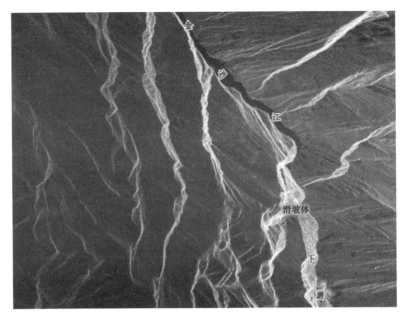

图 9-45　堰塞湖 SAR 图像（见彩图）

在排险的同时，堰塞湖要及时进行监测和预警。应立即开展对危害严重、情况危急的堰塞湖现场调查评估，进行动态监测，预测堰塞湖溃决时间及泛滥范围，撤离居住在泛滥范围内的受灾群众，安置抢险救援人员的临时驻扎场所，并制定下游危险区的临灾预案。

在分析水流对建筑物的破坏时，一般把破坏程度分为下面五个等级[214]：一是基本完好。建筑物承重构件完好，个别非承重构件有轻微损坏。不需修理，可继续使用。二是轻微破坏。个别承重构件出现可见裂缝非承重构件有明显裂缝。不需修理或稍加修理即可继续使用。三是中等破坏。多数承重构件出现细微裂缝，部分构件有明显裂缝，个别非承重构件破坏严重，需要一般修理。四是严重破坏。多数承重构件破坏较严重，或有局部倒塌，需要大修，个别建筑修复困难。五是毁坏。多数承重构件严重破坏。结构濒于崩溃或已倒毁，已无修复可能。

1. 基于 SAR 影像的川藏交界处山体滑坡情况分析

2018 年 10 月 11 日西藏自治区昌都市江达县与四川省甘孜州白玉县交界处突发山体滑坡，造成金沙江断流并形成堰塞湖，引起了国家应急减灾部门的高度关注，自然资源部国土卫星遥感应用中心立即启动应急计划，对该事件进行持续卫星影像监测。北京观微科技有限公司积极利用自然资源卫星影像云服务平台公布的数据影像进行灾害研判,由于天气原因,光学载荷未能有效获取该区域影像,利用观微公司技术优势,对 SAR 数据进行研判分析,基于堰塞湖形成后(2018 年 10 月 12 日 11 时 33 分)和自然涌流后(2018 年 10 月 15 日 0 时 3 分)的卫星影像进行了多个重点区域的解译,如图 9-46 所示。

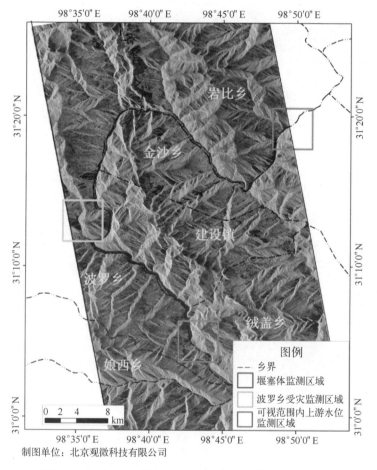

图 9-46　金沙江山体滑坡监测区域 SAR 图像(见彩图)

金沙江山体滑坡共 2 处,由右岸的白格滑坡引发,滑坡体从高处冲下,最高处与河流约有 800m 高差,产生的涌浪达到 100m 以上,涌浪进而冲击左岸,引发仁达滑坡,两者共同作用形成堰塞体,如图 9-47 所示。堰塞体由风化泥质灰岩、泥化的磷矿碎屑、砂板岩和铅锌矿、粉土、粉质黏土、黏土及粉细砂等构成,易被水流冲刷带走,直径大于 50cm 的石块只占到 20%~25%。

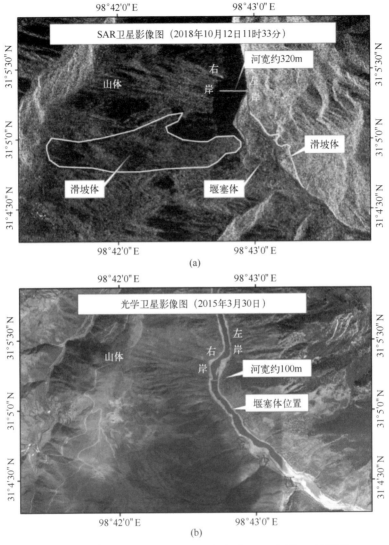

图 9-47 金沙江堰塞体 SAR（a）与光学（b）图像（见彩图）

经北京观微科技有限公司解译的 2018 年 10 月 12 日 11 时 33 分 SAR 影像分析，堰塞体长约 1700m，最宽处约 340m，靠近右岸低，靠近左岸高，估计土方量约 2500 万 m^3。

金沙江山体滑坡导致上游水位上涨，淹没了部分房屋、农田和桥梁，危及人和村庄的安全。影像显示，如图 9-48 所示。西藏昌都江达县波罗乡热多村（距堰塞体北部约 16km）部分农田和房屋被淹没，西北方向有 1 处桥梁被淹没，由于水位上涨，河面最宽处达 450m 左右。

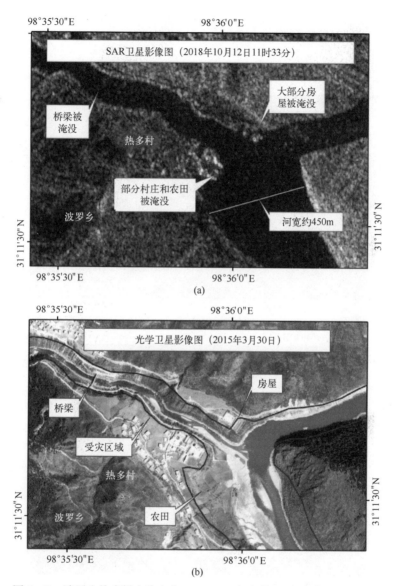

图 9-48 波罗乡热多村水位变化 SAR（a）与光学（b）图像（见彩图）

西藏昌都江达县岩比乡东扎村（距堰塞体东北部约 28km）位于可视范围内上游河段，受堰塞体影响也较大。影像显示，如图 9-49 所示。该处由于水位上涨致使河宽增加到 110m 左右，桥梁由于架设较高，未被水淹没，尚有通行能力。

通过 2018 年 10 月 12 日 11 时 33 分和 2018 年 10 月 15 日 0 时 3 分的 SAR 影像对比分析，因自然涌流，堰塞体下游约 4100m 处水位上升，水面宽度增至130m,说明上游积水正在下泄,如图9-50所示。

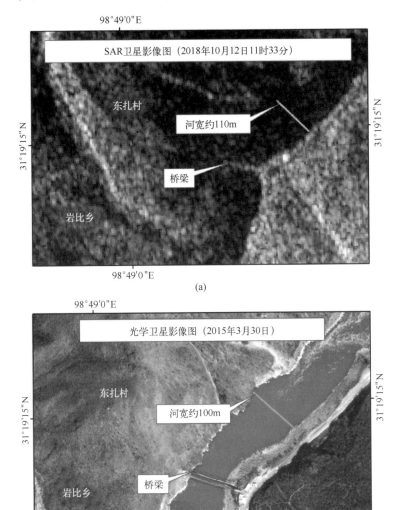

图9-49 岩比乡东扎村水位变化SAR(a)与光学(b)图像(见彩图)

综合分析:一是堰塞体靠右岸附近高度较低,由于上游水位抬高,在此方向形成泄流,逐渐冲刷堰塞体,形成更大的泄流,上游次生灾害险情逐渐减弱;二是堰塞体上游水域30km内,只有波罗乡靠近河岸边缘,部分房屋被淹没,其他地区未发现村庄或房屋被淹没,人员和财产损失相对较小。截至目前，金沙江山体滑坡带来的灾害和次生灾害已基本解除。

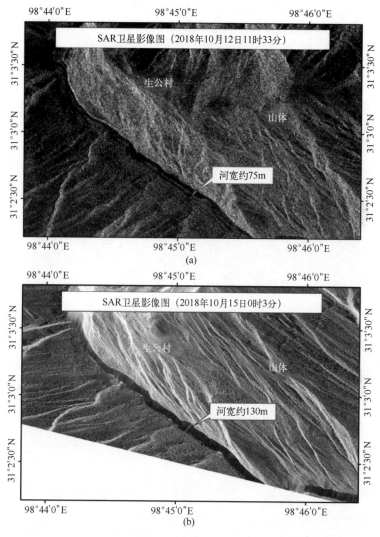

图 9-50　泄流前后下游河宽图像对比（见彩图）

2. 甘肃甘南舟曲县南峪乡滑坡遥感监测

2018年7月12日上午8时左右，舟曲县南峪乡江顶崖滑坡体出现滑坡。大量坡积物顺缓坡冲入白龙江，造成白龙江水位上涨、河面提高，导致南峪乡部分群众民房浸水。滑坡体目前是蠕滑状态，存在严重安全隐患，如图9-51和图9-52所示。

图 9-51　舟曲江顶崖滑坡灾后光学图像（见彩图）

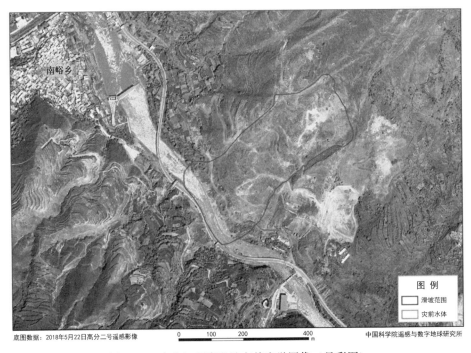

图 9-52　舟曲江顶崖滑坡灾前光学图像（见彩图）

灾害发生后中国科学院遥感与数字地球研究所人居环境研究室重大灾害应急响应信息服务工作立即启动，迅速获取高分二号遥感影像，开展滑坡灾情监测与评估工作。

监测结果表明：舟曲江顶崖滑坡前缘冲入河道，使河道变窄，滑坡体上游水位抬升，河道加宽。公路、桥梁损毁，部分民房浸水、农田被淹，滑坡体势能尚未得到充分释放，加之河水冲刷滑坡体前缘，未来舟曲江顶崖滑坡体极有可能继续下滑，从而堵塞白龙江形成堰塞湖。

9.3.2 地震及洪水灾情分析解译

地震又称地动、地振动，是地壳快速释放能量过程中造成的震动，其间会产生地震波的一种自然现象。地球上板块与板块之间相互挤压碰撞，造成板块边沿及板块内部产生错动和破裂，是引起地震的主要原因。

地震开始发生的地点称为震源，震源正上方的地面称为震中。破坏性地震的地面振动最烈处称为极震区，极震区往往也就是震中所在的地区。地震常常造成严重人员伤亡，能引起火灾、水灾、有毒气体泄漏、细菌及放射性物质扩散，还可能造成海啸、滑坡、崩塌、地裂缝等次生灾害。

对地震灾情的分析解译要建立在全面了解地震的类型、传播方式、震中震源、震级烈度、地震序列等基本情况后才能对地震造成的灾害做出相对客观的解译。例如，地震的传播方式中纵波和横波哪个为主体；地震震级是多少；地震烈度是多少；震中在哪里等情况。

水灾泛指洪水泛滥、暴雨积水和土壤水分过多对人类社会造成的灾害而言。一般所指的水灾，以洪涝灾害为主。水灾威胁人民生命安全。造成巨大财产损失，并对社会经济发展产生深远的不良影响。防治水灾虽已成为世界各国保证社会安定和经济发展的重要公共安全保障事业。但根除是困难的。至今世界上水灾仍是一种影响最大的自然灾害。

1. 云南昭通鲁甸地震震害分布评估

2014年8月3日云南昭通鲁甸6.5级地震发生之后，中国地震局立即启动了地震应急遥感工作。中国地震局地震应急遥感技术组协调地震预测研究所、地壳应力研究所、地质研究所等成员单位，快速完成灾区背景遥感影像、地势分布图、地震构造图、道路交通分布图、土地利用图、龙头山镇等重要居民点高分遥感影像图的制作，并及时提供国务院抗震救灾指挥部、地震现场指挥部等单位。

地震发生后,地震应急遥感技术协调组与中国地震局重大地震灾害应急遥感协作单位国家测绘地理信息局、中国资源卫星应用中心、北京信息研究所、中国科学院光电研究院等启动了应用遥感工作协作,向上述单位提供了本次地震的基本参数、灾情快速评估和动态发展情况、以及灾区遥感数据获取范围建议等,并获得有关单位提供的震前的国产高分遥感影像,8月5日得到有关单位提供的灾区部分地区无人机航拍影像和高分卫星遥感影像。根据可用遥感影像,如图9-53至图9-58所示,相关单位立即组织开展了数据处理和灾区(部分地区)房屋震害、地震滑坡、堰塞湖等灾害、道路损毁等情况进行了快速评估[215],确定了可用遥感数据范围的地震灾害程度分布,支持了灾区总体灾害空间分布趋势,并第一时间提供有关单位和部门,为应急指挥决策、抢险救灾、震害与地震烈度调查评定等提供了参考依据。

图 9-53 云南鲁甸 6.5 级地震光明村震后航空光学图像(见彩图)

综合分析:由于鲁甸地震震源深度只有 12km,属于浅源地震,震中区域距离县城有 26km 左右,当地多为农村民房,多数为土坯房和砖混房,从图 9-55 中也可看出房屋屋顶坍塌、房屋倒塌出现的房屋变形和破碎的砖瓦。从图 9-56 中可以看出大部分村民房屋已被山体滑坡掩埋。从图 9-57 中由于山体滑坡形成堰塞湖,上游水位上升淹没了水坝、公路、隧道出入口和部分村庄。灾情较为严重。

图 9-54　云南鲁甸 6.5 级地震红石岩村震后航空光学图像（见彩图）

图 9-55　云南鲁甸 6.5 级地震李家山村震后航空光学图像（见彩图）

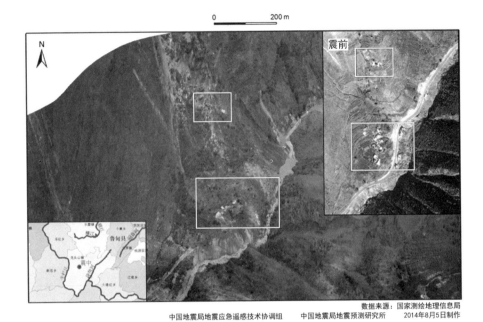

图 9-56　云南鲁甸 6.5 级地震山体滑坡掩埋村庄光学图像（见彩图）

图 9-57　云南鲁甸 6.5 级地震堰塞湖淹没公路和村庄光学图像（见彩图）

第9章 高分图像解译与应用

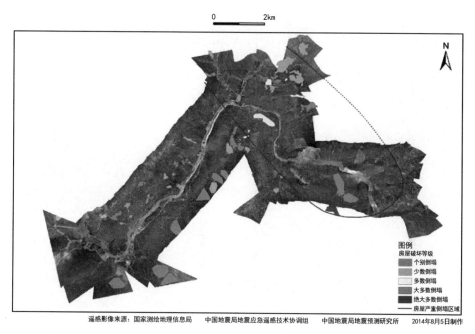

图 9-58 云南鲁甸 6.5 级地震灾区部分区域房屋震害遥感解译图（见彩图）

2. 长江洪水灾情解译分析

洪水灾害给人类正常的生活生产带来严重的损失和祸患，严重影响国民经济的发展和建设，快速精确地提取出水体目标对于生态环境整治和洪涝灾害治理有重要意义。合成孔径雷达（Synthetic Aperture Radar，SAR）是一种主动式微波遥感系统，可全天时全天候成像，其穿透云雨的特点致使 SAR 影像成为监测洪涝灾害，提取水体的重要手段。由于 SAR 图像中，水体的后向散射系数比较低，在图像上通常呈现暗黑色，所以通常选用的是 SAR 图像作为检测水体的影像。1998 年长江发生了自 1954 年以来的又一次全流域性大洪水。从 6 月中旬起，因洞庭湖、鄱阳湖连降暴雨、大暴雨使长江流量迅速增加。长江中下游干流沙市至螺山、武穴至九江共计 359km 的河段水位超过了历史最高水位，如图 9-59 和图 9-60 所示。

从图 9-59 和图 9-60 对比分析（如图 9-61 所示地形图）可以看出，在 1998 年的特大洪水期间，石首市蓄洪区内网格状的田地已被淹没，水位明显增长，河床加宽，右下角的多座水库形成的积水，水域在 SAR 图像中呈现的暗色调，有助于解译人员准确分析和测量河床宽度、淹没面积。

415

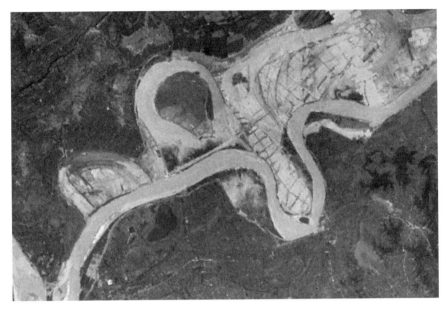

图 9-59　长江水域（石首市-监利县）蓄洪前部分可见光图像

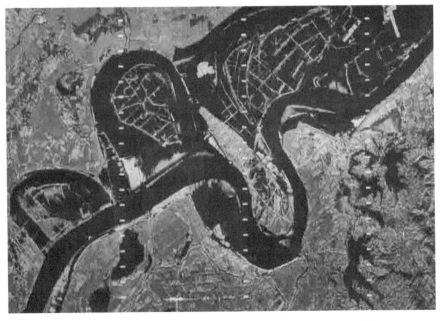

图 9-60　长江水域（石首市-监利县）蓄洪后部分 SAR 图像

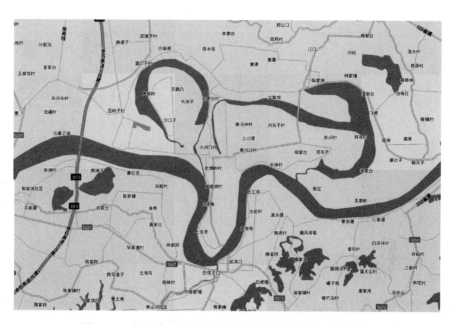

图 9-61 长江水域（石首市-监利县）地形图（见彩图）

ns
第 10 章
结论与展望

虽然空天对地观测的图像解译领域只有短短的百年发展历史,但是已经取得了重大的进展,其理论、方法和技术日渐成熟,与国防安全和国民经济各行业的结合日益紧密,解决了社会发展的许多实际应用问题。本书的目的是以史为鉴,探求图像解译的发展规律;旁征博引,以他山之石来完善图像解译理论方法;综合施策,以时空频三域融合来完善图像解译技术架构。

本章的主要内容有两个部分:第一部分是从认识、方法和实践等问题的角度,对前述图像解译内容进行总结,凝练相关结论指导实践活动;第二部分是结合智能化时代要求,对图像解译的智能化发展进行展望,提出待研究问题。

10.1 本书的主要结论

本书主要内容可分为认识篇、方法篇和实践篇三个部分,下面综述主要结论。

10.1.1 图像解译的认识问题

图像解译的认识问题,即如何看待图像解译,主要解决"是什么"的问题。我们在继承图像解译已有理论的基础上,借鉴我国优秀传统文化的精髓,在图像解译的认识上形成以下观点:

(1)图像解译来源于视觉。图像是视觉的媒介,视觉的机理极其深奥,涉及主观和客观的复杂作用,涉及感知和认知的深层问题。传统文化揭示了"眼识九缘生"的机理,即视觉的形成是照明、空间、器官、场景、注意力、分别器、存取通道、数据库、种子等9个条件共同作用的产物，缺一不可。现代科学揭示了视网膜成像、视神经感知的生物细胞层面机理。这两者相辅相成，要互相补充、协同应用。

(2) 图像解译包括感知和认知两个过程。感知是对外境的客观反映以形成图像的颜色、纹理、形状、状态等信息，对应于特征提取；认知是对外境的主观反映以形成目标地物等各种概念，对应于对象识别。优秀传统文化将感知称为了别，将认知称为分别，并揭示其深刻的内在机制，分别对应于眼识和意识的作用。在意识层面，由于附加了个人的主观作用，从而使得认知的结果也具有个性化差异。

(3) 目标是具有生命特征的研究对象。目标作为由人员、装备、阵地所构成的有机整体，具有明显的生命特征，气的聚散成为其本原，内在运行机制支撑其功能发挥，分层物质结构支撑其协同运行。综合传统文化的"气本论"和现代科学的"原子论"两种生命观，深刻揭示目标的生命特征规律，对于图像解译具有根本性的重要意义。目标的生命特征是图像解译"由外知内""由已知到未知"的理论基础。

(4) 电磁波是目标与图像联系的媒介。依靠各种成像载荷对目标进行成像，主要利用了目标对电磁波的辐射、反射、吸收、散射等调制作用。这种通过调制得来的信息，是目标本身信息的间接反映，而不是目标信息的本身。这也是出现"一目多像，多像同目"等复杂非线性情况的根本原因。

(5) 靠把握天地人时空变化规律来解决图像解译的环境适应性问题。时间节律、地域特色、人文影响等都会给目标及其图像带来诸多变量，这是目标生命特征在时空上的本质反映，无处不在，无时不有。图像解译时要采取各种技术手段，去除"客色"，还原"本色"，这是解决其环境适应性问题的理论基础。

(6) 靠建立目标表里关系来解决图像解译的深层信息提取问题。目标作为生命对象，内部的变化一定会反映到外部现象中。借鉴"由外知内"理论和方法，图像解译时要针对各类目标深入分析其输入输出、关键部位的表里对应关系，然后由表层信息逆向推理来探究其深层信息，这是解决目标深层次信息提取的理论基础。

(7) 靠建立目标根本特征来解决图像解译的新型目标识别问题。目标功能来自各种根本特征的组合运用，掌握了根本特征，则无所谓新型目标问题。借鉴证候理论，不执着于复杂多变的外在表现而依据其稳定不变的证候，构建由根本特征所支撑的目标认知体系，这是解决新型目标识别的理论基础。

（8）靠流程优化来解决图像解译的时效性问题。构建"前端感知，后端认知"和"前台求快，后台渐精"的分层扁平化图像解译流程，规避数据传输时效低、供需信息不对称、处理解译流程复杂缓慢等问题，这是解决图像情报时效性的理论基础。

（9）靠多手段联合运用来发挥图像特色优势。图像有其优点和弱项，要发挥其应用效能，必须纳入多传感器联合应用框架。借鉴"四诊合参"的理论方法，构建四个层次的融合模型，这是传感器联合和信息融合的理论基础。

（10）图像解译要靠正确的思维方法来指导。"合道，明理，守法，通术"是通用的思维程序，落实到图像解译上要树立时空思维、对抗思维、表里思维、关联思维、融合思维等，以解决思维定式、思维偏向等带来的决策风险问题。

10.1.2 图像解译的方法问题

图像解译的方法问题，即如何开展图像解译，主要解决"怎么干"的问题。综合可见光、SAR、红外、高光谱等图像，以及机场、港口、飞机、舰船等典型目标，结合专家目视解译和计算机辅助解译两种模式，形成以下主要观点：

（1）图像的专家目视解译和计算机辅助解译遵循相同流程。计算机图像解译是对人类目视解译的模仿和能力拓展，两者都遵循区域定位、干扰去除、类型识别、状态辨识、情况分析等流程，按照进程可分为初判、详判、情况分析等不同阶段。"人机结合"是信息化时代图像解译的基本范式，"人机合谋"是其高级形态。

（2）图像解译需要"时空频"三域融合的信息基础设施架构。在图像大数据时代，不同时刻、不同空间覆盖、不同频段的图像逐步丰富，天然构成了一套时序的、全球的、全频段的图像融合数据结构，作为图像解译领域的巨型信息基础设施，支撑图像解译由面向局部区域的单幅图像转变为面向全球的整体架构，促进图像解译的整体提质生效。

（3）技术体系是图像解译最终成效的关键因素。图像解译的技术支撑体系的完备性、先进性和实用性是决定图像解译最终成效的关键要素，也是解决环境适应性、运作时效性、目标深层信息提取、新型目标识别等难题的关键。技术体系的不全面、不细致、不实用是当前图像解译应用困难的主要原因，需要运用系统思维加强研发建设，提高能力水平。

（4）目标数据库是图像解译的根基。目标数据库中管理的知识、特性、样本等各类数据，既是目标生命规律的凝练，又是目标外在表现的总结，也为图像解译提供了可信赖的真值。精确的图像解译结论，需要在有真值监督的模式下取得。不论是数据驱动，还是知识驱动的智能算法，本质上都是对目标数据库存在形式的变换。

（5）SAR图像的解译要立足触觉机理。雷达脉冲作用目标后调制得到的幅度、相位、极化等信息，本质上是触觉感知信息，对应于目标材质的粗糙程度、目标结构的边缘尖锐程度等，要以触觉信息为主，以视觉信息为辅，发展SAR图像解译方法和技术，发挥SAR雷达的独特优势，尽快走出当前的方法论困局。

（6）红外图像的解译要关注其时变特性。红外图像是受红外频段、目标温度、材料发射率、大气辐射、大气衰减、气象情况等因素影响的复杂时变系统，目标图像的时变特征显著，应重点研究去除天地时空影响还原"本色"的技术方法。

10.1.3 图像解译的实践问题

图像解译的实践问题，即运用图像解译的理论和方法解决具体问题的情况，主要解决"怎么用"的问题。通过图像解译专题应用案例和综合应用案例的分析研究，总结出以下观点：

（1）图像解译专题应用要紧密结合目标和图像的特点。基于各种类型的图像提取目标类型和属性等各种信息，是图像情报专题应用的目的。这个过程要紧密结合机场（飞机）、港口（舰船）、地物（要素）等典型目标的特点，以及可见光、红外、高光谱、SAR等多类型图像的特性，采取通专结合的解译方法和技术，达到应用的针对性和获取信息的准确性。

（2）图像解译综合应用需要情报分析思维的牵引。基于专题应用中从图像中获取的目标信息开展综合应用，要广泛结合事件发生、发展变化的大背景和各种证据线索，以由表及里、由此及彼、去伪存真、综合研判等情报分析思维为牵引，善于提出多种可能假设，评估选择更具决策支撑价值的结论。

（3）图像解译精致应用要依靠解译工具系统的支撑。人工目视解译以定性为主，计算机解译可做到精确定量。计算机解译工具系统要整合数据、技术和专家知识三大体系为一体，着力解决通用性、实用性、可靠性问题，支撑图像解译应用的自动化、智能化模式转型。

（4）图像解译的大众化应用要靠技术手段赋能。当前图像解译应用还处于"阳春白雪"的小众发展阶段，需要靠少数领域专家才能担当，应用的门槛比较高。充分利用物化领域专家知识的各种技术工具，给普通大众赋能，降低应用门槛，与各行各业的百姓生活接轨，转向"下里巴人"的大众化发展阶段，为后续发展持续注入源头活水。

（5）图像解译的大众化应用要靠信息资源支撑。当前云计算、大数据为图像解译带来了新的工作环境，计算、存储、通信、数据、代码等资源的云化、服务化和开源化，使得大众都能方便地观察全球、计算全球、分析全球，能够方便地互联协作开展图像解译。图像解译的技术方法要尽快适应云计算和大数据的架构，变革处理流程，调整各种模式，上百倍地提高本领域的工作水平。

10.2 智能化时代图像解译的发展展望

随着人工智能等技术的发展，图像解译也搭上了智能化时代的快车，进入迅猛发展的新阶段。智能化的图像解译应用什么特点，要解决的关键问题是什么，未来的技术发展方向如何，这是大家都非常关心的问题。下面给出一些初步的考虑，供大家参考。

10.2.1 智能化时代图像解译的特点

智能化时代的图像解译应用应具有四个主要特点：

（1）全球性。随着卫星、飞艇、飞机、车辆、手机等图像获取平台的日益增多和应用的常态化，借助5G网络、数字地球、大数据平台、服务化架构等先进成果，人类共享一个覆盖全球、及时更新、频谱丰富的图像数据集指日可待，在全球数据集上分布式应用图像解译智能技术，及时提取全球变化信息并更新到数据集中，实现古人"宇宙在手，万化由心"的理想为时不远。

（2）普适性。我们不会再为每一种目标或者地物构造个性化的图像检测器和识别器，也不会为天地人时空的各种环境适应性问题而苦恼，而是会在感悟人类视觉奥秘的基础上，应用智能技术体系，仿生制造出适合各种类型目标和地物、能够适应各种环境变化的图像解译智能专家系统，从根本上解决图像解译的普适性问题。

（3）大众化。智能图像解译应用深入全球百姓的日常生活之中，与社会生活的方方面面密切联系。人们利用手机等智能终端，调用遍在图像解译智能技术，便捷地享受卫星、飞机等科学装置提供的信息服务，极大拓展所感知时空的范围、深入感悟地球的奥秘，自觉地将自己的生活与地球变化密切联系，为感悟古人"天人一体，天人一理"的深邃哲理提供活生生的载体。

（4）融合性。在智能技术的推动下，图像融入人类社会生活的方方面面，融入各行业各领域的应用之中，在纵向打通、横向融合的过程中发挥重要作用，图像应用成为日常必需品，图像领域成为极高附加值的领域，全球一张图、全域一张图、全民一张图的时代即将到来。

10.2.2 智能化时代图像解译的核心问题

智能化时代的图像解译需要解决的核心问题有两个：一是人类智能的机理问题；二是计算智能的机理问题。

关于人类智能机理问题，现代科学从大脑、神经元、神经传导等角度进行了探索试验，但是并没有能够得到满意的结论。智能是不是靠诸如大脑这样的器官所产生的，还是众说纷纭，莫衷一是，没有定论。骨髓、脊髓、脑髓等构成相同，并没有骨髓和脊髓能够生成智能的说法，人工神经网络的连接主义认为脑髓中神经细胞之间的互联能够生成智能，也没有足够的证据来说明。那么虚无缥缈而又真实存在的智能到底是什么？应该从哪里去切入和了解呢？

从根本上说，智能不是靠器官来产生的，而是人类所本来具有的一种功能，这种功能存在于宇宙之中，无处不在，无时不有，但是看不见、摸不着。然而，人类的心脑器官借助元神、识神的作用，如同一部接收天线，在频率调谐的情况下，能够接收存在于宇宙之中的本具智能功能的波动，通过脑髓、神经等有形的组织将其转化为生物电流，依靠经络神经等通道传导到全身每个组织之中，起到控制全身组织运动的生理效果，并生成语言、动作。所谓图像解译的识别活动，就是靠眼、脑、心等器官所寄居的神与本有智能功能去感应，感应后即得到结果。这个道理非常深奥，而且与人类的常识相悖，难以理解，但是在中国古代经典中的论述比比皆是，需要深入经典去感悟和探求，启发智慧，为图像解译的智能机理寻求一条新路。

关于计算智能的机理问题，也即靠计算机的复杂计算是否能够产生智能，这是更加困难的问题。目前比较典型的是反向传播网络类神经网络的实践，模仿的是大量分层连接的神经元之间的传导作用。如果器官不能生成智能，则模仿器官功能的神经网络计算也不能生成智能。其实，计算智能问题的本质是将人类智能的结果转换为可计算的公式，它模仿的不是人类智能的机制，而是其运作的结果。图像解译的计算智能问题，仅在阴阳的层面不容易突破，而是要上升到干支层面来寻求突破。这既需要新的计算工具来支撑，也需要新的计算理论来引导。

10.2.3　智能化时代图像解译技术发展方向

与上述对应，智能化时代图像解译需要发展的技术有很多，兹列举若干如下：

（1）图像解译信息基础设施技术。在已有的通信、计算、存储等信息基础设施之上，按照三个层次来架构服务于图像解译的信息基础设施：第一层是图像数据层，基于数字地球平台，采用时空频融合技术，对各种平台所获取的图像进行时间校准、空间配准、频域融合，采取瓦片技术按全球剖分机制进行组织，构建图像数据层，以支撑各类叠加显示业务；第二层是图像特征层，基于全球分层金字塔数据结构，综合其中每个面片的图像数据，通过全球瓦片数据的特征提取、特征表达、特征编码等技术应用，构建一套稳定可靠、信息一致的特征信息，形成图像特征层，以支撑各类快速计算业务；第三层是解译结果层，基于全球分层金字塔数据结构，将已经基于图像解译形成的目标地物信息，以及通过其他渠道获取的地物目标信息进行编码，构建图像解译结果层信息，支撑各类结果查询、信息比对、决策支撑等业务。通过这个具有庞大数据量的信息基础设施，可以整合所有历史成果，减小图像解译的工作难度，减轻图像解译的工作量，极大提升图像解译的工作水平，将面向局部区域的单片单景模式拓展为面向全球的全源全域模式，推动图像解译发生革命性升级发展。

（2）目标多传感器按需构像技术。按照"器官投影论"所述，一切传感设备都是人类眼耳鼻舌身五类感觉器官的功能和性能的拓展和延伸，故而遵循视觉、听觉、嗅觉、味觉、触觉的机理；同时一切传感数据均可经过特定处理而转换为特定的图像，目的是使传感数据可视、可见、可用，故而也需遵循视觉的机理。后续可以发展两类构想技术：一是将模仿其他感觉而形成的数据转换为视觉图像的技术，其中比较成熟的是将触觉数据转换为视觉图像（如合成孔径雷达SAR），将听觉、嗅觉、味觉等数据转换为视觉数据的方法和技术值得重视；二是将模仿多种感觉获取的同一目标数据进行融合并转换成视觉图像，这种技术在研究和实践上尚属于空白，即先进行数据级别的融合，然后再按需针对性地进行构像。采用上述构像技术后，图像中蕴含的目标信息更为丰富，图像的种类也更加齐全，可以逐步摆脱现有按照谱段分别成像和解译的工作模式，而可实现基于全谱信息的图像解译，更加有利于目标识别研判，能够催生出更加丰富多彩的图像应用，也为五觉互用（眼可听，耳可闻等）理论的研究和实践探索积累经验。

（3）基于人工智能的图像解译技术。人工智能技术方兴未艾，走向何方、发展到何种程度，尚难预测和评估；图像解译一定要搭上人工智能的快车，除了做好海量图像数据样本积累、目标标记库建设等基础工作外，还要深研深度学习、增强学习等人工智能算法的机理，为确保识别的可信性奠定理论基础；另外，对照人类识别机理，还需要对人工智能进行深入改造；人类不会为某类目标分别单独建立识别机构，而是采用统一的体系对所有目标进行识别，这与当前人工智能针对特定目标训练识别网络的做法差异巨大，如何构造普适性的识别网络，针对新目标进行熟悉和局部调整，就可广泛地识别各种目标，这是后续发展的一个重要命题。

（4）基于联合情报的图像深度解译技术。情报学科的本质属性是联合和协同的，既需要多种传感设备协同运用并进行"四诊合参"，也需要多领域、多专业的专家队伍进行协同"专家会诊"，图像情报解译不能脱离这个联合情报的体系架构而单独存在，否则必然困难重重。噪声的概念来自对影响因素的未知，若对影响图像形成的各种要素及其变化规律有清晰的认识，则不会有噪声的概念；联合情报体系运用的基本时空是"天地人"，天时、地理、人事都会对图像造成深刻而显著的影响，知晓天地人的运行规律，定位其对图像形成的影响，则有利于更加准确地利用图像。现有的图像处理及解译方法和技术，均是基于特定条件假设的前提下建立的，本身是一个封闭而非开放的系统，故而当各种变数、例外出现时就不能工作，成为制约图像发展的根本性问题；解决这个问题的思路，除了立足天地人大时空外，要在体象关系的认识和应用上有所创新，要将目前正向的"观象测体"的思路转换为逆向的"以体驭象"的思路上，在开放的时空内，通过把握体及其变化，来研究图像问题，并依此构造各种方法和技术。

参 考 文 献

[1] 关泽群，刘继林. 遥感图像解译 [M]. 武汉：武汉大学出版社，2007.
[2] 戴昌达，姜小光，唐伶俐. 遥感图像应用处理与分析 [M]. 北京：清华大学出版社，2004.
[3] 汤国安. 遥感数字图像处理 [M]. 北京：科学出版社，2004.
[4] ThomasM. Lillesand，RalphW. Kiefer，利尔桑德，等. 遥感与图像解译 [M]. 北京：电子工业出版社，2003.
[5] 周成虎，骆剑承，杨晓梅. 遥感影像地学理解与分析 [M]. 北京：科学出版社，1999.
[6] 唐孝威. 意识论：意识问题的自然科学研究 [M]. 北京：高等教育出版社，2004.
[7] 许万里. 视觉图像的主题变奏：简评柯律格《明代的图像与视觉性》[J]. 中国图书评论，2012，000（008）：118-120.
[8] 萧吉. 五行大义（医道传承丛书）[M]. 北京：学苑出版社，2014.
[9] 丁福保. 佛学大辞典 [M]. 北京：中国书店出版社，2011..
[10] 荣格. 论分析心理学与诗的关系 [EB/OL]. 1922.
[11] 赵阵. 论卡普"器官投影"说的形成及影响 [J]. 辽宁工程技术大学学报（社会科学版），2008（02）：20-22.
[12] 邓铁涛. 中医诊断学（修订版）第5版 [M]. 上海：上海科学技术出版社，2012.
[13] 杨万海. 多传感器数据融合及其应用 [M]. 西安：西安电子科技大学出版社，2004.
[14] 徐芹庭. 细说黄帝内经：白话全译本 [M]. 北京：新世界出版社，2007.
[15] 张晓军. 美国军事情报理论研究 [M]. 北京：军事科学出版社，2007.
[16] 高金虎，吴晓晓. 中西情报思想史 [M]. 北京：金城出版社，2016.
[17] 毛翔，褚睿，邢鹏宇. 美军作战评估理论与实践 [M]. 北京：知识产权出版社，2017.
[18] 王殿海. 交通系统分析 [M]. 北京：人民交通出版社，2007.
[19] 朱欣焰，陈静. 分布式空间数据集成与查询优化技术 [M]. 北京：测绘出版社，2013.
[20] 敬忠良，肖刚. 图像融合：理论与应用 [M]. 北京：高等教育出版社，2007.
[21] 申家双，翟京生，郭海涛. 海岸线提取技术研究 [J]. 海洋测绘，2009，29（6）：

74-77.

[22] 周家香, 周安发, 陶超, 等. 一种高分辨率遥感影像城区道路网提取方法 [J]. 中南大学学报 (自然科学版), 2013, 44 (06): 2385-2391.

[23] 马芳, 张强, 郭铌, 等. 多通道卫星云图云检测方法的研究 [J]. 大气科学, 2007 (01): 119-128.

[24] 陈刚, 鄂栋臣. 基于纹理分析和支持向量机的极地冰雪覆盖区的云层检测 [J]. 武汉大学学报 (信息科学版), 2006 (05): 403-406.

[25] 颜文俊, 王同招. 高光谱遥感影像地面伪装目标检测方法的研究 [J]. 机电工程, 2007 (01): 4-6.

[26] 桑文锋. 数据驱动: 从方法到实践 [M]. 北京: 电子工业出版社, 2018.

[27] 史忠植. 高级人工智能 [M]. 北京: 科学出版社, 2011.

[28] 关元秀, 王学恭, 郭涛, 等. eCognition 基于对象影像分析教程 [M]. 北京: 科学出版社, 2019.

[29] 李俊山, 杨威, 张雄美. 红外图像处理、分析与融合 [M]. 北京: 科学出版社, 2009.

[30] 李梅. 从丰溪里核试验场建设看朝鲜核能力 [J]. 兵器知识, 2016 (07): 52-55.

[31] 田国良, 柳钦火, 陈良富. 热红外遥感 [M]. 北京: 电子工业出版社, 2014.

[32] 刘乐. 鹰眼之路航空航天侦察照片的判读 [J]. 海陆空天惯性世界, 2014 (1): 47-62.

[33] 范开国, 陈鹏, 顾艳镇, 等. 星载合成孔径雷达海洋遥感与图像解译 [M]. 北京: 海洋出版社, 2017.

[34] 彭望琭, 白振平, 刘湘南, 等. 遥感概论 [M]. 北京: 高等教育出版社, 2002.

[35] 鲁加国. 合成孔径雷达设计技术 [M]. 北京: 国防工业出版社, 2017.

[36] 谷秀昌, 付琨, 仇晓兰. SAR 图像判读解译基础 [M]. 北京: 科学出版社, 2017.

[37] 李小文, 刘素红. 遥感原理与应用 [M]. 北京: 科学出版社, 2008.

[38] 李俊山, 杨威, 张雄美. 红外图像处理、分析与融合 [M]. 北京: 科学出版社, 2009.

[39] 张红, 王超, 张波, 等. 高分辨率 SAR 图像目标识别 [M]. 北京: 科学出版社, 2009.

[40] 濮静娟. 遥感图像目视解译原理与方法 [M]. 北京: 中国科学技术出版社, 1992.

[41] 张婷婷, 殷有, 邸利, 等. 遥感技术概论 [M]. 郑州: 黄河水利出版社, 2011.

[42] 焦李成, 张向荣, 侯彪, 等. 智能 SAR 图像处理与解译 [M]. 北京: 科学出版社, 2008.

[43] 种劲松, 欧阳越, 朱敏慧. 合成孔径雷达图像海洋目标检测 [M]. 北京: 海洋出版社, 2006.

[44] 梅安新,彭望琭,秦其明,等.遥感导论.[M].北京:高等教育出版社,2005.

[45] 匡纲要,高贵,蒋咏梅.合成孔径雷达目标检测理论、算法及应用[M].湖南:国防科技大学出版社,2007.

[46] 王超,张红,吴樊.高分辨率SAR图像船舶目标检测与分类[M].北京:科学出版社,2013.

[47] 王正明,朱炬波,谢美华.SAR图像提高分辨率技术[M].北京:科学出版社,2013.

[48] 邢素霞.红外热成像与信号处理[M].北京:国防工业出版社,2011.

[49] 舒宁.雷达遥感原理[M].北京:测绘出版社,1997.

[50] 张占睦,芮杰.遥感技术基础[M].北京:科学出版社,2007.

[51] 朱述龙,朱宝山,王红卫.遥感图像处理与应用[M].北京:科学出版社:2006.

[52] Watanabe S, Pattern Recognition: Human and Mechanical [M]. New York: Wiley, 1985.

[53] Filippidis A, Jain L and Martin N, Fusion of intelligent agents for the detection of aircraft in SAR images, IEEE Trans. PAMI, 2000, 22 (4), 378-384.

[54] Ahlberg J, et bal. Automatic target recognition on a multi-sensor platform, 2003, Proc. the Swedish Symposium on Image Analysis: 93-96.

[55] 王婷.遥感图像融合算法研究[D].杭州:浙江大学,2016.

[56] 谢嘉丽,李永树,李何超,等.利用灰度共生矩阵纹理特征识别空心村损毁建筑物的方法[J].测绘通报,2017,12:90-93.

[57] Llinas J, EdwardWMulti-sensor data fusion [M]. Boston: Artech House, 1990.

[58] Kekre D, Mishra D, Saboo R. Review on image fusion techniques and performance evaluation parameters [J]. International Journal of Engineering Science and Technology, 2013, 5 (4): 880-889.

[59] 唐思章.多源遥感图像融合正则项研究[D].上海:华东师范大学,2015.

[60] 刘羽.像素级多源图像融合方法研究[D].合肥:中国科学技术大学,2016.

[61] 毛士艺,赵魏.多传感器图像融合技术综述[J].北京航空航天大学学报,2002,28(5):512-518.

[62] 牛凌宇.多源遥感图像数据融合技术综述[J].空间电子技术,2005,2(1):1-5.

[63] 叶传奇.基于多尺度分解的多传感器图像融合方法研究[D].西安:西安电子科技大学,2009.

[64] 魏宁.多源图像融合的理论与方法研究[D].西安:西安电子科技大学,2013.

[65] Pandit V, Bhiwani R. Image fusion in remote sensing applications: a review [J]. North American Actuarial Journal, 2015, 16 (4): 462-486.

[66] Pellemans A H J, Jorddans R W L, Allewiijin R. Merging multispectral and panchromatic SPOT images with respect to the radiometric properties of the sensor [J]. PE and RS,

1990, 56 (3): 337-342.

[67] Gunatilaka A H, Baertlein B A. Feature-level and decision-level fusion of non-coincidently sampled sensors for land mine detection [J]. IEEE Transactions on Pattern Analysis and Machine Intelligence, 2001, 23 (6): 577-589.

[68] 李晖晖. 多传感器图像融合方法研究 [D]. 西安: 西北工业大学, 2006.

[69] 黄伟. 像素级图像融合研究 [D]. 上海: 上海交通大学, 2008.

[70] 窦闻, 陈云浩. 计入波段间相关性的高通调制图像融合方法 [J]. 红外与毫米波学报, 2010, 29 (2): 140-144.

[71] 潘瑜, 郑钮辉, 孙权森, 等. 基于PCA和总变差模型的图像融合框架 [J]. 计算机辅助设计与图形学学报, 2011, 23 (7): 1200-1210.

[72] 周礼, 王章野, 金剑秋, 等. 基于HIS的小波图像融合新方法 [J]. 中国图象图形学报, 2004, 9 (9): 1088-1095.

[73] Li S, Kwok J T, Wang Y. Multi-focus image fusion using artificial neural networks [J]. Pattern Recognition Letters, 2002, 23: 985-997.

[74] 刘和祥, 冯新喜, 王君. 基于自组织神经网络的多传感器遥感图像融合技术 [J]. 传感器与微系统, 2004, 23 (12): 14-16.

[75] 陈浩, 朱娟, 刘艳涝, 等. 利用脉冲耦合神经网络的图像融合 [J]. 光学精密工程, 2010, 18 (4): 995-1001.

[76] 苗启广, 王宝树. 基于非负矩阵分解的多聚焦图像融合研究 [J]. 光学学报, 2005, 25 (6): 755-760.

[77] Wang J. Improved image fusion method based on NSCT and accelerated NMF [J]. Sensors, 2012, 12 (5): 5872-5887.

[78] 张秀琼. 使用统计模型的动态红外和可见光图像融合 [J]. 计算机工程与应用, 2009, 45 (33): 165-167.

[79] Redner R A, Walker H F. Mixture density, maximum likelihood and the EM method [J]. SIAM Review, 1984, 26 (2): 195-239.

[80] Wei Q, Bioucas Dias J, Dobigeon N, et al. Hyper-spectral and Multispectral Image Fusion Based on a Sparse epresentation [J]. IEEE Transactions on Geoscience and Remote Sensing, 2014, 53 (7): 3658-3668.

[81] Peng J. Image fusion with non-subsampled contourlet transform and sparse representation [J] Journal of Electronic Imaging, 2013, 22 (4): 6931-6946.

[82] 尹雯, 李元祥, 周则明, 等. 基于稀疏表示的遥感图像融合方法 [J]. 光学学报, 2013, 4 (33): 259-266.

[83] 彭开. 基于遗传方法的遥感图像融合方法研究 [D]. 西安: 西安电子科技大学, 2010.

[84] Yi L I, Wu X J. A novel image fusion method using self-adaptive dual-channel pulse coupled neural networks based on PSO evolutionary learning [J]. Acta Electronica Sinica, 2014, 42 (2): 217-222.

[85] 伊力哈木亚尔买买提, 谢丽蓉, 孔军. 基于 PCA 变换与小波变换的遥感图像融合方法 [J] 红外与激光工程, 2014, 43 (7): 2335-2340.

[86] 蒋年德, 王耀南, 毛建旭. 基于 2 代 Curvelet 改进 IHS 变换的遥感图像融合 [J]. 中国图象图形学报, 2008, 13 (12): 2376-2382.

[87] Johnson J L, Padgett M L. PCNN models and applications. [J]. IEEE Transactions on Neural Networks, 1999, 10 (3): 480-498.

[88] 王昊鹏, 刘泽乾, 方兴, 等. Curvelet 域自适应脉冲耦合神经网络的图像融合方法 [J]. 光电子·激光, 2016, 27 (4): 429-436.

[89] 王仲妮, 余先川, 张立保. 基于受限的非负矩阵分解的多光谱和全色遥感影像融合 [J]. 北京师范大学学报 (自然科学版), 2008, 44 (4): 387-391.

[90] 张秀琼. 使用统计模型的动态红外和可见光图像融合 [J]. 计算机工程与应用, 2009, 45 (33): 165-167.

[91] 刘婷, 程建. 小波变换和稀疏表示相结合的遥感图像融合 [J]. 中国图象图形学报, 2013, 18 (8): 1045-1053.

[92] 赵学军, 雷书彧, 滕尚志. 粒子群优化 Contourlet 变换的遥感影像融合方法 [J]. 北京邮电大学学报, 2015, 38 (2): 118-121.

[93] 陈荣元, 林立宇, 王四春, 等. 数据同化框架下基于差分进化的遥感图像融合 [J]. 自动化学报, 2010, 36 (3): 392-398.

[94] 曹杰, 龚声蓉, 刘纯平, 等. 一种基于 ICA 的多源图像融合方法 [J]. 中国图象图形学报, 2007, 12 (10): 1857-1860.

[95] 玉振明, 毛士艺, 高飞. 使用局部傅里叶变换进行图像融合 [J]. 信号处理, 2004, 20 (3): 227-230.

[96] 陈浩, 王延杰. 基于拉普拉斯金字塔变换的图像融合方法研究 [J]. 激光与红外, 2009, 39 (4): 439-442.

[97] Candes E J. Ridgelets: theory and applications [D]. Ph. D. Thesis, Standford University, 1998.

[98] Candes E J, Demanet L, Donoho D L, et al. Fast discrete curvelet transform [J]. Applied and Computational Mathematics, California Institute of Technology, 2006, 5 (3): 861-899.

[99] rommweh J. Tetrolet transform: A new adaptive Haar wavelet method for sparse image representation [J]. Journal of Visual Communication and Image Representation, 2010, 21 (4): 364-374.

[100] 谭铁牛. 人工智能 [M]. 北京：中国科学技术出版社，2019.

[101] Do M N, Vetterli M. The contourlet transform: an efficient directional multiresolution image representation [J]. IEEE Transactions on Image Processing, 2005, 14 (12): 2091-2106.

[102] 李晖晖，郭雷，李国新. 基于脊波变换的 SAR 与可见光图像融合研究 [J]. 西北工业大学学报，2006，24 (4): 418-422.

[103] 李光鑫，王珂. 基于 Contourlet 变换的彩色图像融合方法 [J]. 电子学报，2007，35 (1): 112-117.

[104] Miao Q G, Shi C, Xu P F, et al. A novel method of image fusion using shearlets [J]. Optics Communications, 2011, 284 (6): 1540-1547.

[105] Kong W, Wang B, Lei Y. Technique for infrared and visible image fusion based on non-subsampled shearlet transform and spiking cortical model [J]. Infrared Physics&Technology, 2015, 71: 87-98.

[106] Gao G, Xu L, Feng D. Multi-focus image fusion based on non-subsampled shearlet transform [J] IET Image Processing, 2013, 7 (6): 633-639.

[107] 赵海滨，王宏，喻春阳. 基于区域特征与神经元网络的图像融合 [J]. 仪器仪表学报，2006 (s3): 2177-2178.

[108] 余先川，吕中华，胡丹. 遥感图像配准技术综述 [J]. 光学精密工程，2013，21 (11): 2960-2972.

[109] 吴一全，沈毅，陶飞翔. 基于 NSCT 和 SURF 的遥感图像匹配 [J]. 遥感学报，2014，18 (3): 618-629.

[110] 梁栋，颜普，朱明，等. 一种基于 NSCT 和 SIFT 的遥感图像配准方法 [J]. 仪器仪表学报，2011，32 (5): 1083-1088.

[111] 闫利，向天烛. NSCT 域内结合边缘特征和自适应 PCNN 的红外与可见光图像融合 [J]. 电子学报，2016，44 (4): 761-766.

[112] Wu Y Q, Wu C, Wu S H. Fusion of multispectral image and panchromatic image based on NSCT and NMF [J]. Journal of Being Institute of Technology, 2012, 21 (3): 415-420.

[113] 廖勇，黄文龙，尚琳，等. Shearlet 与改进 PCNlv 相结合的图像融合 [J]. 计算机工程与应用，2014，50 (2): 142-146.

[114] 宋梦馨，郭平. 结合 Contourlet 和 HSI 变换的组合优化遥感图像融合方法 [J]. 计算机辅助设计与图形学学报，2012，24 (1): 83-88.

[115] 郭明，王书满. 基于区域和方向方差加权信息熵的图像融合 [J]. 系统工程与电子技术，2013，35 (4): 720-724.

[116] 邢素霞，肖洪兵. 基于目标提取与 NSCT 的图像融合技术研究 [J]. 光电子·激光，2013，24 (3): 583-588.

[117] Kong W, Lei Y, Ni X. Fusion technique for grey-scale visible light and infrared images based on non-subsampled contourlet transform and intensity-hue-saturation transform [J]. IET Signal Processing, 2011, 5 (1): 75-80.

[118] 陈磊, 杨风暴, 王志社, 等. 特征级与像素级相混合的 SAR 与可见光图像融合 [J]. 光电工程, 2014, 41 (3): 55-60.

[119] 吴一全, 万红, 叶志龙. 复 Contourlet 和各向异性扩散的织物疵点图像降噪 [J]. 智能系统学报, 2013, 8 (3): 214-219.

[120] 葛雯, 姬鹏冲, 赵天臣. NSST 域模糊逻辑的红外与可见光图像融合 [J]. 激光技术, 2016, 40 (6): 892-892.

[121] 刘建波, 马勇, 武易天, 等. 遥感高时空融合方法的研究进展及应用现状 [J], 遥感学报, 2016, 20 (5): 1038-1049.

[122] 张良培, 沈焕锋. 遥感数据融合的进展与前瞻 [J]. 遥感学报, 2016, 20 (5): 1050-1061.

[123] 邬明权, 牛铮, 王长耀. 多源遥感数据时空融合模型应用分析 [J]. 地球信息科学学报, 2014, 16 (5): 776-783.

[124] 贾永红. 多源遥感影像数据融合技术 [M]. 测绘出版社, 2005.

[125] 孙洪泉, 窦闻, 易文斌. 遥感图像融合的研究现状、困境及发展趋势探讨 [J]. 遥感信息, 2011 (1): 104-108.

[126] Weng Q, Fu P, Gao F. Generating daily land surface temperature at Landsat resolution by fusing Landsat and MODIS data [J]. Remote Sensing of Environment, 2014, 145 (8): 55-67.

[127] Huang B, Song H. Spatiotemporal Reflectance Fusion via Representation Sparse [J]. IEEE Transactions on Geoscience&Remote Sensing, 2012, 50 (10): 3707-3716.

[128] Wu P, Shen H, Zhang L, et al. Integrated fusion of multi-scale polar-orbiting and geostationary satellite observations for the mapping of high spatial and temporal resolution land surface temperature [J]. Remote Sensing of Environment, 2015, 156: 169-181.

[129] 郭会敏, 洪运富, 李营, 等. 基于高分一号卫星影像的多种融合方法比较 [J]. 地理与地理信息科学, 2015, 31 (1): 23-26.

[130] 徐昇凡, 杨敏华. GF-2 卫星数据影像融合方法的比较研究 [J]. 国土资源导刊, 2016, 13 (1): 91-96.

[131] 李海鹰. 国产高分辨率遥感数据在环境地质调查中的应用 [J]. 国土资源遥感, 2017, 29 (b10): 46-51.

[132] 陈业培, 孙开敏, 白婷, 等. 高分二号影像融合方法质量评价 [J]. 测绘科学, 2017, 42 (11): 35-40.

[133] 周婷婷. 遥感影像辐射校正研究与应用 [D]. 福建师范大学, 2010.

［134］ 韩启金，马灵玲等．基于宽动态地面目标的高分二号卫星在轨定标与评价［J］．光学学报，2015，35（7）：364-371．

［135］ 吴畏，赵文杰，刘辉．遥感数字图像配准技术综述［J］．红外，2009，30（10）：37-43．

［136］ 王乐，牛雪峰，王明常．遥感影像融合技术方法研究［J］．测绘通报，2011（1）：6-8．

［137］ 王春华．图像融合研究综述［J］．科技创新导报，2011（13）：11-13．

［138］ Casasent D. Unified synthetic discriminant function computational formulation［J］. Applied Optics，1984，23（10）：1620．

［139］ Zhao S, Wang W. Research of Distortion Target Recognition Based on Minimum Average Correlation Energy Filters［J］. Semiconductor Optoelectronics，2014，35（1）：127-131．

［140］ Mahalanobis A, Kumar B V K V, Casasent D. Minimum average correlation energy filters［J］. Applied Optics，1987，26（17）：3633-40．

［141］ Jianxiong Z, Zhiguang S, Xiao C, et al. Automatic Target Recognition of SAR Images Based on Global Scattering Center Model［J］. Geoence and Remote Sensing, IEEE Transactions on，2011，49（10）：p. 3713-3729．

［142］ Park J I, Park S H, Kim K T. New Discrimination Features for SAR Automatic Target Recognition［J］. IEEE Geoence& Remote Sensing Letters，2013，10（3）：476-480．

［143］ Deniz Cagatay, Nazli; Datcu, Mihai. Classification of interferometric SAR images based on parametric modeling in the fractional fourier transform domain［A］. Image Processing （ICIP），2015 IEEE International Conference on［C］，2015．

［144］ Zheng J, You H. A New Model-Independent Method for Change Detection in Multitemporal SAR Images Based on Radon Transform and Jeffrey Divergence［J］. IEEE Geoence and Remote Sensing Letters，2013，10（1）：91-95．

［145］ 龙泓琳，皮亦鸣，曹宗杰．基于非负矩阵分解的SAR图像目标识别［J］．电子学报，2010，38（006）：1425-1429．

［146］ He ZG, Lu J, Kuang GY. A fast SAR target recognition approach using PCA features［A］. 4th International Conference on Image and Graphics［C］，2007．

［147］ Bian W, Tao D. Asymptotic Generalization Bound of Fisher's Linear Discriminant Analysis［J］. IEEE Transactions on Pattern Analysis & Machine Intelligence，2014，36（12）：2325-2337．

［148］ Besic N, Vasile G, Chanussot J, et al. Polarimetric Incoherent Target Decomposition by Means of Independent Component Analysis［J］. IEEE Transactions on Geoence & Remote Sensing，2014，53（3）：1236-1247．

[149] 宦若虹, 张平, 潘赟. PCA, ICA 和 Gabor 小波决策融合的 SAR 目标识别 [J]. 遥感学报, 2012, 16 (002): 262-274.

[150] 丁军, 刘宏伟, 陈渤, 等. 相似性约束的深度置信网络在 SAR 图像目标识别的应用 [J]. 电子与信息学报, 2016, 38 (001): 97-103.

[151] 康妙, 计科峰, 冷祥光, 等. 基于栈式自编码器特征融合的 SAR 图像车辆目标识别 [J]. 雷达学报, 2017 (2).

[152] Zhao J, Guo W, Cui S, et al. Convolutional Neural Network for SAR image classification at patch level [C]// Geoscience & Remote Sensing Symposium. IEEE, 2016.

[153] Li X, Li C, Wang P, et al. SAR ATR based on dividing CNN into CAE and SNN [C]// 2015 IEEE 5th Asia-Pacific Conference on Synthetic Aperture Radar (APSAR). IEEE, 2015.

[154] Ding J, Chen B, Liu H, et al. Convolutional Neural Network With Data Augmentation for SAR Target Recognition [J]. IEEE Geoence & Remote Sensing Letters, 2016: 364-368.

[155] 李松, 魏中浩, 张冰尘, 等. 深度卷积神经网络在迁移学习模式下的 SAR 目标识别 [J]. 中国科学院大学学报, 2018, 35 (001): 75-83.

[156] 邹浩, 林赟, 洪文. 采用深度学习的多方位角 SAR 图像目标识别研究 [J]. 信号处理, 2018, 034 (005): 513-522.

[157] ANWER R M, KHAN F S, VAN DE WEIJER J, et al. Binary Patterns Encoded Convolutional Neural Networks for Texture Recognition and Remote Sensing Scene Classification [J]. ISPRS Journal of Photogrammetry and Remote Sensing, 2018, 138: 74-85. DOI: 10.1016/j.isprsjprs.2018.01.023.

[158] LIN J, LI X, PAN H. Aircraft Recognition in Remote Sensing Images Based on Deep Learning [C/OL]//2018 33rd Youth Academic Annual Conference of Chinese Association of Automation (YAC). Nanjing: IEEE, 2018: 895-899 [2020-07-23].

[159] CHOI J Y, LEE B. Ensemble of Deep Convolutional Neural Networks With Gabor Face Representations for Face Recognition [J]. IEEE Transactions on Image Processing, 2020, 29: 3270-3281. DOI: 10.1109/TIP.2019.2958404.

[160] TANG J, SU Q, SU B, et al. Parallel Ensemble Learning of Convolutional Neural Networks and Local Binary Patterns for Face Recognition [J]. Computer Methods and Programs in Biomedicine, 2020, 197: 105622. DOI: 10.1016/j.cmpb.2020.105622.

[161] GAO X, LIN S, WONG T Y. Automatic Feature Learning to Grade Nuclear Cataracts Based on Deep Learning [J]. IEEE Transactions on Biomedical Engineering, 2015, 62 (11): 2693-2701. DOI: 10.1109/TBME.2015.2444389.

[162] 王鑫, 李可, 宁晨, 等. 基于深度卷积神经网络和多核学习的遥感图像分类方法 [J]. 电子与信息学报, 2019, 041 (005): 1098-1105.

[163] ÖZYURT F. Efficient Deep Feature Selection for Remote Sensing Image Recognition with Fused Deep Learning Architectures [J/OL]. The Journal of Supercomputing, 2019 [2020-07-23].

[164] LIU N, WAN L, ZHANG Y, et al. Exploiting Convolutional Neural Networks With Deeply Local Description for Remote Sensing Image Classification [J]. IEEE Access, 2018, 6: 11215-11228.

[165] YULIN W, MINGYAN J. Face Recognition System Based on CNN and LBP Features for Classifier Optimization and Fusion [J]. The Journal of China Universities of Posts and Telecommunications, 2018 (1): 11.

[166] Wang L, Bai X, Zhou F. SAR ATR of Ground Vehicles Based on ESENet [J]. Remote Sensing, 2019, 11 (11): 1316.

[167] 赵俊, 王晓璇. 红外探测器材料简述 [J]. 云光技术, 2016 (1): 6.

[168] 葛文奇. 红外探测技术的进展、应用及发展趋势 [J]. 光机电信息, 2007, (04): 15-19.

[169] 李英先. 红外图像实时处理算法及软件设计 [D]. 南京: 南京理工大学, 2004.

[170] 张峰. 红外成像 ATR 系统中的数字图像处理及识别检测分类技术研究 [D]. 西安: 西安电子科技大学, 2010.

[171] 马晓静. 中国大陆地震卫星热红外异常的亮温背景场研究 [D]. 北京: 中国地震局地质研究所, 2008.

[172] 蔡宁. 联合探测系统的关键技术的研究 [D]. 成都: 电子科技大学, 2007.

[173] 王才军. 基于 RS 的城市热岛效应研究 [D]. 重庆: 重庆师范大学, 2006.

[174] 王翠云. 基于遥感和 CFD 技术的城市热环境分析与模拟 [D]. 兰州: 兰州大学, 2008.

[175] 王卓. 红外小目标检测与跟踪算法研究及其 DSP 实现 [D]. 哈尔滨: 哈尔滨工程大学, 2008.

[176] 谷延锋. 高光谱遥感图像解译 [M]. 哈尔滨: 哈尔滨工业大学出版社, 2020.

[177] 杜培军, 夏俊士, 薛朝辉, 等. 高光谱遥感影像分类研究进展 [J]. 遥感学报, 2016 (2): 21.

[178] 任利华. 地物波谱数据库设计与开发 [D]. 郑州: 解放军信息工程大学, 2008.

[179] 张春雷. 成像光谱仪光谱辐射定标新方法研究 [D]. 长春: 中国科学院研究生院 (长春光学精密机械与物理研究所), 2011.

[180] 杨国鹏, 余旭初, 冯伍法, 等. 高光谱遥感技术的发展与应用现状 [J]. 测绘通报, 2008, (10): 4-7.

[181] 杜培军 高松洁. 高光谱遥感数据挖掘若干基本问题的研究 [J]. 遥感信息, 2005, (03): 55-59.

[182] 杨希明. 高光谱遥感图像分类方法研究 [D]. 哈尔滨：哈尔滨工程大学, 2007.

[183] 李志忠, 杨日红, 党福星. 高光谱遥感卫星技术及其地质应用 [J]. 地质通报, 2009, (Z1): 125-132.

[184] 岳跃民, 王克林, 张兵, 等. 高光谱遥感在生态系统研究中的应用进展 [J]. 遥感技术与应用, 2008, (04): 119-126.

[185] 王强. 航空高光谱遥感光谱域噪声滤波应用研究 [D]. 上海: 华东师范大学.

[186] 杨哲海, 韩建峰, 宫大鹏. 高光谱遥感技术的发展与应用 [J]. 海洋测绘, 2003.

[187] 娄全胜, 陈蕾, 王平, 等. 高光谱遥感技术在海洋研究的应用及展望 [J]. 海洋湖沼通报, 2008, (03): 170-175.

[188] 王华东. 基于张量分解和低秩矩阵恢复的高光谱图像分类 [D]. 长沙: 湖南大学, 2018.

[189] 刘琦. 小麦条锈病潜育期遥感监测及分子检测技术研究 [D]. 北京: 中国农业大学, 2016.

[190] 束炯, 王强, 孙娟. 高光谱遥感的应用研究 [J]. 华东师范大学学报 (自然科学版), 2006, (04): 7-16+147.

[191] 吴玲达, 姚中华, 任智伟. 面向战场环境感知的高光谱图像处理技术综述 [J]. 装备学院学报, 2017, (3): 7.

[192] 范启雄, 李永红, 杨威. 高光谱遥感的发展及其对军事目标的威胁 [J]. 西安地图出版社, 2015.

[193] (美) Russ J.C. 数字图像处理 (第6版). 余翔宇, 译. 北京: 电子工业出版社, 2014.

[194] (英) Nixon, M.S, 等. 计算机视觉特征提取与图像处理 (第三版). 杨高波, 等译. 北京: 电子工业出版社, 2014.

[195] 肖文, 空域无参考的图像质量评价 [D]. 江西: 江西财经大学, 2006.

[196] 庞璐璐, 李从利, 等. 数字图像质量评价技术综述 [J]. 航空电子技术, 2011, (02): 33-37+56.

[197] 董蕴雅, 张倩. 基于 CNN 的高分遥感影像深度语义特征提取研究综述 [J], 遥感技术与应用, 2019, (01): 3-13.

[198] 李显巨, 吴春明, 等. 军事地质体遥感智能解译技术 [M]. 北京: 科学出版社, 2019.

[199] 黄鹏, 郭春生, 等. 基于深度学习的图像配准方法综述 [J]. 杭州电子科技大学学报 (自然科学版), 2020, 40 (6): 37-44.

[200] 孙家炳等. 遥感原理与应用 (第三版) [M]. 武汉: 武汉大学出版社, 2013.

[201] 王金杰. 基于语义的遥感影像数据检索关键技术研究 [D]. 长沙: 国防科技大学, 2013.

[202] 袁益琴，何国金，等．背景差分与帧间差分相融合的遥感卫星视频运动车辆检测方[J]．中国科学院大学学报，2018，(1)：9-15．

[203] 董彦芳，庞勇，等．高光谱遥感影像与机载 LiDAR 数据融合的地物提取方法研究[J]．遥感信息，2014，(06)：75-78+85．

[204] 佟国峰，李勇等．遥感影像变化检测算法综述[J]．中国图象图形学报[J]．2015，(12)：1561-1571．

[205] 张永军，张祖勋，等．天空地多源遥感数据的广义摄影测量学[J]．测绘学报，2021，50（1）：1-11．

[206] 张广军．视觉测量[M]．北京：科学出版社，2008．

[207] 龙霄潇，程新景，等．三维视觉前沿进展[J]．中国图象图形学报，2021，26（6）：1389-1427．

[208] 孙柱珊，张力，等．倾斜影像匹配与三维建模关键技术发展综述[J]．遥感信息，2018，33（02）：1-8．

[209] 奚绍礼．基于星载热红外与可见光数据融合构建三维温度场的研究[D]．鞍山：辽宁科技大学，2020．

[210] 陈稳．基于光学和 SAR 遥感影像融合的典型目标检测识别研究[D]．哈尔滨：哈尔滨工业大学，2019．

[211] 瞰瞰．从五角大楼停车场分析美军战斗值班情况[Z/OL]（2018.02.02）[2018-06-27] https://www.163.com/dy/article/DL8S5JN5053108RO.html．

[212] 瞰瞰．从遥感影像看日本潜艇部署及训练情况[Z/OL]（2018.02.15）[2018-02-22] https://www.sohu.com/a/223409871_650579．

[213] 陈和彬，郑冠东．五大空袭"杀器"细盘点．环球军事[J]，2014，(19)：4．

[214] 代博洋．红外热成像技术在震后房屋损坏快速鉴定中的应用研究[D]．北京：中国地震局地质研究所，2009．07．

[215] 王晓刚，高飞云．刘滔无人机遥感技术在自然灾害应急中的应用及前景[J]．四川地质学报，2019，(01)：160-165．

[216] 周志华．机器学习[M]．北京：清华大学出版社，2016．

[217] 王润生．信息融合[M]．北京：科学出版社，2007．

[218] 阿斯顿·张，李沐，等．动手学深度学习[M]．北京：人民邮电出版社，2019．

[219] 杨强，张宇．迁移学习[M]．北京：机械工业出版社，2020．

图 3-11 天然（真）彩色可见光图像

图 3-12 假彩色可见光图像

彩1

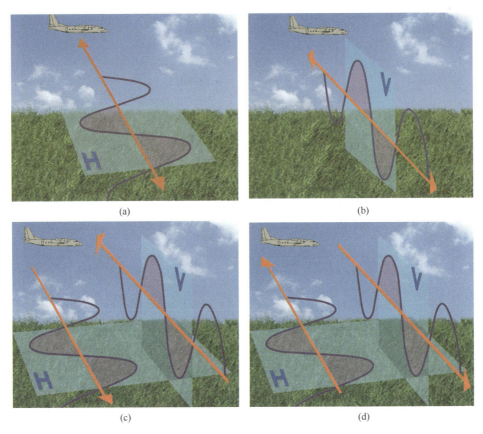

图 4-16 极化方式示意图

(a) HH 极化方式;(b) VV 极化方式;(c) HV 极化方式;(d) VH 极化方式。

彩2

图 4-17 农田的全极化 SAR 图像
(a) HH 极化；(b) VV 极化；(c) HV 极化；(d) 极化合成。

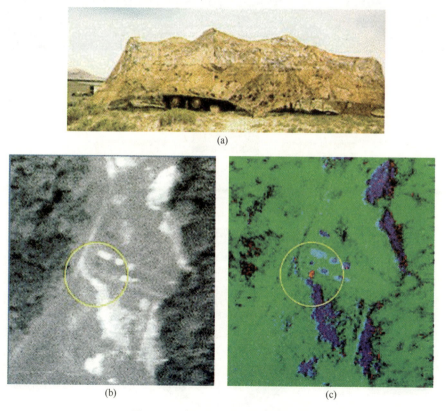

图 5-10 高光谱图像用于揭露伪装
(a) 覆盖了伪装网的指挥所；(b) 全色图像；(c) 高光谱图像。

图 9-1 朝鲜丰溪里历次核试验位置图像

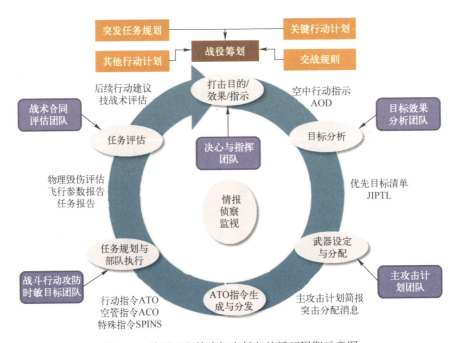

图 9-6 美军远程精确打击任务的循环周期示意图

 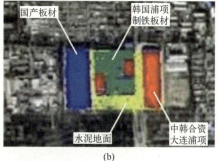

图 9-35　不同材质光谱检测

（a）厂房真彩色图像；（b）厂房光谱假彩色图像。

图 9-36　坦克材质光谱检测

（a）坦克放置位置图；（b）光谱融合图。

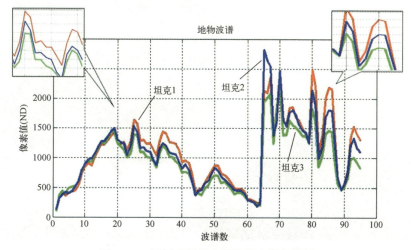

图 9-37　不同型号坦克提取的光谱曲线图

彩5

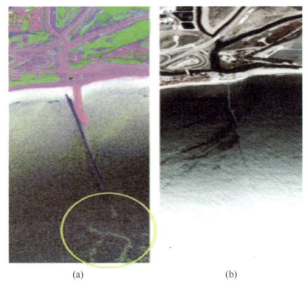

(a)　　　　　　　　　　(b)

图 9-38　水下物体探测

（a）光谱图像；（b）可见光图像。

图 9-44　堰塞湖可见光图像

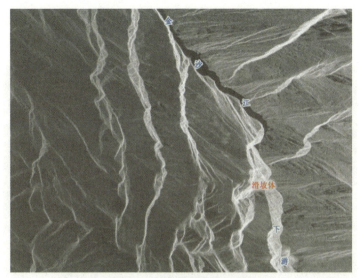

图 9-45 堰塞湖 SAR 图像

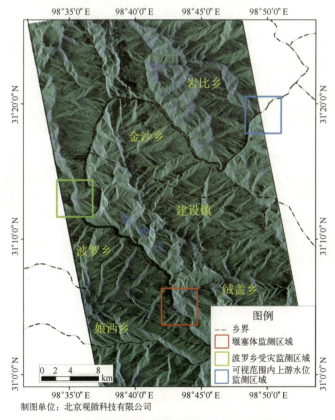

图 9-46 金沙江山体滑坡监测区域 SAR 图像

彩7

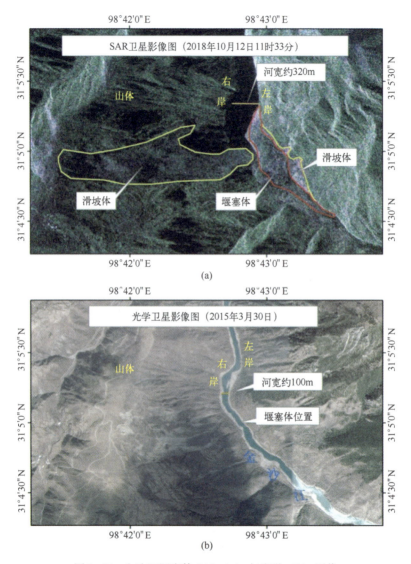

图 9-47 金沙江堰塞体 SAR（a）与光学（b）图像

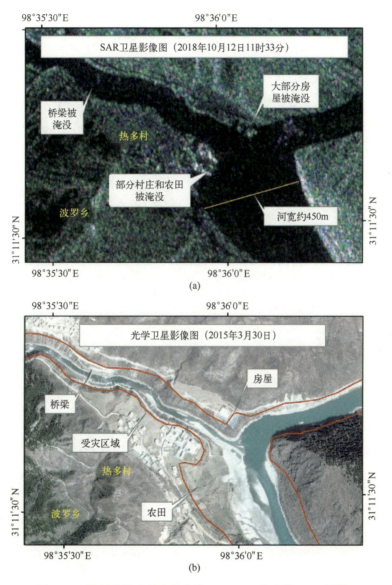

图9-48 波罗乡热多村水位变化SAR（a）与光学（b）图像

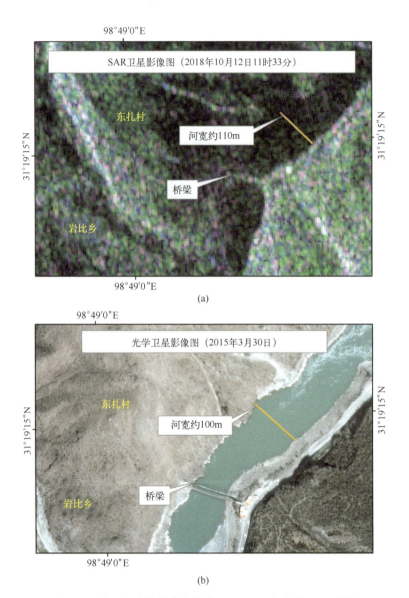

图 9-49 岩比乡东扎村水位变化 SAR（a）与光学（b）图像

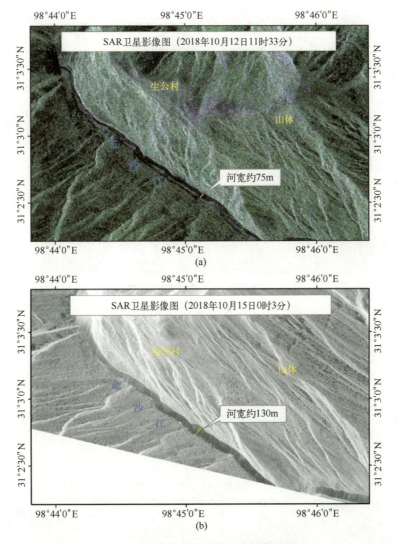

图9-50 泄流前后下游河宽图像对比

图 9-51　舟曲江顶崖滑坡灾后光学图像

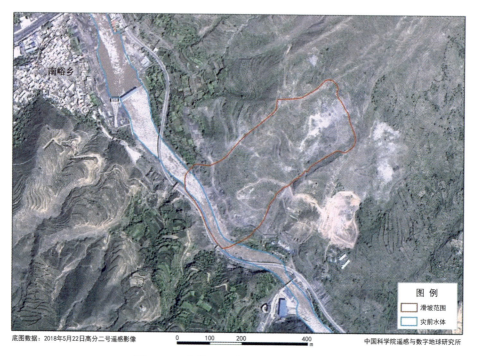

图 9-52　舟曲江顶崖滑坡灾前光学图像

图 9-53　云南鲁甸 6.5 级地震光明村震后航空光学图像

图 9-54　云南鲁甸 6.5 级地震红石岩村震后航空光学图像

彩13

图 9-55　云南鲁甸 6.5 级地震李家山村震后航空光学图像

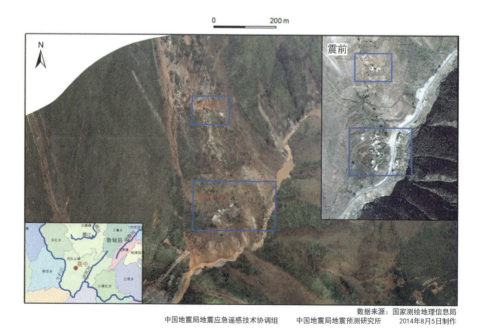

图 9-56　云南鲁甸 6.5 级地震山体滑坡掩埋村庄光学图像

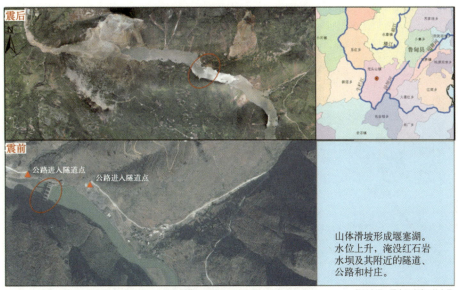

图 9-57　云南鲁甸 6.5 级地震堰塞湖淹没公路和村庄光学图像

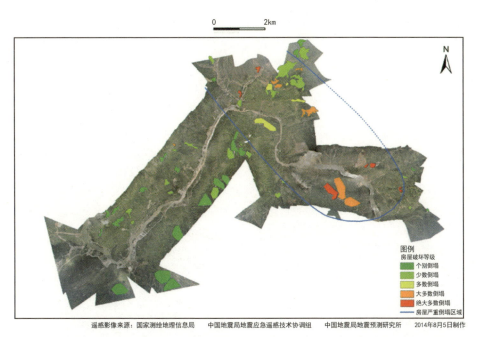

图 9-58　云南鲁甸 6.5 级地震灾区部分区域房屋震害遥感解译图

彩15

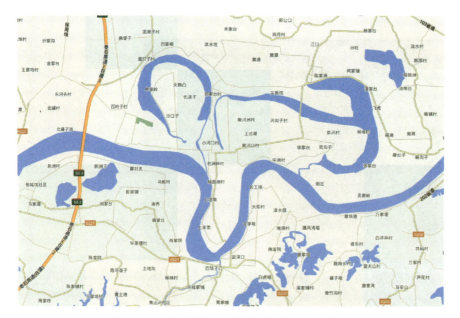

图 9-61 长江水域（石首市-监利县）地形图

彩16